微积分学教程（第二版）（下）

CALCULUS TUTORIALS

主编　王娴 鲍俊艳 谷银山
副主编　刘红 张玉芬 岳文英

高等教育出版社·北京

内容简介

本教材共 11 章，分上、下两册。上册内容包括预备知识、函数、极限与连续、导数与微分、中值定理及导数应用和不定积分；下册内容包括定积分、多元函数微积分学、级数、常微分方程和差分方程。全书系统介绍了微积分学的基本概念、基本理论和基本方法。教材结构顺序合理、讲解透彻易懂，设置同步训练和问题研讨，同时配备不同层次的习题供学生练习，注重知识关联与综合能力的提高。本次修订配置了丰富的数字化资源，包括重难点微视频、各章同步训练答案、各章习题详解等，便于学生自主学习。

本书可作为高等学校经济管理类专业的微积分教材，也可作为相关工作人员的参考书。

图书在版编目(CIP)数据

微积分学教程.下/王娴，鲍俊艳，谷银山主编.--2 版.--北京:高等教育出版社，2021.10

ISBN 978-7-04-056038-1

Ⅰ.①微… Ⅱ.①王… ②鲍… ③谷… Ⅲ.①微积分-高等学校-教材 Ⅳ.①O172

中国版本图书馆 CIP 数据核字(2021)第 069078 号

微积分学教程

WEIJIFENXUE JIAOCHENG

策划编辑 高 丛　责任编辑 高 丛　封面设计 姜 磊

版式设计 张 杰　插图绘制 于 博　责任校对 高 歌

责任印制 赵义民

出版发行 高等教育出版社
社　　址 北京市西城区德外大街 4 号
邮政编码 100120
印　　刷 北京中科印刷有限公司
开　　本 850mm×1168mm 1/16
印　　张 17.25
字　　数 270 千字
购书热线 010-58581118
咨询电话 400-810-0598
网　　址 http://www.hep.edu.cn
　　　　 http://www.hep.com.cn
网上订购 http://www.hepmall.com.cn
　　　　 http://www.hepmall.com
　　　　 http://www.hepmall.cn
版　　次 2016 年 9 月第 1 版
　　　　 2021 年 10 月第 2 版
印　　次 2021 年 10 月第 1 次印刷
定　　价 43.10 元

物 料 号 56038-00

目 录
Contents

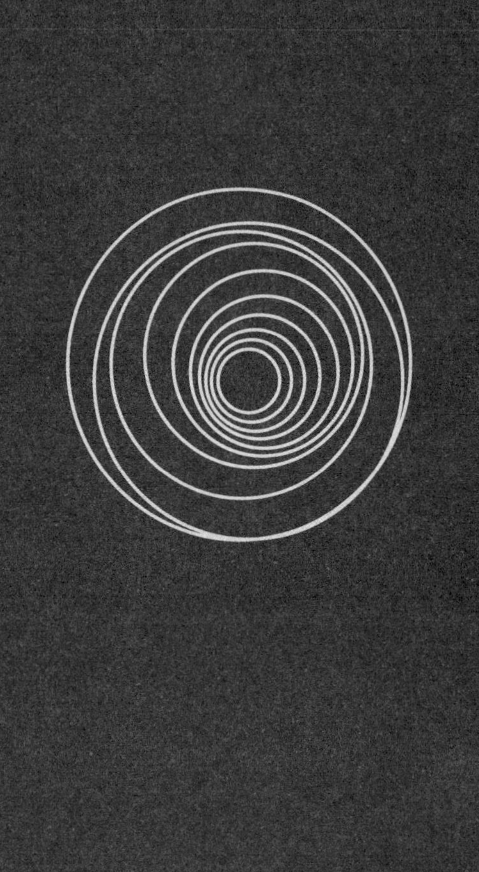

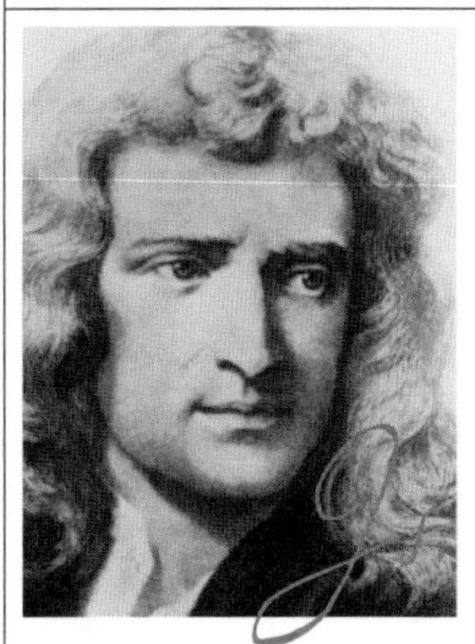

6 第六章 定积分
Chapter 6

数学中的定积分，让我们充分理解了积少成多的含义．一点一滴的知识积累，可以使我们学识渊博，小成绩的积累，可以让我们取得大成就……因此，它给我们的人生以启迪，给我们的行动以指导．可以设想如下取得成就的逻辑思路：

首先做好规划（确立目标），其次进行微分（做好细节），最后进行积分（实现目标）．

重点难点提示：

知识点	重点	难点	教学要求
定积分的概念	•		理解
定积分的几何意义	•		理解
定积分的基本性质	•		掌握
定积分的基本积分法	•		掌握
定积分的换元积分法和分部积分法	•	•	掌握
定积分的应用	•	•	掌握
反常积分		•	了解

前一章学习了导数的逆运算——不定积分，本章我们要讨论定积分．看到这两个名称，读者不禁要问：不定积分和定积分有什么关系？其定义和运算方式有什么不同？定积分有什么特点和性质？定积分可以解决哪些问题？让我们带着这些问题进入本章的学习．

§6.1 定积分的概念

一、两个经典实例

下面从两个经典的实例出发，看看定积分定义的由来和形式.

例 1　求曲边梯形(trapezoid with curve side)的面积 S.

曲边梯形是由非负连续曲线 $y=f(x)$，直线 $x=a,x=b$ 及 $y=0$ 所围成的平面图形，如图 6-1 所示.

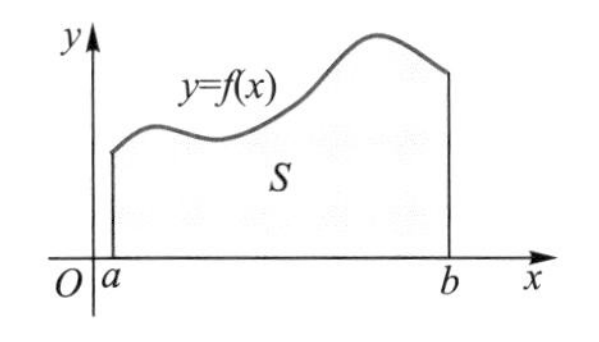

图 6-1 曲边梯形的面积

分析　在初等数学中，我们利用公式计算过矩形、梯形等规则平面图形的面积，而一些不规则的平面图形的面积就没有计算公式了. 由图 6-1 不难看出，曲边梯形和规则的梯形是不同的，所以不能用梯形的面积公式来计算它的面积，必须另寻方法. 不过，我们看到 $f(x)$ 在区间 $[a,b]$ 上是连续变化的，因此，考虑把区间 $[a,b]$ 划分成许多小区间，在很小的一段区间上 $f(x)$ 变化不大. 这样我们就采取“以直代曲”的方法，在每一个小区间上任选一点，以该点处的函数值为高、小区间的长度为底，作一个小矩形，用小矩形的面积来近似代替这个小区间上小曲边梯形的面积，如图 6-2 所示. 然后把所有的小矩形面积之和作为曲边梯形面积的近似值. 当区间 $[a,b]$ 无限细分，即每个小区间的长度都趋于零时，这个近似值的极限就是曲边梯形的面积. 下面我们按这样的思路，来得到所求的面积.

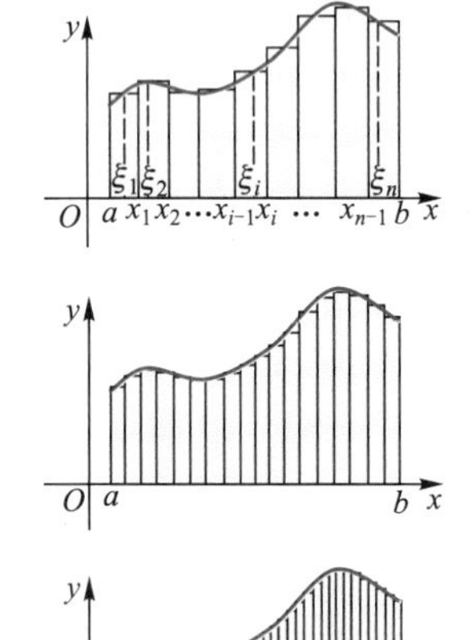

图 6-2 划分越细密，小矩形面积之和越接近曲边梯形面积

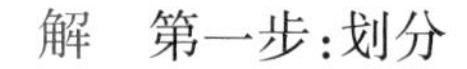

解　第一步：划分

在 $[a,b]$ 内任意插入 $n-1$ 个分点 $a=x_0<x_1<x_2<\cdots<x_n=b$，将 $[a,b]$ 分成 n 个小区间 $[x_0,x_1]$，$[x_1,x_2]$，$\cdots$，$[x_{n-1},x_n]$，我们也将这个过程称为对区间 $[a,b]$ 的一个**划分**(partition). 这些小区间的长度分别记为

$$\Delta x_i = x_i - x_{i-1}\quad (i=1,2,\cdots,n);$$

第二步：近似替代

在 $[x_{i-1},x_i]$ 上任意取一点 ξ_i，将以 $f(\xi_i)$ 为高，Δx_i 为宽的矩形面积近似看作第 i 个小曲边梯形的面积，记第 i 个小曲边梯形的面积为 $\Delta S_i\ (i=1,2,\cdots,n)$，则

$$\Delta S_i \approx f(\xi_i)\cdot \Delta x_i;$$

定积分的概念

第三步：求和

曲边梯形的面积 S 等于各个小曲边梯形面积之和，将 n 个小矩形的面积求和就得到曲边梯形总面积的近似值，即

$$S=\sum_{i=1}^{n}\Delta S_i\approx\sum_{i=1}^{n}f(\xi_i)\cdot\Delta x_i;$$

第四步:取极限

记 $\Delta x=\max\limits_{1\leqslant i\leqslant n}\{\Delta x_i\}$，当 $\Delta x\to 0$ 时,每一个 $\Delta x_i\to 0(i=1,2,\cdots,n)$，由实际问题可知和式 $\sum\limits_{i=1}^{n}f(\xi_i)\cdot\Delta x_i$ 的极限存在,且极限值就是曲边梯形的面积,即

$$S=\lim_{\Delta x\to 0}\sum_{i=1}^{n}f(\xi_i)\cdot\Delta x_i. \tag{6.1}$$

□

例 2　求变速直线运动的路程 s.

设某物体做变速直线运动,已知速度 $v=v(t)$ 是时间变量 t 的非负连续函数,求在时间段 $[A,B]$ 内该物体所经过的路程 s.

分析　虽然本例与例 1 是两个具有不同实际背景的问题,但是它们有某些内在的共同点. 既然在解决例 1 时可以“以直代曲”,在本例中也可以考虑“以匀速代变速”的方法来解决.

解　第一步:划分

任意插入 $n-1$ 个分点 $A=t_0<t_1<t_2<\cdots<t_n=B$,将 $[A,B]$ 划分成 n 个小时间段 $[t_0,t_1]$, $[t_1,t_2]$, $\cdots$, $[t_{n-1},t_n]$. 这些小时间段的长记为

$$\Delta t_i=t_i-t_{i-1}\quad(i=1,2,\cdots,n);$$

第二步:近似替代

在 $[t_{i-1},t_i]$ 上任意取一个时刻 τ_i，将这个小时间段上物体的运动看作速度为 $v(\tau_i)$ 的匀速运动. 设在第 i 个小时间段内物体的路程为 Δs_i $(i=1,2,\cdots,n)$，则

$$\Delta s_i\approx v(\tau_i)\cdot\Delta t_i;$$

第三步:求和

将 n 个小时间段上的近似路程求和,便得到总路程的近似值,即

$$s=\sum_{i=1}^{n}\Delta s_i\approx\sum_{i=1}^{n}v(\tau_i)\cdot\Delta t_i;$$

第四步:取极限

记 $\Delta t=\max\limits_{1\leqslant i\leqslant n}\{\Delta t_i\}$，当 $\Delta t\to 0$ 时(此时必有每一个 $\Delta t_i\to 0$),由实际问题可知和式 $\sum\limits_{i=1}^{n}v(\tau_i)\cdot\Delta t_i$ 的极限存在,且极限值就是变速直线运动的路程,即

$$s=\lim_{\Delta t\to 0}\sum_{i=1}^{n}v(\tau_i)\cdot\Delta t_i. \tag{6.2}$$

□

对比(6.1)式和(6.2)式,我们发现上述两个例子都将问题归结为求一个和式的极限.

其实,还有很多实际问题都可以用这种方法解决,其结果也都可归结为求和式的极限,例如,已知产品产量的速度函数 $q(t)$,求一个时间段内的总产量;已知细菌的繁殖速度 $b(t)$,求一个时间段内的细菌增长总量;求水库闸门在一定高度范围内受到的总压力,等等. 因此,数学家们将这类和式极限的实际背景去掉,抽象出定积分的概念.

二、定积分的定义

定义 6.1 设函数 $f(x)$ 在区间 $[a,b]$ 上有界,任意插入 $n-1$ 个分点 $a=x_0<x_1<x_2<\cdots<x_n=b$ 把 $[a,b]$ 划分成 n 个小区间,每个小区间的长度记为 $\Delta x_i=x_i-x_{i-1}(i=1,2,\cdots,n)$,在每个小区间 $[x_{i-1},x_i]$ 上任意取一点 ξ_i,作和

$$S_n=\sum_{i=1}^{n}f(\xi_i)\cdot\Delta x_i,$$

设 $\Delta x=\max\limits_{1\leqslant i\leqslant n}\{\Delta x_i\}$,若极限 $\lim\limits_{\Delta x\to 0}\sum\limits_{i=1}^{n}f(\xi_i)\cdot\Delta x_i$ 总存在,且极限值与 $[a,b]$ 的划分方法及点 ξ_i 的取法无关,则称函数 $f(x)$ 在区间 $[a,b]$ 上**可积**,并称此极限值为函数 $f(x)$ 在区间 $[a,b]$ 上的**定积分**(definite integral),记为 $\int_a^b f(x)\mathrm{d}x$, 即

$$\int_a^b f(x)\mathrm{d}x=\lim_{\Delta x\to 0}\sum_{i=1}^{n}f(\xi_i)\cdot\Delta x_i, \tag{6.3}$$

其中 $f(x)$ 称为**被积函数**(integrand),$[a,b]$ 称为**积分区间**(interval of integration),a 称为**积分下限**(lower limit of integration),b 称为**积分上限**(upper limit of integration),x 称为**积分变量**(integral variable),和式 S_n 称为**积分和**或**黎曼和**(Riemann sum).

关于定积分的概念给出以下几点注意:

(1) 在定义中,当 $\Delta x\to 0$ 时,必有划分出的小区间个数 $n\to\infty$. 但是,一般情况下由 $n\to\infty$ 不能得到 $\Delta x\to 0$. 特别地,如果对区间做均匀划分(每个小区间长度相等),那么 $\Delta x\to 0$ 与 $n\to\infty$ 是等价的.

（2）若函数 $f(x)$ 在区间 $[a,b]$ 上可积，则定积分 $\int_a^b f(x)\mathrm{d}x$ 是一个**常数**，它仅与被积函数 $f(x)$ 和积分区间 $[a,b]$ 有关，而与 $[a,b]$ 的划分方法和点 ξ_i 的取法无关.

（3）$\int_a^b f(x)\mathrm{d}x$ 与积分变量用什么字母表示无关，即有

$$\int_a^b f(x)\mathrm{d}x=\int_a^b f(t)\mathrm{d}t=\int_a^b f(u)\mathrm{d}u.$$

（4）定义中明确要求被积函数在积分区间上有界，被积函数有界不一定可积（例如，有界但处处不连续的函数就是不可积的），所以被积函数有界是可积的必要条件. 另外，如果被积函数无界，那么此时的积分属于反常积分（**知识预告**：本章 §6.6 瑕积分）.

那么，什么样的函数一定可积呢？有以下结论.

可积的充分条件：

① 闭区间上的连续函数是可积的；

② 闭区间上只有有限个间断点的有界函数是可积的.

（5）在定积分定义及记号 $\int_a^b f(x)\mathrm{d}x$ 中，实际上假定了 $a<b$，且从 a 到 b 插入分点后也限定了 $\Delta x_i>0$，而 $\int_b^a f(x)\mathrm{d}x$ 则表示从 b 到 a 插入分点，则 $\Delta x_i<0$，故有

$$\int_b^a f(x)\mathrm{d}x=-\int_a^b f(x)\mathrm{d}x, \tag{6.4}$$

这表明，定积分的上限与下限互换时，定积分的值变号.

特别地，当 $a=b$ 时，有

$$\int_a^a f(x)\mathrm{d}x=0.$$

三、定积分的几何意义

由例 1 及定积分的定义可知，若在区间 $[a,b]$ 上连续函数 $f(x)\geqslant 0$，$a<b$，则函数 $y=f(x)$ 在积分区间 $[a,b]$ 上的定积分，就是由曲线 $y=f(x)$，直线 $x=a$，$x=b$ 及 x 轴所围成的曲边梯形的面积 S_1，如图 6-3(a) 所示，即

$$\int_a^b f(x)\mathrm{d}x=S_1 \quad (f(x)\geqslant 0).$$

这就是定积分的几何意义. 它反映了在一定条件下，定积分与曲边梯形面积间的数量关系.

如果在区间$[a,b]$上连续函数$f(x)\leqslant 0$,由定积分的定义容易知道,此时$\int_a^b f(x)\mathrm{d}x\leqslant 0$,它其实就是由曲线$y=f(x)$,直线$x=a$,$x=b$及$x$轴所围成的曲边梯形的面积$S_2$的相反数,如图6-3(b)所示,即

$$\int_a^b f(x)\mathrm{d}x=-S_2 \quad (f(x)\leqslant 0).$$

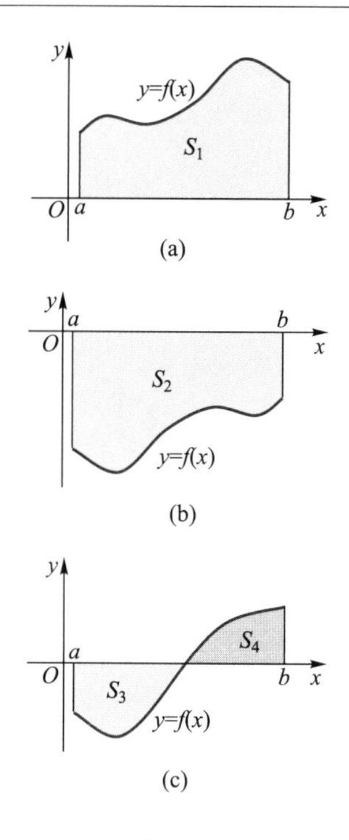

图6-3 定积分的几何意义

若连续函数$f(x)$在区间$[a,b]$上的取值是任意的,则函数$y=f(x)$在积分区间$[a,b]$上的定积分,就是曲线$y=f(x)$与直线$x=a$,$x=b$,$y=0$围成的x轴上方图形的面积与x轴下方图形的面积之差(**知识预告**:本章6.2定积分的基本性质).例如,图6-3(c)所示的情形,有

$$\int_a^b f(x)\mathrm{d}x=S_4-S_3.$$

由此定积分的几何意义及上述关系式可知,可以利用定积分求得一个平面图形的面积,也可以利用面积求出定积分的值.请看下面的例子.

例3 利用定义求定积分$\int_0^1 x^2\mathrm{d}x$,并解释其几何意义.

分析 因函数$y=x^2$在$[0,1]$上连续,故可积.因此,不论对区间$[0,1]$划分及点ξ_i取法如何,都不影响定积分$\int_0^1 x^2\mathrm{d}x$的值.为方便计算,不妨取$[0,1]$的一个特殊划分和特殊的点ξ_i进行计算.

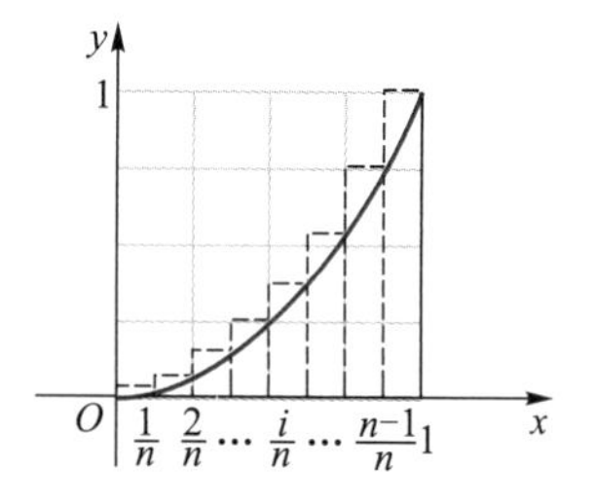

图6-4 例3的图形

解 将区间$[0,1]$ n等分,如图6-4所示,分点为$x_i=\frac{i}{n}$,则$\Delta x_i=\frac{1}{n}$ $(i=1,2,\cdots,n)$,再取点$\xi_i=x_i=\frac{i}{n}$,于是积分和为

$$S_n=\sum_{i=1}^{n} f(\xi_i)\cdot\Delta x_i=\sum_{i=1}^{n}\left(\frac{i}{n}\right)^2\cdot\frac{1}{n}$$

$$=\frac{1}{n^3}\cdot\frac{n(n+1)(2n+1)}{6}=\frac{(n+1)(2n+1)}{6n^2},$$

$$\lim_{\Delta x\to 0} S_n=\lim_{n\to\infty}\frac{(n+1)(2n+1)}{6n^2}=\frac{1}{3},$$

即有

$$\int_0^1 x^2\mathrm{d}x=\frac{1}{3}.$$

其几何意义为:抛物线$y=x^2$与直线$x=0$,$x=1$及x轴所围成的图形的面积$S=\int_0^1 x^2\mathrm{d}x=\frac{1}{3}$. □

例 4　利用定积分的几何意义求定积分 $\int_0^2 \sqrt{1-(x-1)^2}\,\mathrm{d}x$.

分析　本题中的被积函数为

$y=\sqrt{1-(x-1)^2}$, 即 $y^2+(x-1)^2=1\quad(y\geqslant 0)$,

其图像为一个单位圆的上半部分,如图 6-5 所示. 容易计算这个半圆的面积,根据定积分的几何意义,这个面积值也就是该定积分的值.

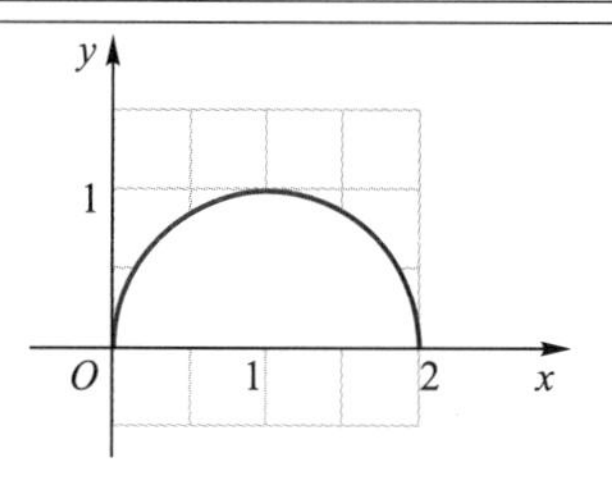

图 6-5 例 4 的图形

解　该定积分的被积函数为 $y=\sqrt{1-(x-1)^2}\,(0\leqslant x\leqslant 2)$, 所以这个定积分的值就是由曲线 $y=\sqrt{1-(x-1)^2}$ 和 x 轴所围成的半圆的面积,如图 6-5 所示,利用圆的面积公式知该半圆的面积为 $\frac{\pi}{2}$, 故有

$$\int_0^2 \sqrt{1-(x-1)^2}\,\mathrm{d}x=\frac{\pi}{2}.$$ □

同步训练

分别利用定积分的几何意义和定积分的定义两种方法求定积分 $\int_a^b 2x\,\mathrm{d}x\ (0<a<b)$.

§6.2 定积分的基本性质

上节学习了定积分的定义,但是利用定义计算定积分的值太麻烦,为了寻求计算定积分的方法,我们来了解定积分的基本性质. 假设下面涉及的函数均是可积的.

性质 1　$$\int_a^b \mathrm{d}x=b-a. \tag{6.5}$$

由定义可直接得出. ■

性质 2(线性性质)　设 k_1,k_2 为常数,则有

$$\int_a^b [k_1 f(x)+k_2 g(x)]\,\mathrm{d}x=k_1\int_a^b f(x)\,\mathrm{d}x+k_2\int_a^b g(x)\,\mathrm{d}x. \tag{6.6}$$

证明　由定义式(6.3)和极限的性质,有

$$\begin{aligned}&\int_a^b [k_1 f(x)+k_2 g(x)]\,\mathrm{d}x\\&=\lim_{\Delta x\to 0}\sum_{i=1}^{n}[k_1 f(\xi_i)+k_2 g(\xi_i)]\cdot\Delta x_i\\&=\lim_{\Delta x\to 0}k_1\sum_{i=1}^{n}f(\xi_i)\cdot\Delta x_i+\lim_{\Delta x\to 0}k_2\sum_{i=1}^{n}g(\xi_i)\cdot\Delta x_i\\&=k_1\int_a^b f(x)\,\mathrm{d}x+k_2\int_a^b g(x)\,\mathrm{d}x.\end{aligned}$$ ■

推论 1　一般地，设 $k_1,k_2,\cdots,k_n$ 为有限个常数，则有

$$\int_a^b[k_1f_1(x)+k_2f_2(x)+\cdots+k_nf_n(x)]\mathrm{d}x$$

$$=k_1\int_a^bf_1(x)\mathrm{d}x+k_2\int_a^bf_2(x)\mathrm{d}x+\cdots+k_n\int_a^bf_n(x)\mathrm{d}x. \qquad (6.7)$$

推论 2　当 $k_1=1,k_2=\pm1$ 时，有

$$\int_a^b[f(x)\pm g(x)]\mathrm{d}x=\int_a^bf(x)\mathrm{d}x\pm\int_a^bg(x)\mathrm{d}x.$$

推论 3　当 $k_2=0$ 时，可得

$$\int_a^bk_1f(x)\mathrm{d}x=k_1\int_a^bf(x)\mathrm{d}x.$$

性质 3（定积分的可加性）　设 a,b,c 为不相同的常数，则有

$$\int_a^bf(x)\mathrm{d}x=\int_a^cf(x)\mathrm{d}x+\int_c^bf(x)\mathrm{d}x. \qquad (6.8)$$

证明　(1) 若 $a<c<b$，则由 $f(x)$ 在 $[a,b]$ 上可积可知，积分和

$$S_n=\sum_{i=1}^{n}f(\xi_i)\cdot\Delta x_i$$

的极限存在（当 $\Delta x\to0$ 时），且此极限值与 $[a,b]$ 的划分方法无关．因此，在划分 $[a,b]$ 时，总取 c 为一个分点，记 T_{n_1} 和 U_{n_2} 分别为 $f(x)$ 在 $[a,c]$ 和 $[c,b]$ 上的积分和，于是有

$$S_n=T_{n_1}+U_{n_2}.$$

由于 Δx 为 $[a,b]$ 上小区间的最大宽度，故当 $\Delta x\to0$ 时，由极限性质和定积分定义可得

$$\lim_{\Delta x\to0}S_n=\lim_{\Delta x\to0}T_{n_1}+\lim_{\Delta x\to0}U_{n_2},$$

即

$$\int_a^bf(x)\mathrm{d}x=\int_a^cf(x)\mathrm{d}x+\int_c^bf(x)\mathrm{d}x.$$

(2) 若 $c<a<b$，则由 (1) 有

$$\int_c^bf(x)\mathrm{d}x=\int_c^af(x)\mathrm{d}x+\int_a^bf(x)\mathrm{d}x,$$

移项得

$$\int_a^bf(x)\mathrm{d}x=-\int_c^af(x)\mathrm{d}x+\int_c^bf(x)\mathrm{d}x$$

$$=\int_a^cf(x)\mathrm{d}x+\int_c^bf(x)\mathrm{d}x.$$

对于 a,b,c 大小关系的其他情形，可与 (2) 类似地讨论．■

思考与讨论　性质 3 可以用于哪些情况？

研讨结论________________

____

性质 4(定积分的可比性)　当 $a<b$ 时,如果对任意 $x\in[a,b]$,恒有

$$f(x)\geqslant g(x),$$

那么

$$\int_a^b f(x)\mathrm{d}x \geqslant \int_a^b g(x)\mathrm{d}x.$$

当 $f(x)\equiv g(x)$ 时,等号成立.

证明　因为 $f(x)\geqslant g(x)$,即 $f(x)-g(x)\geqslant 0$,由定积分的性质 2 的推论、定义及极限的性质有

$$\int_a^b f(x)\mathrm{d}x - \int_a^b g(x)\mathrm{d}x = \int_a^b [f(x)-g(x)]\mathrm{d}x$$

$$=\lim_{\Delta x\to 0}\sum_{i=1}^{n}[f(\xi_i)-g(\xi_i)]\cdot\Delta x_i \geqslant 0,$$

移项即得结论. ■

推论 1(定积分的保号性)　设在 $[a,b]$ 上总有 $f(x)\geqslant 0$,则

$$\int_a^b f(x)\mathrm{d}x \geqslant 0 \quad (a<b),$$

当 $f(x)\equiv 0$ 时,等号成立.

证明　性质 4 中取 $g(x)=0$,则 $\int_a^b f(x)\mathrm{d}x \geqslant \int_a^b g(x)\mathrm{d}x = 0$. ■

推论 2　$\left|\int_a^b f(x)\mathrm{d}x\right| \leqslant \int_a^b |f(x)|\mathrm{d}x\ (a<b)$.

注意到 $-|f(x)|\leqslant f(x)\leqslant |f(x)|$,请读者自行证明推论 2. ■

性质 5(定积分的可估性)　设 $f(x)$ 在积分区间 $[a,b]$ 上的最小值和最大值分别为 m 和 M, 则

$$m(b-a)\leqslant \int_a^b f(x)\mathrm{d}x \leqslant M(b-a). \tag{6.9}$$

证明　因为 $m\leqslant f(x)\leqslant M$,由性质 4,性质 2 的推论 3 和性质 1 可证. ■

性质 6(积分中值定理)　若 $f(x)$ 在区间 $[a,b]$ 上连续,则在积分区间 $[a,b]$ 上至少存在一点 ξ, 使得

$$\int_a^b f(x)\mathrm{d}x = f(\xi)(b-a). \tag{6.10}$$

证明　因 $f(x)$ 在区间 $[a,b]$ 上连续,故 $f(x)$ 在 $[a,b]$ 上可取得最大值 M 和最小值 m. 于是,由性质 5 有

$$m(b-a) \leqslant \int_a^b f(x)\mathrm{d}x \leqslant M(b-a),$$

即有

$$m \leqslant \frac{1}{b-a}\int_a^b f(x)\mathrm{d}x \leqslant M,$$

再由闭区间上连续函数的介值定理可知，至少存在一点 $\xi \in [a,b]$，使得

$$f(\xi) = \frac{1}{b-a}\int_a^b f(x)\mathrm{d}x,$$

亦即

$$\int_a^b f(x)\mathrm{d}x = f(\xi)(b-a).$$ ■

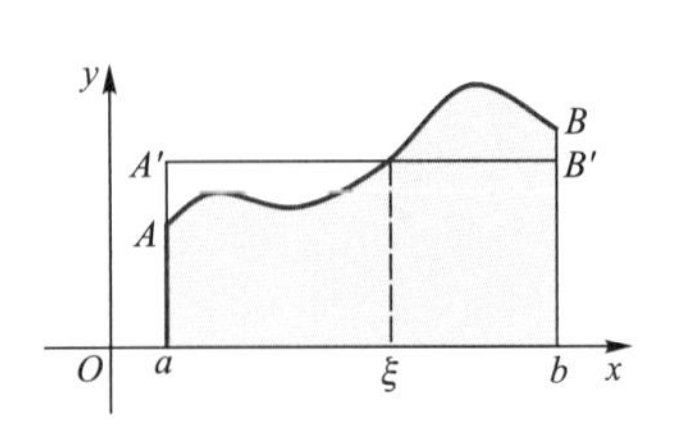

图 6-6 性质 6 的几何意义

性质 6 的几何意义如图 6-6 所示，曲边梯形 $AabB$ 的面积等于矩形 $A'abB'$ 的面积．通常，称 $f(\xi) = \frac{1}{b-a}\int_a^b f(x)\mathrm{d}x$ 为函数 $f(x)$ 在区间 $[a,b]$ 上的平均值．

易知，不论 $a<b$ 还是 $a>b$ 公式(6.10)总是成立的.

需要注意，在这些性质中有的要求 $a<b$，如性质 4 及其推论和性质 5，而其他的性质则没有这个要求.

思考与讨论　请仔细对比积分中值定理和微分中值定理及其中的两个公式，两者之间有何联系？当将两个公式的右侧化为完全相同时，再观察两个公式的左侧，有什么发现？

研讨结论____.

例 1　比较定积分 $\int_0^1 x^2\mathrm{d}x$ 与 $\int_0^1 x^3\mathrm{d}x$ 的大小.

解　因在区间 $[0,1]$ 上有 $x^2 \geqslant x^3$，且不恒取等号，故当 $x \in [0,1]$ 时，由性质 4 有

$$\int_0^1 x^2\mathrm{d}x > \int_0^1 x^3\mathrm{d}x.$$ □

例 2　估计定积分 $\int_{-1}^1 x^3\mathrm{d}x$ 的范围.

解　令 $f(x)=x^3$，易知 $f(x)$ 在区间 $[-1,1]$ 上单调增加，则不难求得最大值 M 和最小值 m 分别为

$$M=1,\quad m=-1.$$

而且 $f(x)$ 不恒等于 M，也不恒等于 m，于是由性质 5 可知

$$-2 < \int_{-1}^1 x^3\mathrm{d}x < 2.$$ □

同步训练

估计定积分 $\int_1^2 x\mathrm{d}x$ 的值.

§6.3 微积分基本定理

通过前两节的学习,了解了定积分的定义和性质,可是定积分的计算仍是个难题. 而且不定积分与定积分是从两个完全不同的角度引入的概念,它们之间到底有什么关系呢? 这也是一个我们很想知道的问题. 先考虑下面的关于速度和路程问题,看看能得到什么样的意外惊喜.

当物体以非负连续速度 $v(t)$ 从时刻 a 到时刻 b 运动时,路程 $s(t)$ 的变化为

$$s(b)-s(a).$$

从本章第一节例 2 介绍的速度 $v(t)$ 与路程 $s(t)$ 的关系知道,

$$s(b)-s(a)=\int_a^b v(t)\,\mathrm{d}t,$$

而第 3 章的内容说明 $s'(t)=v(t)$ (知识回顾: §3.1 例 1),即 $s(t)$ 是 $v(t)$ 的一个原函数. 于是, $v(t)$ 在 $[a,b]$ 上的定积分是其某个原函数 $s(t)$ 在区间端点的函数值之差.

这个结果让我们很兴奋,说明定积分和不定积分有密切的联系. 不过这是个偶然现象还是普遍规律呢? 为了找到问题的答案,需要一个重要的函数——积分限函数.

一、积分上限函数

定义 6.2　设函数 $f(x)$ 在闭区间 $[a,b]$ 上可积, x 是区间 $[a,b]$ 上的任意一点,则 $\int_a^x f(t)\,\mathrm{d}t$ 是定义在区间 $[a,b]$ 上的函数(对于每一个确定的 x, 都有一个确定的定积分 $\int_a^x f(t)\,\mathrm{d}t$ 的值与之对应), 称为**积分上限函数**或**变上限积分函数**(integral with changing upper limit),记为 $\Phi(x)$ (如图 6-7 所示),即

$$\Phi(x)=\int_a^x f(t)\,\mathrm{d}t,\quad x\in[a,b].$$

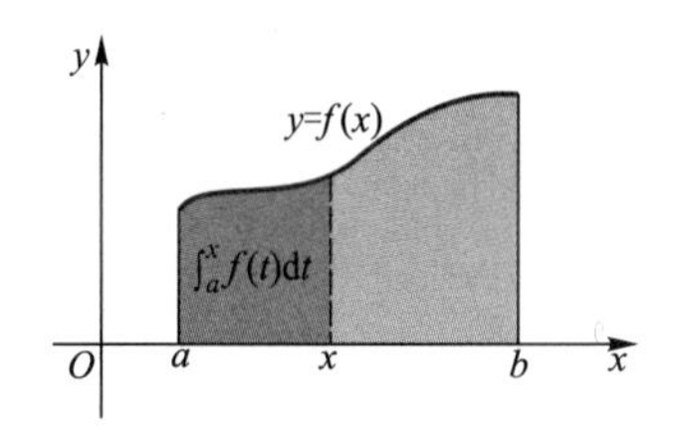

图 6-7 积分上限函数

类似地,也可以定义**积分下限函数**(integral with changing lower limit)为 $\Psi(x)=\int_x^b f(t)\,\mathrm{d}t, x\in[a,b]$. 积分上限函数和积分下限函数统称为**积分限函数**或**变限积分函数**(integral with changing limit)

积分限函数

对于积分限函数给出以下几点说明:

(1) $\int_a^x f(t)\mathrm{d}t$ 是定义在函数 f 的积分区间上的函数，随着 x 的变化而变化，并不是一个固定的定积分值.

(2) 积分限函数像我们以前学过的其他函数一样，也可以讨论其复合、极限、连续性、导数和极值等问题.

(3) 根据函数的复合以及定积分的性质 3，还可以得到其他形式的积分限函数，例如 $\int_1^{e^x}\ln t\mathrm{d}t$，$\int_x^{\sin x}\sqrt{1+t^4}\mathrm{d}t$ 等.

定理 6.1（原函数存在性定理） 若函数 $f(x)$ 在闭区间 $[a,b]$ 上连续，则积分上限函数 $\Phi(x)=\int_a^x f(t)\mathrm{d}t$ 为 $f(x)$ 在 $[a,b]$ 上的一个原函数，即有

$$\Phi'(x)=\left(\int_a^x f(t)\mathrm{d}t\right)'=f(x). \tag{6.11}$$

证明 设 $x,x+\Delta x\in(a,b)(\Delta x\neq 0)$，于是

$$\begin{aligned}\Delta\Phi&=\Phi(x+\Delta x)-\Phi(x)\\&=\int_a^{x+\Delta x}f(t)\mathrm{d}t-\int_a^x f(t)\mathrm{d}t\\&=\int_x^{x+\Delta x}f(t)\mathrm{d}t\text{（由可加性）},\end{aligned}$$

因 $f(x)$ 在 $[a,b]$ 上连续，所以，由积分中值定理得

$$\Delta\Phi=\int_x^{x+\Delta x}f(t)\mathrm{d}t=f(\xi)\Delta x,$$

其中 ξ 在 x 与 $x+\Delta x$ 之间，因此，当 $\Delta x\to 0$ 时，$\xi\to x$. 于是，有

$$\Phi'(x)=\lim_{\Delta x\to 0}\frac{\Delta\Phi}{\Delta x}=\lim_{\xi\to x}f(\xi)=f(x).$$

当 $x=a$ 时，$\Delta x>0$，则可得到

$$\Phi'_+(a)=f(a);$$

当 $x=b$ 时，$\Delta x<0$，则可得到

$$\Phi'_-(b)=f(b),$$

定理得证. ■

通过定理 6.1，我们知道积分上限函数的导数就是被积函数本身，利用这一点还可以求其他形式的积分限函数的导数.

例 1 求下列函数的导数：

(1) $\Phi(x)=\int_0^x e^t\mathrm{d}t$； (2) $\Phi(x)=\int_2^x\frac{\sin t^3}{\ln(t^2+\sqrt{t-1})}\mathrm{d}t$.

解 (1) 由公式(6.11)可知

$$\Phi'(x)=\left(\int_0^x \mathrm{e}^t\mathrm{d}t\right)'=\mathrm{e}^x.$$

(2) $$\Phi'(x)=\left(\int_2^x \frac{\sin t^3}{\ln(t^2+\sqrt{t-1})}\mathrm{d}t\right)'=\frac{\sin x^3}{\ln(x^2+\sqrt{x-1})}.$$ □

例 2　求下列函数的导数：

(1) $f(x)=\int_x^5 \cos\sqrt{1+t^2}\,\mathrm{d}t$;　　(2) $f(x)=\int_1^{\mathrm{e}^x}\ln t\mathrm{d}t$;

(3) $f(x)=\int_x^{\sin x}\sqrt{1+t^4}\,\mathrm{d}t$.

分析　这三个函数都不是定理 6.1 中的积分上限函数，所以不能直接用公式(6.11). (1) 中的积分下限函数可以直接用公式(6.4)化为积分上限函数；(2) 中的函数是积分上限函数与指数函数的复合，需要用复合函数求导法来求；(3) 中的函数可根据定积分的性质 3 分成(1)和(2)中的函数类型，再利用求导法则来求导.

解　(1) 由公式(6.4)可知

$$f(x)=\int_x^5 \cos\sqrt{1+t^2}\,\mathrm{d}t=-\int_5^x \cos\sqrt{1+t^2}\,\mathrm{d}t,$$

所以

$$f'(x)=\left(-\int_5^x \cos\sqrt{1+t^2}\,\mathrm{d}t\right)'=-\cos\sqrt{1+x^2}.$$

(2) 将 $f(x)$ 视为 $g(u)=\int_1^u \ln t\mathrm{d}t$ 与 $u=\mathrm{e}^x$ 的复合函数，即 $f(x)=g[u(x)]$，则由复合函数求导法则，有

$$f'(x)=g'(u)\cdot u'(x)=\ln u\cdot \mathrm{e}^x=x\mathrm{e}^x.$$

(3) 将 $f(x)$ 改写为

$$f(x)=\int_x^a \sqrt{1+t^4}\,\mathrm{d}t+\int_a^{\sin x}\sqrt{1+t^4}\,\mathrm{d}t\quad(a\text{ 为常数})$$
$$=-\int_a^x \sqrt{1+t^4}\,\mathrm{d}t+\int_a^{\sin x}\sqrt{1+t^4}\,\mathrm{d}t,$$

于是有

$$f'(x)=-\sqrt{1+x^4}+\sqrt{1+\sin^4 x}\cos x.$$ □

对于积分限函数的求导，我们总结如下：

设 $\varphi(x),\psi(x)$ 是可导函数，且 $a\leqslant\varphi(x),\psi(x)\leqslant b$，$f(x)$ 是区间 $[a,b]$ 上的连续函数，则

(1) $$\frac{\mathrm{d}}{\mathrm{d}x}\int_a^{\varphi(x)} f(t)\,\mathrm{d}t=f[\varphi(x)]\varphi'(x);\tag{6.12}$$

(2) $$\frac{\mathrm{d}}{\mathrm{d}x}\int_{\psi(x)}^{\varphi(x)} f(t)\,\mathrm{d}t=f[\varphi(x)]\varphi'(x)-f[\psi(x)]\psi'(x).\tag{6.13}$$

同步训练 1

求下列函数的导数：

(1) $f(x)=\int_a^{e^x}\frac{\ln t}{t}dt\quad(a>0)$;

(2) $f(x)=\int_x^{x^2}\sin t dt$.

同步训练 2

(1) 求极限 $\lim\limits_{x\to 0}\frac{\int_0^x\cos^2 t dt}{x}$;

(2) 求函数 $f(x)=\int_0^x t(t-4)dt$ 的极值.

例 3　求极限 $\lim\limits_{x\to 0}\frac{\int_0^x \sin t^2 dt}{x^3}$.

解　所求极限为 $\frac{0}{0}$ 型未定式. 由洛必达法则,可得

$$\lim_{x\to 0}\frac{\int_0^x \sin t^2 dt}{x^3}=\lim_{x\to 0}\frac{\sin x^2}{3x^2}=\frac{1}{3}.$$ □

例 4　求函数 $f(x)=\int_0^x te^{-t^2}dt$ 的极值.

解　由极值的必要条件

$$f'(x)=xe^{-x^2}=0,$$

得函数的驻点 $x_0=0$. 而

$$f''(0)=(1-2x^2)e^{-x^2}\big|_{x=0}=1>0,$$

所以,该函数的极小值点为 $x_0=0$, 极小值为 $f(0)=0$. □

二、微积分基本公式

定理 6.2(微积分基本定理)　设函数 $f(x)$ 在区间 $[a,b]$ 上连续,而 $F(x)$ 是 $f(x)$ 的任一原函数,则有

$$\int_a^b f(x)dx=F(b)-F(a).$$

证明　因 $F(x)$ 和 $\Phi(x)=\int_a^x f(t)dt$ 都是 $f(x)$ 的原函数,故由原函数的关系可知,它们只相差一个常数,即有

$$\Phi(x)=\int_a^x f(t)dt=F(x)+C\quad(C\text{ 为某一个固定常数}).$$

为了确定 C 的值,取特殊的点 $x=a$ 可得

$$\Phi(a)=\int_a^a f(x)dx=0=F(a)+C,$$

于是,有

$$C=-F(a),$$

所以

$$\Phi(x)=F(x)-F(a).$$

令 $x=b$, 即得

$$\Phi(b)=F(b)-F(a),$$

另一个方面,

$$\Phi(b)=\int_a^b f(x)\mathrm{d}x$$

即

$$\int_a^b f(x)\mathrm{d}x=F(b)-F(a).$$ ■

注　通常，记 $F(b)-F(a)=F(x)\big|_a^b$，即

$$\int_a^b f(x)\mathrm{d}x=F(x)\big|_a^b=F(b)-F(a).\tag{6.14}$$

此公式叫作**微积分基本公式**，也称为**牛顿-莱布尼茨**(Newton-Leibniz)**公式**.

牛顿

公式(6.14)表明，求已知函数 $f(x)$ 在区间 $[a,b]$ 上的定积分只需求出 $f(x)$ 在 $[a,b]$ 上的**任一个**原函数 $F(x)$，然后计算 $F(x)$ 由下限 a 到上限 b 的增量 $F(b)-F(a)$ 即可．这个公式既告诉我们求定积分的简单方法，又揭示了定积分与不定积分之间密切而神奇的联系．在本章开头关于速度和路程的关系正好符合这一规律．

莱布尼茨

思考与讨论　用 $f(x)$ 的两个不同的原函数 $F(x)$ 和 $G(x)$，通过牛顿-莱布尼茨公式来计算 $\int_a^b f(x)\mathrm{d}x$，会不会出现不同的结果？

研讨结论____________________________________.

例5　求定积分 $\int_0^1 x^2\mathrm{d}x$ 及 $\int_a^b x^2\mathrm{d}x$.

解　$$\int_0^1 x^2\mathrm{d}x=\frac{1}{3}x^3\Big|_0^1=\frac{1}{3}(1^3-0^3)=\frac{1}{3},$$

$$\int_a^b x^2\mathrm{d}x=\frac{1}{3}x^3\Big|_a^b=\frac{1}{3}(b^3-a^3).$$ □

本例在上节中已按定积分的定义计算过，结果当然是一样，但用公式(6.14)计算就简单多了．

例6　求下列定积分：

(1) $\int_{-1}^{-3}\frac{\mathrm{d}x}{x}$；　(2) $\int_0^{\pi}\sin^2\frac{x}{2}\mathrm{d}x$；　(3) $\int_0^2|x-1|\mathrm{d}x$.

解　(1) $$\int_{-1}^{-3}\frac{\mathrm{d}x}{x}=\ln|x|\Big|_{-1}^{-3}=\ln 3;$$

(2) $$\int_0^{\pi}\sin^2\frac{x}{2}\mathrm{d}x=\int_0^{\pi}\frac{1}{2}(1-\cos x)\mathrm{d}x$$

$$=\frac{1}{2}\left(\int_0^{\pi}\mathrm{d}x-\int_0^{\pi}\cos x\mathrm{d}x\right)$$

$$=\frac{1}{2}\left(x\big|_0^{\pi}-\sin x\big|_0^{\pi}\right)$$

$$= \frac{1}{2}[(\pi - 0) - (\sin\pi - \sin 0)] = \frac{\pi}{2};$$

(3) 因为函数 $|x-1|$ 在区间 $[0,2]$ 上表达式不相同,所以该积分需要分区间考虑,利用定积分的性质 3 有

$$\begin{aligned}\int_0^2 |x-1|\mathrm{d}x &= \int_0^1 |x-1|\mathrm{d}x + \int_1^2 |x-1|\mathrm{d}x \\ &= \int_0^1 (1-x)\mathrm{d}x + \int_1^2 (x-1)\mathrm{d}x \\ &= \left(x - \frac{x^2}{2}\right)\Big|_0^1 + \left(\frac{x^2}{2} - x\right)\Big|_1^2 \\ &= \left(1 - \frac{1^2}{2} - 0\right) + \left(\frac{2^2}{2} - 2 - \frac{1^2}{2} + 1\right) \\ &= 1.\end{aligned}$$

□

§6.4 定积分的计算方法

由牛顿-莱布尼茨公式,我们知道计算定积分,其实就是先计算不定积分,找到一个原函数,再计算原函数在 $[a,b]$ 上的增量就可以了. 所以不定积分的计算方法也可以用在定积分的计算中. 我们在学习过程中,要注意的是同一个方法在不定积分与定积分计算中的不同之处.

一、定积分的换元积分法

定积分的换元积分法

定理 6.3 设函数 $f(x)$ 在区间 $[a,b]$ 上连续,而函数 $x=\varphi(t)$ 满足下列条件:

(1) $\varphi(\alpha)=a$, $\varphi(\beta)=b$;

(2) $\varphi(t)$ 是定义在以 α,β 为端点的区间上的单调函数;

(3) $\varphi'(t)$ 在以 α,β 为端点的区间上连续,

则有**换元积分公式**

$$\int_a^b f(x)\mathrm{d}x = \int_\alpha^\beta f[\varphi(t)]\varphi'(t)\mathrm{d}t. \tag{6.15}$$

证明 设 $F(x)$ 是 $f(x)$ 的一个原函数,则

$$\int_a^b f(x)\mathrm{d}x = F(b) - F(a),$$

而 $F[\varphi(t)]$ 是 $f[\varphi(t)]\varphi'(t)$ 的一个原函数,故

$$\int_\alpha^\beta f[\varphi(t)]\varphi'(t)\mathrm{d}t = F[\varphi(t)]\Big|_\alpha^\beta = F[\varphi(\beta)] - F[\varphi(\alpha)]$$

$$= F(b) - F(a),$$

从而有

$$\int_a^b f(x)\mathrm{d}x = \int_\alpha^\beta f[\varphi(t)]\varphi'(t)\mathrm{d}t.$$

定理得证. ■

例 1　求 $\int_0^a \frac{\mathrm{d}x}{\sqrt{a^2+x^2}}\ (a>0)$.

解　设 $x = a\tan t$, 则 $\mathrm{d}x = a\sec^2 t\mathrm{d}t$. 当 $x=0$ 时, $t=0$; 当 $x=a$ 时, $t=\frac{\pi}{4}$, 于是

$$\int_0^a \frac{\mathrm{d}x}{\sqrt{a^2+x^2}} = \int_0^{\frac{\pi}{4}} \frac{a\sec^2 t}{a\sec t}\mathrm{d}t$$

$$= \int_0^{\frac{\pi}{4}} \sec t\mathrm{d}t = \ln|\sec t + \tan t|\,\Big|_0^{\frac{\pi}{4}}$$

$$= \ln(\sqrt{2}+1).$$ □

若被积函数含有根式,则经常用换元积分法,其目的就是将被积函数中的根号去掉,化为不含根式的函数.

在解题过程中,有几点注意:

(1) 利用 $x=\varphi(t)$ 进行换元时,积分限也要相应地由下限 a 变为 α,下限 b 变为 β.

(2) 求出 $f[\varphi(t)]\varphi'(t)$ 的一个原函数后,直接按牛顿-莱布尼茨公式计算出待求定积分之值,而不必将换元后的变量再代回原变量,这与不定积分有所不同.

(3) 定积分的换元积分法与不定积分的换元积分法类似,也有第一换元法和第二换元法,公式(6.15)就是第二换元法,将其反过来用就是第一换元法.

(4) 计算定积分时,若不作换元,则不必换限.先求出被积函数的一个原函数,然后再用牛顿-莱布尼茨公式计算出待求的定积分.

例 2　求定积分 $\int_0^{\frac{\pi}{2}} \cos x\sin x\mathrm{d}x$.

解法一(上下限随变量变换而变换)

$$\int_0^{\frac{\pi}{2}} \cos x \sin x \mathrm{d}x = \int_0^{\frac{\pi}{2}} \sin x \mathrm{d}(\sin x).$$

设 $\sin x = u$, 则 $\mathrm{d}u = \cos x \mathrm{d}x$, 当 $x = 0$ 时, $u = 0$; 当 $x = \dfrac{\pi}{2}$ 时, $u = 1$. 于是

$$\int_0^{\frac{\pi}{2}} \cos x \sin x \mathrm{d}x = \int_0^1 u \mathrm{d}u = \left.\frac{u^2}{2}\right|_0^1 = \frac{1}{2}.$$

解法二(上下限因不作换元而不变)

$$\int_0^{\frac{\pi}{2}} \cos x \sin x \mathrm{d}x = \int_0^{\frac{\pi}{2}} \sin x \mathrm{d}(\sin x) = \left.\frac{\sin^2 x}{2}\right|_0^{\frac{\pi}{2}} = \frac{1}{2}.$$ □

下面给出在定积分计算中很实用的一个结果.

例3 试证明:若$f(x)$在$[-a,a]$上连续,则有

(1) $\displaystyle\int_{-a}^{a} f(x) \mathrm{d}x = \int_0^a [f(x) + f(-x)] \mathrm{d}x$;

(2) $\displaystyle\int_{-a}^{a} f(x) \mathrm{d}x = \begin{cases} 2\displaystyle\int_0^a f(x) \mathrm{d}x, & \text{若} f(x) \text{为偶函数}, \\ 0, & \text{若} f(x) \text{为奇函数}. \end{cases}$

证明 (1) 由性质3,有

$$\int_{-a}^{a} f(x) \mathrm{d}x = \int_{-a}^{0} f(x) \mathrm{d}x + \int_0^a f(x) \mathrm{d}x,$$

对于上式右端第一项,令 $x = -t$, 则 $\mathrm{d}x = -\mathrm{d}t$, 当 $x = -a$ 时, $t = a$; 当 $x = 0$ 时, $t = 0$. 于是

$$\int_{-a}^{0} f(x) \mathrm{d}x = -\int_a^0 f(-t) \mathrm{d}t = \int_0^a f(-t) \mathrm{d}t = \int_0^a f(-x) \mathrm{d}x,$$

所以

$$\int_{-a}^{a} f(x) \mathrm{d}x = \int_0^a [f(x) + f(-x)] \mathrm{d}x.$$

(2) 若$f(x)$为偶函数,则$f(-x) = f(x)$, 于是由(1)有

$$\int_{-a}^{a} f(x) \mathrm{d}x = \int_0^a [f(x) + f(-x)] \mathrm{d}x = 2\int_0^a f(x) \mathrm{d}x;$$

若$f(x)$为奇函数,则$f(-x) = -f(x)$, 从而

$$\int_{-a}^{a} f(x) \mathrm{d}x = \int_0^a [f(x) + f(-x)] \mathrm{d}x = \int_0^a 0 \mathrm{d}x = 0.$$ □

当被积函数为偶函数或奇函数时,可直接利用上面例子的结论. 例如,

$$\int_{-5}^{5} \frac{x^3 \sin^2 x}{x^4 + 2x^2 + 1} \mathrm{d}x = 0, \quad \int_{-\frac{1}{2}}^{\frac{1}{2}} \frac{\arcsin^2 x}{\sqrt{1 - x^2}} \mathrm{d}x = 2\int_0^{\frac{1}{2}} \frac{\arcsin^2 x}{\sqrt{1 - x^2}} \mathrm{d}x.$$

在三角函数的积分中也有一种常用的换元方式,见下面的例子.

例 4　若$f(x)$在$[0,1]$上连续,证明

(1) $\int_0^{\frac{\pi}{2}} f(\sin x)\mathrm{d}x=\int_0^{\frac{\pi}{2}} f(\cos x)\mathrm{d}x$;

(2) $\int_0^{\pi} xf(\sin x)\mathrm{d}x=\frac{\pi}{2}\int_0^{\pi} f(\sin x)\mathrm{d}x$.

证明　(1) 设 $x=\frac{\pi}{2}-t$, 则 $\mathrm{d}x=-\mathrm{d}t$, 当 $x=0$ 时, $t=\frac{\pi}{2}$; 当 $x=\frac{\pi}{2}$ 时, $t=0$. 于是

$$\int_0^{\frac{\pi}{2}} f(\sin x)\mathrm{d}x=-\int_{\frac{\pi}{2}}^0 f\left[\sin\left(\frac{\pi}{2}-t\right)\right]\mathrm{d}t$$

$$=\int_0^{\frac{\pi}{2}} f(\cos t)\mathrm{d}t=\int_0^{\frac{\pi}{2}} f(\cos x)\mathrm{d}x.$$

(2) 设 $x=\pi-t$, 则 $\mathrm{d}x=-\mathrm{d}t$, 当 $x=0$ 时, $t=\pi$; 当 $x=\pi$ 时, $t=0$. 于是

$$\int_0^{\pi} xf(\sin x)\mathrm{d}x=-\int_{\pi}^0(\pi-t)f[\sin(\pi-t)]\mathrm{d}t$$

$$=\int_0^{\pi}(\pi-t)f(\sin t)\mathrm{d}t$$

$$=\pi\int_0^{\pi} f(\sin t)\mathrm{d}t-\int_0^{\pi} tf(\sin t)\mathrm{d}t$$

$$=\pi\int_0^{\pi} f(\sin x)\mathrm{d}x-\int_0^{\pi} xf(\sin x)\mathrm{d}x,$$

变量替换后又出现了原积分,从形成的方程中解得

$$\int_0^{\pi} xf(\sin x)\mathrm{d}x=\frac{\pi}{2}\int_0^{\pi} f(\sin x)\mathrm{d}x.$$ □

利用上述结果,读者可以自行计算定积分 $\int_0^{\pi}\frac{x\sin x}{2+\cos x}\mathrm{d}x$.

通过定积分的换元积分法,读者可以感受到定积分的计算方法与不定积分的相同和差异,我们要多加练习,熟悉并掌握定积分的换元积分法. 下面一起来学习定积分的分部积分法,同样要留意与不定积分的分部积分法的不同之处.

二、定积分的分部积分法

定积分的分部积分法

定理 6.4　若函数 $u'(x)$ 和 $v'(x)$ 均在区间$[a,b]$上连续,则有**定积分分部积分公式**

$$\int_a^b u(x)v'(x)\mathrm{d}x = u(x)v(x)\Big|_a^b - \int_a^b u'(x)v(x)\mathrm{d}x. \qquad (6.16)$$

证明　由 $[u(x)v(x)]' = u'(x)v(x) + u(x)v'(x)$ 可得

$$\int_a^b [u'(x)v(x) + u(x)v'(x)]\mathrm{d}x = u(x)v(x)\Big|_a^b,$$

移项即得

$$\int_a^b u(x)v'(x)\mathrm{d}x = u(x)v(x)\Big|_a^b - \int_a^b u'(x)v(x)\mathrm{d}x,$$

定理得证. ■

在应用时,公式(6.16)也经常简记为

$$\int_a^b uv'\mathrm{d}x = uv\Big|_a^b - \int_a^b u'v\mathrm{d}x \quad 或 \quad \int_a^b u\mathrm{d}v = uv\Big|_a^b - \int_a^b v\mathrm{d}u.$$

例 5　计算定积分 $\int_0^{\frac{\pi}{2}} \mathrm{e}^x \sin x\mathrm{d}x$.

解　$$\int_0^{\frac{\pi}{2}} \mathrm{e}^x \sin x\mathrm{d}x = \int_0^{\frac{\pi}{2}} \sin x\mathrm{d}\mathrm{e}^x = \mathrm{e}^x\sin x\Big|_0^{\frac{\pi}{2}} - \int_0^{\frac{\pi}{2}} \mathrm{e}^x\cos x\mathrm{d}x$$

$$= \mathrm{e}^{\frac{\pi}{2}} - \int_0^{\frac{\pi}{2}} \cos x\mathrm{d}\mathrm{e}^x$$

$$= \mathrm{e}^{\frac{\pi}{2}} - \left[\mathrm{e}^x\cos x\Big|_0^{\frac{\pi}{2}} - \int_0^{\frac{\pi}{2}} \mathrm{e}^x(\cos x)'\mathrm{d}x\right]$$

$$= \mathrm{e}^{\frac{\pi}{2}} - \left(-1 + \int_0^{\frac{\pi}{2}} \mathrm{e}^x\sin x\mathrm{d}x\right)$$

$$= \mathrm{e}^{\frac{\pi}{2}} + 1 - \int_0^{\frac{\pi}{2}} \mathrm{e}^x\sin x\mathrm{d}x,$$

于是,移项可得

$$\int_0^{\frac{\pi}{2}} \mathrm{e}^x\sin x\mathrm{d}x = \frac{1}{2}\left(\mathrm{e}^{\frac{\pi}{2}} + 1\right).$$ □

例 6　计算积分 $\int_0^1 x\ln x\mathrm{d}x$.

解　记 $f(x) = x\ln x$, 补充定义

$$f(0) = \lim_{x\to 0^+} f(x) = \lim_{x\to 0^+} x\ln x = 0,$$

这时, $f(x)$ 在 $[0,1]$ 上连续.

$$\int_0^1 x\ln x\mathrm{d}x = \int_0^1 \ln x\left(\frac{x^2}{2}\right)'\mathrm{d}x = \int_0^1 \ln x\mathrm{d}\left(\frac{x^2}{2}\right)$$

$$= \frac{x^2}{2}\ln x\Big|_0^1 - \int_0^1 \frac{x^2}{2}(\ln x)'\mathrm{d}x$$

$$= \frac{1}{2}x\cdot(x\ln x)\Big|_0^1 - \int_0^1 \frac{x}{2}\mathrm{d}x$$

$$= 0 - \frac{x^2}{4}\Big|_0^1 = -\frac{1}{4}.$$ □

注　$x^2\ln x\big|_{x=0} = x(x\ln x)\big|_{x=0} = 0$

从定理 6.4 和上述例题可知，定积分的分部积分法和不定积分的分部积分法很相似，使用时的关键都在于对函数 $u(x)$ 的选择，这里不再细述．

定积分的换元法和分部积分法不是孤立的，在求解定积分时也可能同时用到这两种运算方法，如下例.

例 7 计算定积分 $\int_0^{\frac{\pi^2}{4}}\sin\sqrt{x}\,dx$.

解 令 $\sqrt{x}=t, x=t^2$, $dx=2tdt$, 当 $x=0$ 时, $t=0$; 当 $x=\frac{\pi^2}{4}$ 时, $t=\frac{\pi}{2}$, 于是

$$\int_0^{\frac{\pi^2}{4}}\sin\sqrt{x}\,dx=2\int_0^{\frac{\pi}{2}}t\sin t\,dt=-2\int_0^{\frac{\pi}{2}}t(\cos t)'dt$$

$$=-2\left(t\cos t\Big|_0^{\frac{\pi}{2}}-\int_0^{\frac{\pi}{2}}\cos t\,dt\right)=2\sin t\Big|_0^{\frac{\pi}{2}}=2. \quad \square$$

例 8 计算定积分 $\int_0^{\frac{1}{2}}\arcsin x\,dx$.

解 $$\int_0^{\frac{1}{2}}\arcsin x\,dx=x\arcsin x\Big|_0^{\frac{1}{2}}-\int_0^{\frac{1}{2}}x(\arcsin x)'dx$$

$$=\frac{\pi}{12}-\int_0^{\frac{1}{2}}\frac{x\,dx}{\sqrt{1-x^2}}=\frac{\pi}{12}+\frac{1}{2}\int_0^{\frac{1}{2}}\frac{d(1-x^2)}{\sqrt{1-x^2}}$$

$$=\frac{\pi}{12}+\sqrt{1-x^2}\Big|_0^{\frac{1}{2}}=\frac{\pi}{12}+\frac{\sqrt{3}}{2}-1. \quad \square$$

例 9 证明定积分（本结果可作为公式使用）：

$$I_n=\int_0^{\frac{\pi}{2}}\sin^n x\,dx\left(=\int_0^{\frac{\pi}{2}}\cos^n x\,dx\right)$$

$$=\begin{cases}\dfrac{n-1}{n}\cdot\dfrac{n-3}{n-2}\cdot\cdots\cdot\dfrac{3}{4}\cdot\dfrac{1}{2}\cdot\dfrac{\pi}{2}=\dfrac{(n-1)!!}{n!!}\cdot\dfrac{\pi}{2}, & n\text{ 为正偶数；}\\[2ex] \dfrac{n-1}{n}\cdot\dfrac{n-3}{n-2}\cdot\cdots\cdot\dfrac{4}{5}\cdot\dfrac{2}{3}=\dfrac{(n-1)!!}{n!!}, & n\text{ 为大于 1 的正奇数.}\end{cases}$$

证明 用分部积分法.

$$I_n=\int_0^{\frac{\pi}{2}}\sin x\cdot\sin^{n-1}x\,dx=-\int_0^{\frac{\pi}{2}}(\cos x)'\cdot\sin^{n-1}x\,dx$$

$$=-\cos x\sin^{n-1}x\Big|_0^{\frac{\pi}{2}}+(n-1)\int_0^{\frac{\pi}{2}}\cos^2 x\cdot\sin^{n-2}x\,dx$$

$$= (n-1)\int_0^{\frac{\pi}{2}}(1-\sin^2 x)\sin^{n-2}x\mathrm{d}x$$

$$= (n-1)\int_0^{\frac{\pi}{2}}\sin^{n-2}x\mathrm{d}x-(n-1)\int_0^{\frac{\pi}{2}}\sin^n x\mathrm{d}x$$

$$= (n-1)I_{n-2}-(n-1)I_n,$$

所以

$$I_n=\frac{n-1}{n}I_{n-2}.$$

上式是积分 I_n 关于下标的递推公式,按这个公式递推下去,直到 I_n 的下标递减到 0 或 1 为止,于是,当 n 为偶数时,有

$$I_n=\frac{n-1}{n}\cdot\frac{n-3}{n-2}\cdot\cdots\cdot\frac{3}{4}\cdot\frac{1}{2}\cdot I_0;$$

当 n 为大于 1 的奇数时,有

$$I_n=\frac{n-1}{n}\cdot\frac{n-3}{n-2}\cdot\cdots\cdot\frac{4}{5}\cdot\frac{2}{3}\cdot I_1.$$

而

$$I_0=\int_0^{\frac{\pi}{2}}\mathrm{d}x=\frac{\pi}{2},\quad I_1=\int_0^{\frac{\pi}{2}}\sin x\mathrm{d}x=1,$$

于是

$$I_n=\begin{cases}\dfrac{(n-1)!!}{n!!}\cdot\dfrac{\pi}{2}, & n\text{ 为正偶数};\\[2ex] \dfrac{(n-1)!!}{n!!}, & n\text{ 为大于 1 的正奇数}.\end{cases}$$

□

§6.5 定积分的应用

通过前面的学习,我们掌握了定积分的概念和计算方法,这一节先介绍建立定积分表达式的微元法,然后将这种方法应用在几何和经济问题中,通过定积分解决实际问题.

一、定积分与微分的关系及微元法

在定积分的应用中,经常采用微元法,也叫元素法. 为了说明这种方法,先回顾本章第一节的两个例子,从中分析定积分与微分

的关系，这有助于理解微元法.

我们知道，曲边梯形的面积和变速直线运动路程的积分表达式都是通过四个步骤建立起来的，即“划分、取近似、求和、取极限”. 例如在区间 $[a,b]$ 上，以非负连续曲线 $y=f(x)$ 为曲边的曲边梯形，通过这四个步骤得到的面积 S 的积分表达式为

$$S=\lim_{\Delta x\to 0}\sum_{i=1}^{n}f(\xi_i)\cdot\Delta x_i=\int_a^b f(x)\,\mathrm{d}x.$$

下面来说明定积分定义式中各个量及记号的演变过程.

上式中 $\Delta x=\max\limits_{1\leqslant i\leqslant n}\{\Delta x_i\}$，当 $\Delta x\to 0$ 时，所有的 Δx_i 将“趋于相等”，记为 $\mathrm{d}x$（自变量的微分），同时划分的区间个数 $n\to\infty$，故上面第一个等式可演变为

$$S=\sum_{i=1}^{\infty}f(\xi_i)\cdot\mathrm{d}x.$$

另一方面，随着 $\Delta x\to 0$，ξ_i 就“取遍”了 $[a,b]$ 上的所有值，所以用 x 来表示 ξ_i，就有

$$S=\sum_{a\leqslant x\leqslant b}f(x)\cdot\mathrm{d}x\quad 或\quad S=\mathop{\mathrm{Sum}}_{a\leqslant x\leqslant b}f(x)\cdot\mathrm{d}x,$$

取 Sum 的字头并拉长，可表示为

$$S=\int_a^b f(x)\,\mathrm{d}x.$$

通过上面介绍的定积分定义式中符号的演变过程可以发现：定积分是由无穷多个微分 $f(x)\mathrm{d}x$ 求和得到的值. 若记 $F(x)$ 为函数 $f(x)$ 的原函数，便有

$$f(x)\mathrm{d}x=F'(x)\mathrm{d}x=\mathrm{d}F(x).$$

也就是说 $f(x)\mathrm{d}x$ 是 $f(x)$ 的原函数 $F(x)$ 在区间 $[a,b]$ 上每一点的微分，即**微增量**，故它们的和必是 $F(x)$ 在 $[a,b]$ 上的**整体增量** $F(b)-F(a)$. 由此分析可知，定积分与微分间有着密切的联系，而且与牛顿-莱布尼茨公式的含义完全一致. 我们将 $f(x)\mathrm{d}x$ 称为**积分微元或积分元素**（integral element）.

了解到定积分与微分的关系，我们发现，如果想得到一个事物的变化总量 A（例如平面图形的面积或运动的总路程），只需写出其在一点处的微元 $\mathrm{d}A$（面积微元或路程微元），然后在自变量的取值区间上积分即可（对微元求和）.

具体方法和步骤如下：

① 根据实际问题，选取一个变量作为积分变量，确定其变化区间 $[a,b]$；

② 在区间$[a,b]$内任取一点x，并给x一个改变量$\mathrm{d}x$，设A的微元为$\mathrm{d}A=f(x)\mathrm{d}x$；

③ 将微元作为被积表达式，在$[a,b]$上作积分即得所求总量A的精确值，即

$$A=\int_a^b f(x)\mathrm{d}x.$$

这种通过微元建立积分表达式从而求得总量的方法就称为**微元法**（或**元素法**）. 下面用微元法求一些几何中的量.

二、平面图形的面积

由定积分的几何意义可知，对区间$[a,b]$上的连续函数$f(x)$ $(f(x)\geqslant 0)$，其定积分$\int_a^b f(x)\mathrm{d}x$等于由曲线$y=f(x)$，直线$x=a,x=b$及x轴所围成的曲边梯形的面积. 那么，对于一般的平面图形面积的计算，总可以归结为计算若干个曲边梯形的面积.

下面根据图形的不同，分两种情形用微元法讨论：

1. 设函数$f(x)$，$g(x)$都在区间$[a,b]$上连续，求由曲线$y=f(x)$，$y=g(x)$，直线$x=a,x=b$围成的平面图形的面积S.

(1) 当$f(x)\geqslant g(x)$时，如图6-8(a)所示，在$[a,b]$中任选一个小区间$[x,x+\mathrm{d}x]$，该小区间上对应的图形面积ΔS近似等于以$\mathrm{d}x$为宽，以$f(x)-g(x)$为高的矩形的面积，即所求的面积微元为

$$\mathrm{d}S=[f(x)-g(x)]\mathrm{d}x,$$

将面积微元在区间$[a,b]$上积分就得到所求图形的面积S，即

$$S=\int_a^b[f(x)-g(x)]\mathrm{d}x.$$

(2) 当$f(x)\leqslant g(x)$时，用相同的过程可以得到

$$S=\int_a^b[g(x)-f(x)]\mathrm{d}x.$$

(3) 当$f(x)$和$g(x)$在$[a,b]$上的大小不确定时，则它们与直线$x=a$，$x=b$所围成的平面图形的面积S由两个（或两个以上）部分的面积之和构成，如图6-8(b)所示.

不难知道无论是上述哪一种情形，面积的公式都可统一表示为

$$S=\int_a^b|f(x)-g(x)|\mathrm{d}x. \tag{6.17}$$

对以上求平面图形面积的公式，给出下面几点说明：

（1）这里默认区间的端点满足 $a<b$.

（2）特别地，如果 $g(x)\equiv 0$，即平面图形是由曲线 $y=f(x)$，x 轴及直线 $x=a$，$x=b$ 所围成的，无论 $f(x)\geqslant 0$ 还是 $f(x)\leqslant 0$，如图 6-8（c）所示，图形面积都为

$$S=\int_a^b |f(x)|\mathrm{d}x . \tag{6.18}$$

（3）有时平面图形只是由 $f(x)$ 和 $g(x)$ 组成，没有给出直线 $x=a$，$x=b$，这时 a 和 b 是 $f(x)$ 与 $g(x)$ 两个交点的横坐标.

（4）其实用定积分的几何意义来讨论平面图形的面积更容易，不过为了得到其他的定积分应用，我们最好熟悉微元法，所以这里用了微元法．读者可以自行利用定积分的几何意义来说明上面的两个公式．

2. 若平面图形是由连续函数 $x=\varphi(y)$，$x=\psi(y)$ 及 $y=c$，$y=d$ 围成的，如图 6-8（d）所示，用同样的方法可以得到，图形的面积 S 为

$$S=\int_c^d |\varphi(y)-\psi(y)|\mathrm{d}y . \tag{6.19}$$

这个公式的注意事项与第一种情况一样，不再赘述．

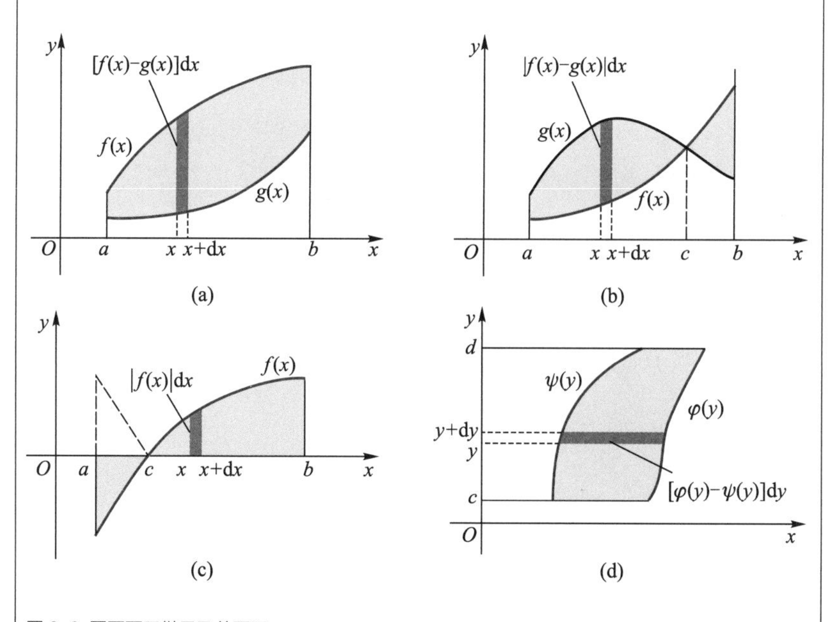

图 6-8 平面面积微元及总面积

在实际计算中怎样选择公式，要看具体问题．所以在求平面图形面积时，要根据图形的特征，选择合适的积分变量，然后再确定积分的上、下限，根据相应公式计算面积．下面通过例子来说明公式

的使用．

例 1　求由曲线 $y=3-x^2$ 与 $y=x^2+2x-1$ 所围成的平面图形的面积.

分析　如图 6-9 所示，根据这个图形的特征，用 x 做积分变量会简单一些，所以用公式(6.17)．

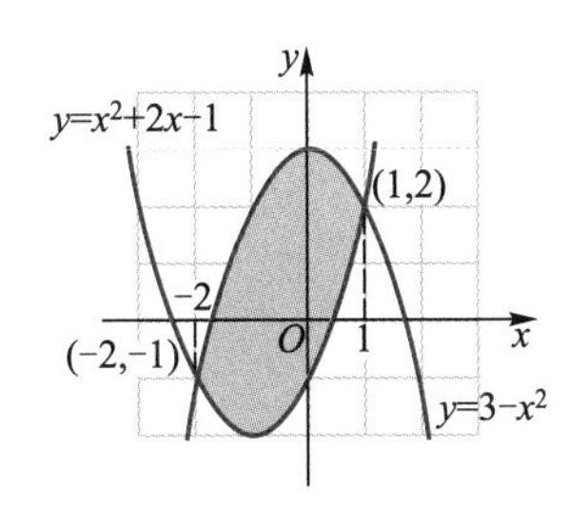

图 6-9 例 1 的图形

解　为确定积分区间，应先求出两曲线的交点的横坐标．为此，解方程组

$$\begin{cases} y=3-x^2, \\ y=x^2+2x-1 \end{cases}$$

得 $x=-2$ 和 $x=1$，于是，所求面积为

$$S=\int_{-2}^{1}[3-x^2-(x^2+2x-1)]\mathrm{d}x$$

$$=\left(4x-\frac{2}{3}x^3-x^2\right)\Big|_{-2}^{1}=9.$$

□

例 2　求下列图形的面积：

(1) 由抛物线 $y^2=4x$ 和 $x^2=4y$ 所围成的图形，如图 6-10(a) 所示；

(2) 由曲线 $y^2=4x$ 和直线 $y=x-8$ 围成的图形，如图 6-10(b) 所示.

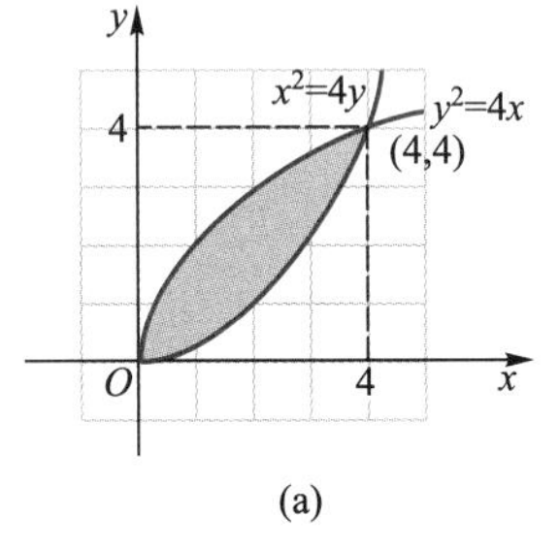

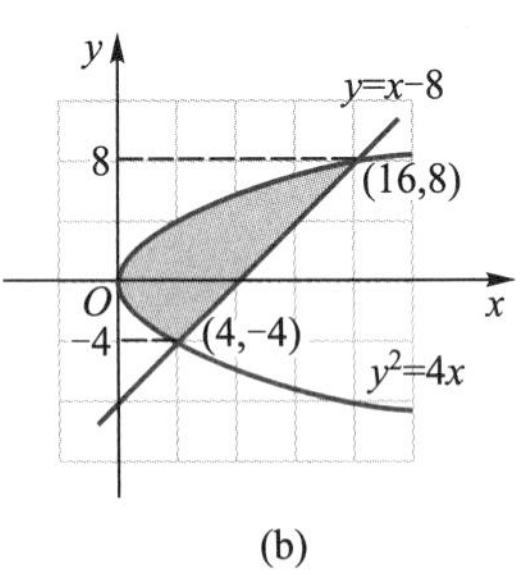

图 6-10 例 2 的图形

分析　(1) 对于这个图形，用 x 还是 y 做积分变量都是一样的，不妨用公式(6.17)，读者可以自行尝试用公式(6.19)；

(2) 根据图形的特征，选择用 y 做积分变量更简单.

解　(1) 为确定积分的上、下限，先求两条曲线的交点．由 $\begin{cases} y^2=4x, \\ x^2=4y \end{cases}$ 得交点为 $(0,0)$，$(4,4)$，所以由公式(6.17)得图形的面积为

$$\int_{0}^{4}\left(2\sqrt{x}-\frac{x^2}{4}\right)\mathrm{d}x=\left(\frac{4}{3}x^{\frac{3}{2}}-\frac{1}{12}x^3\right)\Big|_{0}^{4}=\frac{16}{3}.$$

(2) 先求两条曲线的交点，由 $\begin{cases} x=\dfrac{y^2}{4}, \\ x=y+8 \end{cases}$ 得交点为 $(4,-4)$，$(16,8)$，所以由公式(6.19)得图形的面积为

$$\int_{-4}^{8}\left(y+8-\frac{y^2}{4}\right)\mathrm{d}y=\left(\frac{1}{2}y^2+8y-\frac{1}{12}y^3\right)\Big|_{-4}^{8}=72.$$

□

例 3　求曲线 $y=\sin x$ 与 $y=\sin 2x$ 在 $x=0$ 与 $x=\pi$ 之间所围成的平面图形的面积.

同步训练

(1) 证明椭圆 $\frac{x^2}{a^2}+\frac{y^2}{b^2}=1$ 的面积为 $S=ab\pi$；

(2) 求由曲线 $y^2=x+1$ 与 $y=x-5$ 所围成的平面图形的面积.

解　图形如图 6-11 所示．

为确定积分区间，先求两曲线交点的横坐标，由方程

$\sin x=\sin 2x\quad(0\leqslant x\leqslant\pi)$，

解得 $x=0,\dfrac{\pi}{3},\pi$，因此，所求面积为

$$S=\int_0^{\frac{\pi}{3}}(\sin 2x-\sin x)\,\mathrm{d}x+\int_{\frac{\pi}{3}}^{\pi}(\sin x-\sin 2x)\,\mathrm{d}x=\frac{5}{2}.\quad\square$$

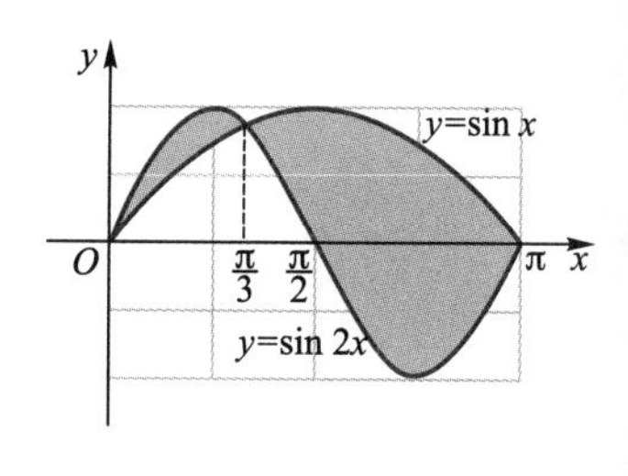

图 6-11　例 3 的图形

总结计算平面图形面积的步骤如下：

（1）画出积分区域的图形；

（2）根据图形的形状，确定积分变量，并选择适当公式；

（3）求曲线的交点，确定积分上、下限；

（4）列出定积分，计算面积．

三、立体的体积

用定积分计算立体的体积，主要讨论下面两种简单情形，更一般的立体体积计算将在多元微积分中再讨论．

1. 平行截面面积为已知的立体的体积

设有一空间立体位于垂直于 x 轴的两平面 $x=a$ 与 $x=b\,(a<b)$ 之间，如图 6-12 所示，并且该立体被垂直于 x 轴的平面所截的截面面积为已知函数 $S(x)$，下面利用微元法求该立体的体积.

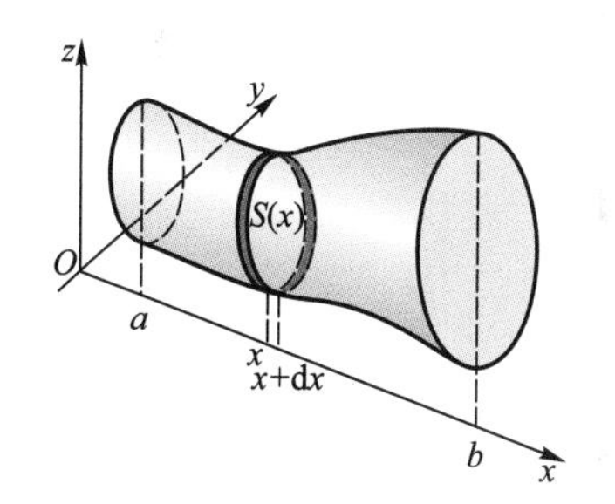

图 6-12　截面积已知的几何体

取 x 为积分变量，它的变化区间为 $[a,b]$，在区间 $[a,b]$ 上任取一个小区间 $[x,x+\mathrm{d}x]$，则相应部分的体积近似等于底面积为 $S(x)$ 、厚度为 $\mathrm{d}x$ 的柱体的体积，即体积微元为 $\mathrm{d}V=S(x)\mathrm{d}x$，在 $[a,b]$ 上积分就得到总体积，即有

$$V=\int_a^b S(x)\,\mathrm{d}x.\tag{6.20}$$

例 4　求椭球 $\dfrac{x^2}{a^2}+\dfrac{y^2}{b^2}+\dfrac{z^2}{c^2}\leqslant 1$ 的体积．

解　如图 6-13 所示，过点 $(x,0,0)$ 作垂直于 x 轴的平面，截椭球的平面为一椭圆面：

$$\frac{y^2}{b^2}+\frac{z^2}{c^2}\leqslant 1-\frac{x^2}{a^2},$$

即

$$\frac{y^2}{b^2\left(1-\dfrac{x^2}{a^2}\right)}+\frac{z^2}{c^2\left(1-\dfrac{x^2}{a^2}\right)}\leqslant 1,$$

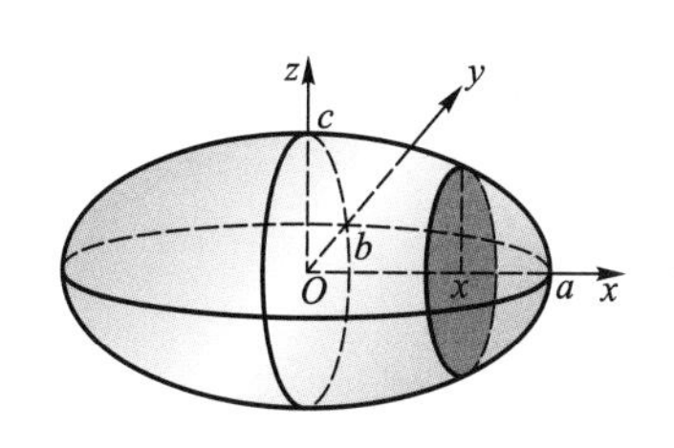

图 6-13　例 4 中的椭球

该椭圆的面积为

$$S(x)=\pi b\sqrt{1-\frac{x^2}{a^2}}c\sqrt{1-\frac{x^2}{a^2}}=\pi bc\left(1-\frac{x^2}{a^2}\right),$$

所求椭球的体积为

$$V=\int_{-a}^{a}S(x)\,\mathrm{d}x=\int_{-a}^{a}\pi bc\left(1-\frac{x^2}{a^2}\right)\mathrm{d}x=\frac{4}{3}\pi abc. \qquad \square$$

2. 旋转体的体积

设 $y=f(x)$ 在区间 $[a,b]$ 上连续,求由曲边梯形 $AabB$ 绕 x 轴旋转而成的旋转体(如图 6-14 所示)的体积.

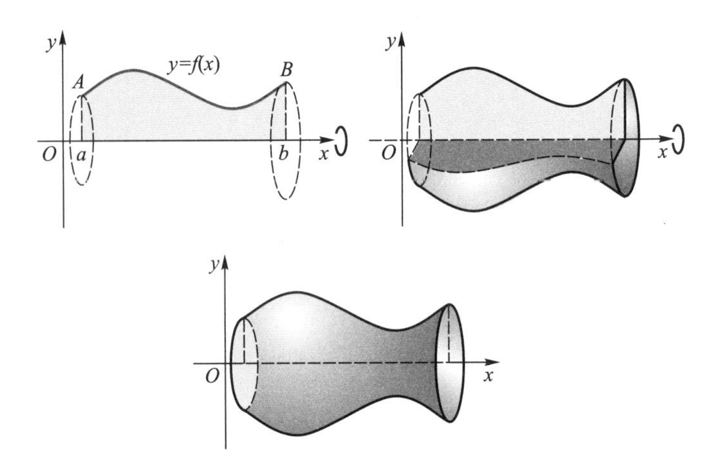

图 6-14 旋转体(绕 x 轴)

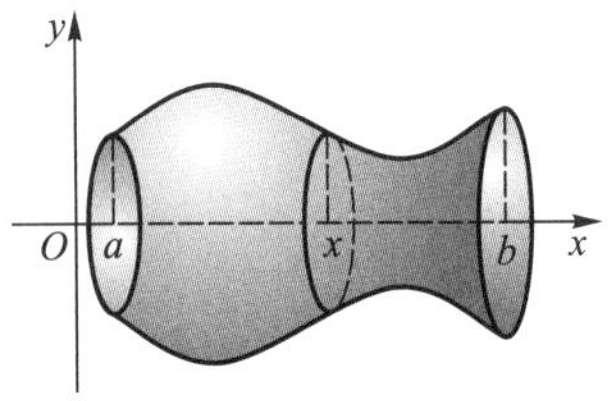

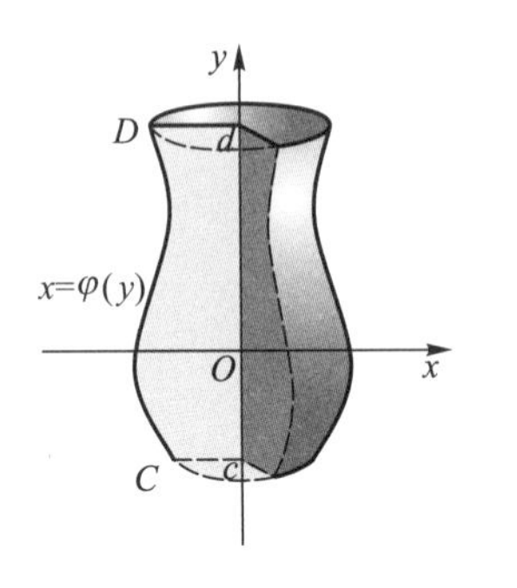

图 6-15 旋转体的平行截面

图 6-16 旋转体(绕 y 轴)

因为旋转体是平行截面面积已知的立体的特殊情形. 由图 6-15 可知,旋转体被垂直于 x 轴的平面截出的截面是以 $f(x)$ 为半径的圆,所以截面面积为 $\pi[f(x)]^2$,于是得绕 x 轴旋转的旋转体体积为

$$V_x=\pi\int_a^b[f(x)]^2\mathrm{d}x. \tag{6.21}$$

类似地,由曲边梯形 $CcdD$ 绕 y 轴旋转而成的旋转体(如图 6-16 所示)的体积为

$$V_y=\pi\int_c^d[\varphi(y)]^2\mathrm{d}y. \tag{6.22}$$

例 5 求椭圆 $\dfrac{x^2}{a^2}+\dfrac{y^2}{b^2}=1$ 分别绕 x 轴与绕 y 轴旋转产生的旋转体的体积.

解 作椭圆的图形如图 6-17 所示. 由于图形关于坐标轴对称,故所求体积为第一象限内的曲边梯形绕坐标轴旋转所产生的旋转体体积的 2 倍 .

绕 x 轴旋转的旋转体体积为

$$V_x = 2\pi\int_0^a y^2\mathrm{d}x = 2\pi\int_0^a \frac{b^2}{a^2}(a^2 - x^2)\,\mathrm{d}x = \frac{4}{3}\pi ab^2.$$

类似地,绕 y 轴旋转的旋转体体积为

$$V_y = 2\pi\int_0^b x^2\mathrm{d}y = 2\pi\int_0^b \frac{a^2}{b^2}(b^2 - y^2)\,\mathrm{d}y = \frac{4}{3}\pi a^2 b.$$ □

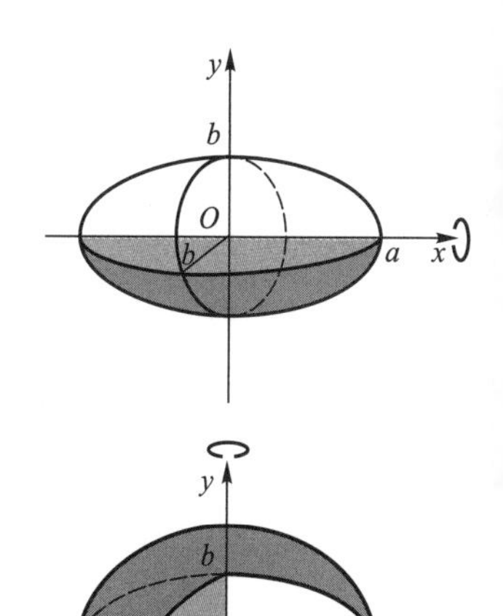

图 6-17　例 5 的图形

四、经济应用举例

在经济学问题中,一个经济函数的变化率就是该变量的导数,也称为边际函数(知识回顾: §3.7),因此,一旦我们知道了一个经济函数的边际函数,对其积分就可以求得该经济函数.

设 $F(x)$ 是所求的经济函数,$f(x)$ 是已知的边际函数,即 $F'(x)=f(x)$,$F(x_0)$ 为经济函数的初值 . 由变上限积分函数的定义可得

$$F(x) - F(x_0) = \int_{x_0}^x f(\tau)\,\mathrm{d}\tau,$$

整理得所求经济函数为

$$F(x) = F(x_0) + \int_{x_0}^x f(\tau)\,\mathrm{d}\tau. \tag{6.23}$$

一般取初始时刻 $x_0 = 0$, 此时

$$F(x) = F(0) + \int_0^x f(\tau)\,\mathrm{d}\tau. \tag{6.24}$$

对于不同的经济函数,$F(0)$有不同的含义 . 例如,当 $F(x)$是成本函数时,一般 $F(0) = C_0$ 为固定成本;当 $F(x)$ 为收益函数时,$F(0)=0$. 如果 $F(0)=0$,则有 $F(x) = \int_0^x f(\tau)\,\mathrm{d}\tau$.

我们还可以求出从 x_0 到 x_1 这段时间内,经济函数的增量为

$$\Delta F = F(x_1) - F(x_0) = \int_{x_0}^{x_1} f(\tau)\,\mathrm{d}\tau. \tag{6.25}$$

在经济应用中最典型、最常见的一类情形,就是已知边际成本、边际收入求总成本、总收入和总利润 . 下面是具体的例子.

例 6　已知生产某产品的边际成本函数为 $C'(x) = 3 + x$ (万元/百台),边际收入函数为 $R'(x) = 12 - x$(万元/百台),固定成本为 $C(0)=5$(万元),求

(1) 总成本函数、总收入函数和总利润函数;

（2）产量为多少时，总利润最大？ 最大总利润为多少？

解 （1）总成本为固定成本与可变成本之和，即

$$C(x)=C(0)+\int_0^x C'(\tau)\mathrm{d}\tau$$

$$=5+\int_0^x(3+\tau)\mathrm{d}\tau=5+3x+\frac{1}{2}x^2.$$

注意到，产量为零时总收入为零，所以总收入函数为

$$R(x)=\int_0^x R'(\tau)\mathrm{d}\tau=\int_0^x(12-\tau)\mathrm{d}\tau=12x-\frac{1}{2}x^2.$$

总利润函数为

$$L(x)=R(x)-C(x)$$

$$=\left(12x-\frac{1}{2}x^2\right)-\left(5+3x+\frac{1}{2}x^2\right)$$

$$=9x-x^2-5.$$

（2）由 $L'(x)=9-2x=0$，得唯一驻点 $x_0=4.5$（百台），而 $L''(x_0)=-2<0$，故当 $x_0=4.5$ 时，总利润取得极大值，亦即最大值，最大总利润为

$L(4.5)=15.25$（万元）. □

例 7 设某产品的边际产量为 $f(t)=10+t-0.3t^2$（t/h），求总产量函数 $Q(t)$ 及从 $t_0=2$ 到 $t_1=4$ 这段时间内的总产量.

解 总产量函数为

$$Q(t)=\int_0^t f(\tau)\mathrm{d}\tau=\int_0^t(10+\tau-0.3\tau^2)\mathrm{d}\tau$$

$$=10t+\frac{1}{2}t^2-0.1t^3,$$

从 $t_0=2$ 到 $t_1=4$ 这段时间内的总产量为

$$Q(4)-Q(2)=\int_2^4(10+\tau-0.3\tau^2)\mathrm{d}\tau=20.4\ \text{t}.$$ □

§6.6 反常积分初步

我们知道，定积分是在积分区间有限且被积函数有界的条件下引入的．但在实际问题中常会遇到积分区间无限或被积函数无界的情形，例如，想要知道曲线 $f(x)=\dfrac{1}{x^2}$，直线 $x=1$ 和 x 轴向右无限

延伸组成的半封闭图形的面积是否有限,值是多少时,就需要推广定积分的概念,考虑无限区间上的积分,有时也要讨论无界函数的积分,这两种积分就是**反常积分**(improper integrals).

为了区别和便于叙述,对应地将定积分称为**常义积分**或**常规积分**.

一、无穷限反常积分

形如 $\int_a^{+\infty} f(x)\mathrm{d}x$, $\int_{-\infty}^{b} f(x)\mathrm{d}x$, $\int_{-\infty}^{+\infty} f(x)\mathrm{d}x$ 的积分,称为**无穷限反常积分**(integral over infinite interval). 下面定义这种积分的敛散性以及积分值.

定义 6.3　设函数 $f(x)$ 在 $[a,b]$ 上可积.

(1) 对给定的实数 a 和任意实数 b $(a<b)$,若极限 $\lim\limits_{b\to+\infty}\int_a^b f(x)\mathrm{d}x$ 存在,则称无穷限反常积分 $\int_a^{+\infty} f(x)\mathrm{d}x$ **收敛**,并称此极限值为该无穷限反常积分的积分值,记为

$$\int_a^{+\infty} f(x)\mathrm{d}x=\lim_{b\to+\infty}\int_a^b f(x)\mathrm{d}x.$$

若上式右端极限不存在,则称无穷限反常积分 $\int_a^{+\infty} f(x)\mathrm{d}x$ **发散**.

(2) 对任意实数 a 和给定的实数 $b(a<b)$,若极限 $\lim\limits_{a\to-\infty}\int_a^b f(x)\mathrm{d}x$ 存在,则称无穷限反常积分 $\int_{-\infty}^{b} f(x)\mathrm{d}x$ **收敛**,否则称其为**发散**的. 当此极限存在时,记为

$$\int_{-\infty}^{b} f(x)\mathrm{d}x=\lim_{a\to-\infty}\int_a^b f(x)\mathrm{d}x.$$

(3) 若对某个常数 c,无穷限反常积分 $\int_{-\infty}^{c} f(x)\mathrm{d}x$ 与 $\int_c^{+\infty} f(x)\mathrm{d}x$ 都收敛,则称无穷限反常积分 $\int_{-\infty}^{+\infty} f(x)\mathrm{d}x$ **收敛**,记为

$$\int_{-\infty}^{+\infty} f(x)\mathrm{d}x=\int_{-\infty}^{c} f(x)\mathrm{d}x+\int_c^{+\infty} f(x)\mathrm{d}x.$$

若 $\int_{-\infty}^{c} f(x)\mathrm{d}x$ 与 $\int_c^{+\infty} f(x)\mathrm{d}x$ 至少有一个发散,则称无穷限反常积分 $\int_{-\infty}^{+\infty} f(x)\mathrm{d}x$ **发散**.

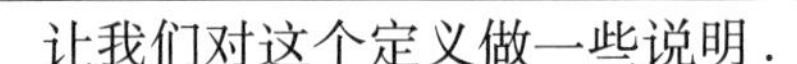

让我们对这个定义做一些说明.

(1) 讨论无穷限反常积分的敛散性问题就是讨论积分限函数的极限问题.

(2) 在计算无穷限反常积分时,可直接利用定积分的各种计算方法. 此时,设 $F(x)$ 是 $f(x)$ 的一个原函数,则无穷限反常积分可简记为

$$\int_a^{+\infty} f(x)\mathrm{d}x = F(x)\Big|_a^{+\infty} = \lim_{x\to+\infty}F(x) - F(a); \tag{6.26}$$

$$\int_{-\infty}^{b} f(x)\mathrm{d}x = F(x)\Big|_{-\infty}^{b} = F(b) - \lim_{x\to-\infty}F(x); \tag{6.27}$$

$$\int_{-\infty}^{+\infty} f(x)\mathrm{d}x = F(x)\Big|_{-\infty}^{+\infty} = \lim_{x\to+\infty}F(x) - \lim_{x\to-\infty}F(x). \tag{6.28}$$

(3) 当 $f(x)>0$ 时,无穷限反常积分 $\int_a^{+\infty} f(x)\mathrm{d}x$ 表示由曲线 $y=f(x)$, $x=a$ 及 x 轴围成的向右无限延伸的平面图形的面积 S, 如图 6-18 所示. $\int_{-\infty}^{b} f(x)\mathrm{d}x$, $\int_{-\infty}^{+\infty} f(x)\mathrm{d}x$ 的几何意义仿此讨论.

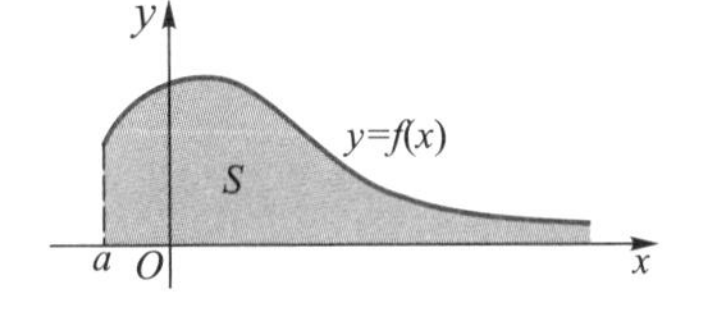

图 6-18 无穷限反常积分的几何意义

例 1 讨论下列无穷限反常积分的敛散性,若收敛,求出积分值:

(1) $\int_3^{+\infty} \frac{1}{x-2}\mathrm{d}x$; (2) $\int_{-\infty}^{-2} \frac{1}{x^2-1}\mathrm{d}x$;

(3) $\int_{-\infty}^{+\infty} \frac{1}{1+t^2}\mathrm{d}t$.

解 (1) 因为

$$\int_3^{+\infty} \frac{1}{x-2}\mathrm{d}x = \ln|x-2|\Big|_3^{+\infty} = \lim_{x\to+\infty}\ln|x-2| - \ln 1,$$

而上式右端的极限不存在,所以该反常积分发散.

(2)
$$\begin{aligned}\int_{-\infty}^{-2} \frac{1}{x^2-1}\mathrm{d}x &= \frac{1}{2}\int_{-\infty}^{-2}\left(\frac{1}{x-1} - \frac{1}{x+1}\right)\mathrm{d}x \\ &= \frac{1}{2}\ln\left|\frac{x-1}{x+1}\right|\Bigg|_{-\infty}^{-2} \\ &= \frac{1}{2}\ln 3 - \frac{1}{2}\lim_{x\to-\infty}\ln\left|\frac{x-1}{x+1}\right| = \frac{1}{2}\ln 3,\end{aligned}$$

所以,无穷限反常积分 $\int_{-\infty}^{-2} \frac{1}{x^2-1}\mathrm{d}x$ 收敛,其值为 $\frac{1}{2}\ln 3$.

(3) 因为

$$\int_0^{+\infty} \frac{1}{1+t^2}\mathrm{d}t = \arctan t\Big|_0^{+\infty} = \lim_{t\to+\infty}\arctan t - 0 = \frac{\pi}{2},$$

$$\int_{-\infty}^{0} \frac{1}{1+t^2}\mathrm{d}t = \int_0^{+\infty} \frac{1}{1+u^2}\mathrm{d}u = \frac{\pi}{2}\ (\text{令 } t=-u),$$

所以

$$\int_{-\infty}^{+\infty}\frac{1}{1+t^2}\mathrm{d}t=\int_{0}^{+\infty}\frac{1}{1+t^2}\mathrm{d}t+\int_{-\infty}^{0}\frac{1}{1+t^2}\mathrm{d}t=\pi.$$

无穷限反常积分 $\int_{-\infty}^{+\infty}\frac{1}{1+t^2}\mathrm{d}t$ 收敛,其值为 π. □

例 2 讨论无穷限反常积分 $\int_{a}^{+\infty}\frac{1}{x^p}\mathrm{d}x\ (a>0)$ 的敛散性.

解 对于 p 的不同取值,该反常积分的情况如下:

$$\int_{a}^{+\infty}\frac{1}{x^p}\mathrm{d}x=\begin{cases}\ln x\Big|_a^{+\infty},p=1,\\ \left.\dfrac{x^{1-p}}{1-p}\right|_a^{+\infty},p\neq 1\end{cases}=\begin{cases}\lim\limits_{x\to+\infty}\ln x-\ln a,p=1,\\ \lim\limits_{x\to+\infty}\dfrac{x^{1-p}}{1-p}-\dfrac{a^{1-p}}{1-p},p\neq 1\end{cases}$$

$$=\begin{cases}+\infty,p=1,\\ +\infty,p<1,\\ \dfrac{a^{1-p}}{p-1},p>1.\end{cases}$$

由上式可得,当 $p>1$ 时,无穷限反常积分 $\int_{a}^{+\infty}\frac{1}{x^p}\mathrm{d}x$ 收敛,值为 $\frac{a^{1-p}}{p-1}$;当 $p\leqslant 1$ 时,该反常积分发散. □

从这个例子可知 $\int_{1}^{+\infty}\frac{1}{x^2}\mathrm{d}x=1$, 即由曲线 $f(x)=\frac{1}{x^2}$, 直线 $x=1$ 和 x 轴向右延伸组成的半封闭图形的面积为 1,是有限的.

例 3 计算反常积分 $\int_{0}^{+\infty}x\mathrm{e}^{-2x}\mathrm{d}x$.

解
$$\int_{0}^{+\infty}x\mathrm{e}^{-2x}\mathrm{d}x=-\frac{1}{2}x\mathrm{e}^{-2x}\Big|_0^{+\infty}+\frac{1}{2}\int_{0}^{+\infty}\mathrm{e}^{-2x}\mathrm{d}x$$

$$=-\frac{1}{2}\lim_{x\to+\infty}x\mathrm{e}^{-2x}+0-\frac{1}{4}\lim_{x\to+\infty}\mathrm{e}^{-2x}+\frac{1}{4}=\frac{1}{4}.$$ □

二、瑕积分

我们知道定积分 $\int_{a}^{b}f(x)\mathrm{d}x$ 存在的必要条件有两个:一是区间 $[a,b]$ 是有限的,二是函数 $f(x)$ 在这个区间上有界. 当第一个条件不满足时就出现了前面谈到的无穷限反常积分,而如果第一个条件满足但第二个条件不满足,就需要考虑一种新的反常积分,为此先介绍瑕点.

若函数$f(x)$在点x_0的任一空心邻域内无界,则称点x_0为函数$f(x)$的**瑕点**(singular point).若被积函数$f(x)$在有限区间$[a,b]$上存在瑕点,则称$\int_a^b f(x)\mathrm{d}x$为**瑕积分**,又称**无界函数的反常积分**(integral of unbounded function).

定义6.4 (1) 设点a为函数$f(x)$的瑕点,且对任意小的正数ε,函数$f(x)$在区间$[a+\varepsilon,b]$上总可积,若极限$\lim\limits_{\varepsilon\to0^+}\int_{a+\varepsilon}^b f(x)\mathrm{d}x$存在,则称瑕积分$\int_a^b f(x)\mathrm{d}x$**收敛**,称该极限值为**瑕积分**$\int_a^b f(x)\mathrm{d}x$**的值**,即

$$\int_a^b f(x)\mathrm{d}x=\lim_{\varepsilon\to0^+}\int_{a+\varepsilon}^b f(x)\mathrm{d}x.$$

若该极限不存在,则称瑕积分$\int_a^b f(x)\mathrm{d}x$**发散**.

(2) 设点b为函数$f(x)$的瑕点,且对任意小的正数ε,函数$f(x)$在区间$[a,b-\varepsilon]$上总可积,若极限$\lim\limits_{\varepsilon\to0^+}\int_a^{b-\varepsilon} f(x)\mathrm{d}x$存在,则瑕积分$\int_a^b f(x)\mathrm{d}x$**收敛**,称该极限值为**瑕积分**$\int_a^b f(x)\mathrm{d}x$**的值**,即

$$\int_a^b f(x)\mathrm{d}x=\lim_{\varepsilon\to0^+}\int_a^{b-\varepsilon} f(x)\mathrm{d}x,$$

若上式右端的极限不存在,则称该瑕积分**发散**.

(3) 设点$c(a<c<b)$为函数$f(x)$在区间$[a,b]$上的唯一瑕点,若瑕积分$\int_a^c f(x)\mathrm{d}x$和$\int_c^b f(x)\mathrm{d}x$都收敛,则称瑕积分$\int_a^b f(x)\mathrm{d}x$**收敛**,且有

$$\int_a^b f(x)\mathrm{d}x=\int_a^c f(x)\mathrm{d}x+\int_c^b f(x)\mathrm{d}x,$$

若瑕积分$\int_a^c f(x)\mathrm{d}x$和$\int_c^b f(x)\mathrm{d}x$中至少有一个发散,则称该瑕积分**发散**.

在计算瑕积分时,也可以仿照定积分的计算方法来运算,过程简记为如下形式,这里设$F(x)$为$f(x)$的一个原函数.

(1) 点a为函数$f(x)$的瑕点

$$\int_a^b f(x)\mathrm{d}x=F(x)\Big|_a^b=F(b)-\lim_{x\to a^+}F(x);$$

(2) 点b为函数$f(x)$的瑕点

$$\int_a^b f(x)\mathrm{d}x=F(x)\Big|_a^b=\lim_{x\to b^-}F(x)-F(a);$$

(3) 点 $c(a<c<b)$ 为函数 $f(x)$ 在 $[a,b]$ 上的唯一瑕点

$$\int_a^b f(x)\mathrm{d}x = F(x)\big|_a^c + F(x)\big|_c^b$$

$$= F(b) - F(a) + \lim_{x\to c^-} F(x) - \lim_{x\to c^+} F(x).$$

例 4　计算下列瑕积分:

(1) $\int_0^1 \frac{\mathrm{d}x}{\sqrt{1-x^2}}$;　　(2) $\int_1^2 \frac{\mathrm{d}x}{x\sqrt{x-1}}$;　　(3) $\int_0^1 \ln x\mathrm{d}x$.

解　(1) 点 $x=1$ 是该瑕积分在 $[0,1]$ 上的瑕点,故有

$$\int_0^1 \frac{\mathrm{d}x}{\sqrt{1-x^2}} = \arcsin x\big|_0^1 = \lim_{x\to 1^-} \arcsin x = \frac{\pi}{2};$$

(2) 令 $t=\sqrt{x-1}$, $x=t^2+1$, 瑕点由 $x=1$ 换为 $t=0$.

$$\int_1^2 \frac{\mathrm{d}x}{x\sqrt{x-1}} = \int_0^1 \frac{2t\mathrm{d}t}{(t^2+1)t} = 2\arctan t\big|_0^1$$

$$= \frac{\pi}{2} - \lim_{t\to 0^+} 2\arctan t = \frac{\pi}{2};$$

(3) 瑕点为 $x=0$,

$$\int_0^1 \ln x\mathrm{d}x = x\ln x\big|_0^1 - 1 = -\lim_{x\to 0^+} x\ln x - 1 = -1.$$

□

例 5　讨论瑕积分 $\int_a^b \frac{\mathrm{d}x}{(x-a)^q}\ (q>0, b>a)$ 的敛散性.

解　对于 q 的不同取值,该瑕积分的情况如下:

$$\int_a^b \frac{1}{(x-a)^q}\mathrm{d}x = \begin{cases} \ln(x-a)\big|_a^b, q=1, \\ \left.\dfrac{(x-a)^{1-q}}{1-q}\right|_a^b, q\neq 1 \text{ 且 } q>0, \end{cases}$$

$$= \begin{cases} \ln(b-a) - \lim\limits_{x\to a^+} \ln(x-a), q=1, \\ \dfrac{(b-a)^{1-q}}{1-q} - \lim\limits_{x\to a^+} \dfrac{(x-a)^{1-q}}{1-q}, q\neq 1 \text{ 且 } q>0, \end{cases}$$

$$= \begin{cases} +\infty, q=1, \\ +\infty, q>1, \\ \dfrac{(b-a)^{1-q}}{1-q}, q<1. \end{cases}$$

即,当 $0<q<1$ 时,瑕积分 $\int_a^b \frac{\mathrm{d}x}{(x-a)^q}$ 收敛于 $\frac{(b-a)^{1-q}}{1-q}$;当 $q\geqslant 1$ 时,瑕积分发散.

□

特别地,对于瑕积分 $\int_0^1 \frac{\mathrm{d}x}{x^q}$, 当 $0<q<1$ 时,该瑕积分收敛于 $\frac{1}{1-q}$;

同步训练

讨论瑕积分 $\int_a^b \frac{\mathrm{d}x}{(b-x)^q}$ 的敛散性.

注　由于瑕积分的形式表面上很像普通的定积分,所以需要留意观察是否存在瑕点,区分是常规定积分还是瑕积分,尤其瑕点在积分限内部的情形.

当 $q\geqslant 1$ 时,该瑕积分发散.

例 6 判别 $\int_{-1}^{1}\frac{\mathrm{d}x}{x}$ 的敛散性.

解 易知 $x=0$ 是该积分的瑕点,而

$$\int_{-1}^{0}\frac{\mathrm{d}x}{x}=\ln|x|\Big|_{-1}^{0}=\lim_{x\to 0^-}\ln|x|=-\infty,$$

即 $\int_{-1}^{0}\frac{\mathrm{d}x}{x}$ 是发散的,所以 $\int_{-1}^{1}\frac{\mathrm{d}x}{x}$ 也发散. □

在本例中如果误以为 $\int_{-1}^{1}\frac{\mathrm{d}x}{x}$ 是常规定积分,则有

$$\int_{-1}^{1}\frac{\mathrm{d}x}{x}=\ln|x|\Big|_{-1}^{1}=0,$$

这显然是错误的,所以我们前面强调对于积分 $\int_a^b f(x)\mathrm{d}x$ 一定要先分析是否有瑕点,分清是常规定积分还是瑕积分,然后再进行计算.

在经济问题中,也常遇到反常积分,下面就是一个经济中的实例.

例 7 某产品总产量变化率为 $Q'(t)=\frac{4}{t^2}\mathrm{e}^{-\frac{2}{t}}$(万吨/年),设 $Q(0)=0$,问:投产后多少年可使平均年产量达到最大?最大值是多少?

解 总产量函数为

$$Q(t)=\int_0^t Q'(\tau)\mathrm{d}\tau=\int_0^t\frac{4}{\tau^2}\mathrm{e}^{-\frac{2}{\tau}}\mathrm{d}\tau$$

$$=2\mathrm{e}^{-\frac{2}{t}}-2\lim_{\tau\to 0^+}\mathrm{e}^{-\frac{2}{\tau}}=2\mathrm{e}^{-\frac{2}{t}}\text{(万吨)},$$

则平均年产量为

$$P(t)=\frac{Q(t)}{t}=\frac{2}{t}\mathrm{e}^{-\frac{2}{t}}.$$

令

$$P'(t)=\frac{2}{t^2}\left(\frac{2}{t}-1\right)\mathrm{e}^{-\frac{2}{t}}=0,$$

得唯一驻点 $t=2$. 因 $t<2$ 时,$P'(t)>0$,$t>2$ 时,$P'(t)<0$,故 $t=2$ 时 $P(t)$ 取得极大值,亦即最大值,此最大值为

$$P(2)=\mathrm{e}^{-1}\approx 0.368\text{(万吨/年)}.$$

即投产后 2 年,平均年产量将达到最大值,且最大平均年产量为 0.368 万吨. □

有时，也会遇到既是无穷限反常积分又是瑕积分的特殊反常积分，下面就来介绍概率论中要用到的一个重要的特殊反常积分.

三、Γ 函数

定义 6.5　反常积分 $\Gamma(s)=\int_0^{+\infty}x^{s-1}\mathrm{e}^{-x}\mathrm{d}x(s>0)$ 是参变量 s 的函数，称为 Γ **函数**(gamma function).

注意到，当 $0<s<1$ 时，Γ 函数既是无穷限反常积分又是瑕积分. 这时，将反常积分分成两部分的和，即

$$\Gamma(s)=\int_0^{+\infty}x^{s-1}\mathrm{e}^{-x}\mathrm{d}x=\int_0^{1}x^{s-1}\mathrm{e}^{-x}\mathrm{d}x+\int_1^{+\infty}x^{s-1}\mathrm{e}^{-x}\mathrm{d}x=I_1+I_2,$$

其中 I_1 是瑕积分，I_2 是无穷限反常积分. 可以证明当 $s>0$ 时，这个反常积分是收敛的.

Γ 函数经常用到，利用分部积分法不难得到它的一个重要性质：

$$\Gamma(s+1)=s\Gamma(s)\quad(s>0),\tag{6.29}$$

特别地，当 $s=n$ 为正整数时，有

$$\Gamma(n+1)=n!.$$

为了方便，人们将 $\Gamma(r),r\in[1,2)$ 的值列在 Γ 函数表里，并且通过公式(6.30)不难将 s 为其他范围内的 Γ 函数转化为 $[1,2)$ 内的 Γ 函数.

$$\Gamma(s)=\begin{cases}\dfrac{1}{s}\Gamma(s+1), & 0<s<1,\\ \Gamma(s), & 1\leqslant s<2,\\ (s-1)\cdots(r+1)r\Gamma(r), & s>2,r\in[1,2).\end{cases}\tag{6.30}$$

Γ 函数参考内容

例 8　计算 $\Gamma(5.3)$，$\Gamma(3)$ 和 $\Gamma(0.2)$.

解　$\Gamma(5.3)=4.3\times3.3\times2.3\times1.3\times\Gamma(1.3)$

$=42.428\,1\Gamma(1.3)\approx38.079\,2(\Gamma(1.3)\approx0.897\,5)$,

$\Gamma(3)=2\cdot1=2$,

$\Gamma(0.2)=\dfrac{1}{0.2}\Gamma(1.2)=5\Gamma(1.2)\approx4.590\,8(\Gamma(1.2)\approx0.918\,2)$.

□

在第七章里将算出 $\Gamma\left(\dfrac{1}{2}\right)=\sqrt{\pi}$ (**知识预告**：§7.6 反常二重积分)，计算时可以直接使用，例如，

$$\Gamma(3.5)=2.5\times1.5\times0.5\times\Gamma(0.5)=1.875\sqrt{\pi}.$$

例 9　计算下列积分：

(1) $\int_0^{+\infty} x^n e^{-x}dx\ (n\in\mathbf{N}_+)$；　　(2) $\int_0^{+\infty} x^{s-1}e^{-3x}dx$.

解　(1) $\int_0^{+\infty} x^n e^{-x}dx=\Gamma(n+1)=n!$；

(2) 令 $3x=t, dx=\dfrac{1}{3}dt$，于是

$$\int_0^{+\infty} x^{s-1}e^{-3x}dx=\frac{1}{3}\int_0^{+\infty}\left(\frac{t}{3}\right)^{s-1}e^{-t}dt=\frac{1}{3^s}\int_0^{+\infty}t^{s-1}e^{-t}dt=\frac{\Gamma(s)}{3^s}.$$

□

从上例可以看出，一些表面上不是 Γ 函数的反常积分有可能与 Γ 函数有关．例如经过换元 $x=t^2$ 可得，

$$\Gamma(s)=\int_0^{+\infty}x^{s-1}e^{-x}dx=2\int_0^{+\infty}t^{2s-1}e^{-t^2}dt.$$

可见，反常积分 $2\int_0^{+\infty}t^{2s-1}e^{-t^2}dt$ 是 Γ 函数的另一种形式，于是取 $s=\dfrac{1}{2}$ 得

$$2\int_0^{+\infty}e^{-t^2}dt=\Gamma\left(\frac{1}{2}\right)=\sqrt{\pi},$$

所以

$$\int_0^{+\infty}e^{-t^2}dt=\frac{\sqrt{\pi}}{2},$$

这就是概率论中常用的泊松积分．

B 函数

*§6.7 综合与提高

在这一节里，我们将通过相关例题更深入探讨这一章的知识及其与其他章内容的联系．

一、与定积分的定义和性质有关的问题

例 1　求下列极限：

(1) $\lim\limits_{n\to\infty}\dfrac{1^p+2^p+\cdots+n^p}{n^{p+1}}$；　　(2) $\lim\limits_{n\to\infty}\dfrac{\sqrt[n]{n!}}{n}$；

(3) $\lim\limits_{n\to\infty}\int_0^{\frac{1}{2}}\dfrac{x^n}{1+x^2}\mathrm{d}x$.

解　(1) $$\lim_{n\to\infty}\frac{1^p+2^p+\cdots+n^p}{n^{p+1}}=\lim_{n\to\infty}\frac{1}{n}\sum_{i=1}^{n}\left(\frac{i}{n}\right)^p=\int_0^1 x^p\mathrm{d}x=\frac{1}{p+1}.$$

(2) 令 $y_n=\dfrac{\sqrt[n]{n!}}{n}$, 则

$$\ln y_n=\ln\frac{\sqrt[n]{n!}}{n}=\ln\sqrt[n]{\frac{n!}{n^n}}=\frac{1}{n}\ln\left(\frac{1}{n}\cdot\frac{2}{n}\cdot\cdots\cdot\frac{n}{n}\right)=\frac{1}{n}\sum_{i=1}^{n}\ln\frac{i}{n},$$

所以

$$\lim_{n\to\infty}\ln y_n=\lim_{n\to\infty}\frac{1}{n}\sum_{i=1}^{n}\ln\frac{i}{n}=\int_0^1\ln x\mathrm{d}x$$
$$=(x\ln x-x)\Big|_0^1=-1-\lim_{x\to0^+}(x\ln x-x)=-1,$$

于是

$$\lim_{n\to\infty}y_n=\lim_{n\to\infty}\frac{\sqrt[n]{n!}}{n}=\mathrm{e}^{-1}.$$

(3) 因为

$$0\leqslant\frac{x^n}{1+x^2}\leqslant x^n,$$

从而

$$0\leqslant\int_0^{\frac{1}{2}}\frac{x^n}{1+x^2}\mathrm{d}x\leqslant\int_0^{\frac{1}{2}}x^n\mathrm{d}x=\frac{1}{(n+1)2^{n+1}},$$

易知 $\lim\limits_{n\to\infty}\dfrac{1}{(n+1)2^{n+1}}=0$, 所以

$$\lim_{n\to\infty}\int_0^{\frac{1}{2}}\frac{x^n}{1+x^2}\mathrm{d}x=0.$$ □

上例中,(1)和(2)是利用定积分的定义求极限,(3)中的极限与定积分有关,用到的知识点是定积分的性质和极限的夹逼准则.

例 2　估计下列积分的值:

(1) $\int_0^2\mathrm{e}^{x^2-x}\mathrm{d}x$;　　(2) $\int_0^1\dfrac{1}{\sqrt{4-2x-x^2+x^3}}\mathrm{d}x$.

解　(1) 令 $f(x)=\mathrm{e}^{x^2-x}$, 则 $f(x)$ 在 $[0,2]$ 上连续,在 $(0,2)$ 内可导. 令

$$f'(x)=\mathrm{e}^{x^2-x}(2x-1)=0$$

得 $x=\dfrac{1}{2}\in[0,2]$,因 $f(0)=1, f\left(\dfrac{1}{2}\right)=\mathrm{e}^{-\frac{1}{4}}, f(2)=\mathrm{e}^2$,可知在 $[0,2]$ 上 $f(x)$ 的最小值为 $\mathrm{e}^{-\frac{1}{4}}$,最大值为 e^2, 因此

$$2\mathrm{e}^{-\frac{1}{4}}\leqslant\int_0^2\mathrm{e}^{x^2-x}\mathrm{d}x\leqslant 2\mathrm{e}^2.$$

(2) 因为

$$4-2x-x^2\leqslant 4-2x-x^2+x^3\leqslant 4, x\in[0,1],$$

从而

$$\frac{1}{2}\leqslant\frac{1}{\sqrt{4-2x-x^2+x^3}}\leqslant\frac{1}{\sqrt{4-2x-x^2}},$$

于是,由定积分的性质可得

$$\frac{1}{2}\leqslant\int_0^1\frac{1}{\sqrt{4-2x-x^2+x^3}}\mathrm{d}x\leqslant\int_0^1\frac{1}{\sqrt{4-2x-x^2}}\mathrm{d}x,$$

而

$$\int_0^1\frac{1}{\sqrt{4-2x-x^2}}\mathrm{d}x=\int_0^1\frac{1}{\sqrt{5-(x+1)^2}}\mathrm{d}(x+1)$$

$$=\arcsin\frac{x+1}{\sqrt{5}}\bigg|_0^1=\arcsin\frac{2}{\sqrt{5}}-\arcsin\frac{1}{\sqrt{5}}.$$

故有

$$\frac{1}{2}\leqslant\int_0^1\frac{1}{\sqrt{4-2x-x^2+x^3}}\mathrm{d}x\leqslant\arcsin\frac{2}{\sqrt{5}}-\arcsin\frac{1}{\sqrt{5}}.$$ □

在利用定积分的性质进行估值时,有时可以直接求被积函数在积分区间的最大值和最小值,如上例(1). 但当被积函数比较复杂时,要考虑适当的放缩,注意放缩的尺度不宜太大. 有时这种估值的题型也可以换成不等式证明,例如证明不等式 $2\leqslant\int_{-1}^1\sqrt{1+x^4}\mathrm{d}x\leqslant\dfrac{8}{3}$, 读者可以通过求最值和适当放缩的方法试证.

二、关于积分上限函数的问题

例 3 由方程 $\int_0^y\mathrm{e}^{t^2}\mathrm{d}t+\int_0^{x^2}\dfrac{\sin t}{\sqrt{t}}\mathrm{d}t=1$ 确定 y 为 x 的函数,求 $\dfrac{\mathrm{d}y}{\mathrm{d}x}$.

解 方程两边对 x 求导,得

$$\mathrm{e}^{y^2}y'+\frac{\sin x^2}{\sqrt{x^2}}2x=0,$$

所以

$$y' = \pm 2e^{-y^2}\sin x^2.$$ □

例 4 计算下列导数：

(1) $\dfrac{d^2}{dx^2}\int_0^x\left(\int_0^{y^2}\dfrac{\sin t}{1+t^2}dt\right)dy$； (2) $\dfrac{d}{dx}\int_0^{\sin x}e^{(tx)^2}dt$.

解 (1) $\dfrac{d}{dx}\int_0^x\left(\int_0^{y^2}\dfrac{\sin t}{1+t^2}dt\right)dy = \int_0^{x^2}\dfrac{\sin t}{1+t^2}dt$, 于是

$$\frac{d^2}{dx^2}\int_0^x\left(\int_0^{y^2}\frac{\sin t}{1+t^2}dt\right)dy = \frac{d}{dx}\int_0^{x^2}\frac{\sin t}{1+t^2}dt = \frac{2x\sin x^2}{1+x^4}.$$

(2) 因被积函数中含有变量 x，做变量替换 $tx = u$，则 $dt = \dfrac{1}{x}du$. 当 $t = 0$ 时，$u = 0$；当 $t = \sin x$ 时，$u = x\sin x$. 所以

$$\int_0^{\sin x}e^{(tx)^2}dt = \frac{1}{x}\int_0^{x\sin x}e^{u^2}du,$$

从而

$$\begin{aligned}\frac{d}{dx}\int_0^{\sin x}e^{(tx)^2}dt &= \frac{d}{dx}\left(\frac{1}{x}\int_0^{x\sin x}e^{u^2}du\right)\\ &= -\frac{1}{x^2}\int_0^{x\sin x}e^{u^2}du + \frac{1}{x}e^{(x\sin x)^2}(x\sin x)'\\ &= -\frac{1}{x^2}\int_0^{x\sin x}e^{u^2}du + \frac{\sin x + x\cos x}{x}e^{(x\sin x)^2}.\end{aligned}$$ □

需要注意，当变限积分的积分变量为 t（或者其他不是 x 的字母），而被积函数中含有变量 x 时，不能直接对 x 求导，应该通过适当的变换将变量 x 从被积函数中分离出来，再求导.

三、与定积分有关的证明题

例 5 设函数 $f(x)$，$g(x)$ 在区间 $[a,b]$ 上连续，试证：

(1) $\left[\int_a^b f(x)g(x)dx\right]^2 \leqslant \int_a^b f^2(x)dx \cdot \int_a^b g^2(x)dx$（柯西不等式）；

(2) $\int_a^b [f(x)+g(x)]^2dx \leqslant \left[\sqrt{\int_a^b f^2(x)dx} + \sqrt{\int_a^b g^2(x)dx}\right]^2$（施瓦茨不等式）.

证明 (1) 对于任意实数 λ，有

$$[\lambda f(x) + g(x)]^2 = \lambda^2 f^2(x) + 2\lambda f(x)g(x) + g^2(x) \geqslant 0,$$

从而

$$\lambda^2\int_a^b f^2(x)\,\mathrm{d}x+2\lambda\int_a^b f(x)g(x)\,\mathrm{d}x+\int_a^b g^2(x)\,\mathrm{d}x\geqslant 0,$$

上式左端是一个关于 λ 的非负的二次多项式,其判别式必须小于等于零,即

$$4\left[\int_a^b f(x)g(x)\,\mathrm{d}x\right]^2-4\int_a^b f^2(x)\,\mathrm{d}x\cdot\int_a^b g^2(x)\,\mathrm{d}x\leqslant 0,$$

由此可得

$$\left[\int_a^b f(x)g(x)\,\mathrm{d}x\right]^2\leqslant\int_a^b f^2(x)\,\mathrm{d}x\cdot\int_a^b g^2(x)\,\mathrm{d}x.$$

$$\begin{aligned}(2)\ &\int_a^b[f(x)+g(x)]^2\mathrm{d}x\\&=\int_a^b f^2(x)\,\mathrm{d}x+2\int_a^b f(x)g(x)\,\mathrm{d}x+\int_a^b g^2(x)\,\mathrm{d}x\\&\leqslant\int_a^b f^2(x)\,\mathrm{d}x+2\sqrt{\int_a^b f^2(x)\,\mathrm{d}x\cdot\int_a^b g^2(x)\,\mathrm{d}x}+\int_a^b g^2(x)\,\mathrm{d}x\\&=\left[\sqrt{\int_a^b f^2(x)\,\mathrm{d}x}+\sqrt{\int_a^b g^2(x)\,\mathrm{d}x}\right]^2.\end{aligned}$$

□

例6 设 $f(x)$ 在 $[a,b]$ 上连续,且 $\int_a^b xf(x)\,\mathrm{d}x=b\int_a^b f(x)\,\mathrm{d}x$. 证明:至少存在一点 $\xi\in(a,b)$,使 $\int_a^\xi f(x)\,\mathrm{d}x=0$.

证明 作辅助函数

$$F(t)=\int_a^t(t-x)f(x)\,\mathrm{d}x=t\int_a^t f(x)\,\mathrm{d}x-\int_a^t xf(x)\,\mathrm{d}x,$$

显然,$F(t)$ 在 (a,b) 内可导,并且

$$F'(t)=\int_a^t f(x)\,\mathrm{d}x+tf(t)-tf(t)=\int_a^t f(x)\,\mathrm{d}x,$$

而 $F(a)=F(b)=0$,由罗尔中值定理知,至少存在一点 $\xi\in(a,b)$,使 $F'(\xi)=0$,即

$$\int_a^\xi f(x)\,\mathrm{d}x=0.$$

□

习题六　A

［基础练习］

1. 把定积分 $\int_0^1 e^x dx$ 写成积分和的极限形式.

2. 利用定积分的定义计算下列积分的值:

(1) $\int_0^4 (2x+3)dx$;

(2) $\int_a^b (x^2+1)dx \quad (b>a)$.

3. 用定积分的几何意义说明下列等式:

(1) $\int_{-\pi}^{\pi} x^3 dx = 0$;

(2) $\int_{-\frac{\pi}{2}}^{\frac{\pi}{2}} \cos x dx = 2\int_0^{\frac{\pi}{2}} \cos x dx$;

(3) $\int_1^3 2dx = 4$;

(4) $\int_0^2 \sqrt{4-x^2} dx = \pi$.

4. 已知 $\int_0^1 \frac{1}{\sqrt{4-x^2}} dx = \frac{\pi}{6}$,求

$\lim\limits_{n\to\infty}\left(\frac{2}{\sqrt{4n^2-1}}+\frac{2}{\sqrt{4n^2-2^2}}+\cdots+\frac{2}{\sqrt{4n^2-n^2}}\right)$.

5. 不计算定积分的值,比较下列各对定积分的大小:

(1) $\int_1^2 x dx, \int_1^2 x^2 dx$;

(2) $\int_1^2 \ln x dx, \int_1^2 (\ln x)^2 dx$;

(3) $\int_{-2}^{-1} \left(\frac{1}{3}\right)^x dx, \int_{-2}^{-1} 3^x dx$;

(4) $\int_0^1 e^x dx, \int_0^1 (1+x) dx$;

(5) $\int_{-\frac{\pi}{2}}^{0} \sin x dx, \int_0^{\frac{\pi}{2}} \sin x dx$;

(6) $\int_0^1 (1+x) dx, \int_1^2 e^x dx$.

6. 估计下列定积分的值:

(1) $\int_0^1 e^x dx$;

(2) $\int_0^2 (x^2+2) dx$;

(3) $\int_{-6}^{8} \sqrt{100-x^2} dx$;

(4) $\int_{\frac{\pi}{4}}^{\frac{5\pi}{4}} (1+\sin^2 x) dx$.

7. 已知函数$f(x)$连续,且$f(x) = x - \int_0^1 f(x) dx$,求函数$f(x)$.

8. 求下列函数的导数:

(1) $\int_0^x \sin t^2 dt$;

(2) $\int_x^0 \ln[1-\sqrt{t(t-1)}]\cdot\cos^2 t dt$;

(3) $\int_0^{x^2} \sqrt{1+t^2} dt$;

(4) $\int_{\sin x}^{\cos x} \cos(\pi t^2) dt$;

(5) $\int_{\arctan x}^{\cos x} e^{-t} dt$;

(6) $\ln\left(\int_0^x \frac{dt}{1+\sin^2 t}\right)$.

9. 求下列极限:

(1) $\lim\limits_{x\to 0} \frac{1}{x}\int_0^x \cos t^2 dt$;

(2) $\lim\limits_{x\to 0} \frac{1}{x}\int_0^x (1+\sin 2t)^{\frac{1}{t}} dt$;

(3) $\lim\limits_{x\to 0} \frac{1}{x^3}\int_0^x \left(\frac{\sin t}{t}-1\right) dt$;

(4) $\lim\limits_{x\to 0} \frac{\left[\int_0^x \ln(1+t) dt\right]^2}{x^4}$.

10. 用牛顿-莱布尼茨公式计算下列定积分:

(1) $\int_3^6 (x^2-1) dx$;

(2) $\int_{-1}^{1} (x^3-3x^2) dx$;

(3) $\int_1^4 x\left(\sqrt{x}+\frac{1}{x^2}\right) dx$;

(4) $\int_0^1 \frac{x^4}{1+x^2}dx$;

(5) $\int_{\frac{1}{\sqrt{3}}}^1 \frac{1+2x^2}{x^2(1+x^2)}dx$;

(6) $\int_0^2 \frac{1}{4+x^2}dx$;

(7) $\int_0^1 2^x e^x dx$;

(8) $\int_0^{\frac{\pi}{4}} \sec x \tan x dx$;

(9) $\int_{\frac{\pi}{4}}^{\frac{\pi}{2}} \cot^2 x dx$;

(10) $\int_{\frac{\pi}{4}}^{\frac{\pi}{3}} \frac{1}{\sin^2 x\cos^2 x}dx$;

(11) $\int_{-1}^2 |2x|dx$;

(12) $\int_{-1}^2 |x^2-x|dx$;

(13) $\int_0^{2\pi} \sqrt{\frac{1-\cos 2x}{2}}dx$;

(14) $\int_{-1}^1 f(x)dx$，其中$f(x)=\begin{cases}2^x, & -1\leqslant x\leqslant 0,\\ \sqrt{x}, & 0<x\leqslant 1.\end{cases}$

11. 设$f(x)=\begin{cases}\sin x, & 0\leqslant x\leqslant \frac{\pi}{2},\\ 1, & \frac{\pi}{2}<x\leqslant \pi,\end{cases}$ 求 $\Phi(x)=\int_0^x f(t)dt$，并讨论 $\Phi(x)$ 在区间 $[0,\pi]$ 上的连续性.

12. 设$f(x)$ 在 $[a,b]$ 上连续，在 (a,b) 内可导且$f'(x)\leqslant 0$，$F(x)=\frac{1}{x-a}\int_a^x f(t)dt$，证明在 (a,b) 内有 $F'(x)\leqslant 0$.

13. 设$f(x)$ 在 $[a,b]$ 上二阶可导，$f'(x)>0$，$f''(x)>0$，证明

$$(b-a)f(a)<\int_a^b f(x)dx<(b-a)\frac{f(b)+f(a)}{2}.$$

14. 用定积分换元法计算下列定积分：

(1) $\int_1^2 \frac{1}{(3x-1)^2}dx$;

(2) $\int_0^{\ln 3} \frac{e^x}{1+e^x}dx$;

(3) $\int_0^3 e^{|2-x|}dx$;

(4) $\int_0^1 \frac{dx}{e^x+e^{-x}}$;

(5) $\int_{-\frac{\pi}{4}}^{\frac{\pi}{4}} \frac{1}{1+\sin x}dx$;

(6) $\int_0^1 \frac{\arctan\sqrt{x}}{\sqrt{x}(1+x)}dx$;

(7) $\int_0^4 \frac{1}{1+\sqrt{x}}dx$;

(8) $\int_1^5 \frac{\sqrt{u-1}}{u}du$;

(9) $\int_0^1 x\sqrt{3-2x}dx$;

(10) $\int_1^{e^2} \frac{1}{x\sqrt{1+\ln x}}dx$;

(11) $\int_0^1 \sqrt{4-x^2}dx$;

(12) $\int_{-\sqrt{2}}^{\sqrt{2}} \sqrt{8-2y^2}dy$;

(13) $\int_1^{\sqrt{3}} \frac{1}{x\sqrt{1+x^2}}dx$;

(14) $\int_1^2 \frac{1}{x\sqrt{x^2-1}}dx$.

15. 用定积分的分部积分法计算下列定积分：

(1) $\int_0^1 xe^{-2x}dx$;

(2) $\int_0^1 x\ln(1+x)dx$;

(3) $\int_0^1 x\arctan x dx$;

(4) $\int_{-2}^2 (|x|+x)e^{-|x|}dx$;

(5) $\int_1^e (\ln x)^3 dx$;

(6) $\int_0^{\pi} x^2\cos 2x dx$;

(7) $\int_0^{\frac{\pi}{2}} e^{2t}\cos t dt$;

(8) $\int_0^{\sqrt{\ln 2}} x^3 e^{x^2}dx$;

(9) $\int_0^{\frac{\pi}{4}} \frac{x}{1+\cos 2x}dx$;

(10) $\int_{\frac{1}{e}}^{e} |\ln x|dx$.

16. 设$f(x)$ 在 $(-\infty, +\infty)$ 上连续，$F(x) = \int_0^x f(t)dt$，证明：

(1) 若$f(x)$ 是偶函数，则 $F(x)$ 是奇函数；

(2) 若$f(x)$ 是奇函数，则 $F(x)$ 是偶函数；

(3) 若 $f(x)$ 是以 T 为周期的函数，则 $\int_a^{a+T} f(t)dt$ 与 a 无关；且若 $\int_0^T f(t)dt = 0$，则 $F(x)$ 也是以 T 为周期的函数.

17. 根据函数的奇偶性计算定积分：

(1) $\int_{-\pi}^{\pi} x^2\sin 3xdx$;

(2) $\int_{-\frac{\pi}{2}}^{\frac{\pi}{2}} 2\cos^2 xdx$;

(3) $\int_{-\frac{1}{2}}^{\frac{1}{2}} \frac{(\arcsin x)^2}{\sqrt{1-x^2}}dx$;

(4) $\int_{-\frac{\pi}{3}}^{\frac{\pi}{3}} \frac{x^2(x\sin^2 x+1)+1}{x^4+2x^2+1}dx$.

18. 若$f(x)$ 在 $[0,1]$ 上连续，证明：

(1) $\int_0^{\pi} f(\sin x)dx = 2\int_0^{\frac{\pi}{2}} f(\sin x)dx$;

(2) $\int_0^{\frac{\pi}{2}} f(\sin x,\cos x)dx = \int_0^{\frac{\pi}{2}} f(\cos x,\sin x)dx$.

19. 计算下列定积分，其中 $p>0$：

(1) $\int_0^{\pi} \frac{x\sin x}{1+\cos^2 x}dx$;

(2) $\int_0^{\frac{\pi}{2}} \frac{\sin^p x}{\cos^p x+\sin^p x}dx$;

(3) $\int_0^{\frac{\pi}{2}} \frac{\cos^p x-\sin^p x}{1+\cos^p x\sin^p x}dx$.

20. 设$f(x)$ 为连续函数，证明 $\int_0^x f(t)(x-t)dt = \int_0^x \left[\int_0^t f(u)du\right]dt$.

21. 由 $I_n = \int_0^{\frac{\pi}{2}} \sin^n xdx$ (n 为自然数)的值，计算下列定积分：

(1) $\int_0^1 (1-x^2)^n dx$;

(2) $\int_0^1 \frac{x^n}{\sqrt{1-x^2}}dx (n \geqslant 2)$.

22. 计算 $I_n = \int_0^{\frac{\pi}{4}} \tan^n xdx$ ($n \geqslant 2$ 为自然数)，并证明 $\frac{1}{2n+2} < I_n < \frac{1}{2n-2}$.

23. 计算 $I_{m,n} = \int_0^1 x^m (1-x)^n dx$，其中 m,n 均为自然数.

24. 求下列各曲线所围成的平面图形的面积：

(1) 曲线 $x=y^2$ 与直线 $y=x$;

(2) 曲线 $y=3-x^2$ 与直线 $y=2x$;

(3) 曲线 $y=2-x^2$ 与曲线 $y=x^2$;

(4) 曲线 $y=e^x$ 与直线 $y=e$ 及 y 轴；

(5) 曲线 $y=x^3$，直线 $y=1$ 及 y 轴；

(6) 曲线 $y=\ln x$，直线 $y=\ln a, y=\ln b$ 及 y 轴 $(0<a<b)$；

(7) 曲线 $y=e^x, y=e^{2x}$ 与直线 $y=2$；

(8) 曲线 $y=\frac{1}{x}$ 与直线 $y=x, x=2$；

(9) 曲线 $y=-x^3+x^2+2x$ 与 x 轴；

(10) 曲线 $y=-x^2+4x-3$ 及其在点 $(0,-3)$ 和 $(3,0)$ 处的切线.

25. 求曲线 $y=e^x$ 的一条切线，使该切线与曲线 $y=e^x$ 及直线 $x=0, x=2$ 所围成的平面图形的面积最小.

26. 求由曲线 $y^2=4ax$ 与过焦点的弦所围成的图形面积的最小值.

27. 证明：由平面图形 $0\leqslant a\leqslant x\leqslant b, 0\leqslant y\leqslant f(x)$ 绕 y 轴旋转所成的旋转体的体积为 $V = 2\pi\int_a^b xf(x)dx$.

28. 一平面经过半径为 R 的圆柱体的底圆中心，并与底面交成角 α，计算这个平面截圆柱体所得立体的体积.

29. 求下列各曲线所围成的图形分别绕 x 轴和 y 轴

旋转所产生的旋转体的体积.

(1) $y=\sin x(0\leqslant x\leqslant\pi)$与$x$轴;

(2) $y=x^3,x=2$与x轴;

(3) $y=\sqrt{x},x=1,x=4$与x轴.

30. 某公司生产某产品产量x时的边际成本为$C'(x)=3x^2-2x+4$,计算x从5单位到10单位时总成本的变化.

31. 已知某商品的边际成本为$C'(x)=\dfrac{x}{2}$(万元/台),固定成本为$C_0=10$万元,又知该商品的销售收益函数为$R(x)=100x$(万元),求

(1) 使利润最大的销售量和最大利润;

(2) 在获得最大利润的销售量的基础上,再销售20台,利润将会减少多少?

*32. 假设价格需求曲线$p=D(q)=40-0.002\,1q^2$,并已知需求量为$q^*=20$个单位,此时的价格为p^*,试求消费者剩余$CS=\int_0^{q^*}p\mathrm{d}q-p^*q^*$.

33. 下列反常积分是否收敛?若收敛,求其值.

(1) $\int_2^{+\infty}\frac{1}{x^2-1}\mathrm{d}x$;

(2) $\int_1^{+\infty}\frac{1}{x^4}\mathrm{d}x$;

(3) $\int_1^{+\infty}\frac{1}{\sqrt{x}}\mathrm{d}x$;

(4) $\int_0^{+\infty}\mathrm{e}^{-2x}\sin 3x\mathrm{d}x$;

(5) $\int_{-\infty}^{+\infty}\frac{1}{x^2+2x+2}\mathrm{d}x$;

(6) $\int_{-\infty}^{+\infty}\frac{x}{\sqrt{x^2+1}}\mathrm{d}x$;

(7) $\int_0^1\frac{1}{\sqrt{1-x}}\mathrm{d}x$;

(8) $\int_1^2\frac{x}{\sqrt{x-1}}\mathrm{d}x$;

(9) $\int_{-1}^1\frac{1}{\sqrt{1-x^2}}\mathrm{d}x$;

(10) $\int_0^2\frac{1}{(x-1)^2}\mathrm{d}x$;

(11) $\int_0^{+\infty}\frac{1}{\sqrt{x(x+1)^3}}\mathrm{d}x$.

34. 讨论反常积分$\int_2^{+\infty}\frac{1}{x(\ln x)^k}\mathrm{d}x$($k$为参数)的敛散性,并确定$k$的值,使该反常积分取得最小值.

35. 设$\lim\limits_{x\to\infty}\left(\frac{1+x}{x}\right)^{ax}=\int_{-\infty}^{a}t\mathrm{e}^t\mathrm{d}t$,求常数$a$.

36. 计算:

(1) $\frac{\Gamma(8)}{\Gamma(5)\Gamma(3)}$; (2) $\frac{\Gamma(5)\Gamma\left(\frac{3}{2}\right)}{\Gamma\left(\frac{9}{2}\right)}$;

(3) $\int_0^{+\infty}x^5\mathrm{e}^{-x^2}\mathrm{d}x$; (4) $\int_0^1\left(\ln\frac{1}{x}\right)^3\mathrm{d}x$.

B

[扩展练习]

1. 求下列极限:

(1) $\lim\limits_{n\to\infty}\left(\frac{1}{n+1}+\frac{1}{n+2}+\cdots+\frac{1}{n+n}\right)$;

(2) $\lim\limits_{n\to\infty}\left(\frac{1}{\sqrt{2n-1}}+\frac{1}{\sqrt{4n-2^2}}+\frac{1}{\sqrt{6n-3^2}}+\cdots+\frac{1}{\sqrt{2n^2-n^2}}\right)$;

(3) $\lim\limits_{n\to\infty}\sin\frac{\pi}{n}\left(\cos^2\frac{1}{n}\pi+\cos^2\frac{2}{n}\pi+\cdots+\cos^2\frac{n}{n}\pi\right)$;

(4) 设$f(x)=\mathrm{e}^{\frac{1}{x+1}}$,求$\lim\limits_{n\to\infty}\sqrt[n]{f\left(\frac{1}{n}\right)f\left(\frac{2}{n}\right)\cdots f\left(\frac{n}{n}\right)}$;

(5) $\lim\limits_{n\to\infty}\int_0^1\frac{x^n\mathrm{e}^x}{1+\mathrm{e}^x}\mathrm{d}x$.

2. 估计下列定积分的值：

(1) $\int_{\frac{\pi}{4}}^{\frac{5\pi}{4}}(1+\sin^3 x)\mathrm{d}x$；

(2) $\int_0^{\frac{1}{2}}\frac{1}{\sqrt{1-x^n}}\mathrm{d}x\ (n>2)$.

3. 求下列函数的导数：

(1) $\frac{\mathrm{d}^2}{\mathrm{d}x^2}\int_0^x\left[\int_0^{u^2}\arctan(1+t)\mathrm{d}t\right]\mathrm{d}u$；

(2) $\frac{\mathrm{d}}{\mathrm{d}x}\int_0^{\cos x}(tx)^3\mathrm{d}t$.

4. 求由方程 $\int_0^y \mathrm{e}^t\mathrm{d}t+\int_0^x\cos t\mathrm{d}t=0$ 确定的隐函数 y 对 x 的导数 $\frac{\mathrm{d}y}{\mathrm{d}x}$.

5. 设 $f(x)=\int_0^{x^2}(\arctan\sqrt{x^2-t})\cdot\ln(1+\sqrt{x^2-t})\mathrm{d}t\,(x>0)$，求 $\lim\limits_{x\to0}\frac{f(x)-f(0)}{\sin^4 x}$.

6. 设 $f(x)$ 在区间 $[0,1]$ 上可微，且满足条件 $f(1)=2\int_0^{\frac{1}{2}}xf(x)\mathrm{d}x$，试证：存在 $\xi\in(0,1)$，使 $f(\xi)+\xi f'(\xi)=0$.

7. 设函数 $f(x)$，$g(x)$ 在区间 $[a,b]$ 上连续，且 $g(x)>0$，证明：存在一点 $\xi\in[a,b]$，使 $\int_a^b f(x)g(x)\mathrm{d}x=f(\xi)\int_a^b g(x)\mathrm{d}x$.

8. 求曲线 $y^2=2x$ 与直线 $x=0,y=2$ 所围成的图形分别绕 $x=2,y=2$ 旋转所形成的旋转体的体积.

C ［测试练习］

1. 选择题（每小题 2 分，共 20 分）

(1) 定积分 $\int_{\frac{1}{2}}^1 x^2\ln x\mathrm{d}x$ 的值（　　）.

A. 大于零　　B. 小于零

C. 等于零　　D. 不能确定

(2) 曲线 $y=x(x-1)(x-2)$ 与 x 轴所围成的图形的面积可表示为（　　）.

A. $\int_0^1 x(x-1)(x-2)\mathrm{d}x$

B. $\int_0^2 x(x-1)(x-2)\mathrm{d}x$

C. $\int_0^1 x(x-1)(x-2)\mathrm{d}x-\int_1^2 x(x-1)(x-2)\mathrm{d}x$

D. $\int_0^1 x(x-1)(x-2)\mathrm{d}x+\int_1^2 x(x-1)(x-2)\mathrm{d}x$

(3) 设正值函数 $f(x)$ 在区间 $[a,b]$ 上连续，则函数 $F(x)=\int_a^x f(t)\mathrm{d}t+\int_b^x\frac{1}{f(t)}\mathrm{d}t$ 在 (a,b) 内有（　　）个零点.

A. 0　　B. 1　　C. 2　　D. 3

(4) 已知 $\int_0^x f(t)\mathrm{d}t=\frac{x^2}{4}$，则 $\int_0^4\frac{1}{\sqrt{x}}f(\sqrt{x})\mathrm{d}x=$（　　）.

A. 2　　B. 4　　C. 8　　D. 16

(5) $\int_{-1}^2\frac{1}{x^2}\mathrm{d}x$（　　）.

A. $=-\frac{3}{2}$　　B. $=\frac{1}{2}$　　C. $=-\frac{1}{2}$

D. 不存在

(6) $\int_1^{\infty}\frac{1}{x\sqrt{x^2-1}}\mathrm{d}x$（　　）.

A. $=0$　　B. $=\frac{\pi}{2}$　　C. $=\frac{\pi}{4}$

D. 发散

(7) 下列各项正确的是(　　).

A. 当$f(x)$为奇函数时，$\int_{-\infty}^{+\infty} f(x)\mathrm{d}x = 0$

B. $\int_0^4 \frac{1}{(x-3)^2}\mathrm{d}x = \left.\frac{-1}{x-3}\right|_0^4 = -\frac{4}{3}$

C. 反常积分$\int_a^{+\infty} bf(x)\mathrm{d}x$与$\int_a^{+\infty} f(x)\mathrm{d}x$有相同的敛散性

D. $\int_0^{+\infty} \frac{\arctan x}{(1+x^2)^{\frac{3}{2}}}\mathrm{d}x \xlongequal{u=\arctan x} \int_0^{\frac{\pi}{2}} \frac{u\sec^2 u}{\sec^3 u}\mathrm{d}u = \int_0^{\frac{\pi}{2}} u\cos u\mathrm{d}u = u\sin u\Big|_0^{\frac{\pi}{2}} - \int_0^{\frac{\pi}{2}} \sin u\mathrm{d}u = \frac{\pi}{2} - 1$

(8) 设函数$f(x)$在$(0,+\infty)$内连续，且$I = \frac{1}{s}\int_0^{st} f\left(t+\frac{x}{s}\right)\mathrm{d}x\ (s>0, t>0)$，则$I$的值(　　).

A. 依赖于s,t,x

B. 依赖于s,t

C. 依赖于t，不依赖于s

D. 依赖于s，不依赖于t

(9) 设在$[a,b]$上$f(x)>0, f'(x)<0, f''(x)>0$，$s_1 = \int_a^b f(x)\mathrm{d}x$，$s_2 = f(b)(b-a)$，$s_3 = \frac{1}{2}[f(a)+f(b)](b-a)$，则(　　).

A. $s_1<s_2<s_3$　　B. $s_2<s_1<s_3$

C. $s_3<s_1<s_2$　　D. $s_2<s_3<s_1$

(10) $F(x) = \int_x^{x+2\pi} \mathrm{e}^{\sin t}\sin t\mathrm{d}t$，则$F(x)$(　　).

A. 为正常数　　B. 为负常数

C. 恒为零　　D. 不为常数

2. 填空题(每空3分，共30分)

(1) $\int_0^{\frac{\pi}{2}} \sin^8 x\mathrm{d}x =$ ________，$\int_0^{\frac{\pi}{2}} \cos^7 x\mathrm{d}x =$ ________.

(2) $\lim\limits_{x\to 0} \frac{\int_0^x t\sin t\mathrm{d}t}{\ln(1+x)} =$ ________.

(3) $\int_{-1}^2 |x^2-2x|\mathrm{d}x =$ ________.

(4) 曲线$y = \int_1^x t(1-t)\mathrm{d}t$的凸区间是________.

(5) $\int_{-\pi}^0 \sqrt{1+\cos 2x}\mathrm{d}x =$ ________.

(6) 设连续函数$f(x) = \sin x + \int_0^{\pi} f(x)\mathrm{d}x$，则$f(x) =$ ________.

(7) $\int_{-1}^1 x(1+x^{2005})(\mathrm{e}^x - \mathrm{e}^{-x})\mathrm{d}x =$ ________.

(8) $\lim\limits_{x\to+\infty} \frac{1}{\sqrt{x}}\int_1^x \ln\left(1-\frac{1}{\sqrt{t}}\right)\mathrm{d}t =$ ________.

(9) 函数$y = \int_0^{x^2} (t-1)\mathrm{e}^{t^2}\mathrm{d}t$的极大值点为________.

3. 计算题(每小题5分，共50分)

(1) $\int_0^1 \frac{x+2}{x^2-x-2}\mathrm{d}x$;

(2) $\int_{-2}^2 (x^2\sqrt{4-x^2} + x\cos^5 x)\mathrm{d}x$;

(3) $\int_{-\frac{\pi}{2}}^{\frac{\pi}{2}} \tan^2 x[\sin^2 2x + \ln(x+\sqrt{1+x^2})]\mathrm{d}x$;

(4) $\int_0^2 \frac{1}{2+\sqrt{4+x^2}}\mathrm{d}x$;

(5) $\int_1^{+\infty} \frac{\mathrm{d}x}{\mathrm{e}^{x+1}+\mathrm{e}^{3-x}}$;

(6) $\int_{\frac{1}{2}}^{\frac{3}{2}} \frac{\mathrm{d}x}{\sqrt{|x-x^2|}}$;

(7) $\int_{-1}^1 (1-x^2)^{10}\mathrm{d}x$;

(8) 已知函数$f(x)$在$[0,2]$上二阶可导，且$f(2)=1, f'(2)=0$及$\int_0^2 f(x)\mathrm{d}x = 4$，求$\int_0^1 x^2 f''(2x)\mathrm{d}x$;

（9）求极限 $\lim\limits_{x\to0}\left(\dfrac{\int_0^x\sqrt{1+t^2}\mathrm{d}t}{x}+\dfrac{\int_0^x\sin t\mathrm{d}t}{x^2}\right)$；

（10）计算极限 $\lim\limits_{n\to\infty}\left(\dfrac{n}{n^2+1}+\dfrac{n}{n^2+2^2}+\cdots+\dfrac{n}{n^2+n^2}\right)$.

参考答案 A

［基础练习］

1. $\lim\limits_{\Delta x\to0}\sum\limits_{i=1}^{n}\mathrm{e}^{\xi_i}\Delta x_i,\ \xi_i\in[x_{i-1},x_i]$.

2. （1）28；　（2）$\dfrac{1}{3}(b^3-a^3)+(b-a)$.

3. 略.

4. $\dfrac{\pi}{3}$.

5. （1）<；　（2）>；　（3）>；　（4）>；
（5）<；　（6）<.

6. （1）$1\leqslant\int_0^1\mathrm{e}^x\mathrm{d}x\leqslant\mathrm{e}$；

（2）$4\leqslant\int_0^2(x^2+2)\mathrm{d}x\leqslant12$；

（3）$84\leqslant\int_{-6}^{8}\sqrt{100-x^2}\mathrm{d}x\leqslant140$；

（4）$\pi\leqslant\int_{\frac{\pi}{4}}^{\frac{5\pi}{4}}(1+\sin^2x)\mathrm{d}x\leqslant2\pi$.

7. $f(x)=x-\dfrac{1}{4}$.

8. （1）$\sin x^2$；

（2）$-\ln[1-\sqrt{x(x-1)}]\cdot\cos^2x$；

（3）$2x\sqrt{1+x^4}$；

（4）$(\sin x-\cos x)\cos(\pi\sin^2x)$；

（5）$-\mathrm{e}^{-\cos x}\cdot\sin x-\mathrm{e}^{-\arctan x}\cdot\dfrac{1}{1+x^2}$；

（6）$\dfrac{1}{\int_0^x\dfrac{\mathrm{d}t}{1+\sin^2t}}\cdot\dfrac{1}{1+\sin^2x}$.

9. （1）1；　（2）e^2；　（3）$-\dfrac{1}{18}$；　（4）$\dfrac{1}{4}$.

10. （1）60；　（2）-2；　（3）$\dfrac{62}{5}+\ln4$；

（4）$\dfrac{\pi}{4}-\dfrac{2}{3}$；　（5）$\dfrac{\pi}{12}-1+\sqrt{3}$；

（6）$\dfrac{\pi}{8}$；　（7）$\dfrac{2\mathrm{e}-1}{1+\ln2}$；　（8）$\sqrt{2}-1$；

（9）$1-\dfrac{\pi}{4}$；　（10）$\dfrac{2\sqrt{3}}{3}$；　（11）5；

（12）$\dfrac{11}{6}$；　（13）4；　（14）$\dfrac{1}{2\ln2}+\dfrac{2}{3}$.

11. $\Phi(x)=\begin{cases}1-\cos x,0\leqslant x\leqslant\dfrac{\pi}{2},\\ 1+x-\dfrac{\pi}{2},\dfrac{\pi}{2}<x\leqslant\pi,\end{cases}$

$\Phi(x)$ 在区间 $[0,\pi]$ 上处处连续.

12. 略.

13. 提示:先建立关于 $f(x)$ 的不等式,再积分.

14. （1）$\dfrac{1}{10}$；　（2）$\ln2$；　（3）$\mathrm{e}^2+\mathrm{e}-2$；

（4）$\arctan\mathrm{e}-\dfrac{\pi}{4}$；　（5）2；　（6）$\dfrac{\pi^2}{16}$；

（7）$4-2\ln3$；　（8）$2(2-\arctan2)$；

（9）$\dfrac{3\sqrt{3}-2}{5}$；　（10）$2(\sqrt{3}-1)$；

（11）$\dfrac{\pi}{3}+\dfrac{\sqrt{3}}{2}$；　（12）$\sqrt{2}(\pi+2)$；

（13）$\ln\dfrac{1+\sqrt{2}}{\sqrt{3}}$；　（14）$\dfrac{\pi}{3}$.

15. （1）$-\dfrac{3}{4}\mathrm{e}^{-2}+\dfrac{1}{4}$；　（2）$\dfrac{1}{4}$；

（3）$\dfrac{\pi}{4}-\dfrac{1}{2}$；　（4）$2-\dfrac{6}{\mathrm{e}^2}$；　（5）$6-2\mathrm{e}$；

（6）$\dfrac{\pi}{2}$；　（7）$\dfrac{1}{5}(\mathrm{e}^{\pi}-2)$；

（8）$\ln2-\dfrac{1}{2}$；　（9）$\dfrac{\pi}{8}-\dfrac{\ln2}{4}$；

(10) $2-\frac{2}{e}$.

16. 略.

17. (1) 0; (2) π; (3) $\frac{\pi^3}{324}$;

(4) $2\arctan\frac{\pi}{3}$.

18. 略.

19. (1) $\frac{\pi^2}{4}$; (2) $\frac{\pi}{4}$; (3) 0.

20. 提示:方法 1 分部积分法;方法 2 两边求导.

21. (1) $\frac{(2n)!!}{(2n+1)!!}$; (2) I_n.

22. $I_n=\frac{1}{n-1}-I_{n-2}, n\geqslant 2, I_1=\frac{1}{2}\ln 2, I_0=\frac{\pi}{4}$; 提示: $I_{n+2}+I_n<2I_n<I_n+I_{n-2}$.

23. $\frac{m!n!}{(m+n+1)!}$.

24. (1) $\frac{1}{6}$; (2) $\frac{32}{3}$; (3) $\frac{8}{3}$; (4) 1;

(5) $\frac{3}{4}$; (6) $b-a$; (7) $\ln 2-\frac{1}{2}$;

(8) $\frac{3}{2}-\ln 2$; (9) $\frac{37}{12}$; (10) $\frac{9}{4}$.

25. $y=ex$; $S_{\min}=e^2-2e-1$.

26. $\frac{8}{3}a^2$.

27. 略.

28. $\frac{2}{3}R^3\tan\alpha$.

29. (1) $\frac{\pi^2}{2}, 2\pi^2$; (2) $\frac{128}{7}\pi, \frac{64}{5}\pi$;

(3) $\frac{15}{2}\pi, \frac{124}{5}\pi$.

30. 820.

31. (1) 200 台, 9 990 万元; (2) 100 万元.

*32. 11.2.

33. (1) $\frac{1}{2}\ln 3$; (2) $\frac{1}{3}$; (3) 发散;

(4) $\frac{3}{13}$; (5) π; (6) 发散; (7) 2;

(8) $\frac{8}{3}$; (9) π; (10) 发散;

(11) 2(提示:令 $\frac{1}{x}=t$).

34. 当 $k>1$ 时收敛于 $\frac{1}{(k-1)(\ln 2)^{k-1}}$, 当 $k\leqslant 1$ 时发散; 当 $k=1-\frac{1}{\ln\ln 2}$ 时取得最小值.

35. $a=2$.

36. (1) 105; (2) $\frac{64}{35}$; (3) 1; (4) 6.

B [扩展练习]

1. (1) $\ln 2$; (2) $\frac{\pi}{2}$; (3) $\frac{\pi}{2}$; (4) 2;

(5) 0.

2. (1) $\left(1-\frac{\sqrt{2}}{4}\right)\pi\leqslant\int_{\frac{\pi}{4}}^{\frac{5\pi}{4}}(1+\sin^3 x)\mathrm{d}x\leqslant 2\pi$;

(2) $\frac{1}{2}\leqslant\int_0^{\frac{1}{2}}\frac{1}{\sqrt{1-x^n}}\mathrm{d}x\leqslant\frac{\pi}{6}$.

3. (1) $2x\arctan(1+x^2)$;

(2) $x^3\cos^3 x\left(\frac{3}{4}\cos x-x\sin x\right)$

4. $y'=-\frac{\cos x}{e^y}\left(=\frac{\cos x}{\sin x-1}\right)$.

5. $\frac{1}{2}$, 提示:做变换 $\sqrt{x^2-t}=u$.

6—7. 略.

8. $\frac{56}{15}\pi, \frac{4}{3}\pi$.

C

［测试练习］

1. (1) B; (2) C; (3) B; (4) A;
(5) D; (6) B; (7) D; (8) C;
(9) B; (10) A.

2. (1) $\frac{35\pi}{256}, \frac{16}{35}$; (2) 0; (3) $\frac{8}{3}$;
(4) $\left(\frac{1}{2}, +\infty\right)$; (5) $2\sqrt{2}$;
(6) $\sin x + \frac{2}{1-\pi}$; (7) $\frac{4}{e}$;
(8) -2; (9) $x = 0$.

3. (1) $-\frac{5}{3}\ln 2$; (2) 2π; (3) $\frac{3\pi}{2}$;
(4) $\ln(\sqrt{2}+1) - \tan\frac{\pi}{8}$;
(5) $\frac{\pi}{4e^2}$; (6) $\ln(2+\sqrt{3}) + \frac{\pi}{2}$;
(7) $2 \cdot \frac{(20)!!}{(21)!!}$; (8) $\frac{1}{2}$;
(9) $\frac{3}{2}$; (10) $\frac{\pi}{4}$.

第六章方法总结与习题全解

第六章同步训练答案

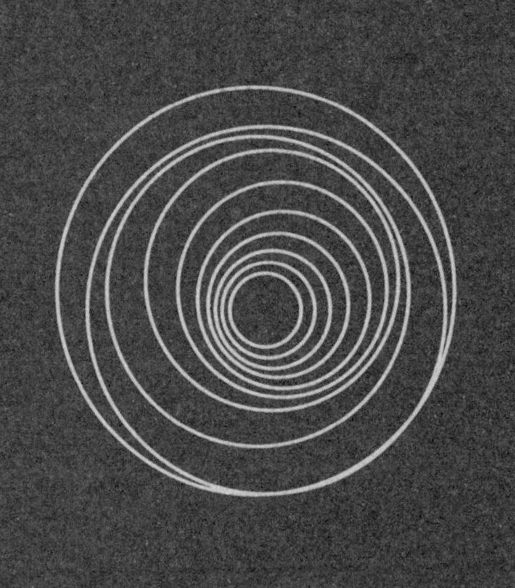

7 第七章 多元函数微积分学

Chapter 7

归纳和类比是学习进步的两大法宝，归纳——巩固旧知识，类比——理解新知识．

拉普拉斯（Pierre simon De Laplace，1749—1827）：在数学这门学科里，我们发现真理的主要工具是归纳和类比．

重点难点提示：

知识点	重点	难点	教学要求
二元函数的概念	•		理解
二元函数极限与连续的概念	•	•	了解
有界闭区域上二元连续函数的性质			了解
二元函数的偏导数与全微分	•		理解
求偏导数和全微分的方法	•		掌握
复合函数一阶偏导数的求法	•	•	掌握
隐函数一阶偏导数的求法	•	•	掌握
二阶偏导数		•	掌握
二元函数的极值与条件极值的概念	•		理解
拉格朗日乘数法	•	•	掌握
二重积分的概念及几何意义	•		理解
二重积分的性质			了解
二重积分的计算	•	•	掌握
二重积分的应用	•	•	掌握

前面各章讨论的都是只有一个自变量的函数，即一元函数．但实际问题中往往要涉及多方面的因素，也就是说，一个变量的变化可能依赖于多个变量的变化．例如矩形的面积 $S=xy$，它依赖于两个变量 x 和 y；又如长方体的体积 $V=xyz$，它依赖于三个变量 x,y 和 z，于是有必要引入多元函数的概念．本章重点介绍二元函数的微积分学，读者可自行完成从二元函数到多元函数的推广．

§7.1 空间解析几何简介

本节的内容要与平面解析几何的相关知识对比理解 .

一、空间直角坐标系

为了表示平面上某一点的位置,我们曾建立了平面直角坐标系.那么,现在为了表示空间中某一点的位置,我们要相应地引入空间直角坐标系 .

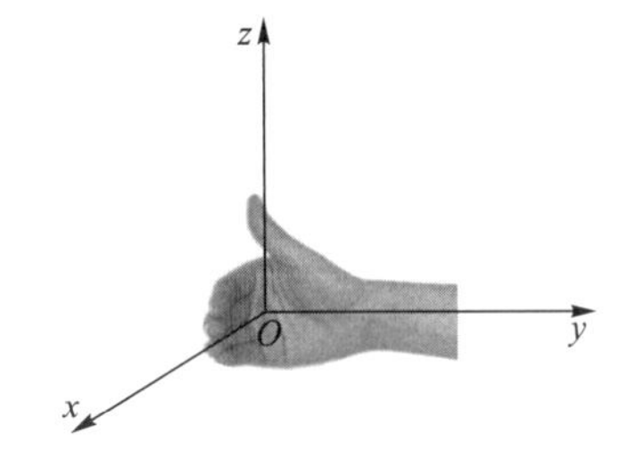

图 7-1 空间直角坐标系及右手法则

在空间取定一点 O,过点 O 作三条互相垂直的数轴 x 轴(横轴),y 轴(纵轴),z 轴(竖轴),并按右手法则来规定各轴的正向(即规定四指的方向为 x 轴的正向,手臂的方向为 y 轴的正向,拇指的方向为 z 轴的正向,如图 7-1 所示),再确定一个长度单位,这种标定空间点的系统称为**空间直角坐标系**,也称为**三维坐标系**. 点 O 称为**坐标原点**,x 轴,y 轴,z 轴称为**坐标轴**. 每两个坐标轴确定一个平面,称为**坐标平面**,分别称为 xy **平面**,yz **平面**,zx **平面**. 这三个平面将整个空间分成八个部分,每个部分称为**一个卦限**,分别称为第Ⅰ,Ⅱ,⋯,Ⅷ卦限,如图 7-2所示 .

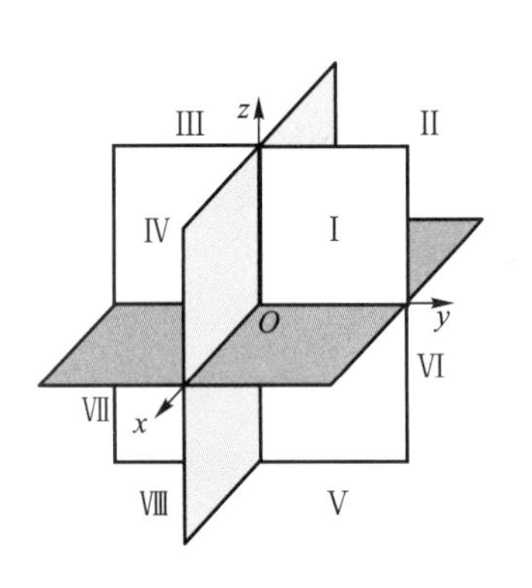

图 7-2 空间直角坐标系中卦限的划分

遵照右手法则的规定绘制图形,可以保证从不同的透视角度看到的是相同的物体,而非它的镜像(如图 7-3 所示).

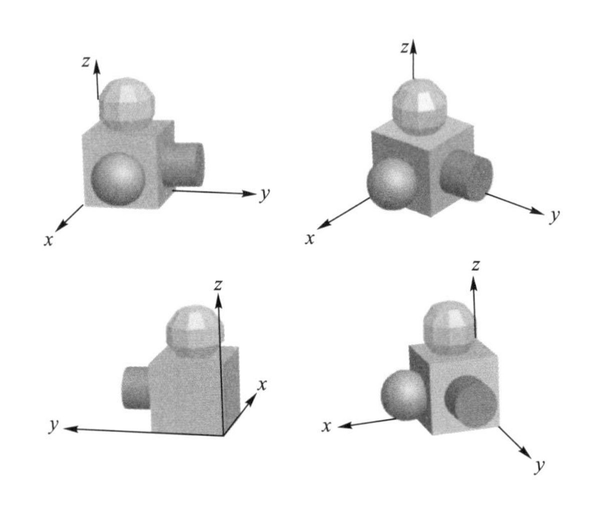

图 7-3 右手法则下从不同的透视角度观察物体

思考与讨论　如果在图 7-3 中选择一个图形,任意改变一个轴的方向,或任意对换两个轴,它与其他三个图形中的物体还一样吗?

研讨结论______________________________________

____

设 M 为空间中任意一点，过点 M 分别作垂直于三坐标轴的平面，与三坐标轴的交点分别为 P,Q,R，如图 7-4 所示．设点 P,Q,R 在 x 轴，y 轴，z 轴上的坐标分别为 x_0,y_0,z_0，则可唯一确定一个三元有序数组 (x_0,y_0,z_0) 称该三元有序数组为点 M 的**坐标**，记为 $M(x_0,y_0,z_0)$；反之，任意给定一个三元有序数组 (x_0,y_0,z_0)，在空间中唯一确定一点 M. 由此可以看出，任意三元有序数组与空间的点之间构成了一一对应的关系．

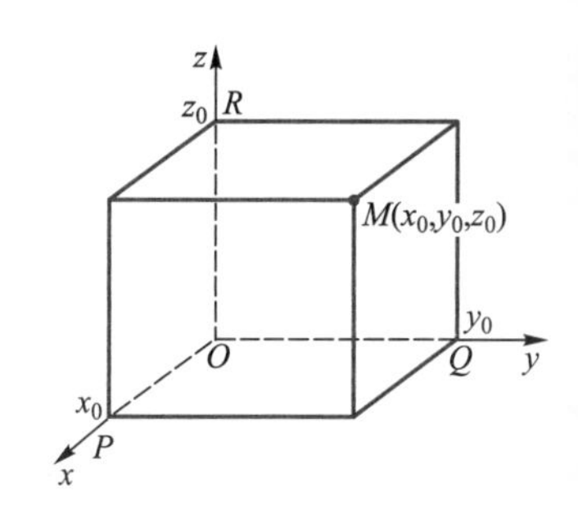

图 7-4 空间中点的坐标

显然，坐标原点 O 的坐标为 $(0,0,0)$；x 轴、y 轴、z 轴上的点的坐标分别为 $(x,0,0),(0,y,0),(0,0,z)$；xy 平面、yz 平面、zx 平面上的点的坐标分别为 $(x,y,0),(0,y,z),(x,0,z)$.

二、空间中两点间的距离

对于空间中任意两点 $M_0(x_0,y_0,z_0)$ 和 $M_1(x_1,y_1,z_1)$，如图 7-5 所示，可以求得两点之间的距离为

$$|M_0M_1|=\sqrt{(x_1-x_0)^2+(y_1-y_0)^2+(z_1-z_0)^2}. \tag{7.1}$$

特别地，空间中任意一点 $M(x,y,z)$ 到坐标原点的距离为

$$|OM|=\sqrt{x^2+y^2+z^2}. \tag{7.2}$$

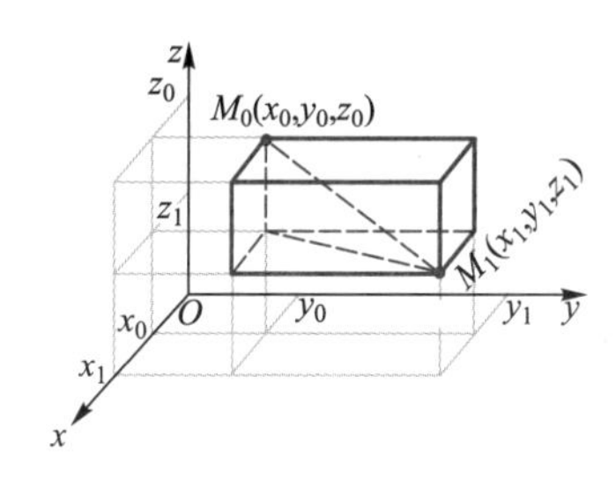

图 7-5 空间两点间的距离

三、空间曲面与方程

在平面解析几何中，建立了曲线与方程的对应关系．同样地，通过空间直角坐标系，也可以建立空间曲面与方程之间的对应关系．

1. 空间曲面的定义

定义 7.1　如果方程 $F(x,y,z)=0$ 与曲面 S 存在着以下关系：

(1) 满足方程 $F(x,y,z)=0$ 的任何一组解 (x,y,z) 都是曲面 S 上点的坐标；

(2) 曲面 S 上的任意一点的坐标 (x,y,z) 都满足方程 $F(x,y,z)=0$，

那么方程 $F(x,y,z)=0$ 就称为**曲面 S 的方程**，而曲面 S 就称为**方程 $F(x,y,z)=0$ 的曲面（或图形）**，如图 7-6 所示．

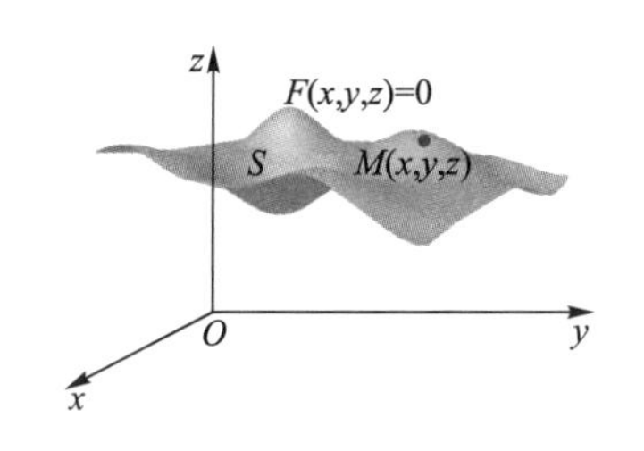

图 7-6 曲面与方程

注　对于方程 $F(x)=0$ 和方程 $F(x,y)=0$，需要在不同的坐标

系中来确定它们的图形.

例1　对于方程 $x=0$,由于没有指定它是哪一种坐标系中的方程,所以,我们要分情况来讨论. 在数轴上,它表示原点; 在平面直角坐标系中,它表示与 y 轴重合的直线; 在空间直角坐标系中,它表示 yz 平面.

同理,方程 $x=a$ 也有类似的讨论,它在数轴上表示 a 点,在平面直角坐标系中表示直线 $x=a$,在空间直角坐标系中表示过点 $(a,0,0)$ 且垂直于 x 轴的平面, 如图 7-7(a)所示.

方程 $x+y=0$,在平面直角坐标系中表示过原点的一条直线,而在空间直角坐标系中表示过 z 轴的一平面,如图 7-7(c)所示. □

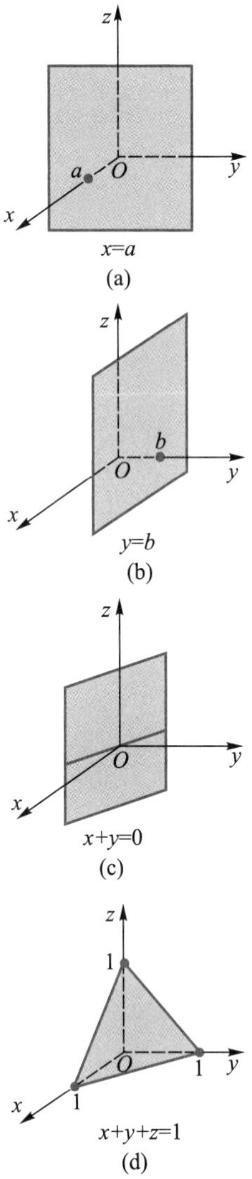

2. 常见的空间曲面

常用到的空间曲面有平面、柱面、二次曲面等,下面来逐一认识它们.

(1) 平面

空间平面方程的一般形式为

$$ax+by+cz=d,$$

其中 a,b,c,d 为常数,且 a,b,c 不全为零. 特别地,

① 当 $d=0$ 时,平面方程为 $ax+by+cz=0$,该平面过原点;

② 当 $b=0$ 时,平面方程为 $ax+cz=d$,该平面平行于(或过) y 轴;

当 $a=0$ 时,平面方程为 $by+cz=d$,该平面平行于(或过) x 轴;

当 $c=0$ 时,平面方程为 $ax+by=d$,该平面平行于(或过) z 轴.

③ 当 $b=0$ 且 $c=0$ 时,平面方程为 $ax=d$,该平面与 yz 平面平行(或重合);

当 $a=0$ 且 $b=0$ 时,平面方程为 $cz=d$,该平面与 xy 平面平行(或重合);

当 $c=0$ 且 $a=0$ 时,平面方程为 $by=d$,该平面与 zx 平面平行(或重合).

图 7-7 为几个简单的平面.

(a) $x=a$

(b) $y=b$

(c) $x+y=0$

(d) $x+y+z=1$

图 7-7 不同的平面举例

(2) 柱面

设 L 为一条动直线,且与某条给定的直线平行,将动直线 L 沿给定曲线 C 移动所形成的空间曲面,称为一个**柱面**(cylindrical surface);动直线 L 称为**柱面的母线**(generating line of a cylindrical surface),定曲线 C 称为**柱面的准线**(directrix of a cylindrical surface).

例2　不含 z 的方程 $x^2+y^2=R^2$，在空间直角坐标系中，表示圆柱面．它的母线平行于定直线 Oz 轴，准线是 xy 平面上的圆 $x^2+y^2=R^2$，如图7-8(a)所示；方程 $x^2=2y$ 表示母线平行于 Oz 轴的柱面，它的准线是 xy 平面上的抛物线 $x^2=2y$，该柱面称为抛物柱面，如图7-8(b)所示． □

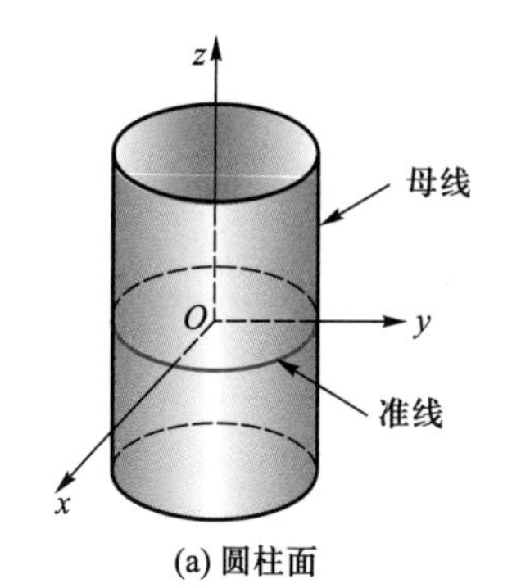

(a) 圆柱面

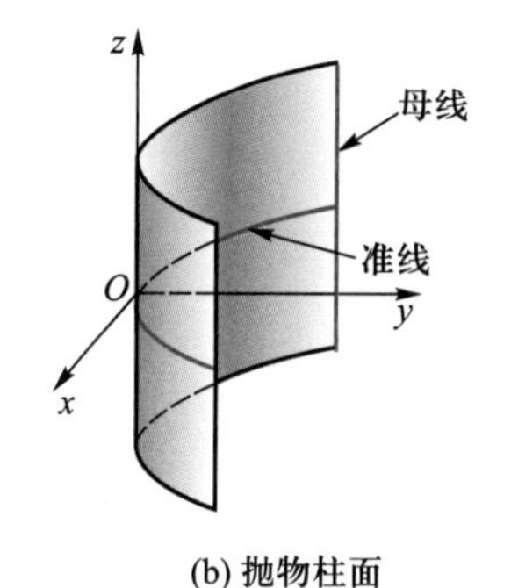

(b) 抛物柱面

图7-8 例2的图形

(3) 二次曲面

三元二次方程

$$a_1x^2+a_2y^2+a_3z^2+b_1xy+b_2yz+b_3xz+c_1x+c_2y+c_3z=d$$

所表示的空间曲面，称为**二次曲面**，其中 $a_i,b_i,c_i(i=1,2,3)$ 和 d 均为常数．

相应地，三元一次方程表示的平面，称为**一次曲面**．

常见的二次曲面有：

球面(sphere)　$x^2+y^2+z^2=R^2(R>0)$；

椭球面(ellipsoid)　$\dfrac{x^2}{a^2}+\dfrac{y^2}{b^2}+\dfrac{z^2}{c^2}=1(a,b,c>0)$；

单叶双曲面(hyperboloid of one sheet)　$\dfrac{x^2}{a^2}+\dfrac{y^2}{b^2}-\dfrac{z^2}{c^2}=1(a,b,c>0)$；

双叶双曲面(hyperboloid of two sheets)　$\dfrac{x^2}{a^2}+\dfrac{y^2}{b^2}-\dfrac{z^2}{c^2}=-1(a,b,c>0)$；

二次锥面(quadric conical surface)　$\dfrac{x^2}{a^2}+\dfrac{y^2}{b^2}-\dfrac{z^2}{c^2}=0(a,b,c>0)$；

椭圆抛物面(elliptic paraboloid)　$\dfrac{x^2}{p}+\dfrac{y^2}{q}=2z\ (p,q>0)$；

双曲抛物面(hyperbolic paraboloid)　$\dfrac{x^2}{p}-\dfrac{y^2}{q}=\pm 2z\ (p,q>0)$．

思考与讨论　利用下面提供的截痕法，研究图7-9中的一组图形分别与上述的哪一个曲面方程对应．

研讨结论______________________________

____

3. 空间曲面的图形描绘——截痕法

三元方程 $F(x,y,z)=0$ 所表示的曲面图形，已难以用描点法得到，但如果分别令 x,y,z 等于常数，并与原曲面方程联立，则可得到

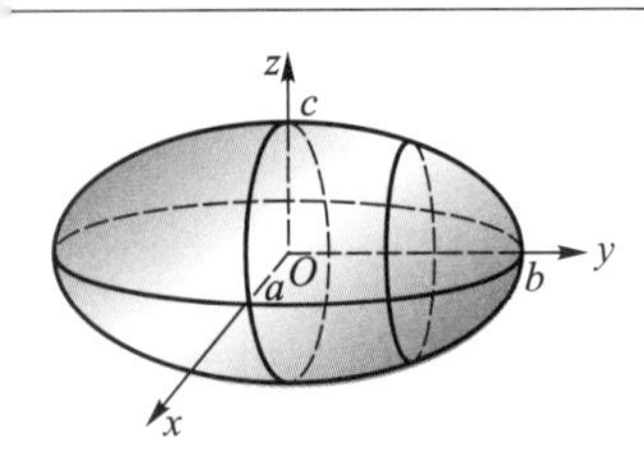

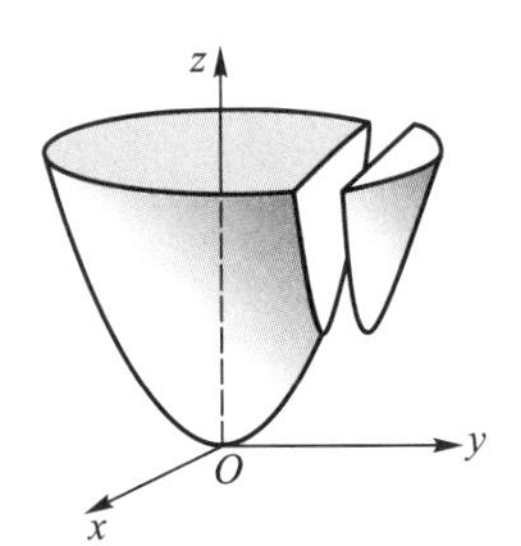

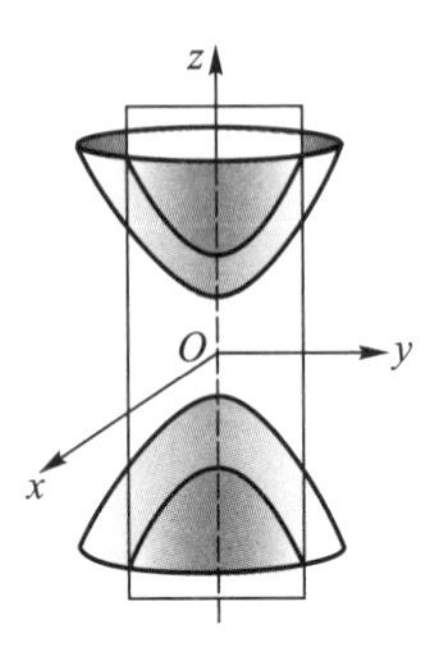

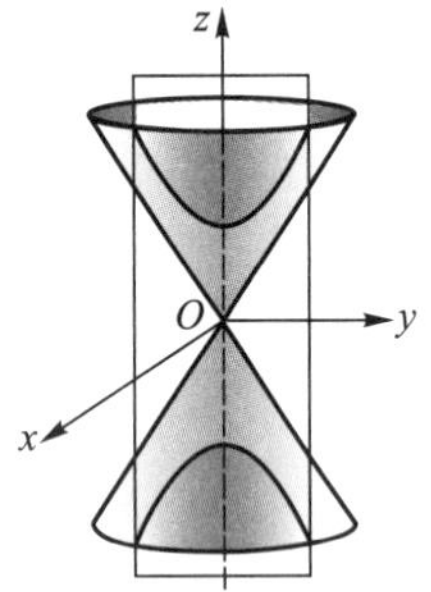

图 7-9 几个空间曲面及其截痕

各种平面曲线方程,这些平面曲线恰好是用坐标平面或平行于坐标平面的平面去截曲面所得到的交线(称为截痕).通过对截痕形状及其变化趋势的研究,就可以得知该曲面的形状,这种研究曲面的形状和性质的方法称为**截痕法**

例 3　用截痕法作单叶双曲面

$$\frac{x^2}{a^2}+\frac{y^2}{b^2}-\frac{z^2}{c^2}=1 \quad (a,b,c>0)$$

的图形.

解　用 xy 平面($z=0$)与该曲面相截,其交线为 xy 平面上的椭圆

$$\begin{cases}\dfrac{x^2}{a^2}+\dfrac{y^2}{b^2}=1,\\ z=0.\end{cases}$$

用平面 $z=d$ 与该曲面相截,其交线为平面 $z=d$ 上的椭圆

$$\begin{cases}\dfrac{x^2}{a^2}+\dfrac{y^2}{b^2}=1+\dfrac{d^2}{c^2},\\ z=d.\end{cases}$$

用 zx 平面($y=0$)与该曲面相截,其交线为 zx 平面上的双曲线

$$\begin{cases}\dfrac{x^2}{a^2}-\dfrac{z^2}{c^2}=1,\\ y=0.\end{cases}$$

类似地,用 yz 平面($x=0$)与该平面相截,其交线为 yz 平面上的双曲线

$$\begin{cases}\dfrac{y^2}{b^2}-\dfrac{z^2}{c^2}=1,\\ x=0.\end{cases}$$

综上所述,可得单叶双曲面的图形,如图 7-10 所示.　□

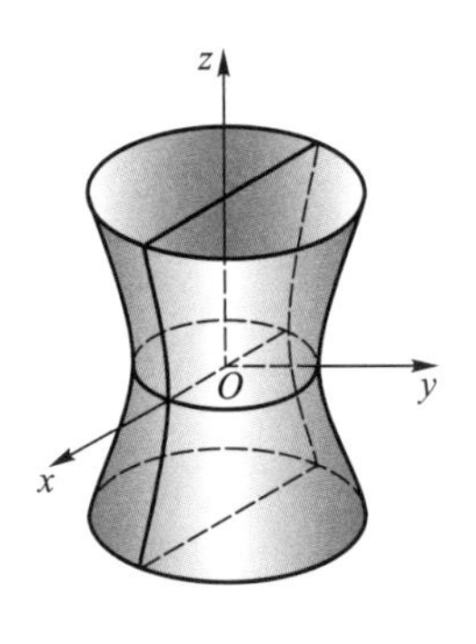

图 7-10 单叶双曲面及截痕

例 4　作双曲抛物面(马鞍面) $z=y^2-x^2$ 的图形.

解　用平面 $x=c$ 截该曲面,其截痕为抛物线 $z=y^2-c^2$. 特别地,$x=0$ 时,得 yz 平面上过原点的抛物线 $z=y^2$.

用平面 $y=c$ 截该曲面,其截痕为抛物线 $z=c^2-x^2$. 特别地,$y=0$ 时,得 xz 平面上过原点的抛物线 $z=-x^2$.

用平面 $z=c$ 截该曲面,其截痕为双曲线 $y^2-x^2=c$. 当 $c>0$ 时,双曲线在 xy 平面上方;

当 $c<0$ 时,双曲线在 xy 平面下方;特别地,当 $c=0$ 时,截痕为过原点 $(0,0,0)$ 的两条直线 $y-x=0$ 和 $y+x=0$.

综上所述,可得双曲抛物面的图形,如图 7-11 所示. □

同步训练

用截痕法研究并绘制圆形抛物面 $x^2+y^2=z$ 的图形.

§7.2 多元函数及其极限

在介绍二(多)元函数之前,先介绍与二(多)元函数相关的基础性概念.

一、平面区域的概念

1. 平面点集

以 xy 平面上的点为元素构成的集合称为**平面点集**.

例 1　以下集合均为平面点集:

$D_1=\{(1,3),(2,3),(3,4)\}$;$D_2=\{(x,y)\mid x=y\}$;

$D_3=\{(x,y)\mid 1\leqslant x<2,3\leqslant y<4\}$;$D_4=\{(x,y)\mid y=x^2\}$;

$D_5=\mathbf{R}\times\mathbf{R}=\{(x,y)\mid x\in\mathbf{R},y\in\mathbf{R}\}$. □

2. 邻域

设 $P_0(x_0,y_0)$ 为 xy 平面上的一个定点,δ 为一正数,以点 P_0 为圆心,以 δ 为半径的圆内部的点的集合

$$U_\delta(P_0)=\{(x,y)\mid(x-x_0)^2+(y-y_0)^2<\delta^2,\delta>0\}$$

称为点 P_0 的 δ **邻域**(neighborhood).

若上述邻域 $U_\delta(P_0)$ 去掉中心 P_0,则称为点 P_0 的**去心邻域**,记为 $\mathring{U}_\delta(P_0)$,即

$$\mathring{U}_\delta(P_0)=\{(x,y)\mid 0<(x-x_0)^2+(y-y_0)^2<\delta^2,\delta>0\}.$$

例 2　点(1,3)的半径为 4 的邻域为 $U_4(1,3)$,它表示的点集为

$$\{(x,y)\mid(x-1)^2+(y-3)^2<16\}.$$

□

3. 内点

设 D 为 xy 平面上一点集,点 $P_0\in D$. 若存在 $\delta>0$,使得 $U_\delta(P_0)\subseteq D$,则称点 P_0 为 D 的**内点**. 如图 7-12(a)所示的点 P_0 就为 D 的一个内点.

4. 开集

若 D 的任意一点都是内点,则称 D 为**开集**(open set). 如图

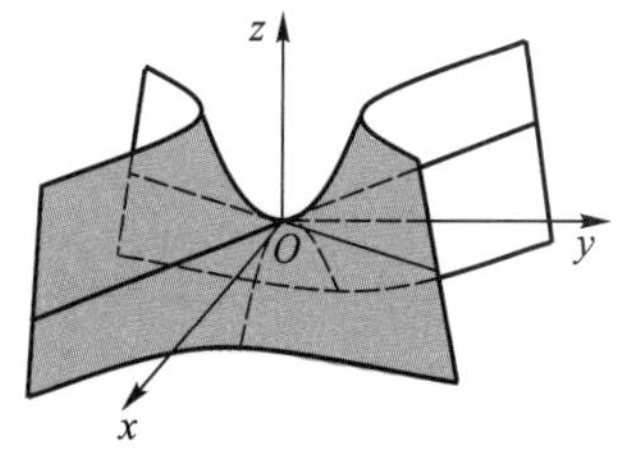

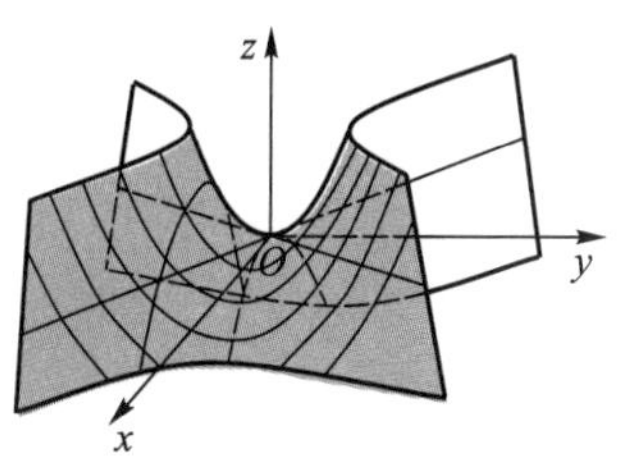

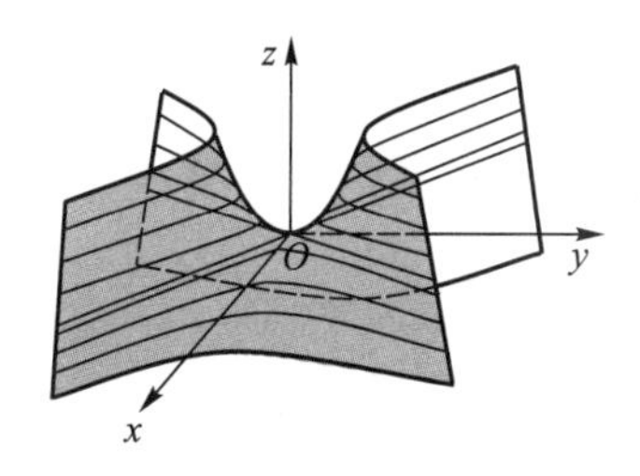

图 7-11 马鞍面及其截痕

7-12(b)所示的集合 D 就为一开集.

5. 边界点

若 Q_0 是 xy 平面上一点,且对任意的 $\delta>0$,总存在点 $Q_1,Q_2\in U_\delta(Q_0)$,使得 $Q_1\in D$ 而 $Q_2\notin D$,则称点 Q_0 为 D 的**边界点**(bounded point);D 的全体边界点所构成的集合,称为 D 的**边界**(boundnary). 如图 7-12(c)所示的点 P 就为 D 的边界点.

6. 闭集

由开集以及它的边界所构成的集合称为**闭集**. 如图 7-12(d)所示的集合 D 就为闭集.

7. 区域

设 D 为一开集,P_1 和 P_2 为 D 内任意两点,若在 D 内存在一条直线或由有限条直线段组成的折线可将 P_1 和 P_2 连接起来,则称 D 为**连通区域**(connected region),简称为**区域**,如图 7-12(e)中的集合 D 就为一个区域. 区域与区域的边界所构成的集合,称为**闭区域**(closed region). 如果存在正数 R,使得 $D\subseteq U_R(O)$,则称 D 为**有界区域**(bounded region);否则,称 D 为**无界区域**(unbounded region),这里 $U_R(O)$ 表示以原点 $O(0,0)$ 为中心,R 为半径的开圆. 图 7-12(f)所示的 D_1 为有界区域,D_2 为无界区域.

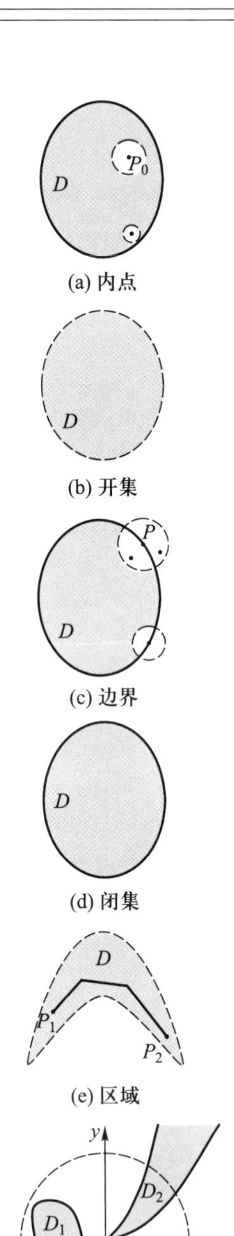

(a) 内点 (b) 开集 (c) 边界 (d) 闭集 (e) 区域 (f) 有界与无界区域

图 7-12 平面上的点、点集与区域示意图

例 3 点集 $D_1=\{(x,y)\mid x^2+y^2<R^2\}$ 为一个开集,D_1 中的点都为内点,它的边界为 $\{(x,y)\mid x^2+y^2=R^2\}$,它是一个有界平面区域. 点集 $D_2=\{(x,y)\mid x^2+y^2\leqslant R^2\}$ 为一个闭集,它的边界为 $\{(x,y)\mid x^2+y^2=R^2\}$,它是一个有界闭区域. □

例 4 点集 $D_1=\{(x,y)\mid x>0,y>0\}$ 为无界区域,点集 $D_2=\{(x,y)\mid x^2+y^2\neq 1\}$ 不是连通区域. □

思考与讨论 区域一定就是点集吗?点集一定就是区域吗?闭集一定能构成区域吗?集合 $D=\{(x,y)\mid y=x^2\}$ 有内点吗?

研讨结论____

____

二、二元函数的概念

一元函数研究一个自变量对因变量的影响. 但在研究包含经济问题在内的许多实际问题时,往往要考虑多个自变量对因变量的影响,这时就需要引入多元函数的概念.

定义 7.2　设 D 为 xy 平面上的一个非空平面点集．如果对 D 中任意一点 (x,y)，按某个确定的对应规则 f，变量 z 总有唯一的数值与之对应，则称 f(或 z)为变量 x,y 的**二元函数**(function of two variables)，记作

$$z=f(x,y),(x,y)\in D.$$

其中 x,y 称为**自变量**，z 称为**因变量**，点集 D 称为函数 $z=f(x,y)$ 的**定义域**，记作 D_f．对于 $(x_0,y_0)\in D$，所对应的 z 值，记为 $z_0=f(x_0,y_0)$，称 z_0 为当 $(x,y)=(x_0,y_0)$ 时，函数 $z=f(x,y)$ 的**函数值**．全体函数值的集合称为函数的**值域**，记为 Z_f．

在空间直角坐标系 $Oxyz$ 中，对于 D 中的每一点 (x,y)，依照函数关系 $z=f(x,y)$ 就有空间中一点 M 与之对应，M 的坐标为 $(x,y,f(x,y))$，在空间中，点 M 的全体就构成了二元函数 $z=f(x,y)$ 的图形．一般说来，它是空间中的一张曲面，其定义域 D_f 为该曲面在 xy 平面上的投影．

类似地，可以给出三元函数 $u=f(x,y,z)$ 及一般的 n 元函数 $u=f(x_1,x_2,\cdots,x_n)$ 的定义，读者自己来完成．

二元及二元以上的函数统称为**多元函数**(function of several variables)．

例 5　$z=x^2+y^2$ 是以 x,y 为自变量，z 为因变量的二元函数，其定义域

$$D_f=\{(x,y)\mid x\in(-\infty,+\infty),y\in(-\infty,+\infty)\}=\mathbf{R}\times\mathbf{R},$$

值域 $Z_f=[0,+\infty)$．　□

例 6　在生产中，产量 Y 与投入的资本 K 和劳动力 L 之间，有如下的关系

$$Y=AK^{\alpha}L^{\beta},$$

其中 A,α,β 为正常数．在西方经济学中称此函数关系式为科布-道格拉斯(Cobb-Douglas)生产函数．　□

例 7　长、宽、高分别为 x,y,z 的长方体的体积为

$$V=xyz\ (x>0,y>0,z>0),$$

V 是以 x,y,z 为自变量的三元函数．　□

例 8　求函数 $z=\ln(x-y)+\dfrac{1}{\sqrt{1-x^2-y^2}}$ 的定义域．

解　由 $\begin{cases}x-y>0,\\1-x^2-y^2>0,\end{cases}$ 可得定义域为

$$D=\{(x,y)\mid x-y>0,x^2+y^2<1\}.$$　□

三、二元函数的极限

与一元函数相似,二元函数的极限也反映在自变量的某个变化过程中,相应函数值的变化趋势. 二元函数的极限可按自变量的变化过程分为两类,一是自变量趋于定点(即$(x,y)\to(x_0,y_0)$)时的极限,二是自变量x或y至少有一个趋于无穷时的极限.

下面只给出$(x,y)\to(x_0,y_0)$时的极限定义.

定义 7.3　设$z=f(x,y)$为一函数,点$P_0(x_0,y_0)$为一定点,A为某常数,在点$P_0(x_0,y_0)$的任一去心邻域内都存在使$f(x,y)$有定义的点(在(x_0,y_0)点是否有定义无关紧要). 如果对任意给定的$\varepsilon>0$,存在$\delta>0$,使得当$0<\rho=\sqrt{(x-x_0)^2+(y-y_0)^2}<\delta$时,恒有

$$|f(x,y)-A|<\varepsilon$$

成立,则称当$(x,y)\to(x_0,y_0)$时,函数$f(x,y)$的**极限**为A或称函数$z=f(x,y)$以A为**极限**. 记作

$$\lim_{(x,y)\to(x_0,y_0)} f(x,y)=A \quad 或 \quad \lim_{\substack{x\to x_0\\ y\to y_0}} f(x,y)=A.$$

我们发现当点$(x,y)\to(x_0,y_0)$时,无论经过的路径如何,最终都有x趋近于x_0同时y趋近于y_0,于是定义 7.3 还可以有如下的等价定义.

定义 7.4　设$z=f(x,y)$为一函数,点$P_0(x_0,y_0)$为一定点,A为某常数,在点$P_0(x_0,y_0)$的任一去心邻域内都存在使$f(x,y)$有定义的点(在(x_0,y_0)点是否有定义无关紧要). 如果对任意给定的$\varepsilon>0$,存在$\delta>0$,使得当$|x-x_0|<\delta$,$|y-y_0|<\delta$且$(x,y)\neq(x_0,y_0)$时,恒有

$$|f(x,y)-A|<\varepsilon$$

成立,则称当$(x,y)\to(x_0,y_0)$时,函数$f(x,y)$的**极限**为A或函数$z=f(x,y)$以A为**极限**. 记作

$$\lim_{(x,y)\to(x_0,y_0)} f(x,y)=A \quad 或 \quad \lim_{\substack{x\to x_0\\ y\to y_0}} f(x,y)=A.$$

关于二元函数的极限以下几点务必注意:

(1) 记号$\lim\limits_{\substack{x\to x_0\\ y\to y_0}} f(x,y)=A$中的极限过程$x$趋近于$x_0$和$y$趋近于$y_0$两者必须是同时的,即该极限不等同于$\lim\limits_{y\to y_0}[\lim\limits_{x\to x_0} f(x,y)]$或$\lim\limits_{x\to x_0}[\lim\limits_{y\to y_0} f(x,y)]$.

(2) 由定义可知,点(x,y)趋向于点(x_0,y_0)的方式是任意的.

也就是说，不论点(x,y)以任何方式趋向于点(x_0,y_0)，函数$f(x,y)$的极限都存在且极限值相等，这时才称当点$(x,y)\to(x_0,y_0)$时，函数$f(x,y)$的极限存在.

(3) 如果点(x,y)按某一方式趋于点(x_0,y_0)时，函数$f(x,y)$的极限不存在，或(x,y)按某两(几)种方式趋于点(x_0,y_0)时，函数$f(x,y)$的极限不相等，都说明$f(x,y)$在点(x_0,y_0)的极限不存在.

例9　设函数

$$f(x,y)=\begin{cases}\dfrac{xy}{x^2+y^2}, & (x,y)\neq(0,0),\\ 0, & (x,y)=(0,0),\end{cases}$$

讨论当$(x,y)\to(0,0)$时，该函数的极限是否存在.

解　考虑点(x,y)沿直线$y=kx$趋于$(0,0)$的情形，有

$$\lim_{\substack{(x,y)\to(0,0)\\(y=kx)}}\frac{xy}{x^2+y^2}=\lim_{x\to0}\frac{kx^2}{x^2+k^2x^2}=\frac{k}{1+k^2},$$

该极限值随直线$y=kx$的斜率k的取值不同而改变，这表明当$(x,y)\to(0,0)$时，随着趋近方式的不同，$f(x,y)$将趋于不同的值，因此$(x,y)\to(0,0)$时，该函数的极限不存在. □

例10　用定义证明：$\lim\limits_{(x,y)\to(1,2)}(3x+y)=5$.

证明　任给$\varepsilon>0$，由

$$\begin{aligned}|(3x+y)-5|&=|(3x-3)+(y-2)|\\&\leqslant3|x-1|+|y-2|,\end{aligned}$$

于是，只要取$\delta=\dfrac{1}{4}\varepsilon$，当$|x-1|<\delta$，$|y-2|<\delta$时，有

$$\begin{aligned}|(3x+y)-5|&\leqslant3|x-1|+|y-2|\\&<3\delta+\delta=4\delta=\varepsilon\end{aligned}$$

恒成立，因此$\lim\limits_{(x,y)\to(1,2)}(3x+y)=5$. □

对于二元函数极限的计算，并无更多的新方法，只要能保证(x,y)是以任意方式趋于点(x_0,y_0)的，则一元函数极限的计算公式和方法在这里均可使用.

例11　求极限$\lim\limits_{(x,y)\to(0,2)}\dfrac{x}{\sin xy}$.

解　无论(x,y)以何种方式趋于$(0,2)$总有$xy\to0$，又由$\lim\limits_{x\to0}\dfrac{\sin x}{x}=1$，可得

$$\lim_{(x,y)\to(0,2)}\frac{x}{\sin xy}=\lim_{(x,y)\to(0,2)}\frac{xy}{\sin xy}\cdot\frac{1}{y}$$

$$= \lim_{\substack{(x,y)\to(0,2)\\ xy\to 0}} \frac{xy}{\sin xy} \cdot \lim_{\substack{(x,y)\to(0,2)\\ y\to 2}} \frac{1}{y} = 1 \cdot \frac{1}{2} = \frac{1}{2}.$$

□

例 12　求极限 $\lim\limits_{(x,y)\to(0,0)} \dfrac{xy^2}{x^2+y^2}$.

解　由于对任意的 $(x,y)\neq(0,0)$ 有

$$0 \leqslant \frac{y^2}{x^2+y^2} \leqslant 1,$$

故 $(x,y)\to(0,0)$ 时，$\dfrac{y^2}{x^2+y^2}$ 为有界变量．又因 $\lim\limits_{(x,y)\to(0,0)} x=0$（无论 (x,y) 以任何方式趋于 $(0,0)$，总有 $x\to 0$），故当 $(x,y)\to(0,0)$ 时，x 为无穷小量．于是，由无穷小量的性质可知，当 $(x,y)\to(0,0)$ 时，$\dfrac{xy^2}{x^2+y^2}$ 为无穷小量，即有

$$\lim_{(x,y)\to(0,0)} \frac{xy^2}{x^2+y^2} = 0.$$

□

例 13　求极限 $\lim\limits_{(x,y)\to(+\infty,+\infty)} \left(\dfrac{xy}{x^2+y^2}\right)^{x^2}$.

解　因为当 $x>0,y>0$ 时，有

$$xy \leqslant \frac{1}{2}(x^2+y^2),$$

所以有

$$0 \leqslant \left(\frac{xy}{x^2+y^2}\right)^{x^2} \leqslant \left(\frac{1}{2}\right)^{x^2}, \text{且} \lim_{(x,y)\to(+\infty,+\infty)} \left(\frac{1}{2}\right)^{x^2} = 0,$$

故由夹逼准则，有

$$\lim_{(x,y)\to(+\infty,+\infty)} \left(\frac{xy}{x^2+y^2}\right)^{x^2} = 0.$$

□

同步训练

求下列极限：

（1）$\lim\limits_{(x,y)\to(0,0)} \dfrac{x^3+y^3}{x^2+y^2}$；

（2）$\lim\limits_{(x,y)\to(0,0)} \dfrac{xy}{\sqrt{xy+1}-1}$.

四、二元函数的连续性

在一元函数中，我们用一元函数的极限定义了一元函数的连续性，现在我们有了二元函数极限的概念，于是就可以来定义二元函数的连续性．

定义 7.5　设函数 $f(x,y)$ 在区域 D 内有定义，点 $(x_0,y_0)\in D$，若函数 $f(x,y)$ 满足条件：

（1）在点 (x_0,y_0) 及其某邻域内有定义；

（2）极限 $\lim\limits_{(x,y)\to(x_0,y_0)} f(x,y)$ 存在；

（3）$\lim\limits_{(x,y)\to(x_0,y_0)} f(x,y)=f(x_0,y_0)$，

则称函数$f(x,y)$在点(x_0,y_0)处**连续**，称(x_0,y_0)为$f(x,y)$的**连续点**，否则称点(x_0,y_0)是函数$f(x,y)$的**间断点**.

例如，在例 9 中，因为函数$f(x,y)$在点$(0,0)$处不存在极限，故点$(0,0)$为间断点；在例 12 中，虽然$f(x,y)$在点$(0,0)$处有极限，但是由于函数$f(x,y)$在该点处没有定义，故$(0,0)$仍是间断点．不过如果我们补充定义，当$(x,y)=(0,0)$时，$f(x,y)=0$，则点$(0,0)$成为了连续点，故点$(0,0)$为可去间断点.

若函数$f(x,y)$在区域D上每一点处都连续，则称$f(x,y)$在区域D上连续，或称$f(x,y)$为区域D上的**连续函数**．在区域D上连续的函数，其几何图形为空间中的一张连续的曲面.

与一元连续函数类似，二元连续函数有以下性质：

性质 1　若$f(x,y)$和$g(x,y)$为区域D上的连续函数，则

$f(x,y)\pm g(x,y)$，　$f(x,y)g(x,y)$，

$f(x,y)/g(x,y)\,(g(x,y)\neq 0)$

均为区域D上的连续函数.

性质 2　连续函数的复合函数仍为连续函数.

性质 3（**最值定理**）　设$f(x,y)$为定义在有界闭区域D上的二元连续函数，则其在定义域D上必能取到最大值M和最小值m.

性质 4（**介值定理**）　设$f(x,y)$为定义在有界闭区域D上的二元连续函数，$f(x,y)$在D上的最大值和最小值分别为M和m，则对任意的$c\in(m,M)$，至少存在一点$(\xi,\eta)\in D$，使得$f(\xi,\eta)=c$.

性质 5（**零点定理**）　设$f(x,y)$为定义在有界闭区域D上的二元连续函数，若存在两点(x_1,y_1)，$(x_2,y_2)\in D$，使$f(x_1,y_1)\cdot f(x_2,y_2)<0$（即$f(x_1,y_1)$与$f(x_2,y_2)$异号），则至少存在一点$(\xi,\eta)\in D$，使$f(\xi,\eta)=0$.

§7.3 偏导数与全微分

一、变量的偏改变量

与一元函数类似，在一些实际问题中也需要考虑多元函数

的变化率问题．为了便于讨论，我们先引入多元函数偏改变量的概念．

定义7.6　设函数 $z=f(x,y)$ 在点 (x_0,y_0) 的某个邻域内有定义．当 x 从 x_0 处取得改变量 $\Delta x(\Delta x\neq 0)$，而 $y=y_0$ 保持不变时，函数 z 得到的改变量

$$\Delta_x z=f(x_0+\Delta x,y_0)-f(x_0,y_0)$$

称为函数 $z=f(x,y)$ 对于 x 的**偏改变量**或**偏增量**（partial increment）．

类似地，可以定义函数 $z=f(x,y)$ 对于 y 的偏改变量或偏增量为

$$\Delta_y z=f(x_0,y_0+\Delta y)-f(x_0,y_0).$$

如果自变量分别从 x_0,y_0 同时取得改变量 $\Delta x,\Delta y$，此时函数的相应的改变量

$$\Delta z=f(x_0+\Delta x,y_0+\Delta y)-f(x_0,y_0)$$

称为函数 $z=f(x,y)$ 的**全改变量**或**全增量**（total increment）．

偏导数

二、偏导数

定义7.7　设函数 $z=f(x,y)$ 在点 (x_0,y_0) 的某邻域内有定义，如果固定 $y=y_0$，当 $\Delta x\to 0$ 时，极限

$$\lim_{\Delta x\to 0}\frac{\Delta_x z}{\Delta x}=\lim_{\Delta x\to 0}\frac{f(x_0+\Delta x,y_0)-f(x_0,y_0)}{\Delta x}$$

存在，则称此极限值为函数在点 (x_0,y_0) 处**关于自变量 x 的偏导数**（partial derivative），记为

$$z'_x\Big|_{\substack{x=x_0\\y=y_0}}\quad 或\quad f'_x(x_0,y_0)\quad 或\quad \frac{\partial f}{\partial x}\Big|_{(x_0,y_0)}\quad 或\quad \frac{\partial z}{\partial x}\Big|_{(x_0,y_0)}.$$

如果固定 $x=x_0$，当 $\Delta y\to 0$ 时，极限

$$\lim_{\Delta y\to 0}\frac{\Delta_y z}{\Delta y}=\lim_{\Delta y\to 0}\frac{f(x_0,y_0+\Delta y)-f(x_0,y_0)}{\Delta y}$$

存在，则称此极限值为函数在点 (x_0,y_0) 处**关于自变量 y 的偏导数**，记为

$$z'_y\Big|_{\substack{x=x_0\\y=y_0}}\quad 或\quad f'_y(x_0,y_0)\quad 或\quad \frac{\partial f}{\partial y}\Big|_{(x_0,y_0)}\quad 或\quad \frac{\partial z}{\partial y}\Big|_{(x_0,y_0)}.$$

对偏导数的概念要深入理解和掌握以下要点：

（1）函数 $z=f(x,y)$ 在点 (x_0,y_0) 处的两个偏导数只是函数在

点(x_0,y_0)处分别沿着x轴（此时y总是不变的）和y轴（此时x总是不变的）两个方向的变化率．因此，求函数$z=f(x,y)$在点(x_0,y_0)处的偏导数$f'_x(x_0,y_0)$时，可固定$y=y_0$，求$f(x,y_0)$对x在$x=x_0$的导数；求$z=f(x,y)$在点(x_0,y_0)处的偏导数$f'_y(x_0,y_0)$时，可固定$x=x_0$，求$f(x_0,y)$对y在$y=y_0$的导数，即有

$$f'_x(x_0,y_0)=\frac{\mathrm{d}}{\mathrm{d}x}f(x,y_0)\Big|_{x=x_0},$$

$$f'_y(x_0,y_0)=\frac{\mathrm{d}}{\mathrm{d}y}f(x_0,y)\Big|_{y=y_0}.$$

例1　已知函数$f(x,y)=\sqrt{x^2+y}$，求$f'_x(2,1)$，$f'_y(2,1)$．

解　$f'_x(2,1)=f'_x(x,1)\Big|_{x=2}=\frac{\mathrm{d}}{\mathrm{d}x}\sqrt{x^2+1}\Big|_{x=2}=\frac{x}{\sqrt{x^2+1}}\Bigg|_{x=2}=\frac{2\sqrt{5}}{5}$；

$$f'_y(2,1)=f'_y(2,y)\Big|_{y=1}=\frac{\mathrm{d}}{\mathrm{d}y}\sqrt{4+y}\Big|_{y=1}=\frac{1}{2\sqrt{4+y}}\Bigg|_{y=1}=\frac{\sqrt{5}}{10}.$$

□

若函数$z=f(x,y)$在区域D内每一点的偏导数$f'_x(x,y)$和$f'_y(x,y)$都存在，则称函数$z=f(x,y)$在区域D内**偏导函数**（简称偏导数）存在，记为

$$f'_x\text{或}\frac{\partial f}{\partial x},f'_1,z'_x,\frac{\partial z}{\partial x};$$

$$f'_y\text{或}\frac{\partial f}{\partial y},f'_2,z'_y,\frac{\partial z}{\partial y}.$$

这两个偏导数$f'_x(x,y)$和$f'_y(x,y)$仍然是x,y的二元函数．

（2）求偏导（函）数的方法：若$z=f(x,y)$在区域D内的偏导数存在，求f'_x时，将y看作常数，即将$z=f(x,y)$看作x的一元函数，利用一元函数求导法关于x求导即可；求f'_y类似，将x看作常数，即将$z=f(x,y)$看作y的一元函数，关于y求导．可见一元函数的所有导数公式和求导法则都可以用于偏导数的求解．

例2　求函数$z=x^y$的偏导数．

解　$z'_x=yx^{y-1}$，　$z'_y=x^y\ln x$．　□

（3）当$z=f(x,y)$在区域D内偏导数存在时，计算$z=f(x,y)$在点(x_0,y_0)处的偏导数有三种方法：

方法一，先求出偏导函数$f'_x(x,y)$和$f'_y(x,y)$，再将点(x_0,y_0)分别代入偏导函数$f'_x(x,y)$和$f'_y(x,y)$中，最终计算出$f'_x(x_0,y_0)$和$f'_y(x_0,y_0)$的值；

方法二,在(1)中提到的方法,先将 x_0(或 y_0)代入 $f(x,y)$ 中,得到关于 y(或 x)的一元函数 $f(x_0,y)$(或 $f(x,y_0)$),然后求出 $f'_y(x_0,y)\big|_{y=y_0}$(或 $f'_x(x,y_0)\big|_{x=x_0}$).

方法三,利用偏导数的定义式计算 $f'_x(x_0,y_0)$,$f'_y(x_0,y_0)$,见例 9.

例 3　设函数 $z=f(x,y)=2x^3y^2$, 求 $z'_x\big|_{(1,2)}$,$z'_y\big|_{(-1,1)}$.

解法一　先将 y 看作常数,对 z 关于 x 求导,

$$z'_x=6x^2y^2,\quad z'_x\big|_{(1,2)}=24.$$

将 x 看作常数,对 z 关于 y 求导,

$$z'_y=4x^3y,\quad z'_y\big|_{(-1,1)}=-4.$$

解法二　固定 $y=2$,有 $f(x,2)=8x^3$,于是

$$z'_x\bigg|_{(1,2)}=\frac{\mathrm{d}}{\mathrm{d}x}f(x,2)\bigg|_{x=1}=\frac{\mathrm{d}(8x^3)}{\mathrm{d}x}\bigg|_{x=1}=24x^2\bigg|_{x=1}=24,$$

同理,固定 $x=-1$,有 $f(-1,y)=-2y^2$,于是

$$z'_y\bigg|_{(-1,1)}=\frac{\mathrm{d}}{\mathrm{d}y}f(-1,y)\bigg|_{y=1}=\frac{\mathrm{d}(-2y^2)}{\mathrm{d}y}\bigg|_{y=1}=(-4y)\bigg|_{y=1}=-4.\quad\square$$

例 4　求函数 $z=f(xy)$ 的偏导数,其中 f 为可导函数.

解　引入中间变量 $u=xy$,则 $z=f(xy)$ 可看成一元函数 $z=f(u)$ 与二元函数 $u=xy$ 的复合函数. 于是,由一元函数的链式法则,可得

$$z'_x=f'(u)\frac{\partial u}{\partial x}=f'(u)\cdot y=yf'(xy),$$

$$z'_y=f'(u)\frac{\partial u}{\partial y}=f'(u)\cdot x=xf'(xy).\quad\square$$

例 5　设 $z=f(x,y)=\int_0^{xy}\mathrm{e}^{-t^2}\mathrm{d}t$,求该函数的偏导数.

解　$\dfrac{\partial z}{\partial x}=y\mathrm{e}^{-x^2y^2}$,$\dfrac{\partial z}{\partial y}=x\mathrm{e}^{-x^2y^2}$. $\square$

同步训练 1
求函数 $z=y\ln xy$ 的偏导数.

(4) 与二元函数一样,可以定义一般的 n 元函数的偏导数. 例如,若三元函数 $u=f(x,y,z)$ 在点 (x_0,y_0,z_0) 处存在偏导数,则 $u=f(x,y,z)$ 在该点关于 x,y 和 z 的偏导数分别为

$$f'_x(x_0,y_0,z_0)=\lim_{\Delta x\to0}\frac{f(x_0+\Delta x,y_0,z_0)-f(x_0,y_0,z_0)}{\Delta x},$$

$$f'_y(x_0,y_0,z_0)=\lim_{\Delta y\to0}\frac{f(x_0,y_0+\Delta y,z_0)-f(x_0,y_0,z_0)}{\Delta y},$$

$$f'_z(x_0,y_0,z_0)=\lim_{\Delta z\to0}\frac{f(x_0,y_0,z_0+\Delta z)-f(x_0,y_0,z_0)}{\Delta z}.$$

由偏导数的定义可知，对多元函数求其偏导数，方法与二元函数的类似，即对哪一个自变量求偏导就将该自变量看作变量，其余的变量都看作常数，于是相当于得到一个一元函数，使用一元函数的求导公式和求导法，则即可求得多元函数关于某一自变量的偏导数．

例6　求函数 $u=\mathrm{e}^{x^2y^3z^5}$ 的偏导数 u'_x,u'_y,u'_z.

解　将 y,z 看作常数，

$$u'_x=2xy^3z^5\mathrm{e}^{x^2y^3z^5}.$$

将 x,z 看作常数，

$$u'_y=3x^2y^2z^5\mathrm{e}^{x^2y^3z^5}.$$

将 x,y 看作常数，

$$u'_z=5x^2y^3z^4\mathrm{e}^{x^2y^3z^5}.$$ □

同步训练2
求函数 $u=(1+z)\sin xy^2$ 的偏导数 u'_x,u'_y,u'_z.

（5）设函数 $z=f(x,y)$ 在区域 D 上有定义，如果 $\forall(x,y)\in D$，也有 $(y,x)\in D$，且 $f(x,y)=f(y,x)$，则称函数关于自变量 x,y 有**对称性**．对具有这一特性的函数，只要求得它的偏导数 z'_x 后，再将 z'_x 中的 x,y 对换，便可得到 z'_y.

例7　求 $z=f(x,y)=\cos\left(\dfrac{x^2}{y}+\dfrac{y^2}{x}\right)$ 的偏导数．

解

$$\begin{aligned}z'_x&=\left[-\sin\left(\frac{x^2}{y}+\frac{y^2}{x}\right)\right]\left(\frac{2x}{y}-\frac{y^2}{x^2}\right)\\&=\left(\frac{y^2}{x^2}-\frac{2x}{y}\right)\sin\left(\frac{x^2}{y}+\frac{y^2}{x}\right),\end{aligned}$$

由于 $z=f(x,y)$ 关于 x,y 有对称性，故将 z'_x 中的 x 换作 y，y 换作 x，即得

$$z'_y=\left(\frac{x^2}{y^2}-\frac{2y}{x}\right)\sin\left(\frac{y^2}{x}+\frac{x^2}{y}\right).$$ □

例8　求 $u=f(x,y,z)=\dfrac{x+y+z}{\sqrt{xyz}}$ 的偏导数．

解　函数 u 关于 x,y,z 具有两两对称性．

$$u'_x=\frac{\sqrt{xyz}-(x+y+z)\dfrac{yz}{2\sqrt{xyz}}}{(\sqrt{xyz})^2}=\frac{xyz-y^2z-yz^2}{2(\sqrt{xyz})^3};$$

将 u'_x 中的 x,y 互换，直接可得

$$u'_y=\frac{xyz-x^2z-xz^2}{2(\sqrt{xyz})^3};$$

将 u'_x 中的 x,z 互换,或将 u'_y 中的 y,z 互换,都可得到

$$u'_z=\frac{xyz-y^2x-yx^2}{2(\sqrt{xyz})^3}.$$ □

（6）二元函数的偏导数存在与连续间的关系与一元函数的情况有所不同.

例 9　求函数

$$f(x,y)=\begin{cases}\dfrac{xy}{x^2+y^2}, & (x,y)\neq(0,0),\\ 0, & (x,y)=(0,0)\end{cases}$$

的偏导数 f'_x,f'_y.

解　当 $(x,y)\neq(0,0)$ 时，有

$$f'_x=\left(\frac{xy}{x^2+y^2}\right)'_x=\frac{y(y^2-x^2)}{(x^2+y^2)^2},$$

由函数关于自变量的对称性得

$$f'_y=\left(\frac{xy}{x^2+y^2}\right)'_y=\frac{x(x^2-y^2)}{(x^2+y^2)^2}.$$

在点 $(0,0)$ 对 x 的偏导数为

$$f'_x(0,0)=\lim_{\Delta x\to 0}\frac{f(0+\Delta x,0)-f(0,0)}{\Delta x}=\lim_{\Delta x\to 0}0=0,$$

同样有

$$f'_y(0,0)=\lim_{\Delta y\to 0}\frac{f(0,0+\Delta y)-f(0,0)}{\Delta y}=\lim_{\Delta y\to 0}0=0,$$

综上可得

$$f'_x(x,y)=\begin{cases}\dfrac{y(y^2-x^2)}{(x^2+y^2)^2}, & (x,y)\neq(0,0),\\ 0, & (x,y)=(0,0),\end{cases}$$

$$f'_y(x,y)=\begin{cases}\dfrac{x(x^2-y^2)}{(x^2+y^2)^2}, & (x,y)\neq(0,0),\\ 0, & (x,y)=(0,0).\end{cases}$$ □

例 9 说明了此函数在点 $(0,0)$ 处的偏导数 $f'_x(0,0)$ 和 $f'_y(0,0)$ 皆存在,而我们在 §7.2 中曾证明过,此例中的函数 $f(x,y)$ 在点 $(0,0)$ 处却是间断的. 由此可知,多元函数在某点偏导数都存在并不能保证其在相应点处连续,原因在于偏导数仅刻画了多元函数在某点处沿某个轴的方向变化时的局部性质,而不是多元函数在相应点处发

生变化时的整体性质．这是多元函数与一元函数的重要区别之一．

三、偏导数的几何意义

二元函数 $z=f(x,y)$ 在点 (a,b) 处的偏导数 $f'_x(a,b)$ 表示曲面 $z=f(x,y)$ 与平面 $y=b$ 的交线在空间点 $M(a,b,f(a,b))$ 处的切线 T_x 的斜率；$f'_y(a,b)$ 表示曲面 $z=f(x,y)$ 与平面 $x=a$ 的交线在空间点 $M(a,b,f(a,b))$ 处的切线 T_y 的斜率(如图 7-13 所示).

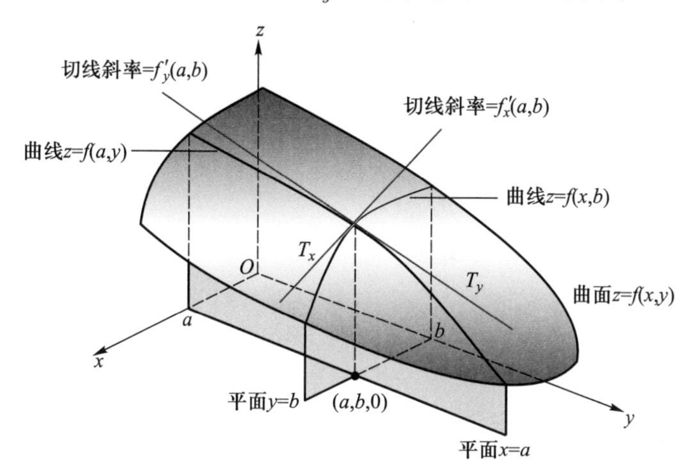

图 7-13 偏导数的几何意义

四、偏导数的经济应用

对于一个多元经济函数,也可以讨论它的边际和弹性问题．这里以一个二元需求函数为例进行讨论(这和一元函数的情形又有所不同,请注意对比理解).

记商品甲的需求函数为 $Q=Q(p_1,p_2)$,Q 为需求量,它是自身价格 p_1(称为直接价格)和影响需求量的另一种商品乙的价格 p_2(称为相关价格)的二元函数．

1. 边际需求

需求函数 $Q=Q(p_1,p_2)$ 关于 p_1 和 p_2 的偏导数表示这种商品的边际需求．$\dfrac{\partial Q}{\partial p_1}$是 Q 关于自身价格 p_1 的边际需求,表示该商品价格 p_1 发生变化时,商品需求量 Q 的变化率;$\dfrac{\partial Q}{\partial p_2}$是 Q 关于相关价格 p_2 的边际需求,表示商品乙的价格 p_2 发生变化时,该商品需求量 Q 的变化率．

2. 偏弹性

与一元函数类似,也可以定义多元函数的弹性概念,称为**偏弹性**.

对于上述需求函数 $Q=Q(p_1,p_2)$,当价格 p_1 发生变化而价格 p_2 不变时,需求量 Q 将随 p_1 的变化而变化,这时,

$$\Delta_1 Q = Q(p_1+\Delta p_1,p_2)-Q(p_1,p_2);$$

当价格 p_1 不变而价格 p_2 改变时,需求量 Q 将随 p_2 的变化而变化,这时,

$$\Delta_2 Q = Q(p_1,p_2+\Delta p_2)-Q(p_1,p_2).$$

可以定义偏弹性

$$E_{p_1}=\frac{EQ}{Ep_1}=\lim_{\Delta p_1\to 0}\frac{\frac{\Delta_1 Q}{Q}}{\frac{\Delta p_1}{p_1}}=\frac{\partial Q}{\partial p_1}\cdot\frac{p_1}{Q}=\frac{\partial(\ln Q)}{\partial(\ln p_1)},$$

$$E_{p_2}=\frac{EQ}{Ep_2}=\lim_{\Delta p_2\to 0}\frac{\frac{\Delta_2 Q}{Q}}{\frac{\Delta p_2}{p_2}}=\frac{\partial Q}{\partial p_2}\cdot\frac{p_2}{Q}=\frac{\partial(\ln Q)}{\partial(\ln p_2)}.$$

这里偏弹性有两个不同的计算公式:

$$\frac{EQ}{Ep_1}=\frac{\partial Q}{\partial p_1}\cdot\frac{p_1}{Q},$$

$$\frac{EQ}{Ep_1}=\frac{\partial(\ln Q)}{\partial(\ln p_1)}.$$

前者是定义式,对一般的函数的偏弹性都能计算;后者适用于有多项乘积的函数,对函数两边取对数后,直接由 $\ln Q$ 对 $\ln p_1$(不是 Q 对 p_1)求偏导,将给计算带来较大方便.

E_{p_1}称为商品需求量 Q 对自身价格 p_1 的**直接价格偏弹性**,E_{p_2}称为该商品需求量 Q 对相关价格 p_2 的**交叉价格偏弹性**.

例 10 已知某种商品的需求量 Q 是该商品价格 p_1、另一相关商品价格 p_2 以及消费者收入 y 的函数

$$Q=\frac{1}{30}p_1^{-\frac{3}{7}}p_2^{-\frac{2}{3}}y^{\frac{5}{2}},$$

求需求量的直接价格偏弹性 E_{p_1},交叉价格偏弹性 E_{p_2},以及需求量的收入偏弹性 E_y.

解 如果直接求出$\frac{\partial Q}{\partial p_1}$,再利用 $E_{p_1}=\frac{p_1}{Q}\cdot\frac{\partial Q}{\partial p_1}$求解,较为复杂(可以试一试).由偏弹性定义式的后一种计算方法,求偏弹性时,先将需求函数两边同时取对数,再求 $\ln Q$ 对 $\ln p_1$ 的偏导数,极为方便.对所给需求函数取对数,得

$$\ln Q=-\ln 30-\frac{3}{7}\ln p_1-\frac{2}{3}\ln p_2+\frac{5}{2}\ln y,$$

于是,有

$$E_{p_1}=\frac{\partial(\ln Q)}{\partial(\ln p_1)}=-\frac{3}{7},$$

$$E_{p_2}=\frac{\partial(\ln Q)}{\partial(\ln p_2)}=-\frac{2}{3},$$

同步训练 3

假设商品乙的需求函数为 $M=M(p_1,p_2)$,M 为需求量,p_2 是它自身价格,p_1 为商品甲的价格.试写出 M 关于 p_1,p_2 的偏弹性,并对其含义作简单的解释.

$$E_y=\frac{\partial(\ln Q)}{\partial(\ln y)}=\frac{5}{2}.$$ □

五、高阶偏导数

设函数 $z=f(x,y)$ 为定义在区域 D 上的二元函数，则该函数在 D 上的偏导数 $f'_x(x,y)$ 和 $f'_y(x,y)$ 仍为自变量 x 和 y 的二元函数．

定义 7.8　如果 $\frac{\partial z}{\partial x}$ 和 $\frac{\partial z}{\partial y}$ 关于 x 和 y 的偏导数仍存在，则称 $\frac{\partial z}{\partial x}$ 和 $\frac{\partial z}{\partial y}$ 关于 x 和 y 的偏导数为函数 $z=f(x,y)$ 的**二阶偏导数**(second order partial derviative)．显然这里的二阶偏导数有四个，分别记作

$$z''_{xx}=\frac{\partial}{\partial x}\left(\frac{\partial z}{\partial x}\right)=\frac{\partial^2 z}{\partial x^2}=f''_{xx}=f''_{11},$$

$$z''_{xy}=\frac{\partial}{\partial y}\left(\frac{\partial z}{\partial x}\right)=\frac{\partial^2 z}{\partial x\partial y}=f''_{xy}=f''_{12},$$

$$z''_{yx}=\frac{\partial}{\partial x}\left(\frac{\partial z}{\partial y}\right)=\frac{\partial^2 z}{\partial y\partial x}=f''_{yx}=f''_{21},$$

$$z''_{yy}=\frac{\partial}{\partial y}\left(\frac{\partial z}{\partial y}\right)=\frac{\partial^2 z}{\partial y^2}=f''_{yy}=f''_{22}.$$

其中 f''_{xy} 和 f''_{yx} 称为 $z=f(x,y)$ 的**二阶混合偏导数**(second order mixed partial derviative)．

仿此可以定义 $z=f(x,y)$ 的更高阶的偏导数，例如

$$\frac{\partial^3 z}{\partial x^3}=\frac{\partial}{\partial x}\left(\frac{\partial^2 z}{\partial x^2}\right),\quad \frac{\partial^3 z}{\partial x^2\partial y}=\frac{\partial}{\partial y}\left(\frac{\partial^2 z}{\partial x^2}\right)\text{等}.$$

二阶及二阶以上的偏导数统称为高阶偏导数.

关于高阶偏导数有几点说明：

(1) 高阶偏导数的求法与一阶偏导数的求法类似．

(2) 高阶偏导数的总数与自变量的个数以及所求偏导数的阶数有关系．例如，二元函数的二阶偏导数共有 2^2 个，三阶偏导数共有 2^3 个；三元函数的二阶偏导数共有 3^2 个，三阶偏导数共有 3^3 个，等等．

(3) 对于二元函数 $z=f(x,y)$，当二阶混合偏导数 $f''_{xy}(x,y)$ 和 $f''_{yx}(x,y)$ 为连续函数时，必有 $f''_{xy}=f''_{yx}$．因此在对 $z=f(x,y)$ 求二阶偏导数时，不同的连续偏导数只有 3 个．

例 11　求 $z=x^3+y^3-3xy^2$ 的所有二阶偏导数．

解　$\frac{\partial z}{\partial x}=3x^2-3y^2$，　$\frac{\partial^2 z}{\partial x^2}=6x$，　$\frac{\partial^2 z}{\partial x\partial y}=-6y$，

$\frac{\partial z}{\partial y}=3y^2-6xy$，　$\frac{\partial^2 z}{\partial y^2}=6y-6x$，　$\frac{\partial^2 z}{\partial y\partial x}=-6y$． □

同步训练 4

求 $z=\frac{\cos x^2}{y}$ 的所有二阶偏导数.

全微分的概念及性质

在上面的例子中,$f''_{xy}(x,y)$ 和 $f''_{yx}(x,y)$ 都是连续函数,于是有 $f''_{xy}=f''_{yx}=-6y$. 不同的二阶连续偏导数只有 3 个.

六、全微分

多元函数偏导数只描述了某个自变量变化而其他自变量保持不变时的变化特征. 为了研究所有自变量同时发生变化时,多元函数的变化特征,需引入全微分的概念.

我们先来考虑矩形面积随边长变化而变化的情况. 设矩形的边长为 x 和 y,则其面积 S 为 x 和 y 的二元函数

$$S(x,y)=xy.$$

对应于边长的改变量为 $\Delta x,\Delta y$,面积的改变量为

$$\Delta S=(x+\Delta x)(y+\Delta y)-xy$$
$$=x\Delta y+y\Delta x+\Delta x\Delta y.$$

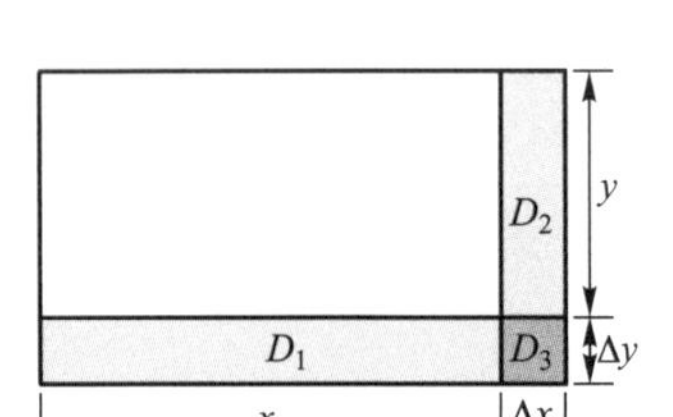

图 7-14 矩形面积的改变量

可见 ΔS 包含两部分,第一部分 $x\Delta y+y\Delta x$ 是 Δx 和 Δy 的线性函数,即图 7-14 中的两个矩形 D_1,D_2 的面积和,称为 ΔS 的线性主部;第二部分 $\Delta x\Delta y$,即图 7-14 中的小矩形 D_3 的面积,当 $\Delta x\to 0$ 且 $\Delta y\to 0$ 时,$\Delta x\Delta y$ 是比 $\rho=\sqrt{(\Delta x)^2+(\Delta y)^2}$ 更高阶的无穷小量,即 $\frac{\Delta x\Delta y}{\rho}\to 0$. 故当 $\Delta x\to 0,\Delta y\to 0$ 时,可用 $x\Delta y+y\Delta x$ 近似表示 ΔS,即 $\Delta S\approx x\Delta y+y\Delta x$.

对于一般的多元函数,当自变量发生改变时,函数的相应改变量是否也可以表示成具有上述特征的两部分之和呢? 下面,我们给出全微分的定义.

定义 7.9 设二元函数 $z=f(x,y)$ 对于自变量在点 (x,y) 处的改变量为 $\Delta x,\Delta y$,函数 $z=f(x,y)$ 相应的改变量为

$$\Delta z=f(x+\Delta x,y+\Delta y)-f(x,y).$$

如果 Δz 可以表示为

$$\Delta z=A\Delta x+B\Delta y+o(\rho), \tag{7.3}$$

其中 A,B 是 x,y 的函数,且与 $\Delta x,\Delta y$ 无关;$\rho=\sqrt{(\Delta x)^2+(\Delta y)^2}$,$o(\rho)$ 是一个比 ρ 高阶的无穷小量,则称 $A\Delta x+B\Delta y$ 为函数 $z=f(x,y)$ 在点 (x,y) 处的**全微分**(total differential),记作 $\mathrm{d}z$ 或 $\mathrm{d}f(x,y)$,即

$$\mathrm{d}z=\mathrm{d}f(x,y)=A\Delta x+B\Delta y, \tag{7.4}$$

此时也称函数 $z=f(x,y)$ 在点 (x,y) 处**可微分**或**可微**.

(1) 关于多元函数 $z=f(x,y)$ 的全微分、偏导数和连续性之间的关系,有以下三个定理.

定理 7.1　若函数 $z=f(x,y)$ 在点 (x,y) 处可微,则该函数在点 (x,y) 处的偏导数存在,且有

$$A=\frac{\partial z}{\partial x},\quad B=\frac{\partial z}{\partial y},$$

于是,由(7.4)式有

$$\mathrm{d}z=\frac{\partial z}{\partial x}\Delta x+\frac{\partial z}{\partial y}\Delta y. \tag{7.5}$$

证明　由 $z=f(x,y)$ 在点 (x,y) 处可微知,

$$\Delta z=A\Delta x+B\Delta y+o(\rho).$$

于是,令 $\Delta y=0$,有

$$\Delta_x z=A\Delta x+o(|\Delta x|),$$

$$\frac{\Delta_x z}{\Delta x}=A+\frac{o(|\Delta x|)}{\Delta x}=A+\frac{o(|\Delta x|)}{|\Delta x|}\cdot\frac{|\Delta x|}{\Delta x},$$

令 $\Delta x\to 0$,由上式即得

$$\frac{\partial z}{\partial x}=A.$$

同理可证

$$\frac{\partial z}{\partial y}=B.$$

■

由定理 7.1,若令 $z=f(x,y)=x$,则 $\mathrm{d}z=\mathrm{d}x=\Delta x$,同理有 $\mathrm{d}y=\Delta y$,于是,(7.5)式可记为

$$\mathrm{d}z=\frac{\partial z}{\partial x}\mathrm{d}x+\frac{\partial z}{\partial y}\mathrm{d}y. \tag{7.6}$$

定理 7.2　若函数 $z=f(x,y)$ 在点 (x_0,y_0) 处可微,则该函数在点 (x_0,y_0) 处连续.

证明　由函数 $z=f(x,y)$ 在点 (x_0,y_0) 处可微可知,

$$\lim_{\substack{\Delta x\to 0\\ \Delta y\to 0}}\Delta z=\lim_{\substack{\Delta x\to 0\\ \Delta y\to 0}}[A\Delta x+B\Delta y+o(\rho)]=0,$$

即有

$$\lim_{\substack{\Delta x\to 0\\ \Delta y\to 0}}f(x_0+\Delta x,y_0+\Delta y)=f(x_0,y_0),$$

故 $z=f(x,y)$ 在点 (x_0,y_0) 处连续.　■

定理 7.3　若函数 $z=f(x,y)$ 的偏导数在点 (x_0,y_0) 处连续,则该函数在点 (x_0,y_0) 处可微.

定理 7.3 证明

上述几个定理表明了二元函数的偏导数、可微与连续之间的关

系．同时也看到，这些结论和一元函数的情形是不同的，可以用下面的关系来进行对比．

一元函数$f(x)$在点x处有

可导 ⇔ 可微 ⇒ 连续 ⇒ 有极限

二元函数$f(x,y)$在点(x,y)处有

偏导数存在 ⇐ 可微 ⇒ 连续 ⇒ 有极限

⇑

存在连续偏导数

由此可见，对于二元函数，

① 在某点处可微，则在该点处存在偏导数，但在某点处存在偏导数，并不能保证它在该点处可微，即偏导数存在是可微的必要条件，而非充分条件；

② 不连续的点也可能存在偏导数；

③ 函数$z=f(x,y)$在某点处可微的充分条件是它的偏导数在该点处连续．

这些都是与一元函数的重大不同．

例 12　求函数$z=\sqrt{\dfrac{x}{y}}$的全微分．

解 $$\frac{\partial z}{\partial x}=\frac{1}{2\sqrt{\dfrac{x}{y}}}\cdot\frac{1}{y}=\frac{1}{2y}\sqrt{\frac{y}{x}},$$

$$\frac{\partial z}{\partial y}=\frac{1}{2\sqrt{\dfrac{y}{x}}}\cdot\left(-\frac{x}{y^2}\right)=-\frac{1}{2y}\sqrt{\frac{x}{y}},$$

可得

$$\mathrm{d}z=\frac{\partial z}{\partial x}\mathrm{d}x+\frac{\partial z}{\partial y}\mathrm{d}y=\frac{1}{2y}\left(\sqrt{\frac{y}{x}}\mathrm{d}x-\sqrt{\frac{x}{y}}\mathrm{d}y\right).$$ □

例 13　求函数$z=\mathrm{e}^{xy}$的全微分．

解 $\dfrac{\partial z}{\partial x}=y\mathrm{e}^{xy}$，　$\dfrac{\partial z}{\partial y}=x\mathrm{e}^{xy}$，故有

$$\mathrm{d}z=y\mathrm{e}^{xy}\mathrm{d}x+x\mathrm{e}^{xy}\mathrm{d}y=\mathrm{e}^{xy}(y\mathrm{d}x+x\mathrm{d}y).$$ □

（2）对一般的n元函数$y=f(x_1,x_2,\cdots,x_n)$，可与二元函数类似地定义全微分，并有类似的计算公式

$$\mathrm{d}y=\sum_{i=1}^{n}\frac{\partial f}{\partial x_i}\mathrm{d}x_i.$$

同步训练 5

求函数$z=\ln\dfrac{x}{y}+\mathrm{e}^{x^2+y^2}$的全微分．

例 14　求三元函数 $u=\ln(x^2+y^2+z^2)+e^{xyz}$ 的全微分.

解 $$\frac{\partial u}{\partial x}=\frac{2x}{x^2+y^2+z^2}+yze^{xyz},$$

$$\frac{\partial u}{\partial y}=\frac{2y}{x^2+y^2+z^2}+xze^{xyz},$$

$$\frac{\partial u}{\partial z}=\frac{2z}{x^2+y^2+z^2}+xye^{xyz},$$

可得

$$\begin{aligned}du&=\frac{\partial u}{\partial x}dx+\frac{\partial u}{\partial y}dy+\frac{\partial u}{\partial z}dz\\&=\frac{2(xdx+ydy+zdz)}{x^2+y^2+z^2}+e^{xyz}(yzdx+xzdy+xydz).\end{aligned}$$ □

同步训练 6

求函数 $u=x\sin yz^3$ 的全微分.

(3) 当自变量改变量的绝对值 $|\Delta x|$ 和 $|\Delta y|$ 充分小时,可利用全微分进行近似计算,即在公式(7.3)中舍去高阶无穷小量 $o(\rho)$,可得到如下的近似公式

$$f(x_0+\Delta x,y_0+\Delta y)\approx f(x_0,y_0)+f'_x(x_0,y_0)\Delta x+f'_y(x_0,y_0)\Delta y. \tag{7.7}$$

例 15　计算 $1.97^{2.98}$ 的近似值.

解　设 $z=f(x,y)=x^y$, $f'_x=yx^{y-1}$, $f'_y=x^y\ln x$,则问题变为求函数 $z=f(x,y)$ 在 $x=1.97$, $y=2.98$ 时的近似值. 为此,取

$$x_0=2,\quad \Delta x=-0.03,\quad y_0=3,\quad \Delta y=-0.02,$$

则由(7.7)式可得

$$\begin{aligned}1.97^{2.98}&\approx 2^3-3\times2^2\times0.03-\ln 2\times2^3\times0.02\\&\approx 8-0.36-0.11\quad(\text{取}\ \ln 2\approx0.6931)\\&=7.53.\end{aligned}$$ □

同步训练 7

计算 $\sqrt{1.02^3+1.97^3}$ 的近似值.

§7.4 复合函数与隐函数微分法

一、多元复合函数微分法

多元复合函数微分法

设函数 $z=f(u,v)$ 是变量 u 和 v 的二元函数,而 u,v 又是变量 x,y 的函数,即 $u=\varphi(x,y)$, $v=\psi(x,y)$,因而 $z=f[\varphi(x,y),\psi(x,y)]$ 就是由 f 与 u,v 复合而成的以 x,y 为自变量的**二元复合**

函数(two variables composite function).

定理 7.4 证明

定理 7.4　如果函数 $u=\varphi(x,y)$ 及 $v=\psi(x,y)$ 在点 (x,y) 处的偏导数 $\frac{\partial u}{\partial x},\frac{\partial u}{\partial y},\frac{\partial v}{\partial x},\frac{\partial v}{\partial y}$ 都存在，且函数 $z=f(u,v)$ 在对应于 (x,y) 的点 (u,v) 处可微，则复合函数 $z=f[\varphi(x,y),\psi(x,y)]$ 关于 x 及 y 的偏导数存在，且

$$\frac{\partial z}{\partial x}=\frac{\partial f}{\partial u}\frac{\partial u}{\partial x}+\frac{\partial f}{\partial v}\frac{\partial v}{\partial x}, \tag{7.8}$$

$$\frac{\partial z}{\partial y}=\frac{\partial f}{\partial u}\frac{\partial u}{\partial y}+\frac{\partial f}{\partial v}\frac{\partial v}{\partial y}. \tag{7.9}$$

在上述复合函数的复合过程中，如果函数 $u=\varphi(x,y)$ 及 $v=\psi(x,y)$ 的形式有所变化，则复合函数将出现不同的形式，相应地，复合函数的(偏)导数也就发生了变化．为了不引起混淆，在复合函数求导公式中，我们用 $\frac{\partial z}{\partial x},\frac{\partial z}{\partial y}$ 表示复合函数关于 x,y 的偏导数，用 $\frac{\partial f}{\partial u},\frac{\partial f}{\partial v}$ 表示对中间变量 u,v 的函数求偏导．下面，我们列举几种复合形式．

(1) 如果 $z=f(u,v)$，而 $u=\varphi(x)$，$v=\psi(x)$，则得到关于 x 的一元函数 $z=f[\varphi(x),\psi(x)]$，复合关系为

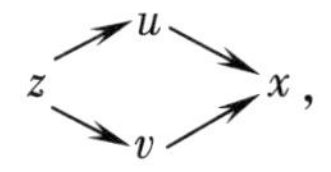

这时，z 对 x 的导数称为**全导数**(total deivation)，即

$$\frac{\mathrm{d}z}{\mathrm{d}x}=\frac{\partial f}{\partial u}\frac{\mathrm{d}u}{\mathrm{d}x}+\frac{\partial f}{\partial v}\frac{\mathrm{d}v}{\mathrm{d}x}. \tag{7.10}$$

例 1　设 $z=f(u,v)=\mathrm{e}^{uv}$，$u=\sin x$，$v=\cos x$，求 $\frac{\mathrm{d}z}{\mathrm{d}x}$.

解　$\frac{\partial f}{\partial u}=v\mathrm{e}^{uv}$，　$\frac{\partial f}{\partial v}=u\mathrm{e}^{uv}$，　$\frac{\mathrm{d}u}{\mathrm{d}x}=\cos x$，　$\frac{\mathrm{d}v}{\mathrm{d}x}=-\sin x$，

于是有

$$\begin{aligned}\frac{\mathrm{d}z}{\mathrm{d}x}&=\frac{\partial f}{\partial u}\frac{\mathrm{d}u}{\mathrm{d}x}+\frac{\partial f}{\partial v}\frac{\mathrm{d}v}{\mathrm{d}x}\\&=v\mathrm{e}^{uv}\cdot\cos x-u\mathrm{e}^{uv}\cdot\sin x\\&=\cos x\mathrm{e}^{\sin x\cos x}\cdot\cos x-\sin x\mathrm{e}^{\sin x\cos x}\cdot\sin x\\&=(\cos^2 x-\sin^2 x)\mathrm{e}^{\sin x\cos x}\\&=\cos 2x\mathrm{e}^{\sin x\cos x}.\end{aligned}$$

□

同步训练 1

设 $z=\frac{v}{u}$，$u=\mathrm{e}^x$，$v=1-\mathrm{e}^{2x}$，求 $\frac{\mathrm{d}z}{\mathrm{d}x}$.

(2) 如果 $z=f(x,y)$，$x=x$，$y=\varphi(x)$，则得到关于 x 的一元复

合函数 $z=f[x,\varphi(x)]$,复合关系为

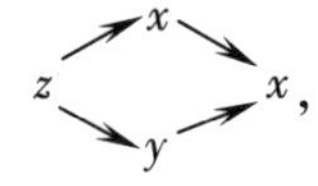

则 $z=f[x,\varphi(x)]$关于 x 的全导数为

$$\frac{\mathrm{d}z}{\mathrm{d}x}=\frac{\partial f}{\partial x}\frac{\mathrm{d}x}{\mathrm{d}x}+\frac{\partial f}{\partial y}\frac{\mathrm{d}y}{\mathrm{d}x}=\frac{\partial f}{\partial x}+\frac{\partial f}{\partial y}\frac{\mathrm{d}y}{\mathrm{d}x}. \tag{7.11}$$

例 2　设 $z=f(x,y)=\dfrac{x^2-y}{x+y}$,$y=2x-3$,求$\dfrac{\mathrm{d}z}{\mathrm{d}x}$.

解　$\dfrac{\partial f}{\partial x}=\dfrac{2x(x+y)-(x^2-y)}{(x+y)^2}=\dfrac{x^2+2xy+y}{(x+y)^2}$,

$\dfrac{\partial f}{\partial y}=\dfrac{-(x+y)-(x^2-y)}{(x+y)^2}=\dfrac{-x-x^2}{(x+y)^2}$,　$\dfrac{\mathrm{d}y}{\mathrm{d}x}=2$,

$\dfrac{\mathrm{d}z}{\mathrm{d}x}=\boxed{\dfrac{\partial f}{\partial x}+\dfrac{\partial f}{\partial y}\dfrac{\mathrm{d}y}{\mathrm{d}x}}=\dfrac{x^2+2xy+y}{(x+y)^2}+\dfrac{2(-x-x^2)}{(x+y)^2}=\dfrac{x^2-2x-1}{3(x-1)^2}$.　□

同步训练 2

设 $z=\arctan(xy)$,$y=\mathrm{e}^x$,求$\dfrac{\mathrm{d}z}{\mathrm{d}x}$.

(3) 如果 $z=f(u,v)$,而 $u=\varphi(x,y)$,$v=\psi(x,y)$,则得到关于 x 和 y 的二元复合函数 $z=f[\varphi(x,y),\psi(x,y)]$,复合关系为

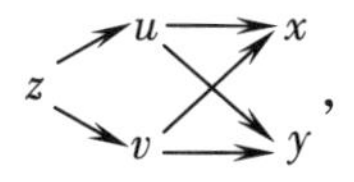

它关于 x 和 y 的偏导数分别为

$$\frac{\partial z}{\partial x}=\frac{\partial f}{\partial u}\frac{\partial u}{\partial x}+\frac{\partial f}{\partial v}\frac{\partial v}{\partial x},\quad \frac{\partial z}{\partial y}=\frac{\partial f}{\partial u}\frac{\partial u}{\partial y}+\frac{\partial f}{\partial v}\frac{\partial v}{\partial y}. \tag{7.12}$$

例 3　已知 $z=f(u,v)=\mathrm{e}^{uv}$,$u=\ln\sqrt{x^2+y^2}$,$v=\arctan\dfrac{y}{x}$,求复合函数的偏导数$\dfrac{\partial z}{\partial x}$,$\dfrac{\partial z}{\partial y}$.

解　$\dfrac{\partial f}{\partial u}=v\mathrm{e}^{uv}$,　$\dfrac{\partial f}{\partial v}=u\mathrm{e}^{uv}$,

$\dfrac{\partial u}{\partial x}=\dfrac{1}{\sqrt{x^2+y^2}}\cdot\dfrac{2x}{2\sqrt{x^2+y^2}}=\dfrac{x}{x^2+y^2}$,

$\dfrac{\partial u}{\partial y}=\dfrac{1}{\sqrt{x^2+y^2}}\cdot\dfrac{2y}{2\sqrt{x^2+y^2}}=\dfrac{y}{x^2+y^2}$,

$\dfrac{\partial v}{\partial x}=\dfrac{-\dfrac{y}{x^2}}{1+\dfrac{y^2}{x^2}}=\dfrac{-y}{x^2+y^2}$,　$\dfrac{\partial v}{\partial y}=\dfrac{\dfrac{1}{x}}{1+\dfrac{y^2}{x^2}}=\dfrac{x}{x^2+y^2}$.

于是有

$$\frac{\partial z}{\partial x}=\boxed{\frac{\partial f}{\partial u}\frac{\partial u}{\partial x}+\frac{\partial f}{\partial v}\frac{\partial v}{\partial x}}=v\mathrm{e}^{uv}\cdot\frac{x}{x^2+y^2}+u\mathrm{e}^{uv}\cdot\frac{-y}{x^2+y^2}=\frac{vx-uy}{x^2+y^2}\mathrm{e}^{uv},$$

$$\frac{\partial z}{\partial y}=\boxed{\frac{\partial f}{\partial u}\frac{\partial u}{\partial y}+\frac{\partial f}{\partial v}\frac{\partial v}{\partial y}}=v\mathrm{e}^{uv}\cdot\frac{y}{x^2+y^2}+u\mathrm{e}^{uv}\cdot\frac{x}{x^2+y^2}=\frac{vy+ux}{x^2+y^2}\mathrm{e}^{uv}.$$ □

例 4　设 $z=[\sin(x-y)]\mathrm{e}^{x+y}$，求 $\frac{\partial z}{\partial x},\frac{\partial z}{\partial y}$.

解　令 $u=x+y,v=x-y$，则 $z=f(u,v)=\mathrm{e}^u\sin v$.

$$\frac{\partial z}{\partial x}=\boxed{\frac{\partial f}{\partial u}\frac{\partial u}{\partial x}+\frac{\partial f}{\partial v}\frac{\partial v}{\partial x}}=\mathrm{e}^u\sin v\cdot1+\mathrm{e}^u\cos v\cdot1$$

$$\boxed{=\mathrm{e}^{x+y}\sin(x-y)\cdot1+\mathrm{e}^{x+y}\cos(x-y)\cdot1}$$

$$=[\sin(x-y)+\cos(x-y)]\mathrm{e}^{x+y},$$

$$\frac{\partial z}{\partial y}=\boxed{\frac{\partial f}{\partial u}\frac{\partial u}{\partial y}+\frac{\partial f}{\partial v}\frac{\partial v}{\partial y}}=\mathrm{e}^u\sin v\cdot1+\mathrm{e}^u\cos v\cdot(-1)$$

$$\boxed{=\mathrm{e}^{x+y}\sin(x-y)\cdot1+\mathrm{e}^{x+y}\cos(x-y)\cdot(-1)}$$

$$=[\sin(x-y)-\cos(x-y)]\mathrm{e}^{x+y}.$$ □

同步训练 3

求 $z=(x^2+y^2)\mathrm{e}^{\frac{x^2+y^2}{xy}}$ 的偏导数 $\frac{\partial z}{\partial x},\frac{\partial z}{\partial y}$.

例 5　设 $Q=f(x,xy,xyz)$，且 f 存在一阶连续偏导数，求函数 Q 的所有偏导数.

解　设 $u=x,v=xy,w=xyz$，则 $Q=f(u,v,w)$，复合层次与变量关系为

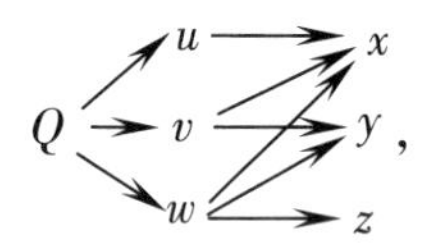

于是

$$\frac{\partial Q}{\partial x}=\boxed{\frac{\partial f}{\partial u}\frac{\mathrm{d}u}{\mathrm{d}x}+\frac{\partial f}{\partial v}\frac{\partial v}{\partial x}+\frac{\partial f}{\partial w}\frac{\partial w}{\partial x}}=f_1'+yf_2'+yzf_3',$$

$$\frac{\partial Q}{\partial y}=\boxed{\frac{\partial f}{\partial v}\frac{\partial v}{\partial y}+\frac{\partial f}{\partial w}\frac{\partial w}{\partial y}}=xf_2'+xzf_3',$$

$$\frac{\partial Q}{\partial z}=\boxed{\frac{\partial f}{\partial w}\frac{\partial w}{\partial z}}=xyf_3'.$$ □

在例 5 中，我们用了 f_1' 表示函数 $f(u,v,w)$ 对第一个变量 u 的偏导数，即 $f_1'=\frac{\partial f}{\partial u}$；类似地，记 $f_2'=\frac{\partial f}{\partial v},f_3'=\frac{\partial f}{\partial w}$. 这种表示方法不依赖于中间变量具体用什么符号表示，简洁而又含义清楚，是偏导数运算中常用的一种表示法，特别是对一般的 n 元函数 $u=f(x_1,x_2,\cdots,x_n)$，记

$$f_i' = \frac{\partial f}{\partial x_i},\quad i=1,2,\cdots,n,$$

显得更加方便.

由例1到例5还可以看到,求多元函数对某个自变量的偏导数时,应经过一切有关的中间变量,最后归结到该自变量.一般来说,有几个中间变量,求导公式右端就有几项相加;有几次复合,每一项就有几个因子相乘.

(4) 二元函数的全微分也具有形式不变性.我们知道,对于一元函数 $y=f(u)$,无论 u 是自变量还是中间变量(函数),$\mathrm{d}y=f'(u)\mathrm{d}u$ 这一形式是不变的.对于二元函数 $z=f(u,v)$,无论 u,v 是自变量还是中间变量(例如,u,v 都是 x,y 的二元函数,从而 z 是 x,y 的二元复合函数),全微分的形式都是

$$\mathrm{d}z=\frac{\partial f}{\partial u}\mathrm{d}u+\frac{\partial f}{\partial v}\mathrm{d}v.$$

例6　设函数 $z=\mathrm{e}^{x^2+y^2}+\cos(x+y)$,求 $\mathrm{d}z$.

解法一　先求出偏导数,再写出微分(自行练习).

解法二　利用微分形式不变性.

设 $z=f(u,v)=\mathrm{e}^u+\cos v,u=x^2+y^2,v=x+y$.

$$\begin{aligned}\mathrm{d}z&=f_u'\mathrm{d}u+f_v'\mathrm{d}v=\mathrm{e}^u\mathrm{d}u-\sin v\mathrm{d}v\\&=\mathrm{e}^{x^2+y^2}\mathrm{d}(x^2+y^2)-\sin(x+y)\mathrm{d}(x+y)\\&=\mathrm{e}^{x^2+y^2}(2x\mathrm{d}x+2y\mathrm{d}y)-\sin(x+y)(\mathrm{d}x+\mathrm{d}y)\\&=2x\mathrm{e}^{x^2+y^2}\mathrm{d}x+2y\mathrm{e}^{x^2+y^2}\mathrm{d}y-\sin(x+y)\mathrm{d}x-\sin(x+y)\mathrm{d}y\\&=[2x\mathrm{e}^{x^2+y^2}-\sin(x+y)]\mathrm{d}x+[2y\mathrm{e}^{x^2+y^2}-\sin(x+y)]\mathrm{d}y.\end{aligned}$$

□

同步训练 4
试一试,利用微分形式不变性求解例5.

二、隐函数微分法

在一元函数中,我们用对方程 $F(x,y)=0$ 两端同时关于 x 求导的方法计算隐函数 $y=f(x)$ 的导数 $\frac{\mathrm{d}y}{\mathrm{d}x}$. 现在利用多元复合函数微分法来得到求这类隐函数导数的公式.

如果由方程 $F(x,y)=0$ 可确定函数 $y=f(x)$,而函数 $F(x,y)$ 有连续偏导数,且 $\frac{\partial F}{\partial y}\neq 0$,则由

$$F[x,f(x)]\equiv 0,$$

有

$$\frac{\partial F}{\partial x}+\frac{\partial F}{\partial y}\frac{\mathrm{d}y}{\mathrm{d}x}=0,$$

可得

$$\frac{\mathrm{d}y}{\mathrm{d}x}=-\frac{\frac{\partial F}{\partial x}}{\frac{\partial F}{\partial y}}=-\frac{F'_x}{F'_y}. \tag{7.13}$$

例 7　设 $y=f(x)$ 是由方程 $\ln\sqrt{x^2+y^2}=\arctan\frac{y}{x}$ 所确定的函数，求 $\frac{\mathrm{d}y}{\mathrm{d}x}$.

解　设 $F(x,y)=\ln\sqrt{x^2+y^2}-\arctan\frac{y}{x}$，则

$$\frac{\partial F}{\partial x}=\frac{1}{\sqrt{x^2+y^2}}\cdot\frac{2x}{2\sqrt{x^2+y^2}}-\frac{1}{1+\left(\frac{y}{x}\right)^2}\cdot\left(-\frac{y}{x^2}\right)=\frac{x+y}{x^2+y^2},$$

$$\frac{\partial F}{\partial y}=\frac{1}{\sqrt{x^2+y^2}}\cdot\frac{2y}{2\sqrt{x^2+y^2}}-\frac{1}{1+\left(\frac{y}{x}\right)^2}\cdot\left(\frac{1}{x}\right)=\frac{y-x}{x^2+y^2},$$

所以

$$\frac{\mathrm{d}y}{\mathrm{d}x}=-\frac{\frac{\partial F}{\partial x}}{\frac{\partial F}{\partial y}}=\frac{x+y}{x-y}.$$ □

例 8　设 $y=f(x)$ 是由方程 $\sin y+\mathrm{e}^x-xy^2=0$ 所确定的隐函数，求 $\frac{\mathrm{d}y}{\mathrm{d}x}$.

解　设 $F(x,y)=\sin y+\mathrm{e}^x-xy^2$，则

$$\frac{\partial F}{\partial x}=\mathrm{e}^x-y^2,\quad \frac{\partial F}{\partial y}=\cos y-2xy,$$

所以有

$$\frac{\mathrm{d}y}{\mathrm{d}x}=-\frac{\frac{\partial F}{\partial x}}{\frac{\partial F}{\partial y}}=\frac{y^2-\mathrm{e}^x}{\cos y-2xy}.$$ □

我们将三元方程 $F(x,y,z)=0$ 所确定的二元函数 $z=f(x,y)$，称为二元隐函数.如果函数 $F(x,y,z)$ 具有连续的偏导数，且 $\frac{\partial F}{\partial z}\neq 0$，

同步训练 5

设 $y=f(x)$ 是由方程 $xy+\ln y-\ln x=0$ 所确定的隐函数，求 $\frac{\mathrm{d}y}{\mathrm{d}x}$.

则由

$$F(x,y,f(x,y))\equiv 0$$

有

$$\frac{\partial F}{\partial x}+\frac{\partial F}{\partial z}\frac{\partial z}{\partial x}=0,\quad \frac{\partial F}{\partial y}+\frac{\partial F}{\partial z}\frac{\partial z}{\partial y}=0,$$

可得

$$\frac{\partial z}{\partial x}=-\frac{\frac{\partial F}{\partial x}}{\frac{\partial F}{\partial z}}=-\frac{F'_x}{F'_z},\quad \frac{\partial z}{\partial y}=-\frac{\frac{\partial F}{\partial y}}{\frac{\partial F}{\partial z}}=-\frac{F'_y}{F'_z}. \tag{7.14}$$

例 9　已知方程 $\frac{x}{z}=\ln\frac{z}{y}$ 确定隐函数 $z=f(x,y)$，求 $\frac{\partial z}{\partial x},\frac{\partial z}{\partial y}$.

解　令 $F(x,y,z)=\frac{x}{z}-\ln\frac{z}{y}$，则

$$F'_x=\frac{1}{z},\quad F'_y=\frac{1}{y},\quad F'_z=-\frac{x}{z^2}-\frac{1}{z},$$

于是有

$$\frac{\partial z}{\partial x}=-\frac{F'_x}{F'_z}=-\frac{\frac{1}{z}}{-\frac{x}{z^2}-\frac{1}{z}}=\frac{z}{z+x},$$

$$\frac{\partial z}{\partial y}=-\frac{F'_y}{F'_z}=-\frac{\frac{1}{y}}{-\frac{x}{z^2}-\frac{1}{z}}=\frac{z^2}{y(z+x)}.$$

□

例 10　设 $x^2+z^2=y\varphi\left(\frac{z}{y}\right)$，其中函数 φ 可微，求 $\frac{\partial z}{\partial x},\frac{\partial z}{\partial y}$.

解　设 $F(x,y,z)=x^2+z^2-y\varphi\left(\frac{z}{y}\right)$，因为

$$F'_x=2x,\quad F'_y=-\varphi\left(\frac{z}{y}\right)-y\varphi'\left(\frac{z}{y}\right)\left(-\frac{z}{y^2}\right)=-\varphi\left(\frac{z}{y}\right)+\frac{z}{y}\varphi'\left(\frac{z}{y}\right),$$

$$F'_z=2z-y\varphi'\left(\frac{z}{y}\right)\cdot\frac{1}{y}=2z-\varphi'\left(\frac{z}{y}\right),$$

所以有

$$\frac{\partial z}{\partial x}=-\frac{F'_x}{F'_z}=\frac{2x}{\varphi'\left(\frac{z}{y}\right)-2z},$$

$$\frac{\partial z}{\partial y}=-\frac{F'_y}{F'_z}=\frac{\varphi\left(\frac{z}{y}\right)-\frac{z}{y}\varphi'\left(\frac{z}{y}\right)}{2z-\varphi'\left(\frac{z}{y}\right)}.$$ □

除了利用上述公式求解隐函数的偏导数外，还有两种方法可以求得隐函数的偏导数：

一种是直接求导法——隐函数方程的两边直接对 x 求导．这种方法要注意，x 是自变量，y 看作常数，z 看作中间变量，z 是 x 的函数(这个方法中三个变量 x,y,z 的地位是不同的)，求导后得到一个含有 z'_x 的方程，解得 z'_x 即可；求 z'_y 的过程与求 z'_x 类似(此时，y 是自变量，x 看作常数，z 仍是中间变量)．

另一种是利用微分求偏导数——方程的两边同时求微分(这个方法中，x,y,z 又都是一个方程中地位等同的变量)，可得一个含有 $\mathrm{d}x,\mathrm{d}y,\mathrm{d}z$ 的等式，将其整理可得 $\mathrm{d}z=u(x,y,z)\mathrm{d}x+v(x,y,z)\mathrm{d}y$，与 $\mathrm{d}z=\frac{\partial z}{\partial x}\mathrm{d}x+\frac{\partial z}{\partial y}\mathrm{d}y$ 对比，就能得到

$$\frac{\partial z}{\partial x}=u(x,y,z),\quad \frac{\partial z}{\partial y}=v(x,y,z).$$

掌握了隐函数求偏导数的方法之后，自然就能写出隐函数的微分(或全微分)．这些内容不再详述．

此外，在求得隐函数的偏导数后，以一阶偏导数为基础可以计算隐函数的二阶偏导数．

例 11　设方程 $xy+xz+yz=1$ 确定函数 $z=f(x,y)$，求 $\frac{\partial^2 z}{\partial x^2},\frac{\partial^2 z}{\partial x\partial y}$.

解　利用上述方法之一求得一阶偏导数为

$$\frac{\partial z}{\partial x}=-\frac{y+z}{x+y},\quad \frac{\partial z}{\partial y}=-\frac{x+z}{x+y}.$$

于是可得二阶偏导数，注意 z 是 x,y 的函数，

$$\frac{\partial^2 z}{\partial x^2}=\frac{\partial}{\partial x}\left(\frac{\partial z}{\partial x}\right)=\frac{\partial}{\partial x}\left(-\frac{y+z}{x+y}\right)=-\frac{z'_x\cdot(x+y)-(y+z)}{(x+y)^2}$$

$$=-\frac{-\frac{y+z}{x+y}(x+y)-(y+z)}{(x+y)^2}=\frac{2(y+z)}{(x+y)^2};$$

$$\frac{\partial^2 z}{\partial x\partial y}=\frac{\partial}{\partial y}\left(\frac{\partial z}{\partial x}\right)=\frac{\partial}{\partial y}\left(-\frac{y+z}{x+y}\right)=-\frac{(1+z'_y)(x+y)-(y+z)}{(x+y)^2}$$

$$=-\frac{\left(1-\frac{x+z}{x+y}\right)(x+y)-(y+z)}{(x+y)^2}=\frac{2z}{(x+y)^2}.$$ □

同步训练 6

设 $z=f(x,y)$ 由方程 $x+y-z=xe^{z-x-y}$ 确定隐函数，求 dz.

§7.5 二元函数的极值与最值

二元函数的极值

一、二元函数的极值

定义 7.10　设二元函数 $z=f(x,y)$ 在点 (x_0,y_0) 的某邻域内有定义．如果对该邻域内的任意点 (x,y)，总有不等式

$$f(x,y)\leqslant f(x_0,y_0)\ (\text{或} f(x,y)\geqslant f(x_0,y_0))$$

成立，则称 $f(x_0,y_0)$ 是函数 $z=f(x,y)$ 的**极大值**(maximum)(或**极小值**(minimum))，并称点 (x_0,y_0) 为 $f(x,y)$ 的**极大值点**(maximum point)(或**极小值点**(minimum point))(如图 7-15 所示).

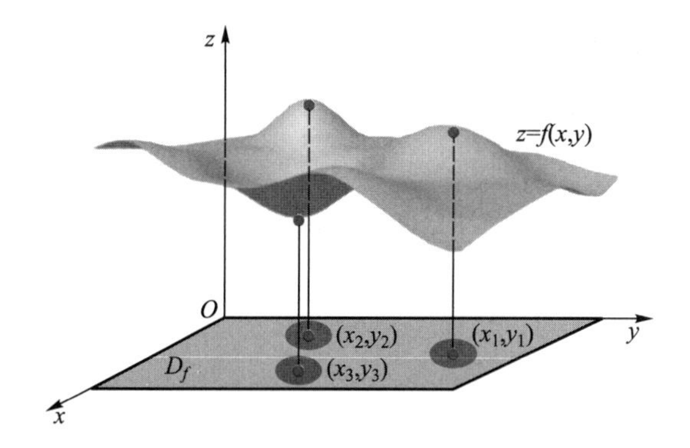

图 7-15 二元函数极值的定义示意

函数的极大值与极小值统称为函数的**极值**(extremum)，极大值点和极小值点统称为**极值点**(extremum point).

定理 7.5(极值存在的必要条件)　如果函数 $z=f(x,y)$ 在点 (x_0,y_0) 处有极值，且两个一阶偏导数存在，则有

$$f'_x(x_0,y_0)=0,\quad f'_y(x_0,y_0)=0.$$

证明　不妨设 $z=f(x,y)$ 在点 (x_0,y_0) 处取得极大值，即对点 (x_0,y_0) 的某邻域内的任何点 (x,y)，恒有

$$f(x,y)\leqslant f(x_0,y_0),$$

特别地，固定 $y=y_0$ 时，对该邻域内的点 (x,y_0)，有

$$f(x,y_0)\leqslant f(x_0,y_0),$$

这表明,一元函数$f(x,y_0)$在点 $x=x_0$ 处取得了极大值,由一元函数极值点的必要条件,可知

$$f'_x(x_0,y_0)=0.$$

类似可以证明

$$f'_y(x_0,y_0)=0.$$ ■

对于极值点说明以下几点:

(1) 使函数的所有一阶偏导数同时为零的点,称为多元函数的**驻点**(stationary point).

(2) 由定理 7.5 可知极值点可能在驻点处取得,但驻点不一定就是极值点. 例如,点(0,0)是函数 $z=y^2-x^2$ 的驻点,却不是极值点.

(3) 极值点也可能是偏导数不存在的点,例如,函数 $z=\sqrt{x^2+y^2}$ 在点(0,0)处偏导数不存在,但该点却是函数的极小值点. 但是,偏导数不存在的点也不一定全是极值点.

总之,要寻找极值点,就从驻点和偏导数不存在的点当中去找. 那么找到的这些点是不是极值点呢? 如何判断呢? 下面来给出判断极值点的充分条件.

定理 7.6(极值存在的充分条件)　如果函数 $z=f(x,y)$ 在点 (x_0,y_0) 的某一邻域内存在连续的二阶偏导数,且 (x_0,y_0) 是它的驻点,即

$$f'_x(x_0,y_0)=f'_y(x_0,y_0)=0,$$

记

$$A=f''_{xx}(x_0,y_0),B=f''_{xy}(x_0,y_0),C=f''_{yy}(x_0,y_0).$$

(1) 若 $\begin{vmatrix} A & B \\ B & C \end{vmatrix}=AC-B^2>0$,则 (x_0,y_0) 是极值点,$f(x_0,y_0)$ 是极值. 当 $A>0$(或 $C>0$)时,(x_0,y_0) 是极小值点,$f(x_0,y_0)$ 为极小值;当 $A<0$(或 $C<0$)时,(x_0,y_0) 是极大值点,$f(x_0,y_0)$ 为极大值.

(2) 若 $\begin{vmatrix} A & B \\ B & C \end{vmatrix}=AC-B^2<0$,则 (x_0,y_0) 不是极值点,$f(x_0,y_0)$ 不是极值.

(3) 若 $\begin{vmatrix} A & B \\ B & C \end{vmatrix}=AC-B^2=0$,则不能确定 (x_0,y_0) 是否为极值点,需进一步讨论.

例 1　求函数 $f(x,y)=y^3-x^2+6x-12y+5$ 的极值.

解　由 $f'_x(x,y)=-2x+6=0, f'_y(x,y)=3y^2-12=0$ 得驻点 $(3,2)$, $(3,-2)$, 再求二阶偏导数得

$$f''_{xx}(x,y)=-2,\quad f''_{xy}(x,y)=0,\quad f''_{yy}(x,y)=6y.$$

对于驻点 $(3,2)$, 有

$$A=-2, B=0, C=12, \begin{vmatrix} A & B \\ B & C \end{vmatrix}=AC-B^2=-24<0,$$

故 $(3,2)$ 不是极值点;

对于驻点 $(3,-2)$, 有

$$A=-2<0, B=0, C=-12, \begin{vmatrix} A & B \\ B & C \end{vmatrix}=AC-B^2=24>0,$$

故 $(3,-2)$ 是极大值点, 函数在该点取得极大值 $f(3,-2)=30$. □

例 2　求函数 $z=f(x,y)=(x^2+y^2)\mathrm{e}^{-(x^2+y^2)}$ 的极值.

解　由方程组

$$\begin{cases} f'_x=2x(1-x^2-y^2)\mathrm{e}^{-(x^2+y^2)}=0, \\ f'_y=2y(1-x^2-y^2)\mathrm{e}^{-(x^2+y^2)}=0 \end{cases}$$

得到驻点 $(0,0)$ 和驻点集 $\{(x,y)\mid x^2+y^2=1\}$. 又

$$f''_{xx}=[2(1-3x^2-y^2)-4x^2(1-x^2-y^2)]\mathrm{e}^{-(x^2+y^2)},$$

$$f''_{xy}=-4xy(2-x^2-y^2)\mathrm{e}^{-(x^2+y^2)},$$

$$f''_{yy}=[2(1-x^2-3y^2)-4y^2(1-x^2-y^2)]\mathrm{e}^{-(x^2+y^2)}.$$

对于驻点 $(0,0)$,

$$A=f''_{xx}(0,0)=2,\quad B=f''_{xy}(0,0)=0,\quad C=f''_{yy}(0,0)=2.$$

于是有

$$\begin{vmatrix} A & B \\ B & C \end{vmatrix}=AC-B^2=4>0 \text{ 且 } A=2>0,$$

故点 $(0,0)$ 是函数的极小值点, 极小值为 0.

对满足 $x^2+y^2=1$ 的所有驻点有

$$A=f''_{xx}=-4x^2\mathrm{e}^{-1},\quad B=f''_{xy}=-4xy\mathrm{e}^{-1},\quad C=f''_{yy}=-4y^2\mathrm{e}^{-1}.$$

因 $AC-B^2=0$, 故需用其他方法进行判断.

注意到, 对于满足 $x^2+y^2=1$ 的所有点 (x,y), 都有 $f(x,y)=\mathrm{e}^{-1}$. 因此如果令 $x^2+y^2=t$, 则函数 $f(x,y)$ 在 $x^2+y^2=1$ 时是否取得极值与一元函数 $f(t)=t\mathrm{e}^{-t}$ 在 $t=1$ 时是否取得极值的情形相同. 故考虑函数 $f(t)=t\mathrm{e}^{-t}$ 的极值.

由 $f'(t)=\mathrm{e}^{-t}(1-t)=0$ 得到驻点 $t=1$, 又 $f''(t)=\mathrm{e}^{-t}(t-2)$,

$f''(1)=-\mathrm{e}^{-1}<0$,故 $f(t)$ 在 $t=1$ 时取得极大值,其值为 e^{-1}.

由此知函数 $f(x,y)=(x^2+y^2)\mathrm{e}^{-(x^2+y^2)}$ 在 $x^2+y^2=1$ 时有极大值 e^{-1}. □

同步训练

确定函数 $f(x,y)=\mathrm{e}^{x^2-y}(5-2x+y)$ 的极值点.

二、条件极值和拉格朗日乘数法

上面讨论的极值问题,自变量在定义域内可以任意取值,未受任何限制,通常称为**无条件极值**. 在实际问题中,求极值或最值时,对自变量的取值往往要附加一定的约束条件,这类附有约束条件的极值问题,称为**条件极值**(conditional extremum). 条件极值问题的约束条件分为等式约束条件和不等式约束条件两类.

这里仅讨论等式约束条件下的极值问题,即考虑函数 $z=f(x,y)$ 在满足约束条件 $\varphi(x,y)=0$ 时的条件极值问题. 求解这一条件极值问题的常用方法是拉格朗日乘数法,其基本思想是设法将条件极值问题化为无条件极值问题. 拉格朗日乘数法的具体求解步骤如下:

(1) 构造辅助函数

$$F(x,y,\lambda)=f(x,y)+\lambda\varphi(x,y),$$

$F(x,y,\lambda)$ 称为**拉格朗日函数**(Lagrange funtion),待定常数 λ 称为**拉格朗日乘数**(Lagrange multiplier).

(2) 求出它的三个一阶偏导数,使之为零,得方程组

$$\begin{cases} F_x'=f_x'+\lambda\varphi_x'=0, \\ F_y'=f_y'+\lambda\varphi_y'=0, \\ F_\lambda'=\varphi(x,y)=0. \end{cases}$$

求解这个方程组,解出可能的极值点 (x_0,y_0) 和乘数 λ_0.

(3) 通常由实际问题的实际意义可知,$f(x_0,y_0)$ 就为目标函数的条件极值.

当然,上述条件极值问题也可以采用如下的方法求解:先由方程 $\varphi(x,y)=0$,解出 $y=\psi(x)$,并将其代入 $f(x,y)$,得到 x 的一元函数 $z=f[x,\psi(x)]$,然后再求此一元函数的无条件极值.

例 3　求定点 (x_0,y_0) 到直线 $ax+by+c=0$ 的最短距离,其中 a,b 为不同时为零的常数.

解　设 (x,y) 为直线 $ax+by+c=0$ 上的任意一点,则点 (x_0,y_0) 与点 (x,y) 的距离为

$$r=\sqrt{(x-x_0)^2+(y-y_0)^2}.$$

于是,问题变为在 $ax+by+c=0$ 的条件下,求 r 的最小值. 欲求 r 的最小值,等价于求 r^2 的最小值. 因此,构造拉格朗日函数为

$$F(x,y,\lambda)=(x-x_0)^2+(y-y_0)^2+\lambda(ax+by+c),$$

令

$$\begin{cases}F'_x=2(x-x_0)+a\lambda=0, & (1)\\ F'_y=2(y-y_0)+b\lambda=0, & (2)\\ F'_\lambda=ax+by+c=0. & (3)\end{cases}$$

(1)×a+(2)×b,可得

$$2a(x-x_0)+2b(y-y_0)+\lambda(a^2+b^2)=0,$$

再由(3)式,可得

$$\lambda=\frac{2(ax_0+by_0+c)}{a^2+b^2}.$$

又由(1)×$(x-x_0)$+(2)×$(y-y_0)$,有

$$2[(x-x_0)^2+(y-y_0)^2]+\lambda[a(x-x_0)+b(y-y_0)]=0.$$

于是,由上面求得的 λ 和此式,可得

$$r^2=(x-x_0)^2+(y-y_0)^2$$
$$=\frac{1}{2}\lambda(ax_0+by_0+c)=\frac{(ax_0+by_0+c)^2}{a^2+b^2}.$$

这样就得到点(x_0,y_0)与直线 $ax+by+c=0$ 的最短距离为

$$r=\frac{|ax_0+by_0+c|}{\sqrt{a^2+b^2}}.$$ □

例 4　设某工厂生产 A 和 B 两种产品,产量(单位:万件)分别为 x 和 y,利润函数(单位:万元)为

$$L(x,y)=6x-x^2+16y-4y^2-2.$$

已知生产这两种产品每万件产品均需消耗某种原料 2 000 kg,现有该原料 12 000 kg,问两种产品各生产多少万件时,总利润最大? 最大总利润为多少?

解　依题意有约束条件

$$2\ 000(x+y)=12\ 000,$$

即 $x+y=6$. 因此,问题是在 $x+y=6$ 的条件下求利润函数 $L(x,y)$ 的最大值. 为此,设拉格朗日函数为

$$F(x,y,\lambda)=6x-x^2+16y-4y^2-2+\lambda(x+y-6),$$

令

$$\begin{cases}F'_x=6-2x+\lambda=0,\\F'_y=16-8y+\lambda=0,\\F'_\lambda=x+y-6=0,\end{cases}$$

消去 λ 后,得到等价方程组

$$\begin{cases}-x+4y=5,\\x+y=6,\end{cases}$$

由此解得 $x_0=3.8$(万件),$y_0=2.2$(万件). 最大总利润为 $L(3.8,2.2)=22.2$(万元). □

三、二元函数的最值

定义 7.11　设函数 $z=f(x,y)$ 是定义在区域 D 上的二元连续函数,点 $(x_0,y_0)\in D$. 如果对任意的 $(x,y)\in D$,不等式

$$f(x_0,y_0)\leqslant f(x,y)\ (\text{或} f(x_0,y_0)\geqslant f(x,y))$$

恒成立,则称 $f(x_0,y_0)$ 为函数 $f(x,y)$ 在区域 D 上的**最小值**(smallest value)(或**最大值**(largest value)),(x_0,y_0) 为 $f(x,y)$ 在 D 上的**最小值点**(smallest value point)(或**最大值点**(largest value point)).

最大值和最小值统称为**最值**,最大值点和最小值点统称为**最值点**.

如果二元函数 $f(x,y)$ 在一个开区域内具有最值,其求法与一元函数的求法类似,即求出驻点和偏导数不存在的点,计算出它们的函数值,选择一个最大和(或)一个最小的即可.

在求解实际问题的最值时,如果根据实际问题建立起来的函数有唯一的驻点,则该驻点经判别是极(大或小)值点的同时,也可断定它是最(大或小)值点.

例 5　某企业生产两种商品的产量分别为 x 单位和 y 单位,利润函数为

$$L=64x-2x^2+4xy-4y^2+32y-14,$$

求最大利润.

解　由极值存在的必要条件

$$\begin{cases}L'_x=64-4x+4y=0,\\L'_y=32-8y+4x=0,\end{cases}$$

解得唯一驻点$(x_0,y_0)=(40,24)$. 由

$$L''_{xx}=-4,\quad A=-4<0,$$

$$L''_{xy}=4,\quad B=4,$$

$$L''_{yy}=-8,\quad C=-8<0,$$

$$\begin{vmatrix} A & B \\ B & C \end{vmatrix}=AC-B^2=16>0,$$

可知,点(40,24)为极大值点,亦即最大值点,最大值为

$$L(40,24)=1\ 650.$$

即该企业生产的两种产品的产量分别为 40 单位和 24 单位时,利润最大,最大利润为 1 650 单位. □

例 6　设生产函数 $Q=6K^{\frac{1}{3}}L^{\frac{1}{2}}$,其投入的两要素(投资和劳动)的价格分别为 $P_K=4,P_L=3$,产品的价格为 $P=2$,求使利润最大化的两种要素的投入水平和最大利润各是多少(价格单位).

解　依题意,利润函数

$$z(K,L)=R-C=PQ-(P_KK+P_LL)=12K^{\frac{1}{3}}L^{\frac{1}{2}}-4K-3L,$$

由极值存在的必要条件有

$$\begin{cases} z'_K=4K^{-\frac{2}{3}}L^{\frac{1}{2}}-4=0, \\ z'_L=6K^{\frac{1}{3}}L^{-\frac{1}{2}}-3=0, \end{cases}$$

解方程组得 $K=8,L=16$. 又

$$z''_{KK}=-\frac{8}{3}K^{-\frac{5}{3}}L^{\frac{1}{2}},\quad z''_{KL}=2K^{-\frac{2}{3}}L^{-\frac{1}{2}},\quad z''_{LL}=-3K^{\frac{1}{3}}L^{-\frac{3}{2}},$$

当 $K=8,L=16$ 时,

$$A=z''_{KK}\bigg|_{\substack{K=8\\L=16}}=-\frac{1}{3},\quad B=z''_{KL}\bigg|_{\substack{K=8\\L=16}}=\frac{1}{8},\quad C=z''_{LL}\bigg|_{\substack{K=8\\L=16}}=-\frac{3}{32},$$

由于 $AC-B^2=\frac{1}{64}>0$,且 $A<0$,故当两种要素投入分别为 $K=8,L=16$ 时,利润函数取得极大值,也是最大值. 此时,最大利润为 16. □

对于 $f(x,y)$ 在一个有界闭区域 D 上的理论最值的求法,可分两部分考虑,一是用常规方法求出 D 内的可能极值点;二是用条件极值求出函数在边界上可能取得极值的点,最后从所有点的函数值中选择最大和最小者.

例如,求函数 $f(x,y)=8-2x^2-y^2$ 在闭区域 $D=\{(x,y)\mid(x-1)^2+y^2\leqslant 2^2\}$ 上的最大值和最小值. 先求出 $f(x,y)$ 在 D 内的驻点(本例无偏导数不存在的点)及其函数值;再求 $f(x,y)$ 在条件 $\varphi(x,y)=$

$(x-1)^2+y^2-4=0$ 下可能取得极值的点(x_0,y_0)及其函数值，这些函数值中最大的为最大值，最小的为最小值．这里不再详述，请读者试着做一做．

§7.6 二重积分

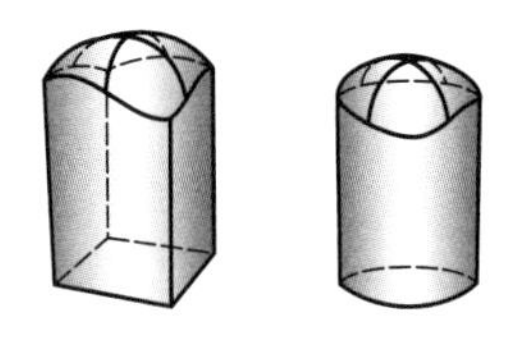

图 7-16 曲顶柱体示例

一、二重积分的概念

先来研究如何计算“曲顶柱体”体积的问题．设有一个空间立体，它以有界闭区域 D 为底面，以非负连续函数 $z=f(x,y)$ 对应的曲面为顶面，以区域 D 的边界为准线、母线平行于 z 轴的柱面为侧面，这样的空间立体称为**曲顶柱体**，如图 7-16 所示．

对于平顶柱体，已知其体积公式为

平顶柱体体积 $V=$底面积 $S\times$高 H.

对于曲顶柱体，由于柱体的高是变化的，故不能直接利用平顶柱体的体积公式来计算其体积．这个问题与计算曲边梯形面积时遇到的问题类似．因此，可仿照计算曲边梯形面积的方法计算曲顶柱体的体积．步骤如下：

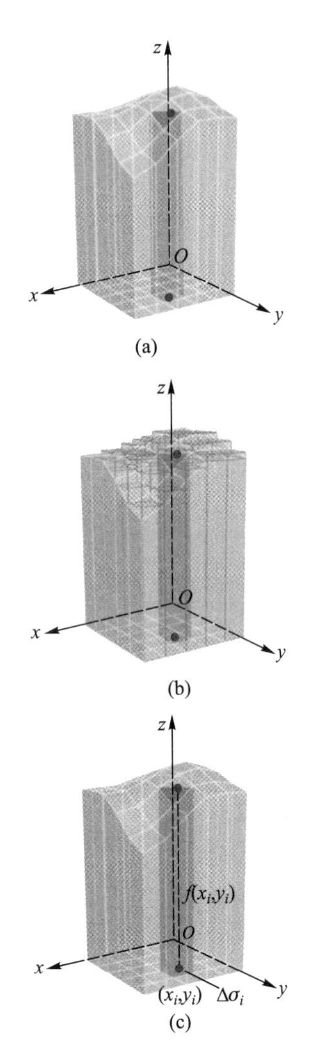

图 7-17 曲顶柱体的划分、近似及体积表示

第一步　划分

将区域 D 任意划分为 n 个小区域 $\Delta\sigma_1,\Delta\sigma_2,\cdots,\Delta\sigma_n$，并以 $\Delta\sigma_i$ 表示第 i 个小区域的面积$(i=1,2,\cdots,n)$，相应地将曲顶柱体分割成 n 个小曲顶柱体，如图 7-17(a)所示，用 d_i 表示第 i 个小区域内任意两点间距离的最大值，称其为第 i 个小区域的**直径**（**宽度**）$(i=1,2,\cdots,n)$，并记

$$d=\max\{d_1,d_2,\cdots,d_n\}.$$

第二步　近似替代

当 d 充分小时，因 $f(x,y)$ 连续，故可将小曲顶柱体近似地看成平顶柱体，如图 7-17(b)所示．这时，在第 i 个小区域内任取一点 (x_i,y_i)，并以 $f(x_i,y_i)$ 为高得到第 i 个小平顶柱体，如图 7-17(c)所示，则第 i 个小曲顶柱体的体积 ΔV_i 可近似地表示为

$$\Delta V_i\approx f(x_i,y_i)\Delta\sigma_i,\quad i=1,2,\cdots,n.$$

第三步　求和

将所有小曲顶柱体体积的近似值相加，得到整个曲顶柱体体积

V 的近似值 V_n，则有

$$V=\sum_{i=1}^{n}\Delta V_i\approx V_n=\sum_{i=1}^{n}f(x_i,y_i)\Delta\sigma_i.$$

第四步　取极限

当 $d\to 0$ 时，所有小区域的直径都趋于 0，则 $V_n\to V$，即

$$V=\lim_{d\to 0}V_n=\lim_{d\to 0}\sum_{i=1}^{n}f(x_i,y_i)\Delta\sigma_i.$$

上述求曲顶柱体体积的方法，通过“划分、近似替代、求和、取极限”，将问题转化为求和式的极限，即

$$V=\lim_{d\to 0}\sum_{i=1}^{n}f(x_i,y_i)\Delta\sigma_i.$$

还有许多实际问题都可以化为上述形式的和式的极限，如求密度不均匀的平面薄板的质量等．将这类问题的几何背景除去，提取其中数量上的关系，可得到二重积分的概念．

定义 7.12　设 $f(x,y)$ 是定义在有界闭区域 D 上的二元有界函数．将 D **任意**划分为 n 个小区域 $\Delta\sigma_1,\Delta\sigma_2,\cdots,\Delta\sigma_n$，并以 $\Delta\sigma_i$ 和 d_i 分别表示第 i 个小区域的面积和直径，$d=\max\{d_1,d_2,\cdots,d_n\}$．在每个小区域 $\Delta\sigma_i$ 上**任取**一点 (x_i,y_i)，$i=1,2,\cdots,n$，当 $d\to 0$ 时，如果极限

$$\lim_{d\to 0}\sum_{i=1}^{n}f(x_i,y_i)\Delta\sigma_i \tag{7.15}$$

存在，且此极限值与积分区域 D 的分法和点 (x_i,y_i) 的取法无关，则称该极限值为函数 $f(x,y)$ 在区域 D 上的**二重积分**(double integral)，记为 $\iint\limits_D f(x,y)\mathrm{d}\sigma$，即

$$\iint\limits_D f(x,y)\mathrm{d}\sigma=\lim_{d\to 0}\sum_{i=1}^{n}f(x_i,y_i)\Delta\sigma_i,$$

其中 $f(x,y)$ 称为**被积函数**(integrand function)，x 和 y 称为**积分变量**(integral variable)，$\mathrm{d}\sigma$ 称为**面积元素**，D 称为**积分区域**(domain of integration)，$\sum\limits_{i=1}^{n}f(x_i,y_i)\Delta\sigma_i$ 称为**积分和**(integral sum)，并称函数 $f(x,y)$ 在区域 D 上**可积**(integrable)．

关于定义 7.12 的几点说明：

（1）当 $d\to 0$ 时必有 $n\to\infty$，反之不然．

（2）二重积分 $\iint\limits_D f(x,y)\mathrm{d}\sigma$ 存在时，其值是一个常数，与积分区域 D 的划分和点 (x_i,y_i) 的选取无关．

（3）二重积分的两要素为积分区域 D 和被积函数 $f(x,y)$，即其值只与积分区域和被积函数有关，与积分变量用什么字母表示无关.

（4）当 $f(x,y)\geqslant 0$ 且连续时，二重积分 $\iint\limits_D f(x,y)\,\mathrm{d}\sigma$ 表示以积分区域 D 为底、曲面 $z=f(x,y)$ 为顶的曲顶柱体的体积，这就是二重积分的几何意义.

（5）当 $f(x,y)$ 在 D 上可积时，二重积分 $\iint\limits_D f(x,y)\,\mathrm{d}\sigma$ 的值与积分区域 D 的划分方式无关. 因此，为了方便计算，我们可以作一特殊的划分，即在直角坐标系中用平行于 x 轴和 y 轴的两组直线来分割 D，如图 7-18 所示. 除了包含边界点的小闭区域外，其余的小区域 $\Delta\sigma_i$ 是一些小矩形，小矩形 $\Delta\sigma_i$ 的面积为

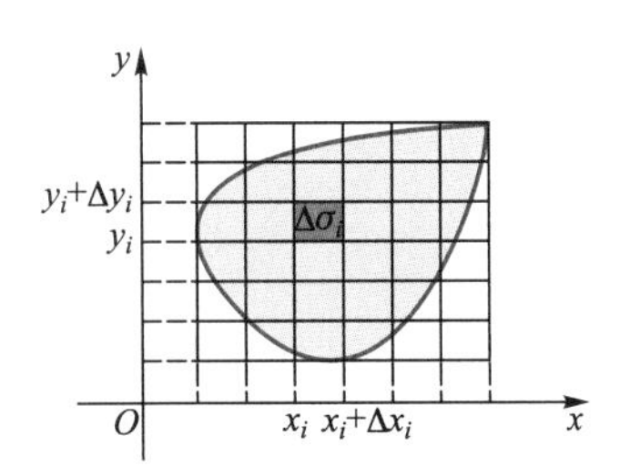

图 7-18 积分区域的特殊划分

$\Delta\sigma_i=\Delta x_i\Delta y_i$，

可以证明，取极限后，面积元素为

$\mathrm{d}\sigma=\mathrm{d}x\mathrm{d}y$，

所以在直角坐标系中，二重积分可记为

$$\iint\limits_D f(x,y)\,\mathrm{d}\sigma=\iint\limits_D f(x,y)\,\mathrm{d}x\mathrm{d}y.$$

（6）若函数 $f(x,y)$ 在有界闭区域 D 上连续，则它在 D 上可积；若 $f(x,y)$ 在有界闭区域 D 上可积，则 $f(x,y)$ 在 D 上有界.

二、二重积分的性质

二重积分与定积分具有相应的性质（其证明可仿照定积分的证明思路和方法进行）. 下面涉及的函数均假定在 D 上可积.

性质 1—6 证明

性质 1　若积分区域 D 的面积为 σ，则有

$$\iint\limits_D \mathrm{d}\sigma=\sigma.$$

性质 2（线性性质）　对任意常数 k_1,k_2，有

$$\iint\limits_D [k_1 f(x,y)+k_2 g(x,y)]\,\mathrm{d}\sigma$$

$$=k_1\iint\limits_D f(x,y)\,\mathrm{d}\sigma+k_2\iint\limits_D g(x,y)\,\mathrm{d}\sigma.$$

二重积分的线性性质还可以推广到有限个函数的线性和.

推论 1　被积函数代数和的积分等于各个被积函数积分的代数

和,即

$$\iint_D [f(x,y) \pm g(x,y)]\mathrm{d}\sigma = \iint_D f(x,y)\mathrm{d}\sigma \pm \iint_D g(x,y)\mathrm{d}\sigma.$$

推论 2　被积函数中的常数因子可提到积分号外面,即

$$\iint_D kf(x,y)\mathrm{d}\sigma = k\iint_D f(x,y)\mathrm{d}\sigma \quad (\text{其中 } k \text{ 为常数}).$$

性质 3(二重积分的可加性)　如果积分区域 D 被一曲线分成 D_1 和 D_2 两个区域,且 D_1 和 D_2 除分界线外无公共点,如图 7-19 所示,则有

$$\iint_D f(x,y)\mathrm{d}\sigma = \iint_{D_1} f(x,y)\mathrm{d}\sigma + \iint_{D_2} f(x,y)\mathrm{d}\sigma.$$

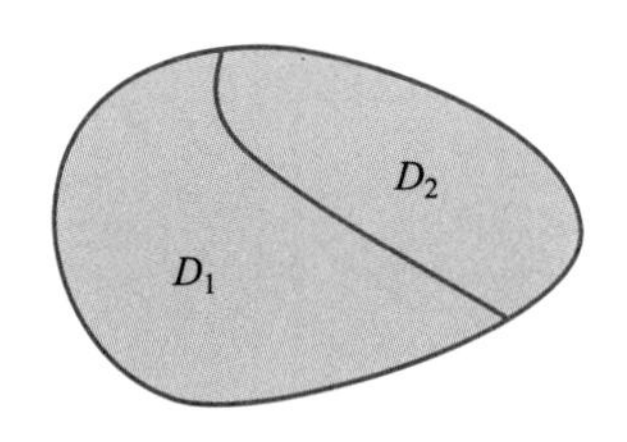

图 7-19 积分区域 D 由两部分构成

性质 4(二重积分的可比性)　如果在区域 D 上总有 $f(x,y) \leqslant g(x,y)$,则有

$$\iint_D f(x,y)\mathrm{d}\sigma \leqslant \iint_D g(x,y)\mathrm{d}\sigma.$$

推论(二重积分的保号性)　若在区域 D 上,$f(x,y) \leqslant 0(\geqslant 0)$ 恒成立,则有

$$\iint_D f(x,y)\mathrm{d}\sigma \leqslant 0(\geqslant 0).$$

性质 5　$\left|\iint_D f(x,y)\mathrm{d}\sigma\right| \leqslant \iint_D |f(x,y)|\mathrm{d}\sigma.$

性质 6(二重积分中值定理)　若函数 $f(x,y)$ 在有界闭区域 D 上连续,则至少存在一点 $(\xi,\eta) \in D$,使得

$$\iint_D f(x,y)\mathrm{d}\sigma = f(\xi,\eta)\sigma,$$

其中 σ 为区域 D 的面积.

中值定理的几何意义:对于以区域 D 为底、以连续非负函数 $z=f(x,y)$ 表示的曲面为顶的曲顶柱体,存在一个与其同底,以 D 上某点 (ξ,η) 的函数值 $f(\xi,\eta)$ 为高的平顶柱体,两者体积相等.

例 1　设 $D=\{(x,y) \mid 1 \leqslant x^2+y^2 \leqslant 9\}$,求 $\iint_D 2\mathrm{d}\sigma$.

解　D 是由半径为 3 和 1 的两个同心圆围成的圆环,其面积为

$$S=\pi \cdot 3^2-\pi \cdot 1^2=8\pi,$$

故由性质 1 和性质 2 的推论有

$$\iint_D 2\mathrm{d}\sigma = 2\iint_D \mathrm{d}\sigma = 2S = 16\pi.$$

□

例 2　设积分区域 D 由直线 $x=0, y=0, x+y=\frac{1}{2}, x+y=1$ 围成，比较积分 $\iint\limits_D (x+y)^2 \mathrm{d}\sigma$ 与 $\iint\limits_D (x+y)\mathrm{d}\sigma$ 的大小.

解　因在 D 内有 $\frac{1}{2}<x+y<1$，所以

$$(x+y)^2<x+y.$$

由性质 4 有

$$\iint\limits_D (x+y)^2 \mathrm{d}\sigma < \iint\limits_D (x+y)\mathrm{d}\sigma.$$ □

三、直角坐标系下二重积分的计算

直接按定义计算二重积分是很难的，甚至是不可能的. 解决的办法是，在二重积分存在的前提下，利用积分区域的特殊划分方法，将计算二重积分的问题转化为计算两次定积分的问题.

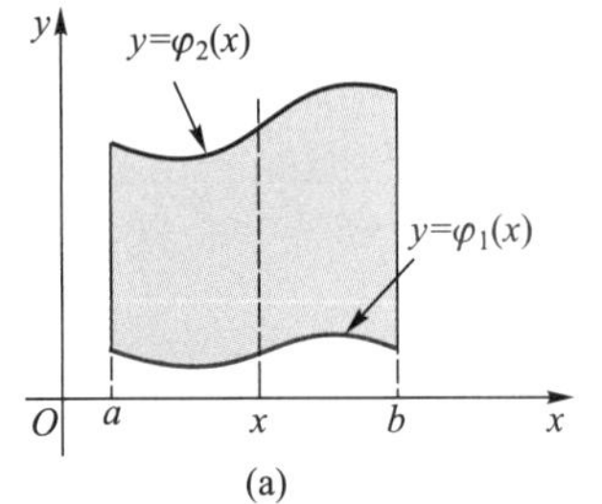

(a)

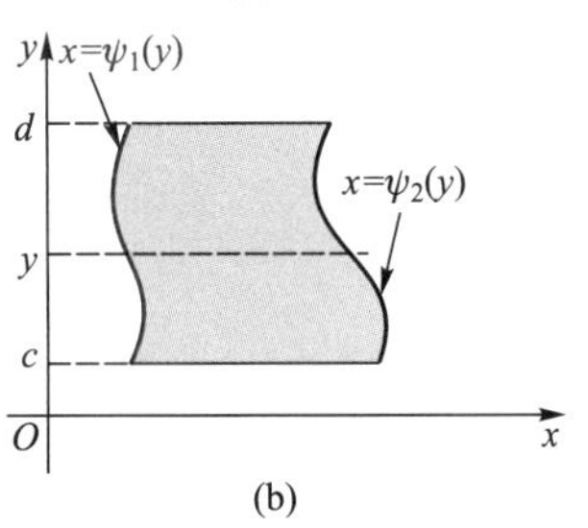

(b)

图 7-20 不同类型的积分区域

直角坐标系下二重积分的计算

设 $f(x,y)$ 为区域 D 上的连续函数（不妨假设 $f(x,y)\geqslant 0$），如果积分区域 D 如图 7-20(a) 所示，可表示为

$$D=\{(x,y)\mid a\leqslant x\leqslant b, \varphi_1(x)\leqslant y\leqslant \varphi_2(x)\}, \tag{7.16}$$

则称区域 D 为 **X-型区域**.

类似地，若积分区域 D 为图 7-20(b) 所示的平面区域，即

$$D=\{(x,y)\mid \psi_1(y)\leqslant x\leqslant \psi_2(y), c\leqslant y\leqslant d\}, \tag{7.17}$$

则称 D 为 **Y-型区域**. 以下为了叙述方便，将 X-型区域和 Y-型区域称为标准区域.

由二重积分的几何意义可知，当 $f(x,y)\geqslant 0$ 时，二重积分 $\iint\limits_D f(x,y)\mathrm{d}\sigma$ 表示以 D 为底，以曲面 $z=f(x,y)$ 为顶的曲顶柱体的体积 V.

下面讨论积分区域 D 为 X-型区域时，曲顶柱体的体积 V 的计算方法.

对任取的 $x_0\in[a,b]$，过点 $(x_0,0,0)$ 作垂直于 x 轴的平面 $x=x_0$，该平面与曲顶柱体相交所得的截面是以区间 $[\varphi_1(x_0), \varphi_2(x_0)]$ 为底、$z=f(x_0,y)$ 为曲边的曲边梯形，如图 7-21 所示. 根据定积分的几何意义可知，此曲边梯形的面积为

$$A(x_0)=\int_{\varphi_1(x_0)}^{\varphi_2(x_0)} f(x_0,y)\mathrm{d}y.$$

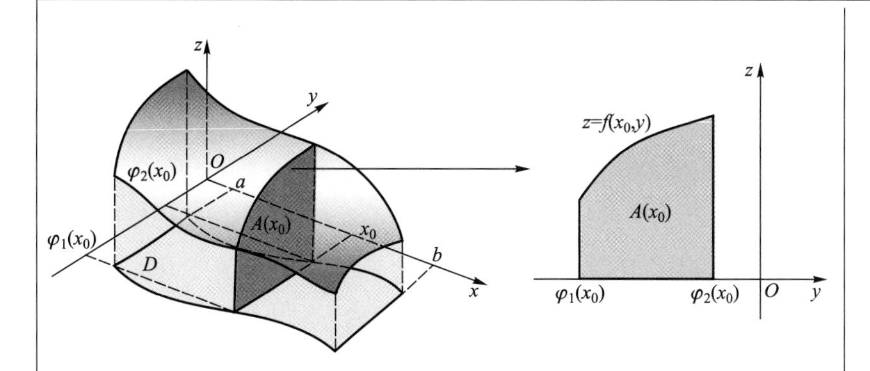

图 7-21 立体及其截面

由 x_0 的任意性可知,对任意的 $x\in[a,b]$,过点 $(x,0,0)$ 作垂直于 x 轴的平面,该平面与曲顶柱体相交所得截面的面积为

$$A(x)=\int_{\varphi_1(x)}^{\varphi_2(x)}f(x,y)\,\mathrm{d}y,$$

其中 y 为积分变量,在积分过程中 x 视为常数.

由上述分析可知,这个曲顶柱体可看成平行截面面积 $A(x)$ 已知的立体,由定积分应用知识可知,所求曲顶柱体的体积为

$$V=\int_a^b A(x)\,\mathrm{d}x=\int_a^b\left[\int_{\varphi_1(x)}^{\varphi_2(x)}f(x,y)\,\mathrm{d}y\right]\mathrm{d}x,$$

由此可得二重积分的计算公式

$$\iint_D f(x,y)\,\mathrm{d}\sigma=\int_a^b\left[\int_{\varphi_1(x)}^{\varphi_2(x)}f(x,y)\,\mathrm{d}y\right]\mathrm{d}x,\tag{7.18}$$

其中积分区域 D 为(7.16)式确定的 X-型区域.(7.18)式还可以写成

$$\iint_D f(x,y)\,\mathrm{d}\sigma=\int_a^b\mathrm{d}x\int_{\varphi_1(x)}^{\varphi_2(x)}f(x,y)\,\mathrm{d}y.\tag{7.19}$$

(7.18)式和(7.19)式右端的积分称为**累次积分**(repeated integral).通过该公式将二重积分的计算问题转化为先对 y,后对 x 的连续两次计算定积分的问题.对于该公式的使用需注意以下几点:

(1) X-型区域的判定.用垂直于 x 轴的任一直线 $x=x_0(a<x<b)$ 去穿过区域 D,该直线与 D 的边界至多有两个交点.

(2) 积分限的确定.x 的积分限:x 从左到右的最大变动范围的左端点与右端点分别为积分下限与上限,此时 x 的积分限是常数.y 的积分限:由下向上作垂直于 x 轴的直线穿过区域 D,先交于曲线 $y=\varphi_1(x)$,则 $\varphi_1(x)$ 为积分下限;后交于曲线 $y=\varphi_2(x)$,则 $\varphi_2(x)$ 为

积分上限.

(3) 积分次序. 固定 x,先对 y 积分,所得结果再对 x 积分,即先对 y 积分后对 x 积分.

(4) 虽然公式(7.18)和(7.19)是在 $f(x,y)\geqslant 0$ 的条件下得到的,但是可以证明,对一般的可积函数 $f(x,y)$,这个公式仍然成立.因此实际使用公式(7.18)或(7.19)时,可不受 $f(x,y)\geqslant 0$ 的限制.

在理解上述公式的基础上,类似地,当积分区域 D 为公式(7.17)确定的 Y-型区域时,应采用先对 x 后对 y 的积分次序,将二重积分化为如下的累次积分

$$\iint\limits_D f(x,y)\,\mathrm{d}\sigma=\int_c^d\left[\int_{\psi_1(y)}^{\psi_2(y)}f(x,y)\,\mathrm{d}x\right]\mathrm{d}y$$

$$=\int_c^d\mathrm{d}y\int_{\psi_1(y)}^{\psi_2(y)}f(x,y)\,\mathrm{d}x. \tag{7.20}$$

注　对于 Y-型区域的判定,以及积分限的确定都可仿照上述 X-型区域的情形类似地进行考虑.

化二重积分为累次积分的关键是确定积分限,而积分限是由积分区域 D 的几何形状确定的,因此,在计算二重积分时,应先画出 D 的草图,确定积分区域 D 是 X-型区域还是 Y-型区域,然后选择公式(7.18)或(7.20)来计算.

例 3　将二重积分 $\iint\limits_D f(x,y)\,\mathrm{d}\sigma$ 化为累次积分,其中 D 是由 $y=x$, $y=5x$, $x=1$ 所围成的区域.

解　积分区域 D 如图 7-22 所示.

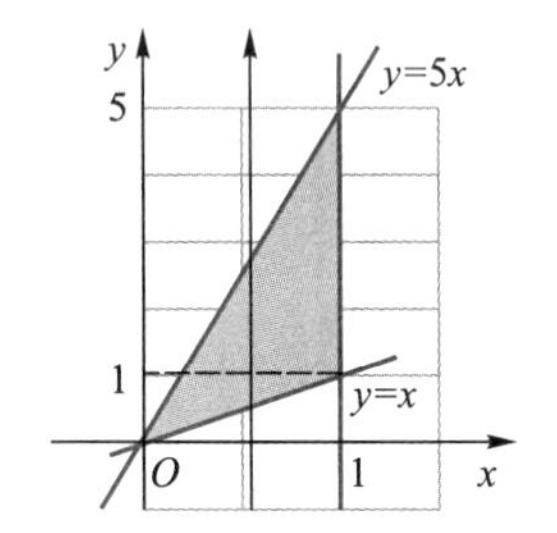

图 7-22 例 3 的积分区域

可以判断该积分区域为 X-型区域,而且区域为

$D=\{(x,y)\,|\,0\leqslant x\leqslant 1, x\leqslant y\leqslant 5x\}$,

于是选择先对 y 积分后对 x 积分的次序,由公式(7.18)有

$$\iint\limits_D f(x,y)\,\mathrm{d}\sigma=\int_0^1\left[\int_x^{5x}f(x,y)\,\mathrm{d}y\right]\mathrm{d}x$$

$$=\int_0^1\mathrm{d}x\int_x^{5x}f(x,y)\,\mathrm{d}y.$$

□

例 4　将二重积分 $\iint\limits_D f(x,y)\,\mathrm{d}\sigma$ 化为累次积分,其中积分区域 D 是由 x 轴,圆 $x^2+y^2-2x=0$ 在第一象限的部分及直线 $x+y=2$ 所围成的区域.

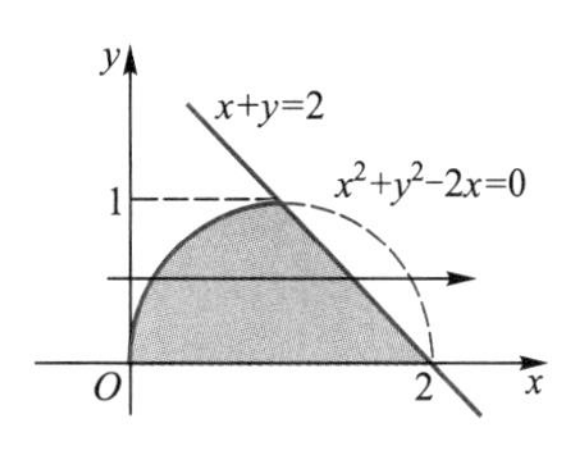

图 7-23 例 4 的积分区域

解　积分区域 D 如图 7-23 所示,显然 D 为 Y-型区域,区域 D 为

$$D=\{(x,y)\mid 1-\sqrt{1-y^2}\leqslant x\leqslant 2-y,0\leqslant y\leqslant 1\}.$$

由公式(7.20)有

$$\iint_D f(x,y)\mathrm{d}\sigma=\int_0^1\left[\int_{1-\sqrt{1-y^2}}^{2-y}f(x,y)\mathrm{d}x\right]\mathrm{d}y$$
$$=\int_0^1\mathrm{d}y\int_{1-\sqrt{1-y^2}}^{2-y}f(x,y)\mathrm{d}x.\qquad\square$$

上面介绍了将二重积分转化为累次积分的基本方法，但是，在二重积分的具体计算过程中，情形还是复杂多样的，下面列举几种常见的情形．

1. 区域类型决定积分次序的选取

下面举两个例子来说明这种情形.

例 5　计算积分 $I=\iint_D x^2y\mathrm{d}\sigma$，其中 D 是由直线 $x=1,x=2,y=x,y=\sqrt{3}x$ 所围成的区域．

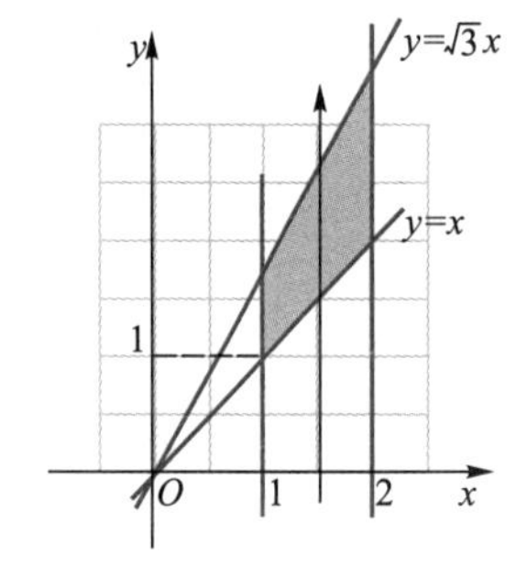

图 7-24 例 5 的积分区域

解　积分区域 D 如图 7-24 所示，它为 X-型区域，

$$D=\{(x,y)\mid 1\leqslant x\leqslant 2,x\leqslant y\leqslant\sqrt{3}x\},$$

采用先对 y 后对 x 的积分次序，

$$I=\iint_D x^2y\mathrm{d}\sigma=\int_1^2\mathrm{d}x\int_x^{\sqrt{3}x}x^2y\mathrm{d}y=\frac{1}{2}\int_1^2 x^2\left(y^2\Big|_x^{\sqrt{3}x}\right)\mathrm{d}x$$
$$=\frac{1}{2}\int_1^2 x^2(3x^2-x^2)\mathrm{d}x=\int_1^2 x^4\mathrm{d}x=\frac{x^5}{5}\Big|_1^2=\frac{31}{5}.\qquad\square$$

例 6　计算积分 $I=\iint_D x^2y\mathrm{d}\sigma$，其中 D 是由直线 $y=0,y=1$ 和双曲线 $x^2-y^2=1$ 所围成的闭区域．

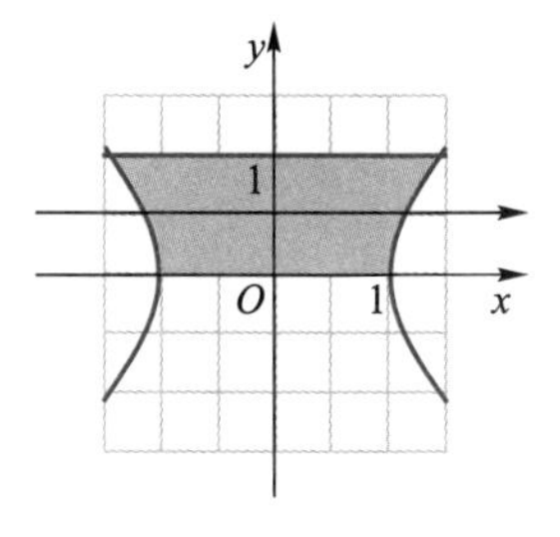

图 7-25 例 6 的积分区域

解　积分区域 D 如图 7-25 所示，由图形可看出 D 为 Y-型区域，

$$D=\{(x,y)\mid -\sqrt{1+y^2}\leqslant x\leqslant\sqrt{1+y^2},0\leqslant y\leqslant 1\},$$

故采用先对 x 后对 y 的积分次序，

$$I=\int_0^1\left[\int_{-\sqrt{1+y^2}}^{\sqrt{1+y^2}}x^2y\mathrm{d}x\right]\mathrm{d}y=\frac{1}{3}\int_0^1 y\left(x^3\Big|_{-\sqrt{1+y^2}}^{\sqrt{1+y^2}}\right)\mathrm{d}y$$
$$=\frac{2}{3}\int_0^1 y(1+y^2)^{\frac{3}{2}}\mathrm{d}y=\frac{1}{3}\int_0^1(1+y^2)^{\frac{3}{2}}\mathrm{d}(1+y^2)$$
$$=\frac{1}{3}\cdot\frac{2}{5}\cdot(1+y^2)^{\frac{5}{2}}\Big|_0^1=\frac{2}{15}(2^{\frac{5}{2}}-1).\qquad\square$$

2. D 看作不同区域类型决定积分次序的选择

当积分区域 D 既是 X-型区域又是 Y-型区域时，理论上选择先对 x 积分或先对 y 积分都是可以的．特别地，若 $D=\{(x,y)\mid a\leqslant$

$x\leqslant b,c\leqslant y\leqslant d\}$，则称 D 为**矩形区域**．显然，矩形区域既是 X-型区域又是 Y-型区域，对于这样的积分区域，公式(7.18)和(7.20)将转化为

$$\iint_D f(x,y)\mathrm{d}\sigma=\int_a^b\left[\int_c^d f(x,y)\mathrm{d}y\right]\mathrm{d}x=\int_a^b\mathrm{d}x\int_c^d f(x,y)\mathrm{d}y$$
$$=\int_c^d\left[\int_a^b f(x,y)\mathrm{d}x\right]\mathrm{d}y=\int_c^d\mathrm{d}y\int_a^b f(x,y)\mathrm{d}x. \quad (7.21)$$

例7　计算二重积分 $\iint\limits_D xy\mathrm{d}\sigma$，其中积分区域 D 是由抛物线 $y^2=8x$ 与 $x^2=y$ 所围成的区域．

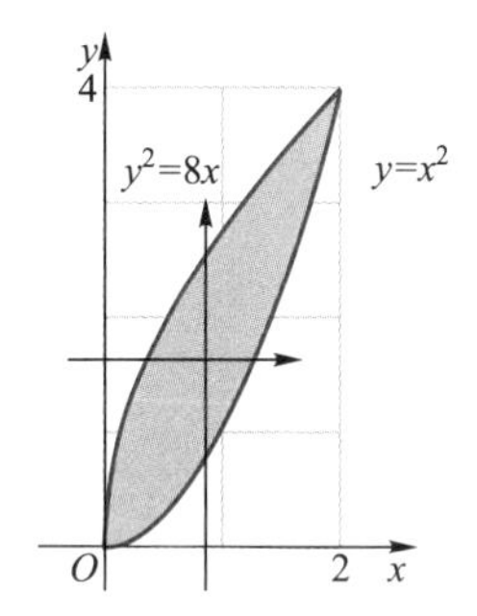

图 7-26　例 7 的积分区域

解　积分区域 D 如图 7-26 所示．它可看作是 X-型区域

$$D=\{(x,y)\mid 0\leqslant x\leqslant 2,x^2\leqslant y\leqslant\sqrt{8x}\},$$

因此，由公式(7.18)有

$$\iint_D xy\mathrm{d}\sigma=\int_0^2\left[\int_{x^2}^{\sqrt{8x}}xy\mathrm{d}y\right]\mathrm{d}x=\frac{1}{2}\int_0^2(8x^2-x^5)\mathrm{d}x$$
$$=\frac{1}{2}\left(\frac{8}{3}x^3-\frac{x^6}{6}\right)\Bigg|_0^2=\frac{16}{3}.$$

同时 D 又可看作是 Y-型区域

$$D=\left\{(x,y)\,\middle|\,\frac{1}{8}y^2\leqslant x\leqslant\sqrt{y},0\leqslant y\leqslant 4\right\},$$

因此，由公式(7.20)有

$$\iint_D f(x,y)\mathrm{d}\sigma=\int_0^4\left(\int_{\frac{1}{8}y^2}^{\sqrt{y}}xy\mathrm{d}x\right)\mathrm{d}y=\frac{1}{2}\int_0^4\left(y^2-\frac{1}{64}y^5\right)\mathrm{d}y=\frac{16}{3}.$$ □

例8　求二重积分 $\iint\limits_D x\mathrm{e}^y\mathrm{d}x\mathrm{d}y$，其中 $D=\{(x,y)\mid 0\leqslant x\leqslant 1,1\leqslant y\leqslant 2\}$．

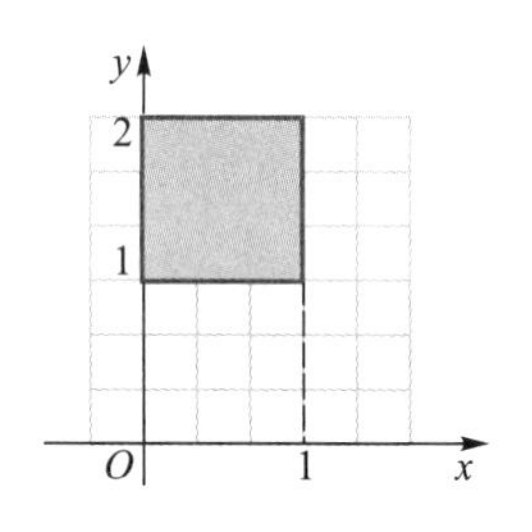

图 7-27　例 8 的积分区域

解　积分区域 D 如图 7-27 所示，显然，D 为矩形区域．它可以看作 X-型区域，采取先对 y，后对 x 的积分次序，于是有

$$\iint_D x\mathrm{e}^y\mathrm{d}x\mathrm{d}y=\int_0^1\mathrm{d}x\int_1^2 x\mathrm{e}^y\mathrm{d}y$$
$$=\int_0^1 x\mathrm{d}x\int_1^2\mathrm{e}^y\mathrm{d}y=\left(\frac{1}{2}x^2\Bigg|_0^1\right)\left(\mathrm{e}^y\Big|_1^2\right)$$
$$=\frac{1}{2}(\mathrm{e}^2-\mathrm{e}).$$

D 还可以看作 Y-型区域，采取先对 x，后对 y 的积分次序，于是有

$$\iint_D x\mathrm{e}^y\mathrm{d}x\mathrm{d}y=\int_1^2\mathrm{d}y\int_0^1 x\mathrm{e}^y\mathrm{d}x=\int_1^2\mathrm{e}^y\mathrm{d}y\int_0^1 x\mathrm{d}x$$
$$=\left(\mathrm{e}^y\Big|_1^2\right)\cdot\left(\frac{1}{2}x^2\Bigg|_0^1\right)=\frac{1}{2}(\mathrm{e}^2-\mathrm{e}).$$ □

同步训练 1

(1) 计算二重积分 $\iint\limits_D\cos(x+y)\mathrm{d}\sigma$，其中 D 是由 $x=0,y=\pi$ 及 $y=x$ 围成的区域．

(2) 计算二重积分 $I=\iint\limits_D\mathrm{e}^{x+y}\mathrm{d}x\mathrm{d}y$，其中 D 是由 $x=0$，$x=1,y=0,y=1$ 围成的矩形区域.

3. 计算积分的难度决定积分次序的选择

我们在上面的情形中看到当D既是X-型区域，又是Y-型区域时，可将二重积分化为两种不同顺序的累次积分，并且都能得到结果．但是这种情况并不是绝对的，在实际计算中，不同的积分顺序可能会影响到计算的繁简，甚至影响到是否能“积出”．因此，在化二重积分为累次积分时，还是应该注意积分次序的选择对积分难度的影响，必要时可交换积分次序．

注　交换积分次序时，积分限也要相应地发生改变．

例 9　计算二重积分 $I=\iint\limits_D \frac{1}{y}\sin y\mathrm{d}\sigma$，其中$D$是由$y^2=\frac{\pi}{2}x$与$y=x$围成的区域．

分析　积分区域D如图 7-28 所示．它既是X-型区域，又是Y-型区域，如果先对y后对x积分，则有

$$I=\int_0^{\frac{\pi}{2}}\left(\int_x^{\sqrt{\frac{\pi x}{2}}}\frac{1}{y}\sin y\mathrm{d}y\right)\mathrm{d}x.$$

这时将遇到$\frac{1}{y}\sin y$的原函数不能用初等函数表示的困难．因此，改变积分次序．

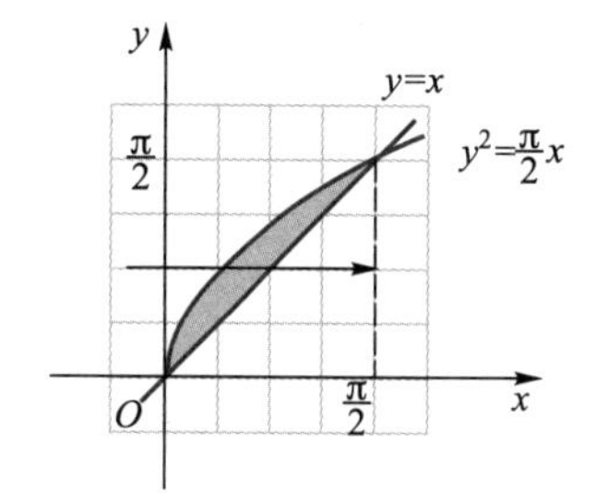

图 7-28　例 9 的积分区域

解　将D看作Y-型区域，

$$D=\left\{(x,y)\,\middle|\,\frac{2}{\pi}y^2\leqslant x\leqslant y,0\leqslant y\leqslant\frac{\pi}{2}\right\},$$

采取先对x后对y积分

$$\begin{aligned}I&=\int_0^{\frac{\pi}{2}}\left(\int_{\frac{2}{\pi}y^2}^{y}\frac{1}{y}\sin y\mathrm{d}x\right)\mathrm{d}y\\&=\int_0^{\frac{\pi}{2}}\frac{1}{y}\sin y\left(y-\frac{2}{\pi}y^2\right)\mathrm{d}y\\&=\int_0^{\frac{\pi}{2}}\left(\sin y-\frac{2}{\pi}y\sin y\right)\mathrm{d}y\\&=\left[-\cos y+\frac{2}{\pi}(y\cos y-\sin y)\right]\Bigg|_0^{\frac{\pi}{2}}=1-\frac{2}{\pi}.\end{aligned}$$ □

例 10　计算二重积分 $I=\iint\limits_D \mathrm{e}^{x^2}\mathrm{d}x\mathrm{d}y$，其中$D$是第一象限中由直线$y=x$和$y=x^3$所围成的区域．

分析　积分区域D如图 7-29 所示．它既是X-型区域，又是Y-型区域，如果先对x后对y积分，则遇到e^{x^2}的原函数无法用初等函数表示的困难，于是采用先对y后对x积分的次序．

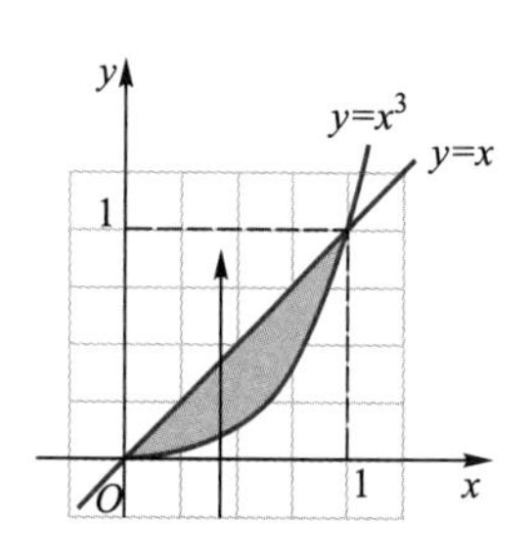

图 7-29　例 10 的积分区域

解　将积分区域 D 视为 X-型区域，则

$$D=\{(x,y)\mid 0\leqslant x\leqslant 1,x^3\leqslant y\leqslant x\},$$

于是有

$$I=\int_0^1 dx\int_{x^3}^{x}e^{x^2}dy=\int_0^1(x-x^3)e^{x^2}dx$$

$$=\frac{1}{2}\int_0^1(1-x^2)e^{x^2}dx^2$$

$$\xlongequal{令 x^2=t}\frac{1}{2}\int_0^1(1-t)e^t dt$$

$$=\frac{1}{2}\int_0^1 e^t dt-\frac{1}{2}\int_0^1 te^t dt$$

$$=\frac{1}{2}e^t\Big|_0^1-\frac{1}{2}e^t(t-1)\Big|_0^1=\frac{e}{2}-1.$$

□

例 11　用两种不同的积分次序来计算二重积分 $\iint\limits_D(2x-y)dxdy$，其中 D 是由直线 $y=1,2x-y+3=0$ 与 $x+y-3=0$ 围成的图形.

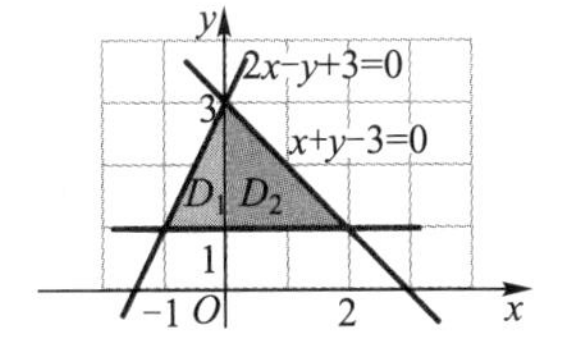

图 7-30　例 11 的积分区域

解　积分区域如图 7-30 所示.

(1) 先对 x 后对 y 积分时，

$$D=\left\{(x,y)\;\middle|\;\frac{1}{2}(y-3)\leqslant x\leqslant 3-y,1\leqslant y\leqslant 3\right\},$$

则有

$$\iint\limits_D(2x-y)dxdy=\int_1^3 dy\int_{\frac{1}{2}(y-3)}^{3-y}(2x-y)dx$$

$$=\int_1^3(x^2-xy)\Big|_{\frac{1}{2}(y-3)}^{3-y}dy$$

$$=\frac{9}{4}\int_1^3(y^2-4y+3)dy$$

$$=\frac{9}{4}\left(\frac{1}{3}y^3-2y^2+3y\right)\Big|_1^3$$

$$=-3.$$

(2) 先对 y 后对 x 积分，则当 $-1\leqslant x\leqslant 0$ 时，y 的下限是 $y=1$，上限是 $y=2x+3$；当 $0\leqslant x\leqslant 2$ 时，y 的下限仍是 $y=1$，而上限却是 $y=3-x$，因此，要将区域 D 分为两部分 D_1,D_2，在 D_1,D_2 上分别求两个二重积分，然后再相加. 而

$$D_1=\{(x,y)\mid -1\leqslant x\leqslant 0,1\leqslant y\leqslant 2x+3\},$$

$$D_2=\{(x,y)\mid 0\leqslant x\leqslant 2,1\leqslant y\leqslant 3-x\},$$

于是有

$$\iint\limits_D (2x-y)\,\mathrm{d}x\mathrm{d}y$$

$$=\int_{-1}^{0}\mathrm{d}x\int_{1}^{2x+3}(2x-y)\,\mathrm{d}y+\int_{0}^{2}\mathrm{d}x\int_{1}^{3-x}(2x-y)\,\mathrm{d}y$$

$$=\int_{-1}^{0}\left(2xy-\frac{1}{2}y^2\right)\Big|_{1}^{2x+3}\mathrm{d}x+\int_{0}^{2}\left(2xy-\frac{1}{2}y^2\right)\Big|_{1}^{3-x}\mathrm{d}x$$

$$=\int_{-1}^{0}(2x^2-2x-4)\,\mathrm{d}x+\int_{0}^{2}\left(-\frac{5}{2}x^2+7x-4\right)\mathrm{d}x$$

$$=\left(\frac{2}{3}x^3-x^2-4x\right)\Big|_{-1}^{0}+\left(-\frac{5}{6}x^3+\frac{7}{2}x^2-4x\right)\Big|_{0}^{2}$$

$$=-3.$$ □

注　由此例可看到，对于同一个二重积分，选用不同的积分次序，会使计算的复杂程度有很大不同．因此，即使是两种积分次序都能求出结果，必要时还须考虑最佳的积分次序．

同步训练 2

计算二重积分 $I=\iint\limits_D\sqrt{1+x^3}\,\mathrm{d}x\mathrm{d}y$，其中 D 由曲线 $y=x^2$，直线 $y=0$ 和 $x=1$ 围成．

4. D 不是标准区域

如果 D 既不是 X-型区域也不是 Y-型区域，则应先将 D 分成若干个无公共内点的子区域，而每个子区域是标准区域，然后利用二重积分对区域的可加性进行计算．

例 12　计算二重积分 $\iint\limits_D xy\,\mathrm{d}x\mathrm{d}y$，其中 D 为由曲线 $y=x^2$ 及直线 $y=x$，$y=2x$ 围成的区域．

解　积分区域 D 如图 7-31 所示，D 不是标准区域，故将其分为 D_1，D_2 两部分，其中

$$D_1=\{(x,y)\mid 0\leqslant x\leqslant 1,x\leqslant y\leqslant 2x\},$$

$$D_2=\{(x,y)\mid 1\leqslant x\leqslant 2,x^2\leqslant y\leqslant 2x\},$$

于是有

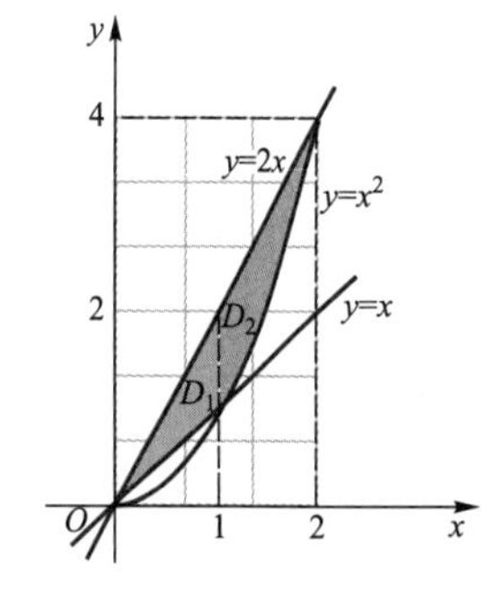

图 7-31　例 12 的积分区域

$$\iint\limits_D xy\,\mathrm{d}x\mathrm{d}y=\iint\limits_{D_1}xy\,\mathrm{d}x\mathrm{d}y+\iint\limits_{D_2}xy\,\mathrm{d}x\mathrm{d}y$$

$$=\int_{0}^{1}\mathrm{d}x\int_{x}^{2x}xy\,\mathrm{d}y+\int_{1}^{2}\mathrm{d}x\int_{x^2}^{2x}xy\,\mathrm{d}y$$

$$=\int_{0}^{1}\left(\frac{xy^2}{2}\right)\Big|_{x}^{2x}\mathrm{d}x+\int_{1}^{2}\left(\frac{xy^2}{2}\right)\Big|_{x^2}^{2x}\mathrm{d}x$$

$$=\frac{3}{2}\int_{0}^{1}x^3\,\mathrm{d}x+\int_{1}^{2}\left(2x^3-\frac{1}{2}x^5\right)\mathrm{d}x$$

$$=\frac{3}{8}x^4\Big|_{0}^{1}+\left(\frac{1}{2}x^4-\frac{1}{12}x^6\right)\Big|_{1}^{2}=\frac{21}{8}.$$ □

例 13　已知 $I=\iint\limits_{D}f(x,y)\mathrm{d}x\mathrm{d}y=\int_{1}^{3}\mathrm{d}y\int_{y}^{3y}f(x,y)\mathrm{d}x$，将该二重积分交换积分次序．

解　这是先对 x 后对 y 积分．由累次积分可看出区域 D 由下列直线围成：

$$y=1,\quad y=3,\quad y=x,\quad y=\frac{1}{3}x,$$

据此画出区域 D 的草图，如图 7-32 所示，它是 Y-型区域．

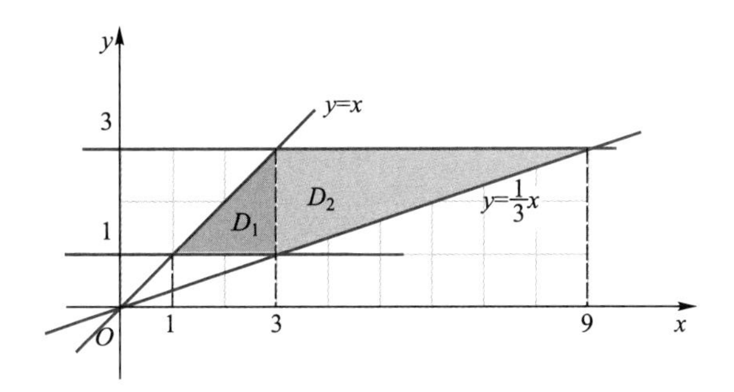

图 7-32　例 13 的积分区域

若需先对 y 后对 x 积分，由 D 的形状可知它不是 X-型区域，要将它分成如下两个小区域 D_1,D_2，则 D_1,D_2 都是标准的 X-型区域，

$$D_1=\{(x,y)\mid 1\leqslant x\leqslant 3,1\leqslant y\leqslant x\},$$

$$D_2=\left\{(x,y)\,\middle|\,3\leqslant x\leqslant 9,\frac{1}{3}x\leqslant y\leqslant 3\right\}.$$

于是有

$$I=\iint\limits_{D}f(x,y)\mathrm{d}x\mathrm{d}y=\iint\limits_{D_1}f(x,y)\mathrm{d}x\mathrm{d}y+\iint\limits_{D_2}f(x,y)\mathrm{d}x\mathrm{d}y$$

$$=\int_{1}^{3}\mathrm{d}x\int_{1}^{x}f(x,y)\mathrm{d}y+\int_{3}^{9}\mathrm{d}x\int_{\frac{1}{3}x}^{3}f(x,y)\mathrm{d}y.\qquad\square$$

同步训练 3

用两种积分次序计算二重积分 $I=\iint\limits_{D}y\mathrm{e}^{xy}\mathrm{d}x\mathrm{d}y$，其中 $D=\left\{(x,y)\,\middle|\,1\leqslant x\leqslant 2,\frac{1}{x}\leqslant y\leqslant 2\right\}$.

5. 被积函数含有绝对值

当被积函数中含有绝对值符号时，需要去掉其中的绝对值，这时可以用使绝对值中函数等于零对应的曲线将积分区域 D 分成若干个小区域，然后再利用二重积分的可加性进行计算．

例 14　求二重积分 $\iint\limits_{D}|y-x^2|\mathrm{d}x\mathrm{d}y$，其中 D 由 $y=0,y=2$ 和 $|x|=1$ 所围成．

解　积分区域 D 如图 7-33 所示，用曲线 $y=x^2$ 将 D 分为 D_1,D_2 两部分，则有

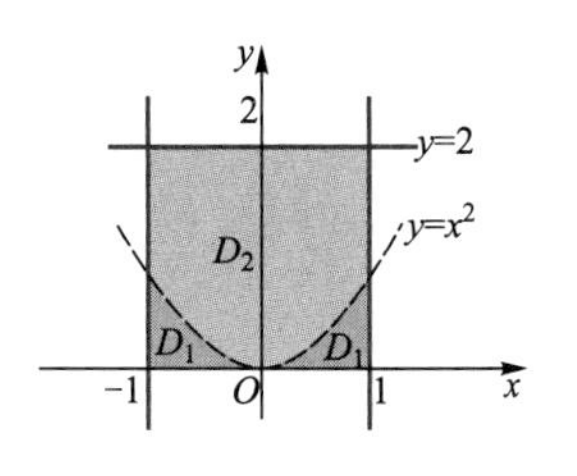

图 7-33　例 14 的积分区域

$$\begin{aligned}
&\iint\limits_D |y-x^2|\,\mathrm{d}x\mathrm{d}y\\
&=\iint\limits_{D_1}|y-x^2|\,\mathrm{d}x\mathrm{d}y+\iint\limits_{D_2}|y-x^2|\,\mathrm{d}x\mathrm{d}y\\
&=\int_{-1}^{1}\mathrm{d}x\int_0^{x^2}(x^2-y)\,\mathrm{d}y+\int_{-1}^{1}\mathrm{d}x\int_{x^2}^{2}(y-x^2)\,\mathrm{d}y\\
&=\int_{-1}^{1}\left(x^2y-\frac{1}{2}y^2\right)\Bigg|_0^{x^2}\mathrm{d}x+\int_{-1}^{1}\left(\frac{1}{2}y^2-x^2y\right)\Bigg|_{x^2}^{2}\mathrm{d}x\\
&=\int_{-1}^{1}\left(x^4-\frac{1}{2}x^4\right)\mathrm{d}x+\int_{-1}^{1}\left(2-2x^2-\frac{1}{2}x^4+x^4\right)\mathrm{d}x\\
&=\int_{-1}^{1}(2-2x^2+x^4)\,\mathrm{d}x\\
&=\left(2x-\frac{2}{3}x^3+\frac{1}{5}x^5\right)\Bigg|_{-1}^{1}=\frac{46}{15}.
\end{aligned}$$

□

同步训练 4

计算二重积分 $\iint\limits_D |y-2x|\mathrm{d}x\mathrm{d}y$，其中积分区域 $D=\{(x,y)\mid -1\leqslant x\leqslant 1,0\leqslant y\leqslant 2\}$.

6. 二重积分的几何应用

（1）利用二重积分求平面区域的面积

由二重积分的性质可知，$\iint\limits_D \mathrm{d}x\mathrm{d}y$ 的值就是积分区域 D 的面积值.

例 15　应用二重积分，求在 xy 平面上由 $y=x^2$ 与 $y=4x-x^2$ 围成的区域 D 的面积 A.

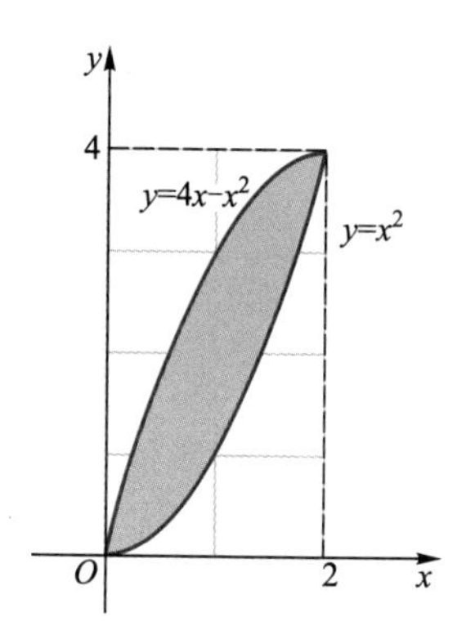

图 7-34　例 15 的积分区域

解　D 的形状如图 7-34 所示.

$$A=\iint\limits_D \mathrm{d}x\mathrm{d}y=\int_0^2\mathrm{d}x\int_{x^2}^{4x-x^2}\mathrm{d}y$$

$$=\int_0^2(4x-2x^2)\,\mathrm{d}x=\left(2x^2-\frac{2}{3}x^3\right)\Bigg|_0^2=\frac{8}{3}.$$

因此，区域 D 的面积等于 $\frac{8}{3}$ 个平方单位.

□

同步训练 5

用二重积分计算由 $y=x^2-2$ 与 $y=2x+1$ 围成的图形的面积.

（2）利用二重积分求立体的体积

二重积分的几何应用除了可以求平面图形的面积，还可以用来求曲顶柱体的体积. 具体步骤如下：

① 确定曲顶方程（经验：一般为含有 x,y,z 的方程）——解出 $z=f(x,y)$，则 $f(x,y)$ 为被积函数；

② 确定曲顶在 xy 平面上的投影区域（经验：由仅含 x,y 的曲线围成）——积分区域 D；

③ 计算二重积分 $V=\iint\limits_D |f(x,y)|\,\mathrm{d}\sigma$，便得所求体积.

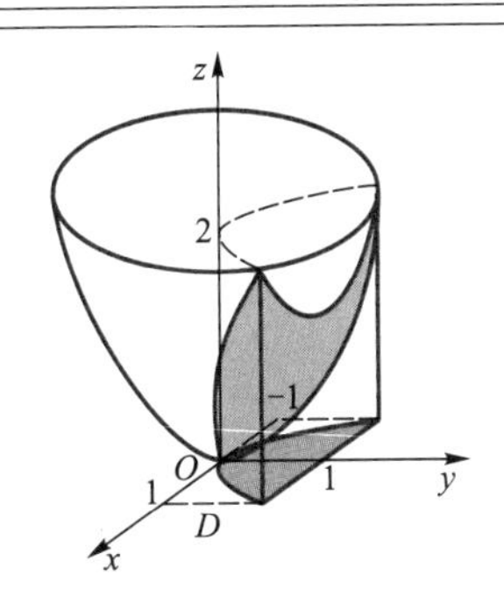

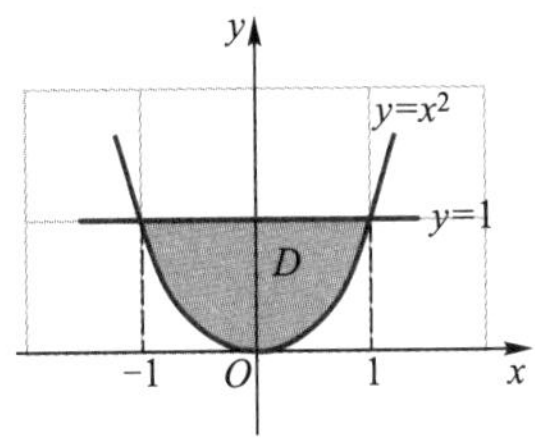

图 7-35 例 16 的立体和积分区域

例 16　求由曲面 $z=x^2+y^2, y=1, z=0, y=x^2$ 围成的立体的体积.

解　曲顶方程为 $z=x^2+y^2$(被积函数),曲顶在 xy 平面上的投影区域(积分区域 D)由 $y=1, y=x^2$ 围成,如图 7-35 所示,且

$$D=\{(x,y)\mid -1\leqslant x\leqslant 1, x^2\leqslant y\leqslant 1\},$$

故有

$$V=\iint_D (x^2+y^2)\mathrm{d}\sigma=\int_{-1}^{1}\mathrm{d}x\int_{x^2}^{1}(x^2+y^2)\mathrm{d}y$$

$$=\int_{-1}^{1}\left(\frac{1}{3}+x^2-x^4-\frac{1}{3}x^6\right)\mathrm{d}x$$

$$=\left(\frac{1}{3}x^3-\frac{1}{5}x^5+\frac{1}{3}x-\frac{1}{21}x^7\right)\Bigg|_{-1}^{1}=\frac{88}{105}.$$

□

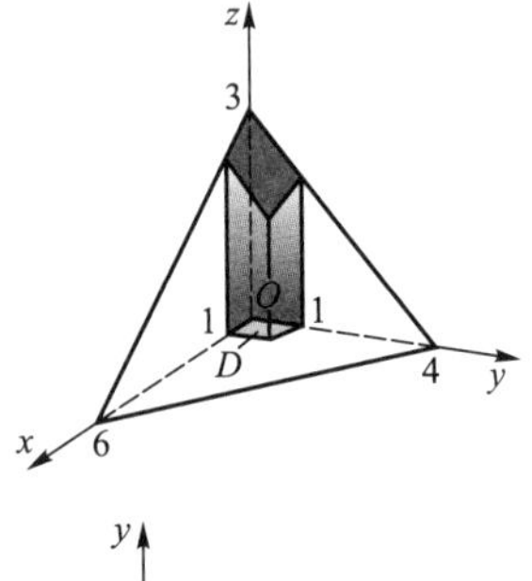

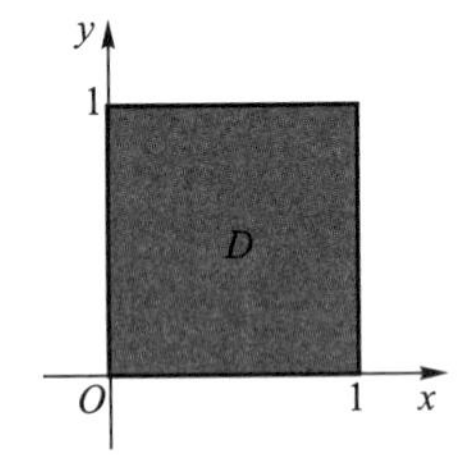

图 7-36 例 17 的立体及积分区域

例 17　求由 $2x+3y+4z=12, x=0, y=0, z=0$ 以及 $x=1, y=1$ 围成的立体的体积.

解　该立体的曲顶方程为 $z=3-\frac{1}{2}x-\frac{3}{4}y$,底是矩形区域

$$D=\{(x,y)\mid 0\leqslant x\leqslant 1, 0\leqslant y\leqslant 1\},$$

如图 7-36 所示. 其体积为

$$V=\iint_D\left(3-\frac{1}{2}x-\frac{3}{4}y\right)\mathrm{d}x\mathrm{d}y$$

$$=\int_0^1\mathrm{d}x\int_0^1\left(3-\frac{1}{2}x-\frac{3}{4}y\right)\mathrm{d}y$$

$$=\int_0^1\left(\frac{21}{8}-\frac{1}{2}x\right)\mathrm{d}x=\frac{19}{8}.$$

□

同步训练 6

求由六个面 $x+2y+3z=6, x=0, y=0, z=0$ 以及 $x=1, y=1$ 围成的空间立体的体积(参考图 7-36).

四、极坐标系下二重积分的计算

前面介绍了在直角坐标系下二重积分的计算方法,但是有些二重积分在直角坐标系下计算很复杂,而在极坐标系下计算反而简单. 下面介绍在极坐标系中二重积分的计算方法和公式.

设通过极点的射线与区域 D 的边界线的交点不多于两点,我们用一组同心圆和一组通过极点的射线,将区域 D 分成多个小区域,如图 7-37 所示.

将极角分别为 θ 与 $\theta+\Delta\theta$ 的两条射线和半径分别为 r 与 $r+\Delta r$ 的两条圆弧所围成的小区域记作 $\Delta\sigma$,则由扇形面积公式得

极坐标系下二重积分的计算

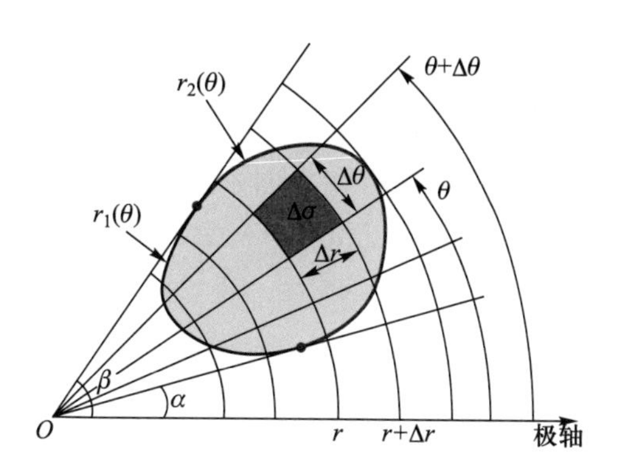

图 7-37 积分区域的极坐标划分与面积元素(极点在积分区域外部)

$$\Delta\sigma=\frac{1}{2}(r+\Delta r)^2\Delta\theta-\frac{1}{2}r^2\Delta\theta=r\Delta r\Delta\theta+\frac{1}{2}(\Delta r)^2\Delta\theta.$$

当 $\Delta r\to0,\Delta\theta\to0$ 时，$\frac{1}{2}(\Delta r)^2\Delta\theta$ 是比 $r\Delta r\Delta\theta$ 更高阶的无穷小量，故 $\Delta\sigma\sim r\Delta r\Delta\theta$，所以极坐标系下的面积元素

$$\mathrm{d}\sigma=r\mathrm{d}r\mathrm{d}\theta,$$

而被积函数在极坐标系下化为

$$f(x,y)=f(r\cos\theta,r\sin\theta).$$

于是得到直角坐标系下的二重积分变换为极坐标系下的二重积分的公式

$$\iint\limits_D f(x,y)\mathrm{d}\sigma=\iint\limits_D f(r\cos\theta,r\sin\theta)r\mathrm{d}r\mathrm{d}\theta. \tag{7.22}$$

在极坐标系下计算二重积分，也要将它化为累次积分．我们分下面三种情况予以说明．

1. 极点 O 在积分区域 D 之外

如图 7-37 所示，这时积分区域 D 是由两条射线 $\theta=\alpha,\theta=\beta$ 和两条连续曲线 $r=r_1(\theta),r=r_2(\theta)$ 围成的，显然 θ 的变化范围为 $\alpha\leqslant\theta\leqslant\beta$，为了确定 r 的变化范围，在极角为 α 到 β 的范围内，从极点出发作一条穿过区域 D 的射线，先经过的曲线 $r=r_1(\theta)$ 为 r 的下限，后经过的曲线 $r=r_2(\theta)$ 为 r 的上限(以下两种情况 r 的范围类似确定)，即有

$$D=\{(r,\theta)\mid\alpha\leqslant\theta\leqslant\beta,0\leqslant r_1(\theta)\leqslant r\leqslant r_2(\theta)\},$$

进而有

$$\iint\limits_D f(r\cos\theta,r\sin\theta)r\mathrm{d}r\mathrm{d}\theta=\int_\alpha^\beta\mathrm{d}\theta\int_{r_1(\theta)}^{r_2(\theta)}f(r\cos\theta,r\sin\theta)r\mathrm{d}r. \tag{7.23}$$

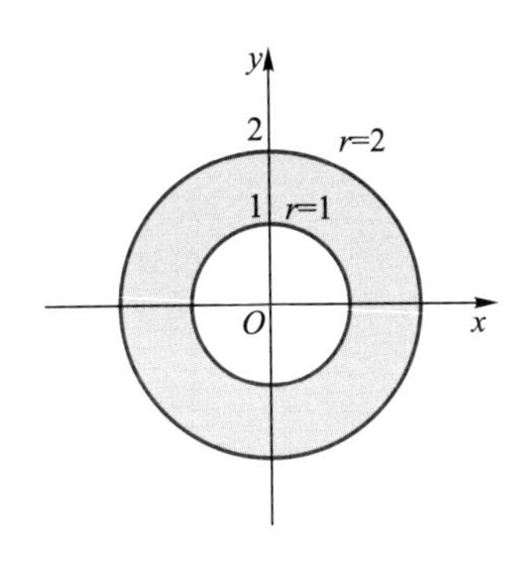

图 7-38 例 18 的积分区域

例 18 计算二重积分 $I=\iint\limits_D \mathrm{e}^{x^2+y^2}\mathrm{d}\sigma$,其中

$D=\{(x,y)\mid 1\leqslant x^2+y^2\leqslant 4\}$.

分析 此题若在直角坐标系下计算,将遇到原函数不能用初等函数表示的困难. 由积分区域和被积函数的特点,考虑在极坐标系下计算.

解 积分区域 D 为中心在原点的圆环,如图 7-38 所示.

在极坐标系下,积分区域为

$D=\{(r,\theta)\mid 0\leqslant\theta\leqslant 2\pi, 1\leqslant r\leqslant 2\}$,

故有

$$I=\iint\limits_D \mathrm{e}^{r^2}r\mathrm{d}r\mathrm{d}\theta=\int_0^{2\pi}\mathrm{d}\theta\int_1^2\mathrm{e}^{r^2}r\mathrm{d}r=\pi(\mathrm{e}^4-\mathrm{e}).$$ □

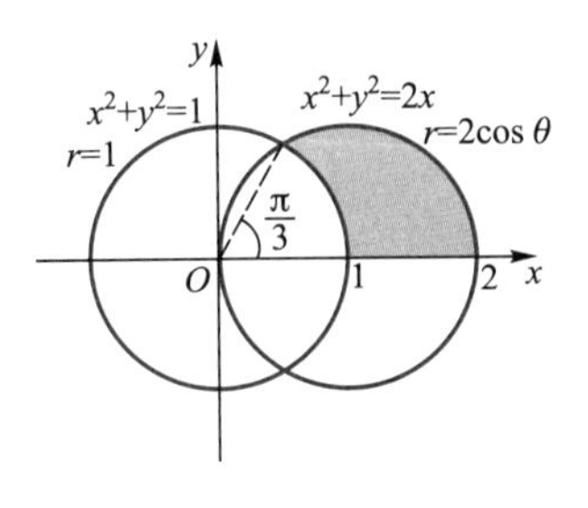

图 7-39 例 19 的积分区域

例 19 计算二重积分 $I=\iint\limits_D xy\mathrm{d}\sigma$,其中

$D=\{(x,y)\mid 1\leqslant x^2+y^2\leqslant 2x, y\geqslant 0\}$.

解 积分区域 D 如图 7-39 所示. 在极坐标系下,积分区域为

$$D=\left\{(r,\theta)\,\middle|\,0\leqslant\theta\leqslant\frac{\pi}{3}, 1\leqslant r\leqslant 2\cos\theta\right\},$$

于是有

$$I=\iint\limits_D r^3\cos\theta\sin\theta\mathrm{d}r\mathrm{d}\theta=\int_0^{\frac{\pi}{3}}\mathrm{d}\theta\int_1^{2\cos\theta}r^3\cos\theta\sin\theta\mathrm{d}r$$

$$=\frac{1}{4}\int_0^{\frac{\pi}{3}}(16\cos^5\theta-\cos\theta)\sin\theta\mathrm{d}\theta$$

$$=\frac{1}{4}\left(\frac{1}{2}\cos^2\theta-\frac{8}{3}\cos^6\theta\right)\bigg|_0^{\frac{\pi}{3}}=\frac{9}{16}.$$ □

同步训练 7

计算二重积分 $I=\iint\limits_D \arctan\frac{y}{x}\mathrm{d}\sigma$,其中 D 是由圆周 $x^2+y^2=4$, $x^2+y^2=1$ 及直线 $y=0$, $y=x$ 在第一象限内围成的闭区域.

2. 极点 O 在积分区域 D 的边界上

以图 7-40 所示的区域为例. 此时,D 由射线 $\theta=\alpha$, $\theta=\beta$ 及曲线 $r=r(\theta)$ 围成,即有

$D=\{(r,\theta)\mid \alpha\leqslant\theta\leqslant\beta, 0\leqslant r\leqslant r(\theta)\}$,

进而有

$$\iint\limits_D f(r\cos\theta, r\sin\theta)r\mathrm{d}r\mathrm{d}\theta=\int_\alpha^\beta\mathrm{d}\theta\int_0^{r(\theta)}f(r\cos\theta, r\sin\theta)r\mathrm{d}r. \tag{7.24}$$

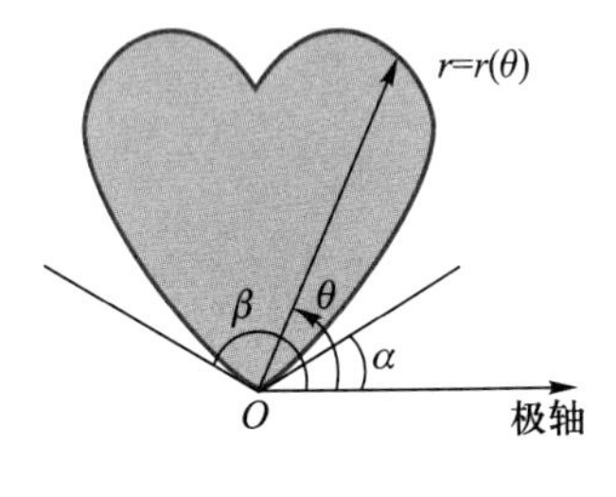

图 7-40 极点在积分区域的边界上

例 20 计算二重积分 $I=\iint\limits_D\sqrt{x^2+y^2}\mathrm{d}\sigma$,其中 D 是由圆周 $x^2+y^2=2y$ 围成的区域.

解　积分区域 D 如图 7-41 所示．圆 $x^2+y^2=2y$ 的极坐标方程为

$$r=2\sin\theta.$$

故积分区域 D 在极坐标系下相应地为

$$D=\{(r,\theta)\mid 0\leqslant\theta\leqslant\pi,0\leqslant r\leqslant 2\sin\theta\},$$

$$I=\iint\limits_D r\cdot r\mathrm{d}r\mathrm{d}\theta=\int_0^{\pi}\mathrm{d}\theta\int_0^{2\sin\theta}r^2\mathrm{d}r$$

$$=\int_0^{\pi}\left(\frac{r^3}{3}\right)\Bigg|_0^{2\sin\theta}\mathrm{d}\theta=\frac{8}{3}\int_0^{\pi}\sin^3\theta\mathrm{d}\theta=\frac{8}{3}\int_0^{\pi}(\cos^2\theta-1)\mathrm{d}\cos\theta$$

$$=\frac{8}{3}\left(\frac{1}{3}\cos^3\theta-\cos\theta\right)\Bigg|_0^{\pi}=\frac{32}{9}.$$ □

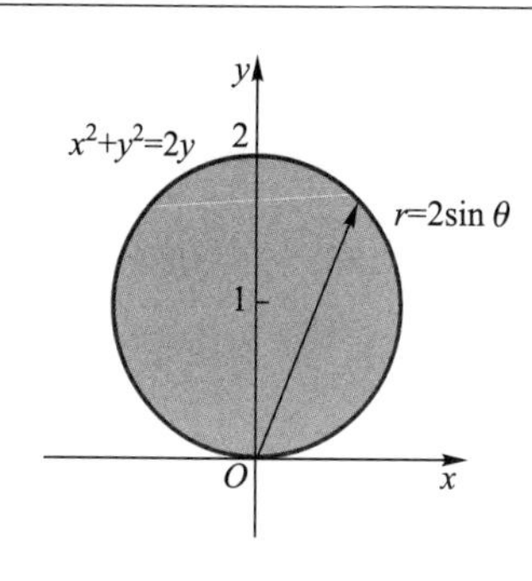

图 7-41　例 20 的积分区域

例 21　计算二重积分 $I=\iint\limits_D\left(\frac{y}{x}\right)^2\mathrm{d}x\mathrm{d}y$，其中 D 是第一象限内由 $y=\sqrt{1-x^2}$，$y=x$，$y=0$ 围成的区域．

解　积分区域 D 的形状如图 7-42 所示．在极坐标系中计算此二重积分，相应的积分区域为

$$D=\left\{(r,\theta)\,\middle|\,0\leqslant\theta\leqslant\frac{\pi}{4},0\leqslant r\leqslant 1\right\},$$

于是有

$$I=\int_0^{\frac{\pi}{4}}\mathrm{d}\theta\int_0^1\tan^2\theta\cdot r\mathrm{d}r$$

$$=\int_0^{\frac{\pi}{4}}\tan^2\theta\mathrm{d}\theta\int_0^1 r\mathrm{d}r$$

$$=(\tan\theta-\theta)\Bigg|_0^{\frac{\pi}{4}}\left(\frac{1}{2}r^2\right)\Bigg|_0^1=\frac{1}{2}-\frac{\pi}{8}.$$ □

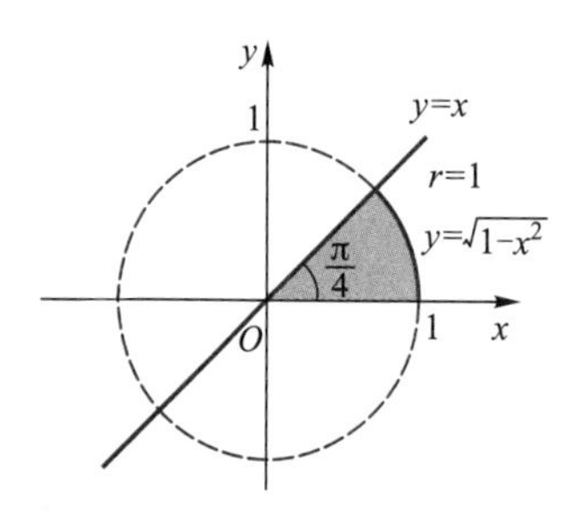

图 7-42　例 21 的积分区域

例 22　$I=\iint\limits_D\frac{1}{\sqrt{x^2+y^2}}\mathrm{d}x\mathrm{d}y$，其中 D 是第一象限内由 y 轴和两个圆 $x^2+y^2=a^2$，$x^2-2ax+y^2=0$ 围成的区域．

解　画出积分区域 D 的草图，如图 7-43 所示．

由区域的形状和被积函数的特点，选择在极坐标系下来计算．

两圆的极坐标方程分别为

$$r=a,r=2a\cos\theta.$$

两圆交点的极坐标为 $A\left(a,\frac{\pi}{3}\right)$，因而 θ 的变化范围为 $\frac{\pi}{3}\leqslant\theta\leqslant\frac{\pi}{2}$．

为确定 r 的积分限，应先把 θ 限定在 $\left(\frac{\pi}{3},\frac{\pi}{2}\right)$ 内，然后以极点为

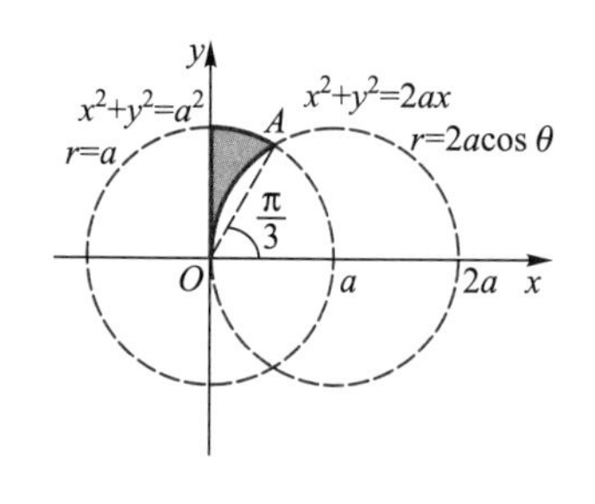

图 7-43　例 22 的积分区域

起点作射线，先交于 $r=2a\cos\theta$，后交于 $r=a$，即

$$D=\left\{(r,\theta)\left|\frac{\pi}{3}\leqslant\theta\leqslant\frac{\pi}{2},2a\cos\theta\leqslant r\leqslant a\right.\right\},$$

于是

$$I=\int_{\frac{\pi}{3}}^{\frac{\pi}{2}}\mathrm{d}\theta\int_{2a\cos\theta}^{a}\frac{1}{r}\cdot r\mathrm{d}r=a\left(\frac{\pi}{6}-2+\sqrt{3}\right).$$ □

注　不能因为极点 O 在 D 的边界上，就误认为 r 的积分下限一定为零.

同步训练 8

计算二重积分 $I=\iint\limits_{D}\sqrt{x}\,\mathrm{d}x\mathrm{d}y$，其中 $D=\{(x,y)\mid x^2+y^2\leqslant x\}$.

3. 极点 O 在积分区域 D 之内

如图 7-44 所示．此时，积分区域 D 可表示为

$D=\{(r,\theta)\mid 0\leqslant\theta\leqslant 2\pi,0\leqslant r\leqslant r(\theta)\}$，

于是有

$$\iint\limits_{D}f(r\cos\theta,r\sin\theta)r\mathrm{d}r\mathrm{d}\theta=\int_{0}^{2\pi}\mathrm{d}\theta\int_{0}^{r(\theta)}f(r\cos\theta,r\sin\theta)r\mathrm{d}r.\tag{7.25}$$

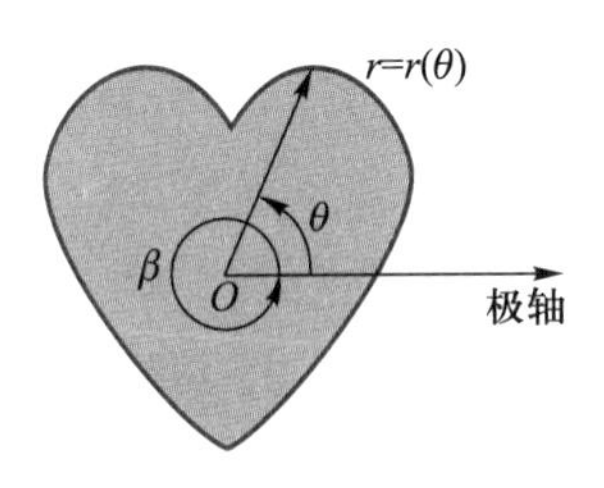

图 7-44 极点在积分区域的内部

例 23　计算二重积分 $I=\iint\limits_{D}|x^2+y^2-4|\mathrm{d}\sigma$，其中

$D=\{(x,y)\mid x^2+y^2\leqslant 16\}$.

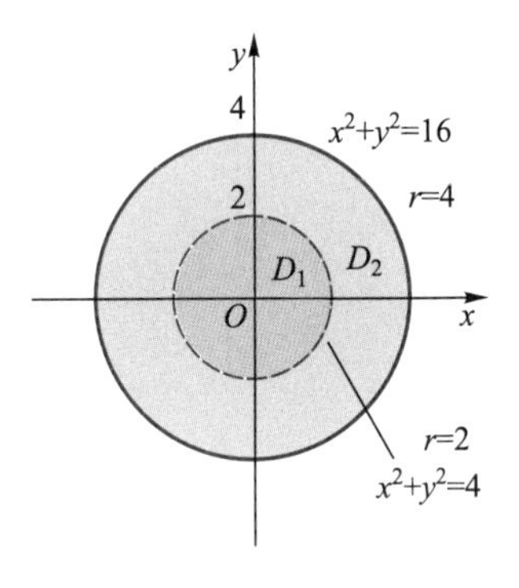

图 7-45 例 23 的积分区域

解　首先要去掉被积函数中的绝对值，用曲线 $x^2+y^2=4$ 将积分区域 D 分为两部分 D_1 和 D_2，如图 7-45 所示，其中

$D_1=\{(x,y)\mid x^2+y^2\leqslant 4\}$,

$D_2=\{(x,y)\mid 4\leqslant x^2+y^2\leqslant 16\}$.

于是有

$$I=\iint\limits_{D_1}(4-x^2-y^2)\mathrm{d}\sigma+\iint\limits_{D_2}(x^2+y^2-4)\mathrm{d}\sigma.$$

在极坐标系下计算上述的两个二重积分之和，故有

$$\begin{aligned}I&=\int_{0}^{2\pi}\mathrm{d}\theta\int_{0}^{2}(4-r^2)r\mathrm{d}r+\int_{0}^{2\pi}\mathrm{d}\theta\int_{2}^{4}(r^2-4)r\mathrm{d}r\\&=2\pi\left(2r^2-\frac{1}{4}r^4\right)\bigg|_{0}^{2}+2\pi\left(\frac{1}{4}r^4-2r^2\right)\bigg|_{2}^{4}=80\pi.\end{aligned}$$ □

同步训练 9

计算二重积分 $I=\iint\limits_{D}\mathrm{e}^{-x^2-y^2}\mathrm{d}x\mathrm{d}y$，其中 D 为圆面 $\{(x,y)\mid x^2+y^2\leqslant 1\}$.

最后，我们总结一下计算二重积分的基本步骤：

（1）绘出积分区域 D 的草图；

（2）根据被积函数的特征和积分区域的几何形状，确定在哪种坐标系下进行计算．一般情况下，当积分区域 D 的形状为圆形、环形、扇形、环扇形等，或被积函数含有 $x^2+y^2,\dfrac{y}{x},\dfrac{x}{y}$ 等形式时，选择在

极坐标系下计算较为简便.

(3) 用集合表示积分区域 D;

(4) 将二重积分化为累次积分;

(5) 计算累次积分.

五、积分区域无界的反常二重积分

前面所介绍的二重积分的积分区域都是有界的区域,如果积分区域 D 是无界的(如全平面、半平面、有界区域的外部等),则与一元函数类似,可以在无界区域上定义反常二重积分.

设 D 是平面上一无界区域,函数 $f(x,y)$ 是 D 上的有界函数,则称 $\iint\limits_D f(x,y)\mathrm{d}\sigma$ 为函数 $f(x,y)$ 在无界区域 D 上的**反常二重积分**.若用任意光滑曲线 γ 在 D 中划出有界区域 D_γ,如图 7-46 所示,二重积分 $\iint\limits_{D_\gamma} f(x,y)\mathrm{d}\sigma$ 存在,且当曲线 γ 连续变动,使区域 D_γ 无限扩展而趋于区域 D 时,不论 γ 的形状如何,也不论 γ 的变动过程怎样,极限

$$\lim_{D_\gamma\to D}\iint\limits_{D_\gamma} f(x,y)\mathrm{d}\sigma$$

总存在且相等,则称 $f(x,y)$ 在 D 上的反常二重积分**收敛**或称在 D 上**反常可积**.此时有 $\iint\limits_D f(x,y)\mathrm{d}\sigma=\lim\limits_{D_\gamma\to D}\iint\limits_{D_\gamma} f(x,y)\mathrm{d}\sigma$. 否则,称 $f(x,y)$ 在 D 上的反常二重积分**发散**.

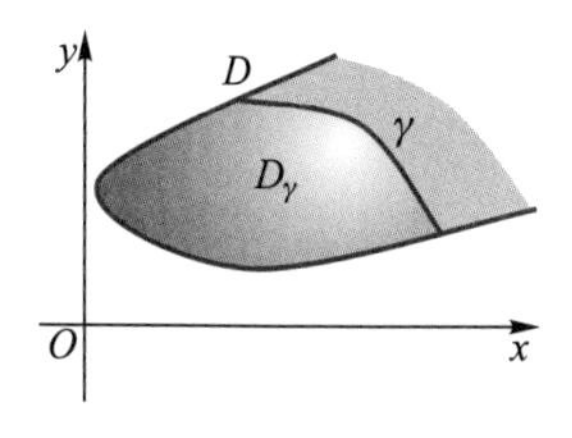

图 7-46 无界区域

若 $f(x,y)$ 是定义在无界区域 D 上的连续函数,且 $f(x,y)$ 在 D 上反常可积时,只需要选取一种特殊的变动方式,就可以计算出相应的反常二重积分之值.

例 24 设 D 是全平面,计算 $\iint\limits_D \mathrm{e}^{-(x^2+y^2)}\mathrm{d}\sigma$.

解　设 D_R 为中心在原点、半径为 R 的圆域,如图 7-47 所示.在极坐标系下有

$$\iint\limits_{D_R}\mathrm{e}^{-(x^2+y^2)}\mathrm{d}\sigma=\int_0^{2\pi}\mathrm{d}\theta\int_0^R\mathrm{e}^{-r^2}r\mathrm{d}r=2\pi\cdot\left(-\frac{1}{2}\mathrm{e}^{-r^2}\right)\Bigg|_0^R$$

$$=\pi(1-\mathrm{e}^{-R^2}).$$

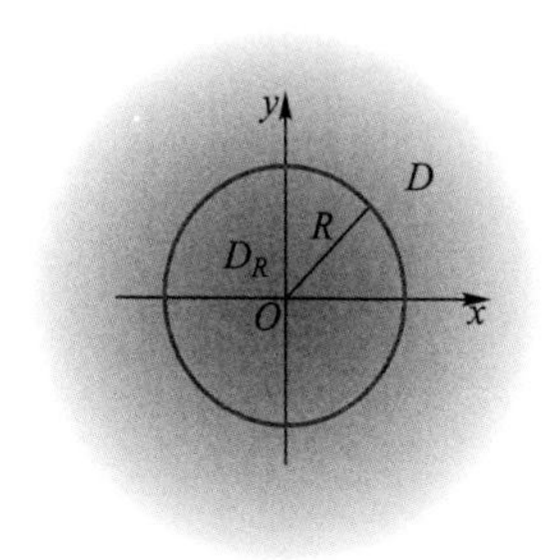

图 7-47 例 24 的积分区域

显然当 $R\to+\infty$ 时,有 $D_R\to D$. 于是有

$$\iint\limits_{D} \mathrm{e}^{-(x^2+y^2)}\,\mathrm{d}\sigma = \lim_{R\to+\infty}\iint\limits_{D_R} \mathrm{e}^{-(x^2+y^2)}\,\mathrm{d}\sigma = \lim_{R\to+\infty}\pi(1-\mathrm{e}^{-R^2}) = \pi. \quad \square$$

例 25　计算泊松(Poisson)积分 $\int_{-\infty}^{+\infty} \mathrm{e}^{-x^2}\mathrm{d}x$.

解　由上例可知

$$\begin{aligned}\pi &= \iint\limits_{D} \mathrm{e}^{-(x^2+y^2)}\,\mathrm{d}\sigma\ (D \text{ 为全平面})\\ &= \int_{-\infty}^{+\infty}\left(\int_{-\infty}^{+\infty} \mathrm{e}^{-x^2}\cdot \mathrm{e}^{-y^2}\mathrm{d}y\right)\mathrm{d}x\\ &= \left(\int_{-\infty}^{+\infty} \mathrm{e}^{-x^2}\mathrm{d}x\right)\left(\int_{-\infty}^{+\infty} \mathrm{e}^{-y^2}\mathrm{d}y\right) = \left(\int_{-\infty}^{+\infty} \mathrm{e}^{-x^2}\mathrm{d}x\right)^2,\end{aligned}$$

所以有

$$\int_{-\infty}^{+\infty} \mathrm{e}^{-x^2}\mathrm{d}x = \sqrt{\pi}. \quad \square$$

泊松积分是一个非常重要的积分，在概率论与数理统计中有广泛的应用，希望读者掌握它.

*§7.7 综合与提高

一、最小二乘法

在自然科学和经济分析中，往往要用实验或调查得到的数据建立各个量之间的依赖关系. 这种关系用数学方程给出，叫作**经验公式**. 建立经验公式的一个常用方法就是最小二乘法. 下面我们通过具有线性关系的两个变量的情形来说明.

为了确定某两个变量 x 与 y 的依赖关系，我们对它们进行 n 次测量(实验或调查)，得到 n 对数据

$$(x_1, y_1),\quad (x_2, y_2),\quad \cdots,\quad (x_n, y_n).$$

将这些数据看作直角坐标系 xOy 中的点 $A_1(x_1, y_1)$, $A_2(x_2, y_2)$, $\cdots$, $A_n(x_n, y_n)$，并把它们画在坐标平面上，如图 7-48 所示，称为**散点图**. 如果这些点近似分布在一条直线上，我们就认为 x 与 y 之间存在线性关系. 设其方程为

$$y = ax + b,$$

其中 a 与 b 为待定常数.

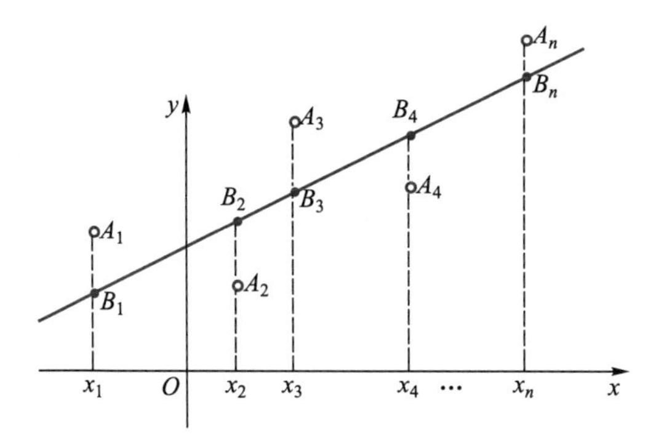

图 7-48 散点图

设在直线上与点 $A_i(i=1,2,\cdots,n)$ 横坐标相同的点为 B_i,则

$$B_1(x_1,ax_1+b),\quad B_2(x_2,ax_2+b),\quad \cdots,\quad B_n(x_n,ax_n+b),$$

A_i 与 $B_i(i=1,2,\cdots,n)$ 的距离

$$d_i=|ax_i+b-y_i|\quad (i=1,2,\cdots,n),$$

叫作**实测值与理论值的误差**. 现在要选取常数 a 与 b,使误差的平方和

$$S=\sum_{i=1}^{n}d_i^2=\sum_{i=1}^{n}(ax_i+b-y_i)^2$$

最小. 这种确定常数 a,b 的方法叫作**最小二乘法**(least sequares line).

下面我们用求二元函数极值的方法,求 a 与 b 的值.

S 是 a 和 b 的二元函数,由极值存在的必要条件有

$$S'_a=2\sum_{i=1}^{n}(ax_i+b-y_i)x_i=0,$$

$$S'_b=2\sum_{i=1}^{n}(ax_i+b-y_i)=0.$$

将上式整理,得出关于 a,b 的方程组

$$\begin{cases} a\sum\limits_{i=1}^{n}x_i^2+b\sum\limits_{i=1}^{n}x_i=\sum\limits_{i=1}^{n}x_iy_i, \\ a\sum\limits_{i=1}^{n}x_i+nb=\sum\limits_{i=1}^{n}y_i, \end{cases}$$

称为**最小二乘法标准方程组**. 由它解出 a 与 b,有

$$a=\frac{(\sum x_i)(\sum y_i)-n\sum x_iy_i}{(\sum x_i)^2-n\sum x_i^{\ 2}},\quad b=\frac{\sum y_i-a\sum x_i}{n}.$$

再代入线性方程,即得到所求的经验公式 $y=ax+b$.

例 1　试利用表 7-1 中 x_i, y_i 两列的数据,建立 x 与 y 之间的线性关系式 $y=ax+b$.

解　将 x_i, y_i, x_i^2, x_iy_i 的计算结果列于表 7-1 中.

表 7-1 x 与 y 的对应数据表

i	x_i	y_i	x_i^2	x_iy_i
1	1.23	0.70	1.51	0.86
2	1.93	0.77	3.72	1.49
3	2.40	0.93	5.76	2.23
4	3.10	1.14	9.61	3.53
5	3.70	1.26	13.69	4.66
6	4.50	1.51	20.25	6.80
7	5.70	1.76	32.49	10.03
8	6.30	1.89	39.69	11.91
Σ	28.86	9.96	126.72	41.51

将数据代入公式中有

$$a=\frac{(\sum x_i)(\sum y_i)-n\sum x_iy_i}{(\sum x_i)^2-n(\sum x_i^2)}$$

$$=\frac{(28.86)(9.96)-8(41.51)}{(28.86)^2-8(126.72)}\approx 0.25,$$

$$b=\frac{\sum y_i-a\sum x_i}{n}=\frac{9.96-0.25\ (28.86)}{8}\approx 0.34.$$

于是,求得 x 与 y 之间的线性关系式为

$$y=0.25x+0.34.$$

□

二、多元函数的偏导数举例

例 2　设 $z=(x^2y+xy^2)^{\cos(xy)}$,求 $\frac{\partial z}{\partial x}, \frac{\partial z}{\partial y}$.

解　该函数为幂指函数,用对数求导法. 两端取对数得

$$\ln z=\cos(xy)\ln(x^2y+xy^2).$$

关于 x 求偏导数得

$$\frac{1}{z}\cdot\frac{\partial z}{\partial x}=-\sin(xy)\cdot y\cdot\ln(x^2y+xy^2)+\cos(xy)\cdot\frac{2xy+y^2}{x^2y+xy^2},$$

故有

$$\frac{\partial z}{\partial x}=(x^2y+xy^2)^{\cos(xy)}\left[\cos(xy)\frac{2x+y}{x^2+xy}-y\sin(xy)\ln(x^2y+xy^2)\right].$$

由该函数中 x 与 y 的对称性可得

$$\frac{\partial z}{\partial y}=(x^2y+xy^2)^{\cos(xy)}\left[\cos(xy)\frac{2y+x}{y^2+xy}-x\sin(xy)\ln(x^2y+xy^2)\right].$$

□

例 3　对函数 $z=f(x,y)$ 有 $f''_{yy}(x,y)=2x$，且 $f(x,1)=0$，$f'_y(x,0)=\sin x$，求 $z=f(x,y)$。

解　由 $f''_{yy}(x,y)=(f'_y)'_y=2x$，关于 y 积分得

$$f'_y(x,y)=2xy+\varphi(x),$$

其中 $\varphi(x)$ 是待定函数．由 $f'_y(x,0)=\sin x$，即

$$[2xy+\varphi(x)]\big|_{y=0}=\sin x，得\ \varphi(x)=\sin x.$$

从而

$$f'_y(x,y)=2xy+\sin x.$$

由此有

$$f(x,y)=xy^2+y\sin x+\psi(x)，其中\ \psi(x)\ 是待定函数．$$

再由 $f(x,1)=0$，有

$$f(x,1)=[xy^2+y\sin x+\psi(x)]\big|_{y=1}=x+\sin x+\psi(x)=0,$$

即

$$\psi(x)=-x-\sin x.$$

于是

$$f(x,y)=xy^2+y\sin x-x-\sin x.$$

□

例 4　已知 $\mathrm{d}f(x,y)=(x^3+3x^2y^2-2xy^3)\mathrm{d}x+(2x^3y-3x^2y^2+y^3)\mathrm{d}y$，求 $f(x,y)$。

解　由题设，有

$$f'_x(x,y)=x^3+3x^2y^2-2xy^3,\quad f'_y(x,y)=2x^3y-3x^2y^2+y^3,$$

该二式分别对 x，对 y 积分，得

$$f(x,y)=\int(x^3+3x^2y^2-2xy^3)\mathrm{d}x=\frac{x^4}{4}+x^3y^2-x^2y^3+\varphi(y),$$

$$f(x,y)=\int(2x^3y-3x^2y^2+y^3)\mathrm{d}y=x^3y^2-x^2y^3+\frac{y^4}{4}+\psi(x).$$

其中 $\varphi(y)$ 为 y 的某个可微函数，$\psi(x)$ 为 x 的某个可微函数，由上述二式相等，得

$$\varphi(y)=\frac{y^4}{4}+C_1,\quad \psi(x)=\frac{x^4}{4}+C_2\quad (C_1,C_2\ 是任意常数).$$

于是

$$f(x,y)=\frac{x^4}{4}+x^3y^2-x^2y^3+\frac{y^4}{4}+C.$$

□

例 5　设 $z=\frac{1}{x}f(xy)+y\varphi(x+y)$，其中 f,φ 都具有二阶连续偏导数，求 $\frac{\partial^2 z}{\partial x\partial y}$.

解　由二元复合函数微分法有

$$\frac{\partial z}{\partial x}=-\frac{1}{x^2}f(xy)+\frac{1}{x}f'(xy)\cdot y+y\varphi'(x+y).$$

$$\frac{\partial^2 z}{\partial x\partial y}=-\frac{1}{x^2}f'(xy)\cdot x+\frac{1}{x}[f''(xy)\cdot xy+f'(xy)]+$$

$$\varphi'(x+y)+y\varphi''(x+y)$$

$$=yf''(xy)+\varphi'(x+y)+y\varphi''(x+y).$$ □

例 6　设 $z=f(x,y)$，$x=y+\varphi(y)$ 所确定的函数具有二阶导数，求 $\frac{\mathrm{d}z}{\mathrm{d}x}$, $\frac{\mathrm{d}^2 z}{\mathrm{d}x^2}$.

分析　z 通过两个中间变量 x,y 依赖于一个自变量 x，因为 $z=f(x,y)$，而 $x=x$，$y=y(x)$，其中 $y=y(x)$ 由 $x=y+\varphi(y)$ 确定，于是 z 就是以 x 为自变量的复合函数.

解　按一元隐函数求导法，对 $x=y+\varphi(y)$ 两端关于 x 求导，得

$$1=\frac{\mathrm{d}y}{\mathrm{d}x}+\varphi'(y)\frac{\mathrm{d}y}{\mathrm{d}x}，即 \frac{\mathrm{d}y}{\mathrm{d}x}=\frac{1}{1+\varphi'(y)}.$$

于是，由二元复合函数求导的链式法则有

$$\frac{\mathrm{d}z}{\mathrm{d}x}=\frac{\partial f}{\partial x}+\frac{\partial f}{\partial y}\frac{\mathrm{d}y}{\mathrm{d}x}=f_1'+f_2'\cdot\frac{1}{1+\varphi'(y)}.$$

求二阶导数时，f_1'，f_2' 仍然是中间变量 x,y 的函数，而 y 也仍是自变量 x 的函数.

$$\frac{\mathrm{d}^2 z}{\mathrm{d}x^2}=\frac{\mathrm{d}}{\mathrm{d}x}\left[f_1'+\frac{f_2'}{1+\varphi'(y)}\right]$$

$$=\frac{\partial f_1'}{\partial x}+\frac{\partial f_1'}{\partial y}\cdot\frac{\mathrm{d}y}{\mathrm{d}x}+\frac{\partial}{\partial x}\left[\frac{f_2'}{1+\varphi'(y)}\right]+\frac{\partial}{\partial y}\left[\frac{f_2'}{1+\varphi'(y)}\right]\cdot\frac{\mathrm{d}y}{\mathrm{d}x}$$

$$=f_{11}''+f_{12}''\cdot\frac{1}{1+\varphi'(y)}+\frac{f_{21}''}{1+\varphi'(y)}+$$

$$\frac{f_{22}''[1+\varphi'(y)]-\varphi''(y)f_2'}{[1+\varphi'(y)]^2}\cdot\frac{1}{1+\varphi'(y)}$$

$$=f_{11}''+\frac{f_{12}''+f_{21}''}{1+\varphi'(y)}+\frac{f_{22}''}{[1+\varphi'(y)]^2}-\frac{\varphi''(y)f_2'}{[1+\varphi'(y)]^3}.$$ □

例 7　设 $u=f(x,y,z)$ 有连续偏导数，$y=y(x)$ 和 $z=z(x)$ 分别由方

程$e^{xy}-y=0$和$e^z-xz=0$确定,求$\dfrac{du}{dx}$.

解　对方程$e^{xy}-y=0$两端关于x求导,得

$$e^{xy}(y+xy')-y'=0,$$

于是有

$$y'=\frac{ye^{xy}}{1-xe^{xy}}=\frac{y^2}{1-xy}.$$

再由对方程$e^z-xz=0$两端对x求导,得

$$e^z z'-z-xz'=0,$$

于是有

$$z'=\frac{z}{e^z-x}=\frac{z}{xz-x}.$$

再由复合函数求导法则有

$$\begin{aligned}\frac{du}{dx}&=\frac{\partial f}{\partial x}+\frac{\partial f}{\partial y}\cdot\frac{dy}{dx}+\frac{\partial f}{\partial z}\cdot\frac{dz}{dx}\\&=f'_x+\frac{y^2}{1-xy}f'_y+\frac{z}{xz-x}f'_z.\end{aligned}$$ □

同步训练 1

设$z=x^3\cdot f\left(xy,\dfrac{y}{x}\right)$,其中$f$具有二阶连续偏导数,求$\dfrac{\partial^2 z}{\partial y^2}$.

三、二重积分举例

1. 关于x或y的奇偶函数的二重积分

设$f(x,y)$为区域D上的连续函数,利用积分区域D的对称性与被积函数的奇偶性可简化计算.

(1) 设积分区域D关于x轴对称,且x轴上方部分为区域D_1,下方部分为区域D_2,如图7-49所示,则

$$\iint\limits_D f(x,y)\,d\sigma=\begin{cases}0, & f(x,y)=-f(x,-y),\\ 2\iint\limits_{D_1} f(x,y)\,d\sigma, & f(x,y)=f(x,-y).\end{cases}$$

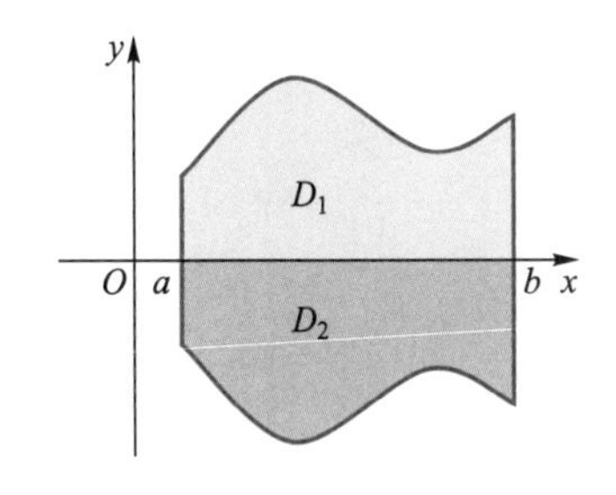

图7-49 关于x轴对称的区域

式中$f(x,y)=-f(x,-y)$表示$f(x,y)$是关于y的奇函数;$f(x,y)=f(x,-y)$表示$f(x,y)$是关于y的偶函数.

(2) 设积分区域D关于y轴对称,且y轴左侧部分为区域D_1,右侧部分为区域D_2,如图7-50所示,则

$$\iint\limits_D f(x,y)\,d\sigma=\begin{cases}0, & f(-x,y)=-f(x,y),\\ 2\iint\limits_{D_1} f(x,y)\,d\sigma, & f(-x,y)=f(x,y).\end{cases}$$

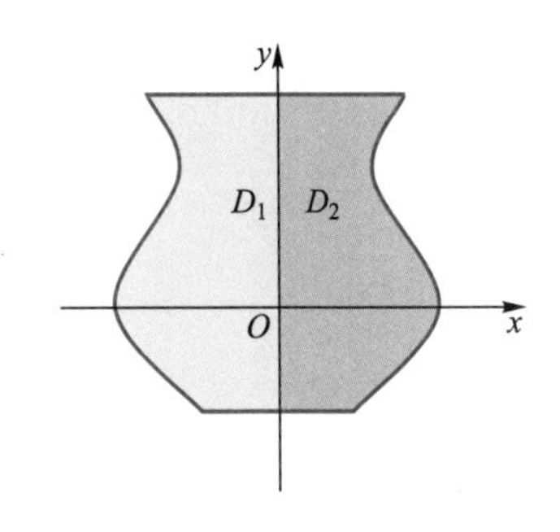

图7-50 关于y轴对称的区域

式中$f(-x,y)=-f(x,y)$表示$f(x,y)$是关于x的奇函数；$f(-x,y)=f(x,y)$表示$f(x,y)$是关于x的偶函数.

(3) 设区域D关于x轴、y轴均对称，D_1是D的第一象限部分，则

$$\iint_D f(x,y)\mathrm{d}\sigma=\begin{cases}0, & f(-x,y)=-f(x,y)\text{ 或 } f(x,-y)=-f(x,y),\\ 4\iint_{D_1} f(x,y)\mathrm{d}\sigma, & f(-x,y)=f(x,y)\text{ 且 } f(x,-y)=f(x,y).\end{cases}$$

(4) 设区域D关于原点对称，且两对称部分的区域为D_1和D_2，即$D=D_1+D_2$，则

$$\iint_D f(x,y)\mathrm{d}\sigma=\begin{cases}0, & f(-x,-y)=-f(x,y),\\ 2\iint_{D_1} f(x,y)\mathrm{d}\sigma, & f(-x,-y)=f(x,y).\end{cases}$$

式中$f(-x,-y)=-f(x,y)$表示$f(x,y)$是关于x,y的奇函数.

(5) 设区域D关于直线$y=x$对称，则

$$\iint_D f(x,y)\mathrm{d}\sigma=\iint_D f(y,x)\mathrm{d}\sigma.$$

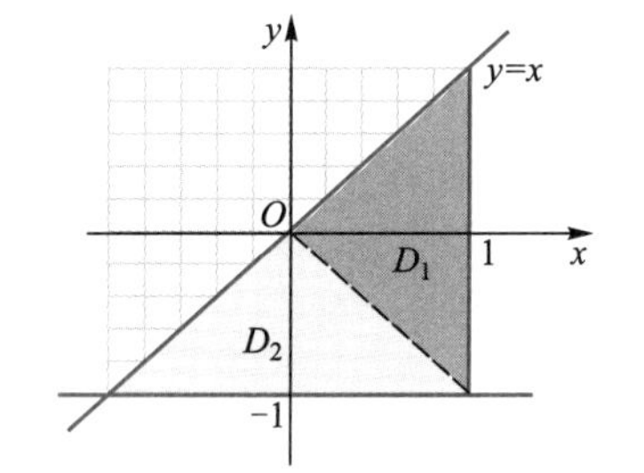

图 7-51 例 8 的积分区域

例 8 计算积分$I=\iint_D y\left[1+xe^{\frac{1}{2}(x^2+y^2)}\right]\mathrm{d}x\mathrm{d}y$，其中$D$是由直线$y=x$，$y=-1$，$x=1$围成的平面区域.

解 积分区域D如图 7-51 所示，将D分成D_1和D_2，注意到D_1关于x轴对称，D_2关于y轴对称. 由二重积分的性质 2 有

$$I=\iint_D y\mathrm{d}x\mathrm{d}y+\iint_D xye^{\frac{1}{2}(x^2+y^2)}\mathrm{d}x\mathrm{d}y.$$

因$xye^{\frac{1}{2}(x^2+y^2)}$关于$y$为奇函数，关于$x$也为奇函数，故

$$\iint_D xye^{\frac{1}{2}(x^2+y^2)}\mathrm{d}x\mathrm{d}y=\iint_{D_1} xye^{\frac{1}{2}(x^2+y^2)}\mathrm{d}x\mathrm{d}y+\iint_{D_2} xye^{\frac{1}{2}(x^2+y^2)}\mathrm{d}x\mathrm{d}y=0,$$

于是

$$I=\iint_D y\mathrm{d}x\mathrm{d}y=\int_{-1}^{1}\mathrm{d}y\int_{y}^{1}y\mathrm{d}x=\int_{-1}^{1}y(1-y)\mathrm{d}y=-\frac{2}{3}.$$ □

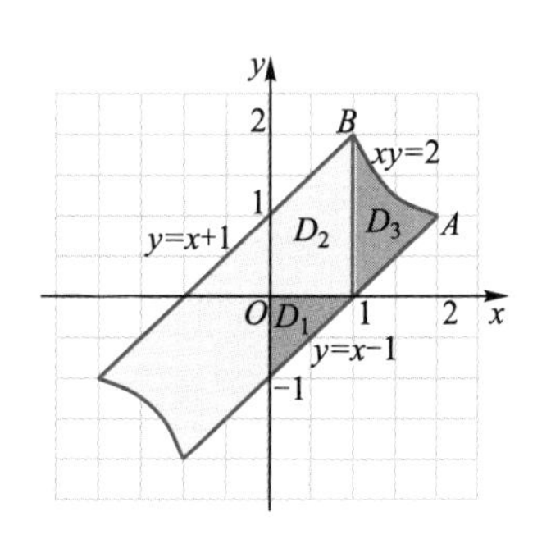

图 7-52 例 9 的积分区域

例 9 计算二重积分$I=\iint_D(|x|+|y|)\mathrm{d}x\mathrm{d}y$，其中$D$是由$xy=2$，$y=x-1$，$y=x+1$围成的区域.

解 积分区域D的形状如图 7-52 所示. 求得交点A和B的坐标为$A(2,1)$，$B(1,2)$.

由于积分区域 D 关于原点对称，记图中 y 轴右侧的区域为 D_0，$D_0=D_1\cup D_2\cup D_3$，而函数 $f(x,y)=|x|+|y|$ 是关于 x,y 的偶函数，故

$$\begin{aligned}I&=2\iint\limits_{D_0}(|x|+|y|)\mathrm{d}x\mathrm{d}y\\&=2\left(\iint\limits_{D_1}(x-y)\mathrm{d}x\mathrm{d}y+\iint\limits_{D_2}(x+y)\mathrm{d}x\mathrm{d}y+\iint\limits_{D_3}(x+y)\mathrm{d}x\mathrm{d}y\right)\\&=2\left[\int_0^1\mathrm{d}x\int_{x-1}^0(x-y)\mathrm{d}y+\int_0^1\mathrm{d}x\int_0^{x+1}(x+y)\mathrm{d}y+\right.\\&\left.\quad\int_1^2\mathrm{d}x\int_{x-1}^{\frac{2}{x}}(x+y)\mathrm{d}y\right]=\frac{26}{3}.\end{aligned}$$

□

例 10　设 $f(x)$ 在 $[0,+\infty)$ 上连续，$F(t)=\iint\limits_D f(|x|)\mathrm{d}x\mathrm{d}y$，其中 D 为 $|y|\leqslant|x|\leqslant t$，求 $F'(t)$.

分析　函数 $F(t)$ 是由二重积分给出的，且是积分区域 D 所含参数 t 的函数．为求 $F'(t)$，需将二重积分化成累次积分，且化为积分限含参数 t 的变限积分．

解　积分区域 D 如图 7-53 所示．因区域 D 关于 x 轴、y 轴均对称且函数 $f(|x|)$ 关于 x,y 为偶函数，故有

$$F(t)=4\iint\limits_{D_1}f(x)\mathrm{d}x\mathrm{d}y=4\int_0^t f(x)\mathrm{d}x\int_0^x\mathrm{d}y=4\int_0^t xf(x)\mathrm{d}x.$$

将上式两端求导，得

$$F'(t)=4tf(t).$$

□

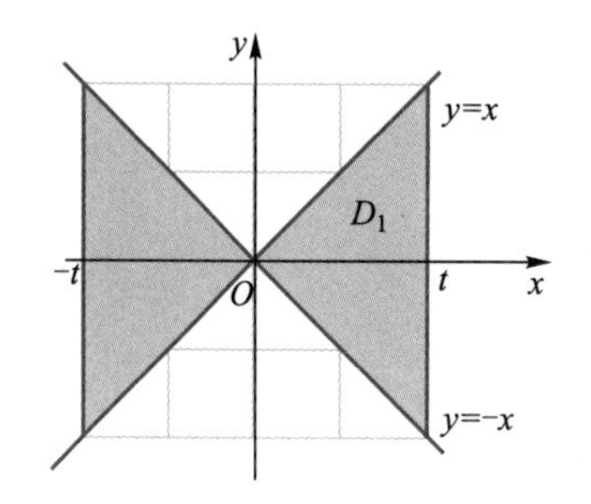

图 7-53　例 10 的积分区域

同步训练 2

求二重积分

$I=\iint\limits_D(x^2+y^2)\,\mathrm{d}x\mathrm{d}y$，其中 $D=\{(x,y)\mid |x|+|y|\leqslant 1\}$.

2. 二重积分的换元法

与定积分的换元公式

$$\int_a^b f(x)\mathrm{d}x\xlongequal{令\,x=\varphi(t)}\int_\alpha^\beta f[\varphi(t)]\varphi'(t)\mathrm{d}t$$

类似，有二重积分的换元公式

$$\iint\limits_D f(x,y)\mathrm{d}x\mathrm{d}y\xlongequal[y=y(u,v)]{x=x(u,v),}\iint\limits_{D'}f[x(u,v),y(u,v)]\,|J|\mathrm{d}u\mathrm{d}v,$$

式中 J 称为雅可比行列式，

$$J=J(u,v)=\frac{\partial(x,y)}{\partial(u,v)}=\begin{vmatrix}\dfrac{\partial x}{\partial u}&\dfrac{\partial x}{\partial v}\\[2ex]\dfrac{\partial y}{\partial u}&\dfrac{\partial y}{\partial v}\end{vmatrix},$$

$|J|$ 为 J 的绝对值．

例 11　计算 $I=\iint\limits_D \mathrm{e}^{\frac{y}{x+y}}\mathrm{d}x\mathrm{d}y$，其中 D 是由直线 $x=0,y=0$ 及 $x+y=1$

围成的闭区域.

解　令 $u=x+y, v=\dfrac{y}{x+y}$，则 $x=u-uv, y=uv$，在此变换下区域 D 的边界对应变为 D' 的边界，即 $x+y=1 \leftrightarrow u=1, y=0 \leftrightarrow v=0, x=0 \leftrightarrow v=1$ 与 $u=0$，如图 7-54 所示.

$$D'=\{(u,v) \mid 0 \leqslant u \leqslant 1, 0 \leqslant v \leqslant 1\}.$$

$$J=J(u,v)=\frac{\partial(x,y)}{\partial(u,v)}=\begin{vmatrix} \dfrac{\partial x}{\partial u} & \dfrac{\partial x}{\partial v} \\ \dfrac{\partial y}{\partial u} & \dfrac{\partial y}{\partial v} \end{vmatrix}=\begin{vmatrix} 1-v & -u \\ v & u \end{vmatrix}$$

$$=u(1-v)+uv=u.$$

$$I=\iint_D \mathrm{e}^{\frac{y}{x+y}} \mathrm{d}x\mathrm{d}y=\iint_{D'} \mathrm{e}^{v} \cdot u\mathrm{d}u\mathrm{d}v$$

$$=\int_0^1 u\mathrm{d}u \int_0^1 \mathrm{e}^{v}\mathrm{d}v=\frac{1}{2}(\mathrm{e}-1).$$ □

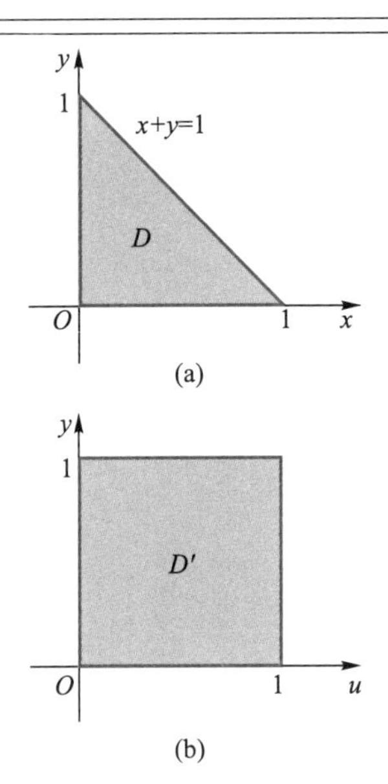

图 7-54 例 11 的积分区域

同步训练 3

计算 $I=\iint_D \cos\dfrac{y-x}{y+x}\mathrm{d}x\mathrm{d}y$，其中 D 是以点 $(1,0),(2,0),(0,2),(0,1)$ 为顶点的梯形闭区域.

同步训练 4

求由曲面 $z=x^2+y^2$ 及 $z=1$ 围成的立体的体积.

3. 利用二重积分计算立体的体积

例 12　求由平面 $z=0, z=x$ 和柱面 $y^2=2-x$ 围成的立体的体积.

解　设立体的曲顶方程是 $z=x$（斜平面顶），底是由曲线 $y^2=2-x$ 和直线 $x=0$（平面 $z=x$ 与 xy 平面的交线，令 $z=0$，得到 $x=0$）围成. 立体如图 7-55(a) 所示，积分区域 D 如图 7-55(b) 所示. 于是，立体的体积为

$$V=\iint_D x\mathrm{d}x\mathrm{d}y=\int_{-\sqrt{2}}^{\sqrt{2}}\mathrm{d}y\int_0^{2-y^2}x\mathrm{d}x$$

$$=\int_{-\sqrt{2}}^{\sqrt{2}}\frac{1}{2}(2-y^2)^2\mathrm{d}y=\frac{32\sqrt{2}}{15}.$$ □

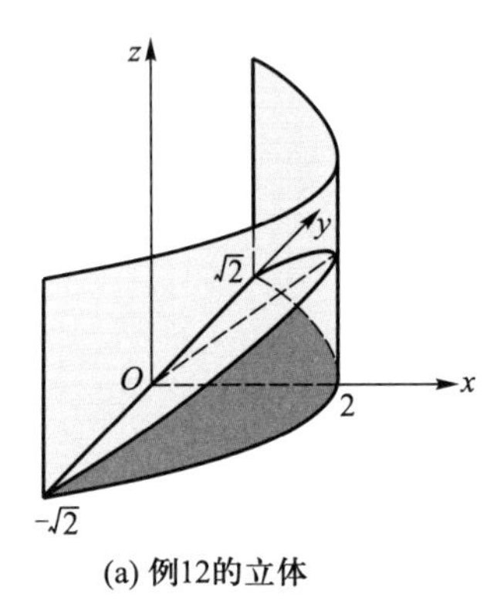

图 7-55 例 12 的图形

习题七 A

［基础练习］

1. 求下列函数的定义域:

(1) $z=\dfrac{\sqrt{1-x^2-y^2}}{x+y}$;

(2) $z=\arcsin\dfrac{x^2+y^2}{4}$;

(3) $z=\sqrt{\sqrt{y}-x}$;

(4) $z=\ln(1-|x|-|y|)$.

2. 设 $f\left(x+y,\dfrac{y}{x}\right)=x^2-y^2$,求 $f(x,y)$.

3. 判别二元函数 $z=\ln(x^2-y^2)$ 与 $z=\ln(x+y)+\ln(x-y)$ 是否为同一函数,并说明理由.

4. 计算下列二元函数的极限:

(1) $\lim\limits_{(x,y)\to(0,1)}\dfrac{1-xy}{x^2+3y^2}$;

(2) $\lim\limits_{(x,y)\to(0,0)}\dfrac{2-\sqrt{xy+4}}{xy}$;

(3) $\lim\limits_{(x,y)\to(0,0)}(x^2+y^2)\sin\dfrac{1}{x^2+y^2}$;

(4) $\lim\limits_{(x,y)\to(0,0)}(x^2+y^2)^{x^2+y^2}$;

(5) $\lim\limits_{(x,y)\to(0,0)}\dfrac{xy}{\sqrt{x^2+y^2}}$;

(6) $\lim\limits_{(x,y)\to(0,0)}\dfrac{x+y}{x-y}$.

5. 计算下列函数在给定点处的偏导数:

(1) $z=x^4+y^2-xy$,求 $z'_x|_{(1,2)}$, $z'_y|_{(1,2)}$;

(2) $z=\ln\left(1+\dfrac{x}{y}\right)$,求 $z'_x|_{(1,1)}$, $z'_y|_{(1,1)}$;

(3) $z=e^{xy}+\cos x^2y$,求 $z'_x|_{(1,3)}$, $z'_y|_{(1,3)}$;

(4) $u=\sqrt{\sin^2x+\sin^2y+\sin^2z}$,求 $u'_z|_{(0,0,\frac{\pi}{4})}$.

6. 求下列函数的一阶偏导数:

(1) $z=x^3e^y+(x-1)\arctan\dfrac{y}{x}$;

(2) $z=x\ln(xy)$;

(3) $z=\arccos\sqrt{\dfrac{x+y}{x^2y^2}}$;

(4) $z=e^{\frac{x}{y^3}}$;

(5) $z=x^{\ln y}$;

(6) $z=(x^2+y^2)^{\sin(xy)}$;

(7) $u=e^{x^2yz^3}$;

(8) $u=(xy)^z$;

(9) $u=e^{\sin xy}\cos(yz)$.

7. 设 $z=x^y\cdot y^x$,证明:

$$x\frac{\partial z}{\partial x}+y\frac{\partial z}{\partial y}=z(x+y+\ln z).$$

8. 求下列函数的二阶偏导数:

(1) 设 $z=x^3y+5x^2y^3$,求 $\dfrac{\partial^2 z}{\partial x^2}$, $\dfrac{\partial^2 z}{\partial x\partial y}$;

(2) 设 $z=(\cos y+y\sin x)e^x$,求 $\dfrac{\partial^2 z}{\partial x\partial y}$, $\dfrac{\partial^2 z}{\partial y^2}$.

9. 求下列函数的全微分:

(1) $z=\sqrt{\dfrac{ax-by}{ax+by}}$;

(2) $z=\ln(xy)$;

(3) $z=\arcsin(x^2y)$;

(4) $z=e^{x^2+y^2}$;

(5) $u=x^2y+y^2z+z^2x$;

(6) $u=x\sin(yz)$.

10. 求下列函数在给定条件下的全微分之值:

(1) $z=\dfrac{x^2}{y}$, $x=2$, $\Delta x=0.1$, $y=1$, $\Delta y=-0.2$;

(2) $u=x^2y^3z^4$, $x=1$, $\Delta x=0.05$, $y=1$, $\Delta y=-0.1$, $z=3$, $\Delta z=0.01$.

11. 利用全微分计算下列各式的近似值:

(1) $1.01^{2.03}$;

(2) $\ln(\sqrt[3]{1.03}+\sqrt[4]{0.98}-1)$.

12. 求下列复合函数的(偏)导数:

(1) $z=x^2\ln y, y=\sqrt{x}$;

(2) $u=e^{2x}(y+z), y=\sin x, z=2\cos x$;

(3) $z=ue^{\frac{u}{v}}, u=x^2+y^2, v=xy$;

(4) $z=(x+y)^{xy}$.

13. 求下列方程所确定的隐函数的导数或偏导数:

(1) $\sin(xy)=x^2+y^2+e^{xy}$;

(2) $xy+\sqrt{x}-y=0$;

(3) $xe^x-ye^y=ze^z$;

(4) $z=\ln(xyz)$.

14. 设函数 $z=f(x,y)$ 满足 $x^2+y^2+z^2=xf\left(\dfrac{y}{x}\right)$,其中$f(u)$为可微函数,求$\dfrac{\partial z}{\partial x}, \dfrac{\partial z}{\partial y}$.

15. 设方程$f\left(\dfrac{y}{z}, \dfrac{z}{x}\right)=0$ 确定 z 是 x,y 的函数,$f'_u\neq 0, f'_v\neq 0$,求证:$x\dfrac{\partial z}{\partial x}+y\dfrac{\partial z}{\partial y}=z$.

16. 求下列隐函数 $z=z(x,y)$ 的全微分:

(1) $3\sin(x+2y+z)=x+2y+z$;

(2) $\dfrac{z}{x}=\ln\dfrac{x}{y}$.

17. 求下列函数的极值:

(1) $z=x^3-4x^2+2xy-y^2$;

(2) $z=x^2+y^2-2\ln x-2\ln y$.

*18. 结合函数图形,求下列二元函数在给定条件下的条件极值:

(1) $z=x^2+y^2, \dfrac{x}{a}+\dfrac{y}{b}=1$;

(2) $z=2x+y, x^2+4y^2=1$.

19. 某厂家生产的一种产品同时在两个市场销售,售价分别为 p_1 和 p_2,销量分别为 Q_1 和 Q_2,需求函数分别为 $Q_1=24-0.2p_1$ 和 $Q_2=10-0.05p_2$,总成本函数为 $C=35+40(Q_1+Q_2)$,试问:厂家如何确定两个市场的产品售价,能使其获得的总利润最大?最大利润是多少?

20. 将周长为 $2p$ 的矩形绕它的一边旋转得一圆柱体,问矩形的边长各为多少时,所得圆柱体的体积为最大?

21. 求斜边之长为 l 的一切直角三角形中,有最大周长的直角三角形.

22. 两种商品的需求量分别为 x 与 y,相应的价格分别为 p 和 q,已知 $x=1-p+2q, y=11+p-3q$,而两种商品的联合成本为 $C(x,y)=4x+y$,试求两种商品获得最大利润时的需求量与相应的价格.

23. 某厂生产甲、乙两种产品,当产量分别为 x,y (kg)时,其利润函数为 $L(x,y)=-x^2-4y^2+8x+24y-15$. 假设生产两种产品每千克都要消耗原料 2 000 kg.

(1) 如果原料足够用,求获得最大利润时的产量 x,y 和最大利润;

(2) 如果原料只有 12 000 kg,求这时的最大利润及获最大利润时的产量.

24. 交换下列累次积分的积分次序:

(1) $\int_0^1 dy\int_y^{\sqrt{y}} f(x,y)dx$;

(2) $\int_0^1 dx\int_0^{x^2} f(x,y)dy+\int_1^3 dx\int_0^{(3-x)/2} f(x,y)dy$.

25. 计算下列二重积分:

(1) $\iint\limits_D \sqrt{x}y\,dxdy$,其中 D 是由直线 $y=x, y=2x, x=4$ 围成的区域;

(2) $\iint\limits_D (x^2+y^2-y)dxdy$,其中 D 是由直线 $y=x, y=x+1, y=1$ 及 $y=3$ 围成的区域;

(3) $\iint\limits_D ye^{xy}d\sigma$,其中 D 是由 $y=\ln 2, y=\ln 3, x=2, x=4$ 围成的区域;

(4) $\iint\limits_D x\cos(2xy)dxdy$,其中

$D=\left\{(x,y)\,\middle|\,0\leqslant x\leqslant \frac{\pi}{4},-1\leqslant y\leqslant 1\right\}$；

（5）$\iint\limits_D \mathrm{e}^{x+y}\,\mathrm{d}\sigma$，其中 $D=\{(x,y)\mid |x|+|y|\leqslant 1\}$；

（6）$\iint\limits_D |\sin(x-y)|\,\mathrm{d}\sigma$，其中 $D=\{(x,y)\mid 0\leqslant x\leqslant y\leqslant \pi\}$；

（7）$\iint\limits_D (x^2+y)\,\mathrm{d}x\mathrm{d}y$，其中 D 是由抛物线 $y=x^2$ 和 $y^2=x$ 围成的区域；

（8）$\iint\limits_D xy\,\mathrm{d}\sigma$，其中 D 是单位圆 $x^2+y^2\leqslant 1$ 在第一象限的部分；

（9）$\iint\limits_D \sin(x^2+y^2)\,\mathrm{d}x\mathrm{d}y$，其中 $D=\{(x,y)\mid \pi^2\leqslant x^2+y^2\leqslant 4\pi^2\}$；

（10）$\iint\limits_D \frac{xy}{x^2+y^2}\mathrm{d}\sigma$，其中 $D=\{(x,y)\mid y\geqslant x,1\leqslant x^2+y^2\leqslant 2\}$；

（11）$\iint\limits_D (4-x-y)\,\mathrm{d}\sigma$，其中 D 是圆域 $x^2+y^2\leqslant 2y$；

（12）$\iint\limits_D \frac{1-x^2-y^2}{1+x^2+y^2}\mathrm{d}\sigma$，其中 D 为 $x^2+y^2=1,x=0$ 和 $y=0$ 围成的区域在第一象限的部分.

26. 利用二重积分计算下列曲线所围成区域的面积：

（1）$y=\sin x,y=\cos x,x=0$（第一象限部分）；

（2）$y=x,y=3-x,xy=2$ 位于直线 $y=x$ 下方的部分.

27. 利用二重积分计算下列曲面所围成的立体的体积：

（1）$x+y+z=3,x^2+y^2=1,z=0$；

（2）$z=1+x+y,z=0,x+y=1,x=0,y=0$.

B ［扩展练习］

1. 已知 $f\left(\frac{y}{x},\sqrt{xy}\right)=\frac{x^3-2xy^2\sqrt{xy}+3xy^4}{y^3}$，试求 $f(x,y)$，$f\left(\frac{1}{x},\frac{2}{y}\right)$.

2. 计算极限 $\lim\limits_{(x,y)\to(\infty,a)}\left(1+\frac{1}{x}\right)^{\frac{x^2}{x+y}}$.

3. 设函数 $z=[\sin(xy)]^{\cos(xy)}$，用取对数求导法求其偏导数 $\frac{\partial z}{\partial x},\frac{\partial z}{\partial y}$.

4. 设函数 $f(x,y)=\begin{cases} xy\dfrac{x^2-y^2}{x^2+y^2}, & x^2+y^2\neq 0,\\ 0, & x^2+y^2=0,\end{cases}$

（1）求 $f''_{xy}(0,0)$，$f''_{yx}(0,0)$；

（2）$f''_{xy}(0,0)$ 与 $f''_{yx}(0,0)$ 是否相等，为什么？

5. 设 $u=f(x,y,z)$ 有连续的一阶偏导数，又函数 $y=y(x)$，$z=z(x)$ 分别由下列两式确定：

$$\mathrm{e}^{xy}-xy=2,\quad \mathrm{e}^x=\int_0^{x-z}\frac{\sin t}{t}\mathrm{d}t,$$

求 $\frac{\mathrm{d}u}{\mathrm{d}x}$.

6. 设 $z=f(x^2y^2+x^2+y^3)$，其中 $f(u)$ 具有二阶导数，求 $\frac{\partial z}{\partial x},\frac{\partial z}{\partial y},\frac{\partial^2 z}{\partial x^2}$.

7. 求函数 $f(x,y)=x^2+12xy+2y^2$ 在闭区域 $4x^2+y^2\leqslant 25$ 上的最大值和最小值.

8. 交换累次积分 $I=\int_0^3\mathrm{d}x\int_{\sqrt{3x}}^{x^2-2x}f(x,y)\,\mathrm{d}y$ 的积分次序.

9. 计算二重积分 $\iint\limits_{D}\ln(1+x^2+y^2)\mathrm{d}x\mathrm{d}y$，其中 $D=\{(x,y)\mid x^2+y^2\leqslant 4,x\geqslant 0,y\geqslant 0\}$.

10. 计算二重积分 $I=\iint\limits_{D}f(x,y)\mathrm{d}x\mathrm{d}y$，其中

$$f(x,y)=\begin{cases}x^2y, & 1\leqslant x\leqslant 2,0\leqslant y\leqslant x,\\ 0, & 其他,\end{cases}$$

$D=\{(x,y)\mid x^2+y^2\geqslant 2x\}$.

11. 设积分区域 $D=\{(x,y)\mid x^2+y^2\leqslant k^2,k>0\}$，求 k 的值，使得二重积分 $\iint\limits_{D}\sqrt{k^2-x^2-y^2}\,\mathrm{d}x\mathrm{d}y=\pi$.

12. 计算二重积分 $\iint\limits_{D}\sqrt{xy-y^2}\,\mathrm{d}x\mathrm{d}y$，其中 D 是以 $O(0,0)$，$A(10,1)$ 和 $B(1,1)$ 为顶点的三角形区域.

13. 设 $f(x)$ 在区间 $[0,1]$ 上连续，证明：

$$\int_0^1 f(x)\mathrm{d}x\int_x^1 f(y)\mathrm{d}y=\frac{1}{2}\left(\int_0^1 f(x)\mathrm{d}x\right)^2.$$

C ［测试练习］

1. 选择题（每小题 2 分，共 24 分）

（1）过点 $(1,-1,1)$ 的曲面方程为（　　）.

A. $x^2+y^2-2z=0$　　B. $x^2-y^2=z$

C. $x^2+y^2=1$　　D. $z=\ln(x^2+y^2)$

（2）函数 $z=\dfrac{1}{\ln(x+y)}$ 的定义域为（　　）.

A. $x+y>0$

B. $x+y\neq 0$

C. $x+y\neq 1$

D. $x+y>0$ 且 $x+y\neq 1$

（3）设函数 $z=f(x,y)=\dfrac{xy}{x^2+y^2}$，则下列各式中正确的有（　　）.

A. $f\left(1,\dfrac{1}{x}\right)=f(x,y)$

B. $f\left(1,\dfrac{x}{y}\right)=f(x,y)$

C. $f\left(x,\dfrac{1}{y}\right)=f(x,y)$

D. $f(x+y,x-y)=f(x,y)$

（4）下列点中是二元函数 $z=x^3-y^3+3x^2+3y^2-9x$ 的驻点的为（　　）.

A. $(1,-1)$　　B. $(1,-2)$

C. $(-3,0)$　　D. $(3,2)$

（5）下列点中是二元函数 $z=x^3-y^3+3x^2+3y^2-9x$ 的极小值点的为（　　）.

A. $(1,0)$　　B. $(1,-2)$

C. $(-3,0)$　　D. $(3,2)$

（6）设函数 $f(x,y)$ 在点 (x_0,y_0) 处存在偏导数 $f'_x(x_0,y_0)=f'_y(x_0,y_0)=0$，则 $f(x,y)$ 在 (x_0,y_0) 处（　　）.

A. 连续　　B. 可微

C. 有极值　　D. 可能有极值

（7）已知函数 $z=f(x+y,x-y)=x^2-y^2$，则 $\dfrac{\partial f}{\partial x}+\dfrac{\partial f}{\partial y}=$（　　）.

A. $2x-2y$　　B. $2x+2y$

C. $x+y$　　D. $x-y$

（8）已知 $z=\mathrm{e}^{2x}(x+y^2+2y)$，则下列说法正确的是（　　）.

A. 点 $\left(\dfrac{1}{2},-1\right)$ 是函数的驻点，但不是极值点

B. 点 $\left(\dfrac{1}{2},-1\right)$ 是函数的驻点且是极小值点

C. 点 $\left(\dfrac{1}{2},-1\right)$ 不是函数的驻点

D. 点$\left(\frac{1}{2},-1\right)$是函数的极大值点

(9) 设 $I_1=\iint\limits_D[\ln(x+y)]^7\mathrm{d}x\mathrm{d}y$, $I_2=\iint\limits_D(x+y)^7\mathrm{d}x\mathrm{d}y$, $I_3=\iint\limits_D\sin^7(x+y)\mathrm{d}x\mathrm{d}y$, 其中 D 是由 $x=0,y=0,x+y=\frac{1}{2}$ 以及 $x+y=1$ 围成的区域,则 I_1,I_2,I_3 的大小顺序是(　　).

A. $I_1<I_2<I_3$

B. $I_3<I_2<I_1$

C. $I_1<I_3<I_2$

D. $I_3<I_1<I_2$

(10) 设区域 $D=\{(x,y)\mid x^2+y^2\leqslant 2ax\}$,其中 $a>0$,则 $\iint\limits_D(x^2+y^2)\mathrm{d}x\mathrm{d}y=$(　　).

A. $\int_0^{2a}\mathrm{d}x\int_{-\sqrt{2ax-x^2}}^{\sqrt{2ax-x^2}}(x^2+y^2)\mathrm{d}y$

B. $\int_{-a}^{a}\mathrm{d}y\int_0^{2a}(x^2+y^2)\mathrm{d}x$

C. $\int_0^{\frac{\pi}{2}}\mathrm{d}\theta\int_0^{2a\cos\theta}r^2\mathrm{d}r$

D. $\int_{-\frac{\pi}{2}}^{\frac{\pi}{2}}\mathrm{d}\theta\int_0^{2a\cos\theta}r^3\mathrm{d}r$

(11) $\int_0^1\mathrm{d}x\int_0^{1-x}f(x,y)\mathrm{d}y=$(　　).

A. $\int_0^{1-x}\mathrm{d}y\int_0^1 f(x,y)\mathrm{d}x$

B. $\int_0^1\mathrm{d}y\int_0^{1-x}f(x,y)\mathrm{d}x$

C. $\int_0^1\mathrm{d}y\int_0^1 f(x,y)\mathrm{d}x$

D. $\int_0^1\mathrm{d}y\int_0^{1-y}f(x,y)\mathrm{d}x$

(12) 设 $D=\{(x,y)\mid x^2+y^2\leqslant a^2\}$,当 $a=$(　　)时, $\iint\limits_D\sqrt{a^2-x^2-y^2}\,\mathrm{d}x\mathrm{d}y=\pi$.

A. 1　　　　B. $\sqrt[3]{\frac{3}{2}}$

C. $\sqrt[3]{\frac{3}{4}}$　　　　D. $\sqrt[3]{\frac{1}{2}}$

2. 填空题(每小题 3 分,共 18 分)

(1) 在空间直角坐标系中,点$(-1,-1,-1)$与点$(1,-3,-1)$的距离为________.

(2) 设 $f(u,v,w)=(u-v)^w+w^{u+v}$,则 $f(x+y,x-y,xy)=$________.

(3) 设 $z=\ln(x^2+y^2)$,当 $x=2,y=1,\Delta x=0.1,\Delta y=-0.1$ 时,全微分 $\mathrm{d}z$ 的值为________.

(4) 函数 $z=4(x-y)-x^2-y^2$ 的极值为________.

(5) 交换累次积分 $\int_0^1\mathrm{d}x\int_x^1\mathrm{e}^{-y^2}\mathrm{d}y$ 的积分次序为________.

(6) 由曲线 $y=x^2,y=x+2$ 围成的平面图形的面积为________.

3. 计算题(共 44 分)

(1) (8 分)设函数 $z=\mathrm{e}^x\ln\sqrt{x^2+y^2}$,求 z'_x,z'_y.

(2) (8 分)求由方程 $x+2y+z-2\sqrt{xyz}=0$ 确定的隐函数的偏导数 z'_x,z'_y.

(3) (8 分)设 $z=f(x^2+y^2)$ 且 $f(u)$ 可微,求 $\frac{\partial^2 z}{\partial x^2}$.

(4) (10 分)计算二重积分 $\iint\limits_D\frac{\sin x}{x}\mathrm{d}x\mathrm{d}y$,其中 D 是由直线 $y=x$ 及抛物线 $y=x^2$ 围成的区域.

(5) (10 分)计算二重积分 $\iint\limits_D xy\mathrm{d}x\mathrm{d}y$,其中 $D=\{(x,y)\mid x\geqslant 0,x^2+y^2\geqslant 1,x^2+y^2\leqslant 2y\}$.

4. 应用题(共 14 分)

(1) (6 分)求 $\sqrt{1.02^3+1.97^3}$ 的近似值.

(2) (8 分)欲围一个面积为 60 m² 的矩形场地,正面所用材料每米造价 10 元,其余面每米造价 5 元.求场地长、宽各为多少时,所用材料费用最省?

参考答案 A

[基础练习]

1. (1) $D=\{(x,y)\mid x^2+y^2\leqslant 1, x+y\neq 0\}$;

(2) $D=\{(x,y)\mid x^2+y^2\leqslant 4\}$;

(3) $D=\{(x,y)\mid \sqrt{y}\geqslant x, y\geqslant 0\}$;

(4) $D=\{(x,y)\mid |x|+|y|<1\}$.

2. $f(x,y)=\dfrac{x^2(1-y)}{1+y}$.

3. 否,因为两函数的定义域不同.

4. (1) $\dfrac{1}{3}$; (2) $-\dfrac{1}{4}$; (3) 0; (4) 1;

(5) 0; (6) 不存在.

5. (1) 2,3; (2) $\dfrac{1}{2},-\dfrac{1}{2}$;

(3) $3e^3-6\sin 3, e^3-\sin 3$; (4) $\dfrac{\sqrt{2}}{2}$.

6. (1) $\dfrac{\partial z}{\partial x}=3x^2e^y+\arctan\dfrac{y}{x}+\dfrac{y(1-x)}{x^2+y^2}$,

$\dfrac{\partial z}{\partial y}=x^3e^y+\dfrac{x(x-1)}{x^2+y^2}$;

(2) $\dfrac{\partial z}{\partial x}=1+\ln(xy)$, $\dfrac{\partial z}{\partial y}=\dfrac{x}{y}$;

(3) $\dfrac{\partial z}{\partial x}=\dfrac{x+2y}{2x\sqrt{(x^2y^2-x-y)(x+y)}}$,

$\dfrac{\partial z}{\partial y}=\dfrac{2x+y}{2y\sqrt{(x^2y^2-x-y)(x+y)}}$;

(4) $\dfrac{\partial z}{\partial x}=\dfrac{1}{y^3}e^{\frac{x}{y^3}}$, $\dfrac{\partial z}{\partial y}=-\dfrac{3x}{y^4}e^{\frac{x}{y^3}}$;

(5) $\dfrac{\partial z}{\partial x}=x^{\ln y-1}\cdot\ln y$, $\dfrac{\partial z}{\partial y}=\dfrac{1}{y}x^{\ln y}\cdot\ln x$;

(6) $\dfrac{\partial z}{\partial x}=(x^2+y^2)^{\sin(xy)}\left[y\cos(xy)\cdot\ln(x^2+y^2)+\sin(xy)\dfrac{2x}{x^2+y^2}\right]$,

$\dfrac{\partial z}{\partial y}=(x^2+y^2)^{\sin(xy)}\left[x\cos(xy)\cdot\ln(x^2+y^2)+\sin(xy)\dfrac{2y}{x^2+y^2}\right]$;

(7) $\dfrac{\partial u}{\partial x}=e^{x^2yz^3}\cdot 2xyz^3$, $\dfrac{\partial u}{\partial y}=e^{x^2yz^3}\cdot x^2z^3$,

$\dfrac{\partial u}{\partial z}=e^{x^2yz^3}\cdot 3x^2yz^2$;

(8) $\dfrac{\partial u}{\partial x}=yz(xy)^{z-1}$, $\dfrac{\partial u}{\partial y}=xz(xy)^{z-1}$,

$\dfrac{\partial u}{\partial z}=(xy)^z\ln(xy)$;

(9) $\dfrac{\partial u}{\partial x}=y\cos(xy)e^{\sin xy}\cos(yz)$,

$\dfrac{\partial u}{\partial y}=e^{\sin xy}[x\cos(xy)\cos(yz)-z\sin(yz)]$,

$\dfrac{\partial u}{\partial z}=-ye^{\sin xy}\sin(yz)$.

7. 略.

8. (1) $\dfrac{\partial^2 z}{\partial x^2}=6xy+10y^3$, $\dfrac{\partial^2 z}{\partial x\partial y}=3x^2+30xy^2$;

(2) $\dfrac{\partial^2 z}{\partial x\partial y}=e^x(\cos x+\sin x-\sin y)$,

$\dfrac{\partial^2 z}{\partial y^2}=-e^x\cos y$.

9. (1) $dz=\dfrac{abydx-abxdy}{\sqrt{(ax-by)(ax+by)^3}}$;

(2) $dz=\dfrac{1}{x}dx+\dfrac{1}{y}dy$;

(3) $dz=\dfrac{x}{\sqrt{1-x^4y^2}}(2ydx+xdy)$;

(4) $dz=2z(xdx+ydy)$;

(5) $du=(2xy+z^2)dx+(2yz+x^2)dy+(2zx+y^2)dz$;

(6) $du=\sin(yz)dx+xz\cos(yz)dy+xy\cos(yz)dz$.

10. (1) 1.2; (2) −15.12.

11. (1) 1.02; (2) 0.005.

12. (1) $\dfrac{dz}{dx}=2x\ln y+\dfrac{x^{\frac{3}{2}}}{2y}$;

(2) $\dfrac{du}{dx}=e^{2x}(2y+2z+\cos x-2\sin x)$;

(3) $\frac{\partial z}{\partial x}=\left[2x\left(1+\frac{u}{v}\right)-\frac{yu^2}{v^2}\right]\cdot e^{\frac{u}{v}}$,

$\frac{\partial z}{\partial y}=\left[2y\left(1+\frac{u}{v}\right)-\frac{xu^2}{v^2}\right]\cdot e^{\frac{u}{v}}$;

(4) $\frac{\partial z}{\partial x}=xy(x+y)^{xy-1}+y(x+y)^{xy}\ln(x+y)$,

$\frac{\partial z}{\partial y}=xy(x+y)^{xy-1}+x(x+y)^{xy}\ln(x+y)$.

13. (1) $\frac{dy}{dx}=\frac{2x+ye^{xy}-y\cos(xy)}{x\cos(xy)-2y-xe^{xy}}$;

(2) $\frac{dy}{dx}=\frac{y+\frac{1}{2\sqrt{x}}}{1-x}$;

(3) $\frac{\partial z}{\partial x}=\frac{x+1}{z+1}e^{x-z}$, $\frac{\partial z}{\partial y}=-\frac{y+1}{z+1}e^{y-z}$;

(4) $\frac{\partial z}{\partial x}=\frac{z}{xz-x}$, $\frac{\partial z}{\partial y}=\frac{z}{yz-y}$.

14. $\frac{\partial z}{\partial x}=\frac{f\left(\frac{y}{x}\right)-f'\left(\frac{y}{x}\right)\cdot\frac{y}{x}-2x}{2z}$,

$\frac{\partial z}{\partial y}=\frac{f'\left(\frac{y}{x}\right)-2y}{2z}$.

15. 略.

16. (1) $dz=-dx-2dy$;

(2) $dz=\left(1+\frac{z}{x}\right)dx-\frac{x}{y}dy$.

17. (1) 极大值 $z(0,0)=0$;

(2) 极小值 $z(1,1)=2$.

*18. (1) 极小值 $z\left(\frac{ab^2}{a^2+b^2},\frac{a^2b}{a^2+b^2}\right)=\frac{a^2b^2}{a^2+b^2}$;

(2) 极大值 $z\left(\frac{4}{\sqrt{17}},\frac{1}{2\sqrt{17}}\right)=\frac{\sqrt{17}}{2}$,极小值 $z\left(-\frac{4}{\sqrt{17}},-\frac{1}{2\sqrt{17}}\right)=-\frac{\sqrt{17}}{2}$.

19. 价格分别为 80 和 120 时,可获得最大利润 605.

20. $\frac{1}{3}p$, $\frac{2}{3}p$.

21. 直角边为 $\frac{\sqrt{2}}{2}l$ 的等腰直角三角形.

22. 需求量 $x=3,y=1$,相应的价格 $p=14,q=8$.

23. (1) $L(4,3)=37$;

(2) 最大利润为 36.2 个单位,此时甲乙的产量分别为 3.2 kg 和 2.8 kg.

24. (1) $\int_0^1 dx\int_{x^2}^{x}f(x,y)dy$;

(2) $\int_0^1 dy\int_{\sqrt{y}}^{3-2y}f(x,y)dx$.

25. (1) $\frac{384}{7}$; (2) 10; (3) $\frac{55}{4}$; (4) $\frac{1}{2}$;

(5) $e-e^{-1}$; (6) π; (7) $\frac{33}{140}$;

(8) $\frac{1}{8}$; (9) $\pi(\cos\pi^2-\cos 4\pi^2)$;

(10) 0; (11) 3π; (12) $\frac{\pi}{2}\left(\ln 2-\frac{1}{2}\right)$.

26. (1) $\sqrt{2}-1$; (2) $\frac{3}{4}-\ln 2$.

27. (1) 3π; (2) $\frac{5}{6}$.

B [扩展练习]

1. $f(x,y)=\frac{1-2x^2y+3x^3y^2}{x^3}$,$f\left(\frac{1}{x},\frac{2}{y}\right)=x^3-\frac{4x}{y}+\frac{12}{y^2}$.

2. e.

3. $\frac{\partial z}{\partial x}=[\sin(xy)]^{\cos(xy)}y\left[\frac{\cos^2(xy)}{\sin(xy)}-\sin(xy)\cdot\ln\sin(xy)\right]$,

$\frac{\partial z}{\partial y}=[\sin(xy)]^{\cos(xy)}x\left[\frac{\cos^2(xy)}{\sin(xy)}-\sin(xy)\cdot\right.$

$\ln\sin(xy)\Big]$.

4. (1) $-1,1$; (2) 不相等,关于二阶混合偏导数,只要当$f''_{xy}(x,y)$与$f''_{yx}(x,y)$在点(x_0,y_0)处连续时,才有$f''_{xy}(x_0,y_0)=f''_{yx}(x_0,y_0)$.

5. $\dfrac{\mathrm{d}u}{\mathrm{d}x}=f'_x-\dfrac{y}{x}f'_y+\left[1-\dfrac{\mathrm{e}^x(x-z)}{\sin(x-z)}\right]f'_z$.

6. $\dfrac{\partial z}{\partial x}=f'(x^2y^2+x^2+y^3)\cdot(2xy^2+2x)$,

$\dfrac{\partial z}{\partial y}=f'(x^2y^2+x^2+y^3)\cdot(2x^2y+3y^2)$,

$\dfrac{\partial^2 z}{\partial x^2}=f''(x^2y^2+x^2+y^3)\cdot(2xy^2+2x)^2+f'(x^2y^2+x^2+y^3)(2y^2+2)$.

7. 最大值为$\dfrac{425}{4}$,最小值为-50.

8. $I=-\left(\int_{-1}^{0}\mathrm{d}y\int_{1-\sqrt{1+y}}^{1+\sqrt{1+y}}f(x,y)\,\mathrm{d}x+\int_{0}^{3}\mathrm{d}y\int_{y^2/3}^{1+\sqrt{1+y}}f(x,y)\,\mathrm{d}x\right)$.

9. $\dfrac{\pi}{4}(5\ln 5-4)$.

10. $\dfrac{49}{20}$.

11. $\sqrt[3]{\dfrac{3}{2}}$.

12. 6.

13. 略.

C

[测试练习]

1. (1) A; (2) D; (3) B; (4) C;
(5) A; (6) D; (7) C; (8) B;
(9) C; (10) A、D; (11) D; (12) B.

2. (1) $2\sqrt{2}$; (2) $(2y)^{xy}+(xy)^{2x}$;
(3) 0.04; (4) 8; (5) $\int_0^1\mathrm{d}y\int_0^y\mathrm{e}^{-y^2}\mathrm{d}x$;
(6) $\dfrac{9}{2}$.

3. (1) $z'_x=\mathrm{e}^x\left[\ln\sqrt{x^2+y^2}+\dfrac{x}{x^2+y^2}\right]$,

$z'_y=\dfrac{y\mathrm{e}^x}{x^2+y^2}$;

(2) $z'_x=\dfrac{yz-\sqrt{xyz}}{\sqrt{xyz}-xy}$, $z'_y=\dfrac{xz-2\sqrt{xyz}}{\sqrt{xyz}-xy}$;

(3) $2f'(x^2+y^2)+4x^2f''(x^2+y^2)$;

(4) $1-\sin1$; (5) $\dfrac{9}{16}$.

4. (1) 2.95;
(2) 长和宽各为$2\sqrt{10}$ m和$3\sqrt{10}$ m.

第七章方法总结与习题全解

第七章同步训练答案

8 第八章 级数
Chapter 8

没有任何问题可以像无穷那样深深地触动人的情感，很少有别的观念能像无穷那样激励理智，产生富有成果的思想，然而也没有任何其他的概念能像无穷那样需要加以阐明．

——希尔伯特（Hilbert）

重点难点提示：

知识点	重点	难点	教学要求
数项级数的概念及性质	•		理解
正项级数的审敛法	•	•	掌握
交错级数的审敛法	•		掌握
绝对收敛与条件收敛	•	•	掌握
函数项级数的概念			了解
幂级数及其收敛半径与收敛域	•		掌握
求幂级数的和函数		•	掌握
泰勒级数的概念		•	理解
泰勒公式	•		了解
函数的幂级数展开	•	•	掌握
幂级数的应用		•	了解

无穷级数是微积分学中一个不可缺少的部分．无穷级数的历史可以追溯到两千多年前，当时在古希腊和中国就有了模糊的级数思想，而无穷级数的真正发展是从微积分的诞生开始的．伴随着微积分的发展，许多数学家通过微积分的基本运算与级数运算的形式化结合，得到了一些初等函数幂级数展开式，这使得级数在解析运算中被普遍用来代表函数而成为微积分的有力工具．随着分析的严密化，无穷级数理论逐渐形成并推动了数学的进一步发展．本章首先讨论常数项级数，介绍无穷级数的性质、敛散性的判定等基本内容，然后再讨论函数项级数，特别是幂级数，着重讨论如何将函数展开成幂级数的问题．

§8.1 常数项级数的概念和性质

一、级数的概念

1. 级数的定义

在数量方面，人们认识事物的特性往往有一个由近似到精确的过程，在这种过程中，会遇到由有限多个到无穷多个数量相加的问题．

例如，圆的面积可以用圆内接正多边形的面积近似表示（如图8-1所示）．

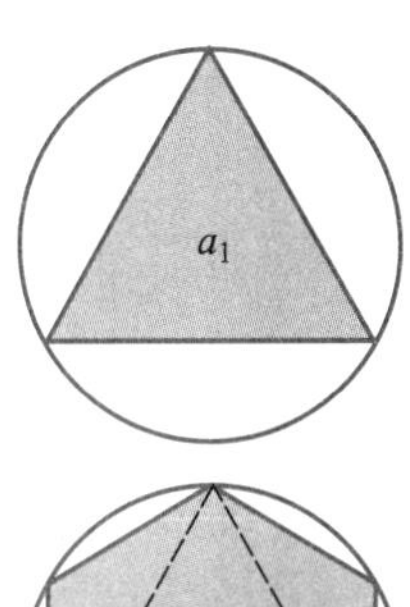

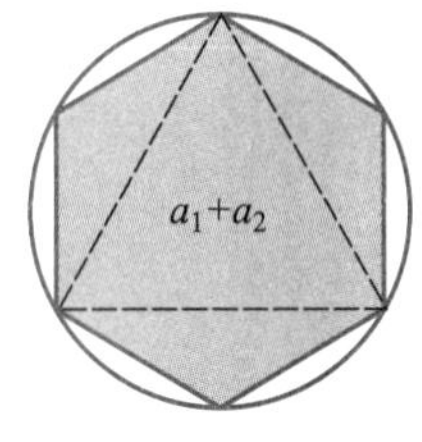

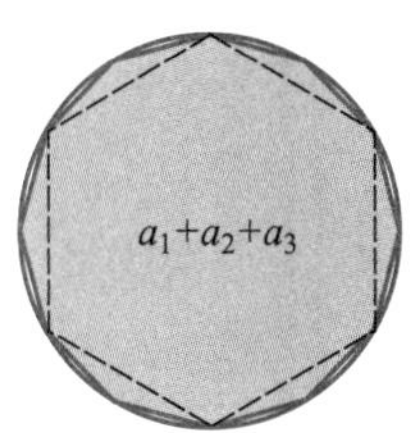

图8-1 圆面积的近似计算法

内接正三边形的面积为 a_1，内接正六边形的面积为 a_1+a_2（a_2 为3个等腰三角形的面积之和），内接正十二边形的面积为 $a_1+a_2+a_3$（a_3 为6个等腰三角形的面积之和），……，内接正 $3\times2^{n-1}$ 边形的面积为

$$a_1+a_2+a_3+a_4+\cdots+a_n=\sum_{i=1}^{n}a_i.$$

圆的面积 $A=\lim\limits_{n\to\infty}\sum\limits_{i=1}^{n}a_i=a_1+a_2+\cdots+a_n+\cdots$ 为无穷多个数量相加．

定义8.1　设已知数列 $\{u_n\}=\{u_1,u_2,u_3,\cdots,u_n,\cdots\}$，表达式

$$u_1+u_2+u_3+\cdots+u_n+\cdots$$

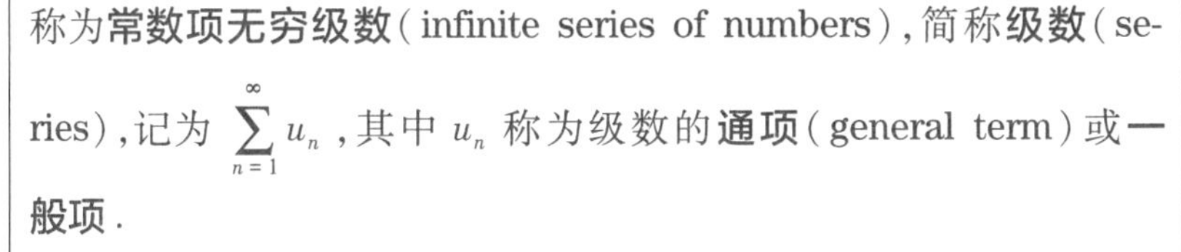

称为**常数项无穷级数**（infinite series of numbers），简称**级数**（series），记为 $\sum\limits_{n=1}^{\infty}u_n$，其中 u_n 称为级数的**通项**（general term）或**一般项**．

定义8.1中级数的每一项都是常数，后面（§8.3）还要遇到每一项都是函数的级数，那样的级数属于**函数项级数**（series of functions）．

2. 级数收敛与发散的概念

定义8.2　数项级数 $\sum\limits_{n=1}^{\infty}u_n$ 前 n 项的和 $S_n=u_1+u_2+u_3+\cdots+u_n$ 称为级数的**部分和**（partial sum of series）．

由 $S_1=u_1,S_2=u_1+u_2,S_3=u_1+u_2+u_3,\cdots,S_n=u_1+u_2+\cdots+u_n,\cdots$ 构成的数列 $\{S_n\}$ 称为对应级数的部分和数列．

注　若给定级数 $\sum\limits_{n=1}^{\infty}u_n$，则它的部分和数列 $\{S_n\}$ 就确定了；反之，若给定一个数列 $\{S_n\}$，则以它为部分和数列的级数也就确定了，且这个级数为 $S_1+(S_2-S_1)+\cdots+(S_n-S_{n-1})+\cdots$.

定义 8.3　如果级数 $\sum_{n=1}^{\infty} u_n$ 的部分和数列 $\{S_n\}$ 有极限 S，即 $\lim_{n\to\infty} S_n = S$，则称级数 $\sum_{n=1}^{\infty} u_n$ **收敛**(convergence)，极限 S 称为级数的和(sum of series)，记为 $\sum_{n=1}^{\infty} u_n = S$；如果部分和数列 $\{S_n\}$ 没有极限，则称级数 $\sum_{n=1}^{\infty} u_n$ **发散**(divergence).

注　定义 8.3 提供了一个最基本的级数敛散性的判定方法，将级数的敛散性转化为数列极限是否存在的问题，即

$$\lim_{n\to\infty} S_n \text{ 存在(不存在)} \Leftrightarrow \text{级数} \sum_{n=1}^{\infty} u_n \text{ 收敛(发散)}.$$

例 1　证明级数 $1+2+3+\cdots+n+\cdots$ 是发散的.

证明　级数的部分和 $S_n = 1+2+3+\cdots+n = \frac{1}{2}n(n+1)$，而

$$\lim_{n\to\infty} S_n = \lim_{n\to\infty} \frac{1}{2}n(n+1) = \infty,$$

所以级数发散.　□

例 2　讨论等比级数(几何级数)(geometric series)

$$\sum_{n=0}^{\infty} aq^n = a+aq+aq^2+\cdots+aq^{n-1}+\cdots(a\neq 0)$$

的敛散性.

解　当 $q\neq 1$ 时，其前 n 项和

$$S_n = a+aq+aq^2+\cdots+aq^{n-1} = a\cdot\frac{1-q^n}{1-q}.$$

若 $|q|<1$，则 $\lim_{n\to\infty} q^n = 0$，于是

$$\lim_{n\to\infty} S_n = \lim_{n\to\infty}\frac{a(1-q^n)}{1-q} = \frac{a}{1-q},$$

即当 $|q|<1$ 时等比级数收敛，且其和为 $\frac{a}{1-q}$.

若 $|q|>1$，则 $\lim_{n\to\infty} q^n = \infty$. 故当 $n\to\infty$ 时，S_n 是无穷大量，级数发散.

若 $q=1$，则级数成为 $a+a+a+\cdots$，于是 $S_n = na$，$\lim_{n\to\infty} S_n = \infty$，级数发散.

若 $q=-1$，则级数成为 $a-a+a-a+\cdots$. 当 n 为奇数时，$S_n = a$，而当 n 为偶数时，$S_n = 0$. 因此，当 $n\to\infty$ 时，S_n 无极限，所以级数发散.

综上，当 $|q|<1$ 时，级数 $\sum_{n=0}^{\infty} aq^n$ 收敛；当 $|q|\geqslant 1$ 时，级数 $\sum_{n=0}^{\infty} aq^n$ 发散.　□

同步训练 1

判别无穷级数 $\sum_{n=1}^{\infty}(-1)^n\frac{2^n}{3^{n+1}}$ 及 $\sum_{n=1}^{\infty}\frac{4^{n-1}}{3^{n+1}}$ 的敛散性.

例 3　判别无穷级数$\frac{1}{1\cdot 2}+\frac{1}{2\cdot 3}+\cdots+\frac{1}{n(n+1)}+\cdots$的敛散性.

解　级数的部分和

$$S_n=\frac{1}{1\cdot 2}+\frac{1}{2\cdot 3}+\cdots+\frac{1}{n(n+1)}$$

$$=\left(1-\frac{1}{2}\right)+\left(\frac{1}{2}-\frac{1}{3}\right)+\cdots+\left(\frac{1}{n}-\frac{1}{n+1}\right)$$

$$=1-\frac{1}{n+1},$$

$$\lim_{n\to\infty}S_n=\lim_{n\to\infty}\left(1-\frac{1}{n+1}\right)=1.$$

所以级数收敛,其和为 1.　□

例 4　判别无穷级数 $\ln\frac{2}{1}+\ln\frac{3}{2}+\ln\frac{4}{3}+\cdots+\ln\frac{n+1}{n}+\cdots$的敛散性.

解　级数的部分和

$$S_n=\ln\frac{2}{1}+\ln\frac{3}{2}+\ln\frac{4}{3}+\cdots+\ln\frac{n+1}{n}$$

$$=(\ln 2-\ln 1)+(\ln 3-\ln 2)+(\ln 4-\ln 3)+\cdots+[\ln(n+1)-\ln n]$$

$$=\ln(n+1),$$

$$\lim_{n\to\infty}S_n=\lim_{n\to\infty}\ln(n+1)=\infty,$$

所以级数发散.　□

二、级数的基本性质

由级数敛散性的定义,可得下面性质:

性质 1　若级数 $\sum_{n=1}^{\infty}u_n$ 收敛(或发散),k 为非零常数,则 $\sum_{n=1}^{\infty}ku_n$ 也收敛(或发散),且收敛时有 $\sum_{n=1}^{\infty}ku_n=k\sum_{n=1}^{\infty}u_n$.

本性质也可简述为:级数的每一项同乘一个不为零的常数后,它的敛散性不会改变.

性质 2　若已知 $\sum_{n=1}^{\infty}u_n=s,\sum_{n=1}^{\infty}v_n=\sigma$,则

$$\sum_{n=1}^{\infty}(u_n\pm v_n)=s\pm\sigma.$$

即收敛级数逐项相加(减)后所得新级数仍然收敛.

注意:

（1）若级数 $\sum\limits_{n=1}^{\infty} u_n$ 收敛，$\sum\limits_{n=1}^{\infty} v_n$ 发散，则 $\sum\limits_{n=1}^{\infty}(u_n \pm v_n)$ 必发散.

（2）若级数 $\sum\limits_{n=1}^{\infty} u_n$，$\sum\limits_{n=1}^{\infty} v_n$ 均发散，则 $\sum\limits_{n=1}^{\infty}(u_n \pm v_n)$ 可能收敛，也可能发散.

性质 3　添加、去掉或改变级数的有限项，其敛散性不变.

例如，对于级数 $\sum\limits_{n=1}^{\infty} \frac{1}{n(n+1)}$，去掉前 9 项后是 $\sum\limits_{n=10}^{\infty} \frac{1}{n(n+1)}$，改变前 3 项后是 $1+2+3+\sum\limits_{n=4}^{\infty} \frac{1}{n(n+1)}$，这两个级数与原级数 $\sum\limits_{n=1}^{\infty} \frac{1}{n(n+1)}$ 的敛散性一样.

性质 4　收敛级数中任意加括号以后所成的新级数仍然收敛，而且其和不变.

由性质 4 可得如下结论：

（1）一个级数如果添加括号后所成的新级数发散，那么原级数一定发散.

（2）加括号后所成的级数收敛，不能断定未加括号时的原级数也收敛.

例如，$\sum\limits_{n=1}^{\infty}(1-1)$ 是收敛的，但级数 $1-1+1-1+1-1+\cdots$ 发散.

性质 5（级数收敛的必要条件）　如果级数 $\sum\limits_{n=1}^{\infty} u_n$ 收敛，则它的一般项 u_n 趋于零，即级数 $\sum\limits_{n=1}^{\infty} u_n$ 收敛，必有 $\lim\limits_{n\to\infty} u_n=0$.

证明　设 $\sum\limits_{n=1}^{\infty} u_n=S$，即 $\lim\limits_{n\to\infty} S_n=S$，则 $\lim\limits_{n\to\infty} S_{n-1}=S$，所以

$\lim\limits_{n\to\infty} u_n=\lim\limits_{n\to\infty}(S_n-S_{n-1})=\lim\limits_{n\to\infty} S_n-\lim\limits_{n\to\infty} S_{n-1}=S-S=0.$

推论　若级数 $\sum\limits_{n=1}^{\infty} u_n$ 的通项 u_n 满足 $\lim\limits_{n\to\infty} u_n \neq 0$，则此级数必发散.

关于性质 5 需要注意以下几点：

（1）$\lim\limits_{n\to\infty} u_n=0$ 是级数收敛的必要条件，不是级数收敛的充分条件，例如级数 $\sum\limits_{n=1}^{\infty} \ln \frac{n+1}{n}$，它的一般项 $u_n=\ln \frac{n+1}{n} \to 0\ (n\to\infty)$，但它是发散的；

（2）常利用性质 5 的推论判别级数发散．例如级数 $\sum\limits_{n=1}^{\infty}(-1)^n$，因 $\lim\limits_{n\to\infty}(-1)^n \neq 0$，故级数 $\sum\limits_{n=1}^{\infty}(-1)^n$ 发散.

同步训练 2

利用级数的性质判别下列级数的敛散性：

（1）$\sum\limits_{n=1}^{\infty} \frac{n+1}{n}$；

（2）$\sum\limits_{n=1}^{\infty}\left(\frac{3}{2^n}-\frac{2}{3^n}\right)$.

(3) 可用它求(或验证)数列极限为0. 例如已知级数 $\sum_{n=1}^{\infty}\frac{2^n\cdot n!}{n^n}$ 收敛(后面将讲到),则利用该性质直接可得$\lim_{n\to\infty}\frac{2^n\cdot n!}{n^n}=0$.

§8.2 常数项级数的审敛法

在研究级数时,中心问题是判断级数的敛散性. 但是除了少数的级数可以用定义来判定其敛散性以外,在一般情况下,直接考察级数的部分和数列是否有极限是很困难的,因而大多数级数不能直接由定义来判断其敛散性. 这就要借助一些间接的方法来判断级数的敛散性. 常数项级数收敛或发散的判别方法统称为级数的**审敛法**,也称为级数的**敛散性判别法**. 针对级数中每项符号的不同将常数项级数分为正项级数、交错级数、任意项级数,下面分别讨论它们敛散性的判别方法.

一、正项级数及其审敛法

1. 正项级数的定义

正项级数及其收敛的充要条件

定义8.4 若级数 $\sum_{n=1}^{\infty}u_n$ 满足 $u_n\geqslant 0(n=1,2,\cdots)$,则级数 $\sum_{n=1}^{\infty}u_n$ 称为**正项级数**(series of positive terms).

2. 正项级数收敛的充要条件

设级数 $\sum_{n=1}^{\infty}u_n$ 是一个正项级数($u_n\geqslant 0$),它的部分和数列$\{S_n\}$显然是一个单调增加数列,即 $S_1\leqslant S_2\leqslant S_3\leqslant\cdots\leqslant S_n\leqslant\cdots$,从而有以下结论.

定理8.1 正项级数 $\sum_{n=1}^{\infty}u_n$ 收敛的充要条件是它的部分和数列$\{S_n\}$有上界.

推论 正项级数 $\sum_{n=1}^{\infty}u_n$ 发散的充要条件是它的部分和数列 $S_n\to+\infty\ (n\to\infty)$.

例 1　判别级数 $\sum_{n=1}^{\infty}\frac{1}{2^n+1}$ 的敛散性.

解　该级数为正项级数,又有 $\frac{1}{2^n+1}<\frac{1}{2^n}(n=1,2,\cdots)$,故当 $n\geqslant 1$ 时,有

$$S_n=\sum_{k=1}^{n}\frac{1}{2^k+1}<\sum_{k=1}^{n}\frac{1}{2^k}=\frac{\frac{1}{2}\left[1-\left(\frac{1}{2}\right)^n\right]}{1-\frac{1}{2}}=1-\frac{1}{2^n}<1,$$

即部分和数列 $\{S_n\}$ 有上界,从而级数 $\sum_{n=1}^{\infty}\frac{1}{2^n+1}$ 收敛. □

3. 正项级数 $\sum_{n=1}^{\infty}u_n$ 敛散性的比较审敛法

正项级数的比较审敛法

定理 8.2(比较审敛法)　设级数 $\sum_{n=1}^{\infty}u_n$ 和 $\sum_{n=1}^{\infty}v_n$ 均为正项级数,且 $u_n\leqslant v_n(n=1,2,\cdots)$,

(1) 若级数 $\sum_{n=1}^{\infty}v_n$ 收敛,则级数 $\sum_{n=1}^{\infty}u_n$ 也收敛;

(2) 若级数 $\sum_{n=1}^{\infty}u_n$ 发散,则级数 $\sum_{n=1}^{\infty}v_n$ 也发散.

证明　设 A_n 和 B_n 分别表示级数 $\sum_{n=1}^{\infty}u_n$ 和 $\sum_{n=1}^{\infty}v_n$ 的前 n 项和,即

$$A_n=u_1+u_2+\cdots+u_n,\quad B_n=v_1+v_2+\cdots+v_n,$$

因为 $u_n\leqslant v_n(n=1,2,\cdots)$,则 $A_n\leqslant B_n$.

(1) 因级数 $\sum_{n=1}^{\infty}v_n$ 收敛,则数列 $\{B_n\}$ 有上界,即存在正数 M,使 $B_n<M$,因而,$A_n\leqslant B_n<M$,即 $\{A_n\}$ 有上界,所以 $\sum_{n=1}^{\infty}u_n$ 收敛.

(2) 用反证法,若 $\sum_{n=1}^{\infty}v_n$ 收敛,又因 $u_n\leqslant v_n$,由(1)知 $\sum_{n=1}^{\infty}u_n$ 收敛,与题设矛盾,故 $\sum_{n=1}^{\infty}v_n$ 发散. ■

推论　设 $\sum_{n=1}^{\infty}u_n$ 和 $\sum_{n=1}^{\infty}v_n$ 都是正项级数,且存在正整数 N,使得 $n\geqslant N$ 时有 $u_n\leqslant kv_n(k>0)$ 成立,则

(1) 若级数 $\sum_{n=1}^{\infty}v_n$ 收敛,则级数 $\sum_{n=1}^{\infty}u_n$ 收敛;

(2) 若级数 $\sum_{n=1}^{\infty}u_n$ 发散,则级数 $\sum_{n=1}^{\infty}v_n$ 发散.

例 2　判别调和级数（harmonic series）$\sum_{n=1}^{\infty}\frac{1}{n}$ 的敛散性.

解　因为

$$\sum_{n=1}^{\infty}\frac{1}{n}=1+\frac{1}{2}+\frac{1}{3}+\frac{1}{4}+\frac{1}{5}+\frac{1}{6}+\frac{1}{7}+\frac{1}{8}+\cdots+\frac{1}{n}+\cdots$$

$$=\left(1+\frac{1}{2}\right)+\left(\frac{1}{3}+\frac{1}{4}\right)+\left(\frac{1}{5}+\frac{1}{6}+\frac{1}{7}+\frac{1}{8}\right)+\cdots$$

$$\geqslant\frac{1}{2}+2\cdot\frac{1}{4}+4\cdot\frac{1}{8}+\cdots=\frac{1}{2}+\frac{1}{2}+\frac{1}{2}+\cdots,$$

而级数 $\sum_{n=1}^{\infty}\frac{1}{2}$ 发散，由比较审敛法及级数的性质 4，知调和级数 $\sum_{n=1}^{\infty}\frac{1}{n}$ 发散. □

例 3　证明级数 $\sum_{n=1}^{\infty}\frac{1}{\sqrt{n(n+1)}}$ 是发散的.

证明　因为 $\frac{1}{\sqrt{n(n+1)}}>\frac{1}{n+1}$，而级数 $\sum_{n=1}^{\infty}\frac{1}{n+1}$ 发散，所以级数 $\sum_{n=1}^{\infty}\frac{1}{\sqrt{n(n+1)}}$ 发散. □

例 4　讨论 p-级数 $\sum_{n=1}^{\infty}\frac{1}{n^p}=1+\frac{1}{2^p}+\frac{1}{3^p}+\cdots+\frac{1}{n^p}+\cdots$ 的敛散性，其中 p 为常数.

解　题设级数为正项级数，分两种情况进行讨论.

(1) 当 $p\leqslant 1$ 时，$\frac{1}{n^p}\geqslant\frac{1}{n}$，由于调和级数发散，由比较审敛法（定理 8.2）可知，级数 $\sum_{n=1}^{\infty}\frac{1}{n^p}$ 发散.

(2) 当 $p>1$ 时，设 $n-1\leqslant x\leqslant n$，则有 $\frac{1}{n^p}\leqslant\frac{1}{x^p}$，如图 8-2 所示. 所以

$$\frac{1}{n^p}=\int_{n-1}^{n}\frac{1}{n^p}\mathrm{d}x\leqslant\int_{n-1}^{n}\frac{1}{x^p}\mathrm{d}x\quad(n=2,3,\cdots),$$

故 p-级数的部分和

$$S_n=1+\frac{1}{2^p}+\frac{1}{3^p}+\cdots+\frac{1}{n^p}$$

$$\leqslant 1+\int_1^2\frac{1}{x^p}\mathrm{d}x+\int_2^3\frac{1}{x^p}\mathrm{d}x+\cdots+\int_{n-1}^{n}\frac{1}{x^p}\mathrm{d}x=1+\int_1^n\frac{1}{x^p}\mathrm{d}x$$

$$=1+\frac{1}{1-p}x^{1-p}\Big|_1^n=1+\frac{1}{p-1}(1-n^{1-p})<1+\frac{1}{p-1},$$

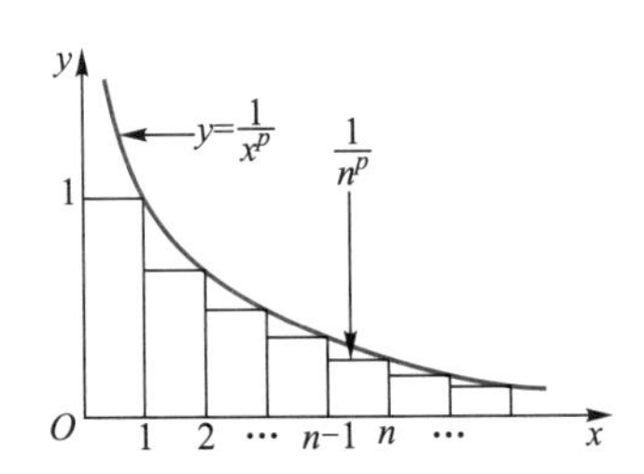

图 8-2　例 4 的图形

这说明 $\{S_n\}$ 有上界，由定理 8.1 可知，级数 $\sum\limits_{n=1}^{\infty}\frac{1}{n^p}$ 收敛.

综上，当 $p>1$ 时，p - 级数 $\sum\limits_{n=1}^{\infty}\frac{1}{n^p}$ 收敛；当 $p\leqslant 1$ 时，p - 级数 $\sum\limits_{n=1}^{\infty}\frac{1}{n^p}$ 发散. □

比较审敛法是判别正项级数敛散性的一种基本方法，虽然有用，但应用起来却有许多不便，因为它需要建立定理要求的不等式，而这种不等式常常很难建立，为此介绍在应用上比较方便的比较审敛法的极限形式.

4. 比较审敛法的极限形式

定理 8.3（比较审敛法的极限形式）　设 $\sum\limits_{n=1}^{\infty}u_n$ 和 $\sum\limits_{n=1}^{\infty}v_n$ 都是正项级数，

（1）如果 $\lim\limits_{n\to\infty}\frac{u_n}{v_n}=l(0<l<+\infty)$，则级数 $\sum\limits_{n=1}^{\infty}u_n$ 与级数 $\sum\limits_{n=1}^{\infty}v_n$ 敛散性一致.

（2）如果 $\lim\limits_{n\to\infty}\frac{u_n}{v_n}=0$，且级数 $\sum\limits_{n=1}^{\infty}v_n$ 收敛，则级数 $\sum\limits_{n=1}^{\infty}u_n$ 收敛.

（3）如果 $\lim\limits_{n\to\infty}\frac{u_n}{v_n}=+\infty$，且级数 $\sum\limits_{n=1}^{\infty}v_n$ 发散，则级数 $\sum\limits_{n=1}^{\infty}u_n$ 发散.

证明　（1）由极限定义可知，对于 $\varepsilon=\frac{l}{2}$，存在正整数 N，当 $n>N$ 时，有 $l-\frac{l}{2}<\frac{u_n}{v_n}<l+\frac{l}{2}$，即 $\frac{l}{2}v_n<u_n<\frac{3l}{2}v_n$，由比较审敛法的推论可得级数 $\sum\limits_{n=1}^{\infty}u_n$ 与级数 $\sum\limits_{n=1}^{\infty}v_n$ 的敛散性一致.

（2）由极限定义可知，对于 $\varepsilon=1$，存在正整数 N，当 $n>N$ 时，有 $\frac{u_n}{v_n}<1$，即 $u_n<v_n$，再由比较审敛法的推论可得级数 $\sum\limits_{n=1}^{\infty}u_n$ 收敛.

（3）按已知条件可知极限 $\lim\limits_{n\to\infty}\frac{v_n}{u_n}=0$，如果级数 $\sum\limits_{n=1}^{\infty}u_n$ 收敛，则由结论（2）必有级数 $\sum\limits_{n=1}^{\infty}v_n$ 收敛，但已知级数 $\sum\limits_{n=1}^{\infty}v_n$ 发散，因此级数 $\sum\limits_{n=1}^{\infty}u_n$ 不可能收敛，即级数 $\sum\limits_{n=1}^{\infty}u_n$ 发散. ■

同步训练 1

判别下列级数的敛散性：

（1）$\sum\limits_{n=1}^{\infty}\frac{1}{\sqrt{n(n^2+1)}}$；

（2）$\sum\limits_{n=1}^{\infty}\sin\frac{\pi}{3^n}$.

比较审敛法的极限形式

例 5　判别级数 $\sum_{n=1}^{\infty}\sin\frac{1}{n}$ 的敛散性.

解　因为 $\lim_{n\to\infty}\frac{\sin\frac{1}{n}}{\frac{1}{n}}=1$,而级数 $\sum_{n=1}^{\infty}\frac{1}{n}$ 发散,故由定理 8.3 知级数 $\sum_{n=1}^{\infty}\sin\frac{1}{n}$ 发散. □

例 6　判别级数 $\sum_{n=1}^{\infty}\ln\left(1+\frac{1}{n^2}\right)$ 的敛散性.

解　因为 $\lim_{n\to\infty}\frac{\ln\left(1+\frac{1}{n^2}\right)}{\frac{1}{n^2}}=1$,而级数 $\sum_{n=1}^{\infty}\frac{1}{n^2}$ 收敛,故由定理 8.3 知级数 $\sum_{n=1}^{\infty}\ln\left(1+\frac{1}{n^2}\right)$ 收敛. □

在利用定理 8.3 时,我们经常以 p - 级数的通项 $\frac{1}{n^p}$ 作为 v_n 来判断级数 $\sum_{n=1}^{\infty}u_n$ 的敛散性,故此得到以下定理.

定理 8.4　设 $\sum_{n=1}^{\infty}u_n$ 为正项级数,

(1) 如果 $\lim_{n\to\infty}\frac{u_n}{\frac{1}{n}}=l>0$(或 $l=+\infty$),则级数 $\sum_{n=1}^{\infty}u_n$ 发散;

(2) 如果 $\lim_{n\to\infty}\frac{u_n}{\frac{1}{n^p}}=l(0\leqslant l<\infty)$ 且 $p>1$,则级数 $\sum_{n=1}^{\infty}u_n$ 收敛.

例 7　判定级数 $\sum_{n=1}^{\infty}\sqrt{n+1}\left(1-\cos\frac{\pi}{n}\right)$ 的敛散性.

解　因为

$$\lim_{n\to\infty}\frac{u_n}{n^{-\frac{3}{2}}}=\lim_{n\to\infty}n^{\frac{3}{2}}\sqrt{n+1}\left(1-\cos\frac{\pi}{n}\right)$$

$$=\lim_{n\to\infty}n^2\sqrt{\frac{n+1}{n}}\cdot\frac{1}{2}\left(\frac{\pi}{n}\right)^2=\frac{1}{2}\pi^2,$$

根据定理 8.4 知所给级数收敛. □

利用正项级数的比较审敛法及其极限形式判别级数的敛散性时,都需要借助某个已知敛散性的正项级数,但有时却很难确定借助哪个级数,因此需要研究正项级数其他的判别方法.

5. 正项级数的比值审敛法

定理 8.5(比值审敛法,达朗贝尔(d'Alembert)判别法)　设 $\sum_{n=1}^{\infty} u_n$ 为正项级数,如果 $\lim_{n\to\infty}\frac{u_{n+1}}{u_n}=\rho$,则

(1) 当 $\rho<1$ 时,级数收敛;

(2) 当 $\rho>1$(或 $\rho=+\infty$)时,级数发散;

(3) 当 $\rho=1$ 时,级数可能收敛也可能发散.

例 8　判别下列级数的敛散性:

(1) $\sum_{n=1}^{\infty}\frac{1}{n!}$;　　(2) $\sum_{n=1}^{\infty}\frac{n!}{10^n}$.

解　(1) 因为 $\frac{u_{n+1}}{u_n}=\frac{\frac{1}{(n+1)!}}{\frac{1}{n!}}=\frac{1}{n+1}$,所以

$$\lim_{n\to\infty}\frac{u_{n+1}}{u_n}=\lim_{n\to\infty}\frac{1}{n+1}=0<1.$$

故级数 $\sum_{n=1}^{\infty}\frac{1}{n!}$ 收敛.

(2) 因为 $\frac{u_{n+1}}{u_n}=\frac{\frac{(n+1)!}{10^{n+1}}}{\frac{n!}{10^n}}=\frac{n+1}{10}\to\infty\ (n\to\infty)$,所以级数 $\sum_{n=1}^{\infty}\frac{n!}{10^n}$ 发散. □

例 9　判别级数 $\sum_{n=1}^{\infty}\frac{2^n\cdot n!}{n^n}$ 的敛散性.

解　因为

$$\frac{u_{n+1}}{u_n}=\frac{2^{n+1}\cdot(n+1)!}{(n+1)^{n+1}}\cdot\frac{n^n}{2^n\cdot n!}=2\cdot\left(\frac{n}{n+1}\right)^n=2\cdot\frac{1}{\left(1+\frac{1}{n}\right)^n},$$

所以 $\lim_{n\to\infty}\frac{u_{n+1}}{u_n}=\lim_{n\to\infty}\frac{2}{\left(1+\frac{1}{n}\right)^n}=\frac{2}{\mathrm{e}}<1$. 故级数收敛. □

例 10　判别级数 $\sum_{n=1}^{\infty}\frac{1}{(2n-1)\cdot 2n}$ 的敛散性.

解　因为

同步训练 2

判别下列级数的敛散性:

(1) $\sum_{n=1}^{\infty}\ln\left(1+\frac{1}{n}\right)$;

(2) $\sum_{n=1}^{\infty}\frac{1}{n^3+2n^2-5n+3}$.

达朗贝尔

定理 8.5 证明

正项级数的比值及根值审敛法

$$\frac{u_{n+1}}{u_n}=\frac{\dfrac{1}{(2n+1)\cdot 2(n+1)}}{\dfrac{1}{(2n-1)\cdot 2n}}=\frac{2n-1}{2n+1}\cdot\frac{n}{n+1},$$

所以

$$\lim_{n\to\infty}\frac{u_{n+1}}{u_n}=\lim_{n\to\infty}\frac{2n-1}{2n+1}\cdot\frac{n}{n+1}=1,$$

比值审敛法失效，改用比较审敛法.

因为$\dfrac{1}{(2n-1)\cdot 2n}<\dfrac{1}{n^2}$，而级数 $\sum\limits_{n=1}^{\infty}\dfrac{1}{n^2}$ 收敛，所以根据比较审敛法知级数 $\sum\limits_{n=1}^{\infty}\dfrac{1}{(2n-1)\cdot 2n}$ 收敛. □

同步训练 3

判别下列级数的敛散性：

(1) $\sum\limits_{n=1}^{\infty}\dfrac{2^n}{n!}$；

(2) $\sum\limits_{n=1}^{\infty}\dfrac{3^n\cdot n!}{n^n}$.

6. 正项级数的根值审敛法

定理 8.6（根值审敛法，柯西（Cauchy）判别法） 设 $\sum\limits_{n=1}^{\infty}u_n$ 为正项级数，且 $\lim\limits_{n\to\infty}\sqrt[n]{u_n}=\rho$，则当 $\rho<1$ 时，级数收敛；当 $\rho>1$ 时（或 $\rho=+\infty$），级数发散；当 $\rho=1$ 时，级数可能收敛也可能发散.

证明与定理 8.5 相仿，这里从略.

例 11 判别级数 $\sum\limits_{n=1}^{\infty}\left(\dfrac{n}{2n+1}\right)^n$ 的敛散性.

解 因为$\lim\limits_{n\to\infty}\sqrt[n]{u_n}=\lim\limits_{n\to\infty}\dfrac{n}{2n+1}=\dfrac{1}{2}<1$，所以级数收敛. □

同步训练 4

判别级数 $\sum\limits_{n=1}^{\infty}\left(\dfrac{2n}{3n+1}\right)^n$ 的敛散性.

二、交错级数及其审敛法

定义 8.5 若 $u_n>0\ (u_n<0)$，$n=1,2,3,\cdots$，则称级数 $\sum\limits_{n=1}^{\infty}(-1)^{n-1}u_n$ 为**交错级数**（alternating series）.

定理 8.7（莱布尼茨（Leibniz）判别法） 若交错级数 $\sum\limits_{n=1}^{\infty}(-1)^{n-1}u_n(u_n>0)$ 满足：

(1) $\lim\limits_{n\to\infty}u_n=0$； (2) $u_n\geqslant u_{n+1}$，

则级数 $\sum\limits_{n=1}^{\infty}(-1)^{n-1}u_n$ 收敛，且 $0\leqslant\sum\limits_{n=1}^{\infty}(-1)^{n-1}u_n\leqslant u_1$.

证明 先证前 $2n$ 项的和 S_{2n} 的极限存在，因为

$$S_{2n}=(u_1-u_2)+(u_3-u_4)+\cdots+(u_{2n-1}-u_{2n}),$$

又

$$S_{2n}=u_1-(u_2-u_3)-(u_4-u_5)-\cdots-(u_{2n-2}-u_{2n-1})-u_{2n}\leqslant u_1,$$

根据条件(2)知数列$\{S_{2n}\}$单调增加且$S_{2n}\leqslant u_1$,所以$\lim\limits_{n\to\infty}S_{2n}=S\leqslant u_1$. 而由条件(1)得

$$\lim_{n\to\infty}S_{2n+1}=\lim_{n\to\infty}(S_{2n}+u_{2n+1})=S,$$

故$\lim\limits_{n\to\infty}S_n=S\leqslant u_1$. ■

例 12　证明交错级数$1-\frac{1}{2}+\frac{1}{3}-\frac{1}{4}+\cdots+(-1)^{n-1}\frac{1}{n}+\cdots$收敛.

证明　因为$u_n=\frac{1}{n}>0$, $u_n=\frac{1}{n}>\frac{1}{n+1}=u_{n+1}(n=1,2,\cdots)$且$\lim\limits_{n\to\infty}u_n=\lim\limits_{n\to\infty}\frac{1}{n}=0$,由莱布尼茨判别法知,$\sum\limits_{n=1}^{\infty}(-1)^{n-1}\frac{1}{n}$收敛,且其和$S<1$. □

利用莱布尼茨判别法判定交错级数敛散性时,需要验证$u_{n+1}\leqslant u_n$. 除了两项相减或相除的方法之外,还有如下有效方法:

(1) 根据交错级数中的离散函数$u_n=f(n)$, $n=1,2,\cdots$,构造一个连续函数$f(x)$, $x\geqslant1$;

(2) 求出$f'(x)$,若当$x\geqslant1$时有$f'(x)<0$,则$f(x)$单调减少;

(3) 由此可得$f(n+1)\leqslant f(n)$,即$u_{n+1}\leqslant u_n$.

例 13　判断交错级数$\sum\limits_{n=1}^{\infty}(-1)^{n-1}\frac{1}{n-\ln n}$的敛散性.

解　$\lim\limits_{n\to\infty}u_n=\lim\limits_{n\to\infty}\frac{1}{n-\ln n}=\lim\limits_{n\to\infty}\frac{\frac{1}{n}}{1-\frac{\ln n}{n}}=0.$

设$y=\frac{1}{x-\ln x}$,由于

$$y'=\left(\frac{1}{x-\ln x}\right)'=\frac{-1+\frac{1}{x}}{(x-\ln x)^2}<0, x\geqslant2,$$

所以$u_n=\frac{1}{n-\ln n}(n\geqslant2)$单调递减,故级数$\sum\limits_{n=1}^{\infty}(-1)^{n-1}\frac{1}{n-\ln n}$收敛. □

最后要说明的是,若交错级数$\sum\limits_{n=1}^{\infty}(-1)^{n-1}u_n$的定义中的$u_n$为负,这时对级数整体提取一个负号(或作替换$u_n=-v_n$),就能将级数化为$-\sum\limits_{n=1}^{\infty}(-1)^{n-1}v_n$,其中$v_n>0$. 可见它与$u_n>0$时的

$\sum_{n=1}^{\infty}(-1)^{n-1}u_n$ 的敛散性判别没有什么区别,仍然使用莱布尼茨判别法.

同步训练 5

判断下列交错级数的敛散性:

(1) $\sum_{n=1}^{\infty}(-1)^{n-1}\frac{1}{2n-1}$;

(2) $\sum_{n=1}^{\infty}(-1)^{n+1}\sin\frac{\pi}{4^n}$.

绝对收敛与条件收敛

三、绝对收敛与条件收敛

如果数项级数 $\sum_{n=1}^{\infty}u_n$ 的一般项 $u_n(n=1,2,3,\cdots)$ 的正负没有任何限制,则称级数 $\sum_{n=1}^{\infty}u_n$ 为**任意项级数**.

一个任意项级数的各项 u_n 都取它的绝对值 $|u_n|$,对应地就得到一个正项级数 $\sum_{n=1}^{\infty}|u_n|$,该正项级数与任意项级数 $\sum_{n=1}^{\infty}u_n$ 的敛散性有下面定理所述的关系.

定理 8.8　若 $\sum_{n=1}^{\infty}|u_n|$ 收敛,则 $\sum_{n=1}^{\infty}u_n$ 也收敛.

证明　令 $v_n=\frac{1}{2}(|u_n|+u_n)$,则 $v_n\geqslant0$,即 $\sum_{n=1}^{\infty}v_n$ 是正项级数.

因为 $v_n\leqslant|u_n|$ 而 $\sum_{n=1}^{\infty}|u_n|$ 收敛,从而 $\sum_{n=1}^{\infty}2v_n$ 收敛,则 $\sum_{n=1}^{\infty}(2v_n-|u_n|)$ 收敛. 又 $2v_n-|u_n|=u_n$,亦即 $\sum_{n=1}^{\infty}u_n$ 收敛. ■

必须注意,此定理的逆命题不成立,即 $\sum_{n=1}^{\infty}u_n$ 收敛,则 $\sum_{n=1}^{\infty}|u_n|$ 不一定收敛.

例如, $\sum_{n=1}^{\infty}(-1)^{n-1}\frac{1}{n}$ 收敛,而 $\sum_{n=1}^{\infty}\left|(-1)^{n-1}\frac{1}{n}\right|=\sum_{n=1}^{\infty}\frac{1}{n}$ 发散.

定义 8.6　若级数 $\sum_{n=1}^{\infty}|u_n|$ 收敛,则称级数 $\sum_{n=1}^{\infty}u_n$ **绝对收敛**(absolutely convergent);如果级数 $\sum_{n=1}^{\infty}u_n$ 收敛而级数 $\sum_{n=1}^{\infty}|u_n|$ 发散,则称级数 $\sum_{n=1}^{\infty}u_n$ **条件收敛**(conditional convergent).

如级数 $\sum_{n=1}^{\infty}(-1)^{n-1}\frac{1}{n^2}$ 是绝对收敛的,级数 $\sum_{n=1}^{\infty}(-1)^{n-1}\frac{1}{n}$ 是条件收敛的.

例 14　判别级数 $\sum_{n=1}^{\infty}\frac{(-1)^{n+1}}{\sqrt{n}}$ 是绝对收敛还是条件收敛.

解　因为 $\sum_{n=1}^{\infty}|u_n|=\sum_{n=1}^{\infty}\frac{1}{\sqrt{n}}$ 为 p-级数，又由于 $p=\frac{1}{2}<1$，故级数 $\sum_{n=1}^{\infty}|u_n|$ 发散，所以原级数不是绝对收敛．

由莱布尼茨判别法知，$\sum_{n=1}^{\infty}\frac{(-1)^{n+1}}{\sqrt{n}}$ 是收敛的，所以原级数是条件收敛． □

我们把正项级数的比值审敛法和根值审敛法应用于判定任意项级数的收敛性，可以得到下面的定理：

定理 8.9　若级数 $\sum_{n=1}^{\infty}u_n$ 满足 $\lim_{n\to\infty}\left|\frac{u_{n+1}}{u_n}\right|=\rho$（或 $\lim_{n\to\infty}\sqrt[n]{|u_n|}=\rho$），则当 $\rho<1$ 时，级数绝对收敛；当 $\rho>1$ 时，级数发散；当 $\rho=1$ 时，级数可能绝对收敛，可能条件收敛，也可能发散．

这个定理说明：当使用比值（或根值）判别法得到级数 $\sum_{n=1}^{\infty}|u_n|$ 是发散的结论后，就可直接断定级数 $\sum_{n=1}^{\infty}u_n$ 是发散的，而不必再进行其他的判别分析．这是因为使用比值（或根值）判别法计算得到 $\rho>1$ 时，从某一项以后，必有 $|u_{n+1}|>|u_n|$，从而 u_n 不趋向于 0，由级数收敛的必要条件的推论即可得到结论．

例 15　判定级数 $\sum_{n=1}^{\infty}(-1)^{n+1}\frac{1}{n}\cdot\frac{1}{2^n}$ 是绝对收敛，还是条件收敛，还是发散.

解　因为

$$\lim_{n\to\infty}\left|\frac{u_{n+1}}{u_n}\right|=\lim_{n\to\infty}\frac{\frac{1}{n+1}\cdot\frac{1}{2^{n+1}}}{\frac{1}{n}\cdot\frac{1}{2^n}}=\lim_{n\to\infty}\left(\frac{n}{n+1}\cdot\frac{1}{2}\right)=\frac{1}{2}<1,$$

所以级数 $\sum_{n=1}^{\infty}\frac{1}{n}\cdot\frac{1}{2^n}$ 是收敛的，故原级数绝对收敛． □

例 16　判定级数 $\sum_{n=1}^{\infty}\frac{(-1)^n e^n}{n^2}$ 是绝对收敛，还是条件收敛，还是发散.

解　因为

$$\lim_{n\to\infty}\left|\frac{u_{n+1}}{u_n}\right|=\lim_{n\to\infty}\frac{e^{n+1}}{(n+1)^2}\Big/\frac{e^n}{n^2}=e>1,$$

所以 $\sum_{n=1}^{\infty}|u_n|=\sum_{n=1}^{\infty}\frac{e^n}{n}$ 发散．此结论是由比值审敛法得出的，所以

同步训练 6

判定下列级数是绝对收敛，还是条件收敛：

(1) $\sum_{n=1}^{\infty}(-1)^n\sin\frac{\pi}{3^n}$；

(2) $\sum_{n=1}^{\infty}(-1)^n\frac{1}{2n-1}$.

由定理 8.9 可得,原级数发散. □

§8.3 幂级数

一、函数项级数的概念

定义 8.7 如果级数 $\sum_{n=1}^{\infty} u_n(x)$ 的各项 $u_n(x)$ 都是定义在某区间 I 内的函数,则称级数 $\sum_{n=1}^{\infty} u_n(x)$ 为**函数项级数**.

对 $x_0 \in I$,如果数项级数 $\sum_{n=1}^{\infty} u_n(x_0)$ 收敛,则称 x_0 为函数项级数 $\sum_{n=1}^{\infty} u_n(x)$ 的**收敛点**(convergence point),一个函数项级数的收敛点的全体构成它的**收敛域**(convergence domain).

如果数项级数 $\sum_{n=1}^{\infty} u_n(x_0)$ 发散,则称 x_0 为函数项级数 $\sum_{n=1}^{\infty} u_n(x)$ 的**发散点**(divergence point),一个函数项级数的发散点的全体构成它的**发散域**(divergence domain).

在收敛域上,函数项级数的和是 x 的函数 $S(x)$,称为级数的**和函数**,并写成

$$S(x) = \sum_{n=1}^{\infty} u_n(x).$$

幂级数的收敛半径与收敛域

例如,等比级数 $\sum_{n=0}^{\infty} x^n$ 的收敛域是$(-1,1)$,当 $x \in (-1,1)$时,有和函数 $S(x) = \sum_{n=0}^{\infty} x^n = \frac{1}{1-x}$.

二、幂级数及其收敛域

定义 8.8 形如

$\sum_{n=0}^{\infty} a_n(x-x_0)^n = a_0+a_1(x-x_0)+a_2(x-x_0)^2+\cdots+a_n(x-x_0)^n+\cdots$的级数称为**幂级数**(power series),其中常数 $a_0, a_1, a_2, \cdots, a_n, \cdots$称为**幂级数的系数**.

下面着重讨论 $x_0=0$ 的情形，即

$$\sum_{n=0}^{\infty}a_nx^n=a_0+a_1x+a_2x^2+\cdots+a_nx^n+\cdots. \tag{8.1}$$

例如，幂级数 $\sum_{n=0}^{\infty}x^n=1+x+x^2+\cdots+x^n+\cdots$ 是公比为 x 的等比级数，当 $|x|<1$ 时收敛，当 $|x|\geqslant 1$ 时发散，它的收敛域是以 0 为中心，1 为半径的开区间．那么对于任意幂级数 $\sum_{n=0}^{\infty}a_nx^n$，是否一定在以 0 为中心的开区间内收敛？在区间的端点处收敛性又如何？为此首先引入讨论幂级数 $\sum_{n=0}^{\infty}a_nx^n$ 收敛域结构的阿贝尔定理：

阿贝尔

定理 8.10（阿贝尔（Abel）定理）　若幂级数 $\sum_{n=0}^{\infty}a_nx^n$ 在点 $x=x_0$ 处收敛，则对满足不等式 $|x|<|x_0|$ 的一切 x，幂级数 $\sum_{n=0}^{\infty}a_nx^n$ 都绝对收敛；反之，若幂级数 $\sum_{n=0}^{\infty}a_nx^n$ 在点 $x=x_0$ 处发散，则对满足不等式 $|x|>|x_0|$ 的一切 x，幂级数 $\sum_{n=0}^{\infty}a_nx^n$ 都发散．

证明　设 x_0 是幂级数 $\sum_{n=0}^{\infty}a_nx^n$ 的收敛点，根据级数收敛的必要条件，有 $\lim\limits_{n\to\infty}a_nx_0^n=0$，于是存在一个常数 $M>0$，使得 $|a_nx_0^n|\leqslant M(n=0,1,2,\cdots)$．对于满足不等式 $|x|<|x_0|$ 的 x，级数 $\sum_{n=0}^{\infty}a_nx^n$ 一般项的绝对值

$$|a_nx^n|=\left|a_nx_0^n\cdot\frac{x^n}{x_0^n}\right|=|a_nx_0^n|\cdot\left|\frac{x}{x_0}\right|^n\leqslant M\left|\frac{x}{x_0}\right|^n.$$

此时，等比级数 $\sum_{n=0}^{\infty}M\left|\frac{x}{x_0}\right|^n$ 收敛 $\left(公比\left|\frac{x}{x_0}\right|<1\right)$，所以级数 $\sum_{n=0}^{\infty}|a_nx^n|$ 收敛，也就是级数 $\sum_{n=0}^{\infty}a_nx^n$ 绝对收敛．

定理第二部分可用反证法证明，若幂级数 $\sum_{n=0}^{\infty}a_nx^n$ 在点 x_0 处发散，假设有一点 x_1 满足 $|x_1|>|x_0|$，级数 $\sum_{n=0}^{\infty}a_nx_1^n$ 收敛，则根据本定理第一部分，幂级数 $\sum_{n=0}^{\infty}a_nx^n$ 在点 x_0 处应绝对收敛，这与定理条件矛盾.定理得证.

阿贝尔定理的几何解释如图 8-3 所示．

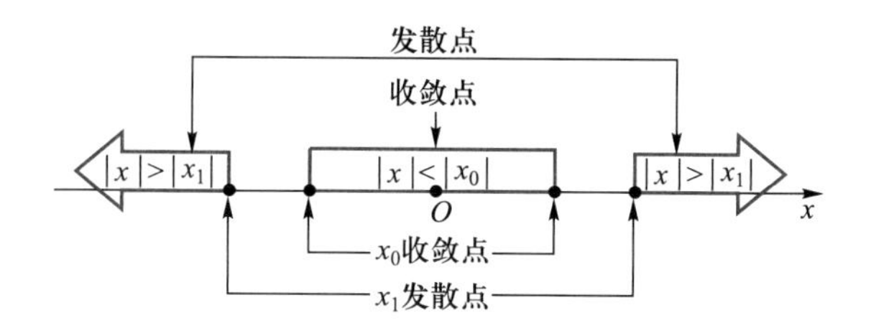

图 8-3 阿贝尔定理示意图

定义 8.9 设幂级数 $\sum_{n=0}^{\infty} a_n x^n$，若存在正数 R，使得当 $|x|<R$ 时，幂级数 $\sum_{n=0}^{\infty} a_n x^n$ 收敛，而当 $|x|>R$ 时，幂级数 $\sum_{n=0}^{\infty} a_n x^n$ 发散，则称 R 为幂级数 $\sum_{n=0}^{\infty} a_n x^n$ 的**收敛半径**(convergence radius)，称开区间 $(-R,R)$ 为幂级数的**收敛区间**(如图 8-4 所示)，收敛区间和收敛的端点构成**幂级数的收敛域**.

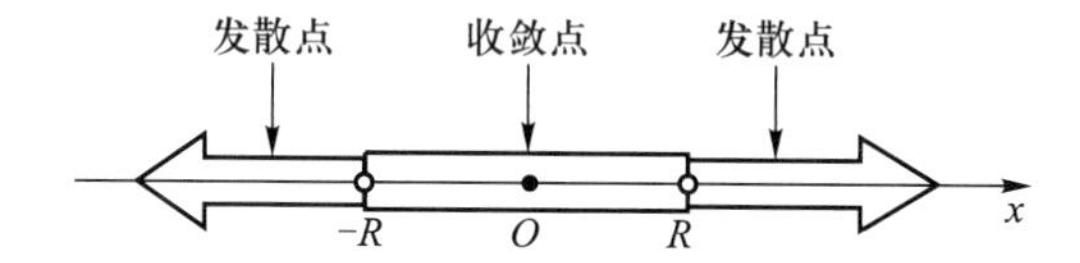

图 8-4 收敛半径的定义

由阿贝尔定理及幂级数收敛半径的定义可知：

当 $0<R<+\infty$ 时，幂级数在 $(-R,R)$ 内收敛，在 $[-R,R]$ 外发散，在 $x=\pm R$ 处可能收敛也可能发散，需另行判定.

① 规定，若幂级数只在 $x=0$ 处收敛，则 $R=0$.

② 若幂级数在 $(-\infty,+\infty)$ 内收敛，则 $R=+\infty$.

关于收敛半径的求法有如下定理：

定理 8.11 如果幂级数 $\sum_{n=0}^{\infty} a_n x^n$ 当 n 充分大后都有 $a_n\neq 0$，且

$$\lim_{n\to\infty}\left|\frac{a_{n+1}}{a_n}\right|=\rho,$$

则 (1) 当 $0<\rho<+\infty$ 时，$R=\frac{1}{\rho}$；

(2) 当 $\rho=0$ 时，$R=+\infty$；

(3) 当 $\rho=+\infty$ 时，$R=0$.

证明 考察幂级数 $\sum_{n=0}^{\infty} a_n x^n$ 的各项取绝对值所成的级数

$$|a_0|+|a_1x|+|a_2x^2|+\cdots+|a_nx^n|+\cdots,$$

$$\lim_{n\to\infty}\frac{|a_{n+1}x^{n+1}|}{|a_nx^n|}=\lim_{n\to\infty}\left|\frac{a_{n+1}}{a_n}\right||x|=\rho|x|.$$

（1）如果 $0<\rho<+\infty$，根据比值审敛法，当 $\rho|x|<1$，即 $|x|<\frac{1}{\rho}$ 时，级数 $\sum_{n=0}^{\infty}|a_nx^n|$ 收敛，从而级数 $\sum_{n=0}^{\infty}a_nx^n$ 绝对收敛；当 $\rho|x|>1$，即 $|x|>\frac{1}{\rho}$ 时，级数 $\sum_{n=0}^{\infty}|a_nx^n|$ 发散，由定理 8.9 知，级数 $\sum_{n=0}^{\infty}a_nx^n$ 发散，于是收敛半径 $R=\frac{1}{\rho}$.

（2）如果 $\rho=0$，根据比值审敛法，对任何 $x\in\mathbf{R}$，有 $\rho|x|=0<1$，级数 $\sum_{n=0}^{\infty}|a_nx^n|$ 收敛，所以级数 $\sum_{n=0}^{\infty}a_nx^n$ 绝对收敛，于是 $R=+\infty$.

（3）如果 $\rho=+\infty$，则对于除 $x=0$ 外的其他一切 x 值，皆有 $\rho|x|>1$，所以级数 $\sum_{n=0}^{\infty}a_nx^n$ 必发散，于是 $R=0$. ■

关于幂级数的收敛半径需要注意：

（1）由定理 8.11 可知，幂级数 $\sum_{n=0}^{\infty}a_nx^n$ 的收敛半径也可直接表示为

$$R=\lim_{n\to\infty}\frac{|a_n|}{|a_{n+1}|}.$$

（2）由根值审敛法和收敛半径的定义知，幂级数 $\sum_{n=0}^{\infty}a_nx^n$ 的收敛半径也可直接表示为

$$R=\lim_{n\to\infty}\frac{1}{\sqrt[n]{|a_n|}}.$$

例 1　求下列各幂级数的收敛半径和收敛域：

（1）$\sum_{n=1}^{\infty}(2n)!\ x^n$；　（2）$\sum_{n=1}^{\infty}\frac{x^n}{n!}$；　（3）$\sum_{n=1}^{\infty}\frac{x^n}{n}$.

解　（1）收敛半径 $R=\lim_{n\to\infty}\frac{|a_n|}{|a_{n+1}|}=\lim_{n\to\infty}\frac{(2n)!}{[2(n+1)]!}=\lim_{n\to\infty}\frac{1}{2(n+1)(2n+1)}=0$，所以级数只在 $x=0$ 处收敛.

（2）收敛半径 $R=\lim_{n\to\infty}\frac{|a_n|}{|a_{n+1}|}=\lim_{n\to\infty}\frac{(n+1)!}{n!}=\lim_{n\to\infty}(n+1)=+\infty$，所以收敛域为 $(-\infty,+\infty)$.

(3) 收敛半径 $R=\lim\limits_{n\to\infty}\left|\dfrac{a_n}{a_{n+1}}\right|=\lim\limits_{n\to\infty}\dfrac{\dfrac{1}{n}}{\dfrac{1}{n+1}}=1$. 当 $x=1$ 时，级数 $\sum\limits_{n=1}^{\infty}\dfrac{1}{n}$ 发散；当 $x=-1$ 时，级数 $\sum\limits_{n=1}^{\infty}\dfrac{(-1)^n}{n}$ 收敛．所以收敛域为 $[-1,1)$．□

例 2　求幂级数 $\sum\limits_{n=1}^{\infty}\dfrac{(x-1)^n}{2^n n}$ 的收敛域．

解　令 $t=x-1$，则幂级数变为 $\sum\limits_{n=1}^{\infty}\dfrac{t^n}{2^n n}$，收敛半径

$$R=\lim_{n\to\infty}\frac{|a_n|}{|a_{n+1}|}=\lim_{n\to\infty}\frac{\dfrac{1}{2^n n}}{\dfrac{1}{2^{n+1}(n+1)}}=2\lim_{n\to\infty}\frac{n+1}{n}=2.$$

当 $t=2$ 时，级数 $\sum\limits_{n=1}^{\infty}\dfrac{1}{n}$ 发散；当 $t=-2$ 时，级数 $\sum\limits_{n=1}^{\infty}\dfrac{(-1)^n}{n}$ 收敛．所以级数 $\sum\limits_{n=1}^{\infty}\dfrac{t^n}{2^n n}$ 的收敛域是 $[-2,2)$，故原幂级数的收敛域是 $[-1,3)$．□

有时我们也可以直接用比值法求幂级数的收敛半径．

例 3　求幂级数 $\sum\limits_{n=1}^{\infty}\dfrac{2n-1}{2^n}x^{2n-2}$ 的收敛域．

解法一　因为幂级数中只出现 x 的偶次幂，所以不能直接用定理来求 R．

可设 $u_n=\dfrac{2n-1}{2^n}x^{2n-2}$，则

$$\lim_{n\to\infty}\left|\frac{u_{n+1}(x)}{u_n(x)}\right|=\lim_{n\to\infty}\left|\frac{\dfrac{2n+1}{2^{n+1}}x^{2n}}{\dfrac{2n-1}{2^n}x^{2n-2}}\right|=\frac{x^2}{2}.$$

由比值审敛法可知，当 $\dfrac{x^2}{2}<1$，即 $|x|<\sqrt{2}$ 时，幂级数绝对收敛；当 $\dfrac{x^2}{2}>1$，即 $|x|>\sqrt{2}$ 时，幂级数发散，故 $R=\sqrt{2}$；当 $x=\pm\sqrt{2}$ 时，级数 $\sum\limits_{n=1}^{\infty}\dfrac{2n-1}{2}$ 发散．因此，该幂级数的收敛域是 $(-\sqrt{2},\sqrt{2})$．

解法二　仿例 2，设 $x^2=t$，则原幂级数化为 $\sum\limits_{n=1}^{\infty}\dfrac{2n-1}{2^n}t^{n-1}$，求

同步训练 1

求下列幂级数的收敛域：

(1) $\sum\limits_{n=0}^{\infty}nx^n$；

(2) $\sum\limits_{n=0}^{\infty}\dfrac{n}{3^{n+1}}x^n$；

(3) $\sum\limits_{n=0}^{\infty}\dfrac{1}{n}x^{2n}$；

(4) $\sum\limits_{n=0}^{\infty}\dfrac{n}{2^{n+1}}(x-1)^n$．

得其收敛域,再转化为原级数的收敛域,请读者自己完成.　□

由上面的例子知求幂级数收敛域的方法如下:

(1) 对 $\sum_{n=0}^{\infty} a_n x^n$ 形式的幂级数,先求收敛半径,再讨论端点的收敛性.

(2) 对 $\sum_{n=0}^{\infty} a_n (x-x_0)^n$ 形式的幂级数,可用变换 $x-x_0=y$,使之成为 $\sum_{n=0}^{\infty} a_n y^n$ 的形式,再进行讨论.

(3) 对其他形式的幂级数(如缺项),求收敛半径时直接用比值审敛法或根值审敛法,也可通过换元化为 $\sum_{n=0}^{\infty} a_n y^n$ 的形式再求.

三、幂级数的代数和运算

定理 8.12　设幂级数 $\sum_{n=0}^{\infty} a_n x^n$ 和 $\sum_{n=0}^{\infty} b_n x^n$ 的收敛半径分别为 R_1 和 R_2,则 $\sum_{n=0}^{\infty} (a_n x^n \pm b_n x^n)$ 的收敛半径 $R=\min\{R_1,R_2\}$.

例 4　求幂级数 $\sum_{n=1}^{\infty}\left[\frac{(-1)^n}{n}+\frac{1}{4^n}\right]x^n$ 的收敛域.

解　幂级数 $\sum_{n=0}^{\infty}\frac{(-1)^n}{n}x^n$ 的收敛半径

$$R_1=\lim_{n\to\infty}\frac{|a_n|}{|a_{n+1}|}=\lim_{n\to\infty}\frac{\frac{1}{n}}{\frac{1}{n+1}}=1,$$

幂级数 $\sum_{n=0}^{\infty}\frac{1}{4^n}x^n$ 的收敛半径

$$R_2=\lim_{n\to\infty}\frac{|a_n|}{|a_{n+1}|}=\lim_{n\to\infty}\frac{\frac{1}{4^n}}{\frac{1}{4^{n+1}}}=4.$$

因此,原幂级数的收敛半径 $R=\min\{1,4\}=1$. 又因原幂级数当 $x=-1$ 时发散,当 $x=1$ 时收敛,因此幂级数 $\sum_{n=1}^{\infty}\left[\frac{(-1)^n}{n}+\frac{1}{4^n}\right]x^n$ 的收敛域为 $(-1,1]$.　□

两个幂级数除了代数和的运算外,还有乘法、除法以及数乘运

同步训练 2
讨论幂级数
$\sum_{n=1}^{\infty}\left[\frac{(-1)^n}{n+1}(x-1)^n-\frac{2^n}{n!}x^{2n+1}\right]$
的收敛域.

算,不再详述.

四、幂级数的和函数

我们知道,幂级数的和函数是定义在其收敛域内的一个函数,关于这类函数的连续性、可导性及可积性,有下列重要性质:

性质 1　幂级数 $\sum_{n=0}^{\infty} a_n x^n$ 的和函数 $S(x)$ 在其收敛域 I 上连续;

性质 2　幂级数 $\sum_{n=0}^{\infty} a_n x^n$ 的和函数 $S(x)$ 在其收敛区间 $(-R, R)$ 内可导,并有逐项求导公式

$$S'(x)=\left(\sum_{n=0}^{\infty} a_n x^n\right)'=\sum_{n=0}^{\infty}(a_n x^n)'=\sum_{n=1}^{\infty} n a_n x^{n-1}\ (|x|<R),$$

且逐项求导后所得到的幂级数和原级数有相同的收敛半径;

性质 3　幂级数 $\sum_{n=0}^{\infty} a_n x^n$ 的和函数 $S(x)$ 在其收敛域 I 上可积,并有逐项积分公式

$$\int_0^x S(t)\mathrm{d}t=\int_0^x\left(\sum_{n=0}^{\infty} a_n t^n\right)\mathrm{d}t=\sum_{n=0}^{\infty}\int_0^x a_n t^n\mathrm{d}t$$

$$=\sum_{n=0}^{\infty}\frac{a_n}{n+1}x^{n+1}\ (x\in I),$$

且逐项积分后所得到的幂级数和原级数有相同的收敛半径.

注　性质 2 和性质 3 可反复应用.

利用上述和函数的性质,可以求一些幂级数的和函数.

例 5　求幂级数 $\sum_{n=1}^{\infty}\frac{x^{n+1}}{n(n+1)}$ 的和函数,并求数项级数 $\sum_{n=1}^{\infty}\frac{1}{n(n+1)2^n}$ 的和.

解　由 $\lim_{n\to\infty}\left|\frac{a_{n+1}}{a_n}\right|=\lim_{n\to\infty}\frac{n(n+1)}{(n+1)(n+2)}=1$,得收敛半径 $R=1$. 在端点 $x=\pm 1$ 处,幂级数均收敛,因此收敛域为 $I=[-1,1]$.

设和函数 $S(x)=\sum_{n=1}^{\infty}\frac{x^{n+1}}{n(n+1)}, x\in[-1,1]$. 当 $x\in(-1,1)$ 时,对 $S(x)$ 逐项求导有

$$S'(x)=\sum_{n=1}^{\infty}\left[\frac{x^{n+1}}{n(n+1)}\right]'=\sum_{n=1}^{\infty}\frac{x^n}{n},$$

再求导有

$$S''(x)=\sum_{n=1}^{\infty}\left(\frac{x^n}{n}\right)'=\sum_{n=1}^{\infty}x^{n-1}=\frac{1}{1-x},\quad x\in(-1,1).$$

对上式从 0 到 x 积分,得

$$S'(x)=\int_0^x\frac{1}{1-t}\mathrm{d}t=-\ln(1-x),\quad x\in[-1,1),$$

再积分一次,得

$$S(x)=\int_0^x-\ln(1-t)\,\mathrm{d}t=(1-x)\ln(1-x)+x,\quad x\in[-1,1),$$

当 $x=1$ 时, $S(1)=\sum_{n=1}^{\infty}\frac{1}{n(n+1)}=1$,所以

$$S(x)=\begin{cases}(1-x)\ln(1-x)+x, & x\in[-1,1),\\ 1, & x=1.\end{cases}$$

原幂级数中取 $x=\frac{1}{2}$ 得 $\sum_{n=1}^{\infty}\frac{1}{n(n+1)2^{n+1}}$,于是

$$\sum_{n=1}^{\infty}\frac{1}{n(n+1)2^n}=2S\left(\frac{1}{2}\right)=1-\ln 2.$$ □

例 6　求 $\sum_{n=1}^{\infty}nx^n$ 的和函数.

解　易求得幂级数的收敛域为 $(-1,1)$.

设其和函数为 $S(x)$,当 $x=0$ 时, $S(x)=0$. 当 $x\neq 0$ 时,有

$$S(x)=\sum_{n=1}^{\infty}nx^n=x\sum_{n=1}^{\infty}nx^{n-1}=xS_1(x),$$

其中 $S_1(x)=\sum_{n=1}^{\infty}nx^{n-1}$,对它两边积分可得

$$\int_0^x S_1(t)\,\mathrm{d}t=\sum_{n=1}^{\infty}\int_0^x nt^{n-1}\mathrm{d}t=\sum_{n=1}^{\infty}x^n=\frac{x}{1-x},\quad x\in(-1,1).$$

再求导可得 $S_1(x)=\frac{1}{(1-x)^2}$,综上可得

$$S(x)=\sum_{n=1}^{\infty}nx^n=\frac{x}{(1-x)^2},\quad x\in(-1,1).$$ □

同步训练 3

求下列幂级数的和函数:

(1) $\sum_{n=0}^{\infty}nx^{n+1}$;

(2) $\sum_{n=0}^{\infty}\frac{n}{n+1}x^n$.

§8.4 函数展开成幂级数

在 §8.3 节讨论了已知某个幂级数 $\sum_{n=0}^{\infty}a_nx^n$,求它在其收敛域内的和函数 $S(x)$,并通过例题说明了利用和函数的性质求和函数的方法.

但是在实际应用中，经常会遇到相反的问题，即已知函数 $f(x)$，能否确定一个幂级数 $\sum_{n=0}^{\infty} a_n(x-x_0)^n$ 或 $\sum_{n=0}^{\infty} a_n x^n$，使其在某区间 I 内收敛且和函数是 $f(x)$，即

$$f(x)=\sum_{n=0}^{\infty} a_n(x-x_0)^n \quad 或 \quad f(x)=\sum_{n=0}^{\infty} a_n x^n, \quad x\in I.$$

这就是“如何将一个函数展开成幂级数”的问题．很明显，它与“求一个幂级数的和函数”是互逆的问题．我们知道，对于函数 $f(x)=\frac{1}{1-x}$，有一个确定的幂级数 $\sum_{n=0}^{\infty} x^n$，使在 $x\in(-1,1)$ 时，有 $f(x)=\frac{1}{1-x}=\sum_{n=0}^{\infty} x^n$．那么任何一个函数 $f(x)$ 都能展开成某一个幂级数吗？比如 e^x，$\ln(1+x)$ 能否展开为某个幂级数呢？一个函数满足什么条件时，能够展开成幂级数？若能展开为幂级数，如何确定这个幂级数？它是否唯一？让我们带着这些问题开始下面的学习.

一、函数展开成幂级数的条件

下面主要讨论函数 $f(x)$ 展开成幂级数 $\sum_{n=0}^{\infty} a_n x^n$ 的情形，之后可将结果推演到 $\sum_{n=0}^{\infty} a_n(x-x_0)^n$ 的情形.

从幂级数的形式来看，幂级数 $\sum_{n=0}^{\infty} a_n x^n$ 被其系数唯一确定，因此函数 $f(x)$ 能不能展开成幂级数，关键是幂级数的系数 a_n 能不能确定，以及如何确定.

假设函数 $f(x)$ 能展开成幂级数 $\sum_{n=0}^{\infty} a_n x^n$，即 $f(x)=\sum_{n=0}^{\infty} a_n x^n$，那么幂级数的系数 a_n 与 $f(x)$ 有怎样的关系？

定理 8.13（函数展开成幂级数的必要条件）　如果函数 $f(x)$ 在区间 $(-R,R)$ 内能展开成幂级数 $\sum_{n=0}^{\infty} a_n x^n$，那么 $f(x)$ 在 $(-R,R)$ 内具有任意阶导数，幂级数的系数 $a_n=\frac{f^{(n)}(0)}{n!}$ $(n=0,1,2,\cdots)$，且展开式唯一.

证明　函数 $f(x)$ 能展开成幂级数，故有

$$f(x)=\sum_{n=0}^{\infty} a_n x^n=a_0+a_1x+a_2x^2+\cdots+a_nx^n+\cdots\Rightarrow a_0=f(0).$$

再由幂级数和函数的性质得

$$f'(x)=a_1+2a_2x+3a_3x^2+\cdots+na_nx^{n-1}+\cdots\Rightarrow a_1=f'(0),$$

$$f''(x)=2a_2+3\cdot 2a_3x+\cdots+n(n-1)a_nx^{n-2}+\cdots\Rightarrow a_2=\frac{f''(0)}{2!},$$

$$f'''(x)=3\cdot 2a_3+4\cdot 3\cdot 2a_4x+\cdots+n(n-1)(n-2)a_nx^{n-3}+\cdots$$

$$\Rightarrow a_3=\frac{f'''(0)}{3!},$$

…………

$$f^{(n)}(x)=n!\ a_n+(n+1)!\ a_{n+1}x+(n+2)(n+1)\cdot\cdots\cdot 3a_{n+2}x^2+\cdots$$

$$\Rightarrow a_n=\frac{f^{(n)}(0)}{n!},\quad n=0,1,2,\cdots.$$

由于 n 阶导数是唯一的，故 a_n 唯一，从而 $f(x)$ 的展开式也唯一. ■

注　设函数 $f(x)$ 在区间 (x_0-R,x_0+R) 内具有任意阶导数，且可展开成幂级数 $f(x)=\sum\limits_{n=0}^{\infty}a_n(x-x_0)^n$，则幂级数的系数 $a_n=\frac{f^{(n)}(x_0)}{n!}(n=0,1,2,\cdots)$. 此结果可仿照定理 8.13 得到.

幂级数 $\sum\limits_{n=0}^{\infty}\frac{f^{(n)}(x_0)}{n!}(x-x_0)^n=f(x_0)+f'(x_0)(x-x_0)+\frac{f''(x_0)}{2!}(x-x_0)^2+\cdots+\frac{f^{(n)}(x_0)}{n!}(x-x_0)^n+\cdots$ 称为 $f(x)$ 在点 x_0 处的**泰勒级数**(Taylor series).

泰勒

$$\sum_{n=0}^{\infty}\frac{f^{(n)}(0)}{n!}x^n=f(0)+f'(0)x+\frac{f''(0)}{2!}x^2+\cdots+\frac{f^{(n)}(0)}{n!}x^n+\cdots$$

称为 $f(x)$ 的**麦克劳林级数**(Maclaurin series).

麦克劳林

例 1　求函数 $f(x)=\mathrm{e}^x$ 的麦克劳林级数.

解　由于 $f^{(n)}(x)=\mathrm{e}^x, f^{(n)}(0)=1(n=0,1,2,\cdots)$. $\frac{f^{(n)}(0)}{n!}=\frac{1}{n!}$，于是 $f(x)=\mathrm{e}^x$ 的麦克劳林级数为

$$1+x+\frac{1}{2!}x^2+\cdots+\frac{1}{n!}x^n+\cdots, x\in(-\infty,+\infty).$$ □

定理 8.14(泰勒中值定理)　如果函数 $f(x)$ 在含有 x_0 的某个开区间 (a,b) 内具有直到 $n+1$ 阶导数，则当 $x\in(a,b)$ 时，$f(x)$ 可以表示为 $x-x_0$ 的一个 n 次多项式与一个余项 $R_n(x)$ 之和，即

定理 8.14 证明

$$f(x)=f(x_0)+f'(x_0)(x-x_0)+\frac{f''(x_0)}{2!}(x-x_0)^2+\cdots+$$

$$\frac{f^{(n)}(x_0)}{n!}(x-x_0)^n+R_n(x),$$

其中余项 $R_n(x)=\frac{f^{(n+1)}(\xi)}{(n+1)!}(x-x_0)^{n+1}$（$\xi$ 介于 x_0 与 x 之间）.

泰勒中值定理中的公式称为函数 $f(x)$ 在 x_0 点的**泰勒（中值）公式**.

特别地，当 $x_0=0$ 时，公式

$$f(x)=f(0)+f'(0)x+\frac{f''(0)}{2!}x^2+\cdots+\frac{f^{(n)}(0)}{n!}x^n+R_n(x)$$

（其中余项 $R_n(x)=\frac{f^{(n+1)}(\xi)}{(n+1)!}x^{n+1}$，$\xi$ 介于 0 与 x 之间）称为 $f(x)$ 的**麦克劳林（中值）公式**.

关于泰勒公式，要了解以下几点（麦克劳林公式也类似）：

（1）定理 8.14 中的 $R_n(x)=\frac{f^{(n+1)}(\xi)}{(n+1)!}(x-x_0)^{n+1}$ 称为函数 $f(x)$ 的**拉格朗日型余项**.

（2）泰勒公式中的多项式

$$p_n(x)=f(x_0)+f'(x_0)(x-x_0)+\frac{f''(x_0)}{2!}(x-x_0)^2+\cdots+$$

$$\frac{f^{(n)}(x_0)}{n!}(x-x_0)^n$$

称为函数 $f(x)$ 按 $x-x_0$ 的幂展开的 n 次近似多项式．由此可知，$f(x)$ 可用一个 n 次多项式近似代替，即

$$f(x)\approx p_n(x)$$

$$=f(x_0)+f'(x_0)(x-x_0)+\frac{f''(x_0)}{2!}(x-x_0)^2+\cdots+$$

$$\frac{f^{(n)}(x_0)}{n!}(x-x_0)^n,$$

当 n 越大时，近似程度越高.

例 2　求函数 $f(x)=\mathrm{e}^x$ 的带有拉格朗日型余项的麦克劳林公式.

解　由于 $f^{(n)}(x)=\mathrm{e}^x$，$f^{(n)}(0)=1(n=0,1,2,\cdots)$．于是 $f(x)=\mathrm{e}^x$ 的带有拉格朗日型余项的麦克劳林公式为

$$\mathrm{e}^x=1+x+\frac{1}{2!}x^2+\cdots+\frac{1}{n!}x^n+\frac{\mathrm{e}^{\xi}}{(n+1)!}x^{n+1},\quad x\in(-\infty,+\infty),$$

ξ 介于 0 与 x 之间．□

结合例 2 可知，$e^x \approx 1+x+\frac{1}{2!}x^2+\cdots+\frac{1}{n!}x^n$，随 n 取不同的值，多项式与函数的近似情况如图 8-5 所示．

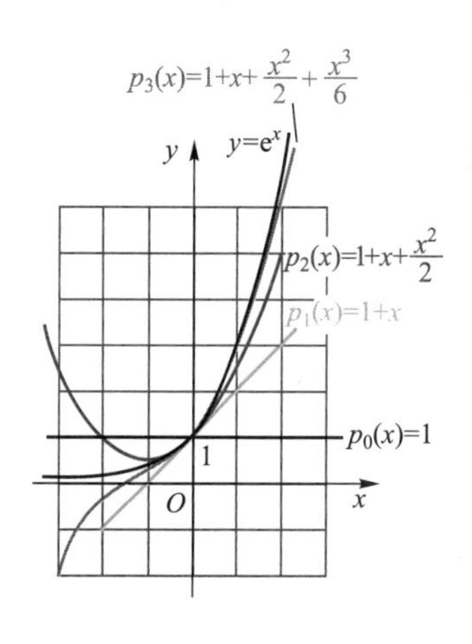

图 8-5　函数 $y=e^x$ 与多项式的近似

（3）泰勒公式中取 $n=0$ 时，结果变成 $f(x)=f(x_0)+f'(\xi)(x-x_0)$（$\xi$ 介于 x_0 与 x 之间），这正是拉格朗日中值公式，因此泰勒中值定理是拉格朗日中值定理的推广．

（4）当不需要余项的精确表达式时，泰勒公式也可写成

$$f(x)=f(x_0)+f'(x_0)(x-x_0)+\frac{f''(x_0)}{2!}(x-x_0)^2+\cdots+\frac{f^{(n)}(x_0)}{n!}(x-x_0)^n+o((x-x_0)^n),$$

其中余项 $R_n(x)=o((x-x_0)^n)$，即当 $x\to x_0$ 时，$R_n(x)$ 是比 $(x-x_0)^n$ 高阶的无穷小量，该形式的余项称为**佩亚诺型余项**．

思考与讨论　泰勒级数与泰勒公式（麦克劳林级数与麦克劳林公式）有哪些区别？

研讨结论____

____．

当 $f(x)$ 在 x_0（或 0）的某邻域内具有任意阶导数时，利用本节定理 8.13 的方法，可以根据 $f(x)$ 作出幂级数 $\sum\limits_{n=0}^{\infty}\frac{f^{(n)}(x_0)}{n!}\cdot(x-x_0)^n$ $\left(\text{或}\sum\limits_{n=0}^{\infty}\frac{f^{(n)}(0)}{n!}x^n\right)$，而且这个幂级数是唯一的，这就是 $f(x)$ 在 x_0（或 0）点的泰勒级数（或麦克劳林级数）．问题是：如果幂级数不一定收敛，即使收敛，也不一定收敛于 $f(x)$．那么，在什么条件下 $f(x)$ 的幂级数 $\sum\limits_{n=0}^{\infty}\frac{f^{(n)}(x_0)}{n!}(x-x_0)^n$ $\left(\text{或}\sum\limits_{n=0}^{\infty}\frac{f^{(n)}(0)}{n!}x^n\right)$ 收敛于 $f(x)$ 呢？

定理 8.15（函数展开成幂级数的充要条件）　设函数 $f(x)$ 在点 x_0 的某邻域 $U(x_0)$ 内具有任意阶导数，则 $f(x)$ 在该邻域内能展开成幂级数的充要条件是当 $n\to\infty$ 时 $f(x)$ 泰勒公式中的余项 $R_n(x)$ 的极限为零，即

$$\lim_{n\to\infty}R_n(x)=0\quad(x\in U(x_0)).$$

定理 8.15 证明

二、函数展开成幂级数的方法

如果一个函数 $f(x)$ 满足了展开成幂级数的条件，就称 $f(x)=$

$\sum_{n=0}^{\infty}\frac{1}{n!}f^{(n)}(x_0)(x-x_0)^n, x\in U(x_0)$为$f(x)$在$x=x_0$处的**泰勒展开式**,也称为$f(x)$关于$x-x_0$的幂级数．特别地,当$x=0$时,则称$f(x)=\sum_{n=0}^{\infty}\frac{1}{n!}f^{(n)}(0)x^n(x\in I)$为$f(x)$在$x=0$处的**麦克劳林展开式**,也称为$f(x)$关于$x$的幂级数．两者统称为**幂级数展开式**(power series expansion).

1. 直接展开法

要把函数$f(x)$展开成x的幂级数,可以按照以下步骤进行:

(1) 求出$f(x)$的各阶导数$f^{(n)}(x)(n=0,1,2,\cdots)$.

(2) 求出$f^{(n)}(0)(n=0,1,2,\cdots)$.

(3) 写出幂级数$\sum_{n=0}^{\infty}\frac{f^{(n)}(0)}{n!}x^n$,并求出收敛域$I$;

(4) 考察当$x\in I$时余项$R_n(x)$是否趋于零．若趋于零,则$f(x)$在I内的幂级数展开式为

$$f(x)=f(0)+f'(0)x+\frac{f''(0)}{2!}x^2+\cdots+\frac{f^{(n)}(0)}{n!}x^n+\cdots,\quad x\in I.$$

这种按上述步骤将函数$f(x)$展开成幂级数的方法,称为**直接展开法**.

对于函数$f(x)=\mathrm{e}^x$, $f(x)=\sin x$, $f(x)=\cos x$, $f(x)=\ln(1+x)$, $f(x)=(1+x)^{\alpha}$等,都可利用定理8.13作出它们的幂级数,并利用定理8.14得到余项$R_n(x)$,可以证明这些函数的余项都满足$\lim\limits_{n\to\infty}R_n(x)=0$. 再利用定理8.15可知,这些函数在收敛域内都等于它们的幂级数.

例3　将函数$f(x)=\mathrm{e}^x$展开成x的幂级数.

解　由于$f^{(n)}(x)=\mathrm{e}^x$, $f^{(n)}(0)=1(n=0,1,2,\cdots)$．于是$f(x)=\mathrm{e}^x$的麦克劳林级数为

$$\sum_{n=0}^{\infty}\frac{f^{(n)}(0)}{n!}x^n=1+x+\frac{1}{2!}x^2+\cdots+\frac{1}{n!}x^n+\cdots,\quad x\in(-\infty,+\infty).$$

拉格朗日型余项为$R_n(x)=\frac{\mathrm{e}^{\xi}}{(n+1)!}x^{n+1}$($\xi$介于0与$x$之间),因$\mathrm{e}^{\xi}$有限,而对任何实数$x$,级数$\sum_{n=0}^{\infty}\frac{|x|^{n+1}}{(n+1)!}$都收敛(可用比值审敛法判定),$\frac{|x|^{n+1}}{(n+1)!}$是它的一般项,所以$\lim\limits_{n\to\infty}\frac{\mathrm{e}^{\xi}}{(n+1)!}|x|^{n+1}=0$,即$\lim\limits_{n\to\infty}R_n(x)=0$. 于是

$$e^x=1+x+\frac{1}{2!}x^2+\cdots+\frac{1}{n!}x^n+\cdots=\sum_{n=0}^{\infty}\frac{1}{n!}x^n,\quad x\in(-\infty,+\infty).$$ □

为简便起见，以下例题中省略余项 $R_n(x)\to 0$ 的判定．

例 4　将函数 $f(x)=\sin x$ 展开成 x 的幂级数．

解　由于

$$f^{(n)}(x)=\sin\left(x+\frac{n\pi}{2}\right),\quad n=0,1,2,\cdots.$$

$f^{(n)}(0)$ 循环地取 $0,1,0,-1,\cdots(n=0,1,2,\cdots)$，于是 $f(x)=\sin x$ 的麦克劳林级数为

$$\sum_{n=0}^{\infty}\frac{f^{(n)}(0)}{n!}x^n=x-\frac{x^3}{3!}+\frac{x^5}{5!}+\cdots+(-1)^n\frac{x^{2n+1}}{(2n+1)!}+\cdots,x\in(-\infty,+\infty).$$

可以证明 $\lim\limits_{n\to\infty}R_n(x)=0$，所以

$$\begin{aligned}f(x)=\sin x&=x-\frac{x^3}{3!}+\frac{x^5}{5!}+\cdots+(-1)^n\frac{x^{2n+1}}{(2n+1)!}+\cdots\\&=\sum_{n=0}^{\infty}(-1)^n\frac{x^{2n+1}}{(2n+1)!},\quad x\in(-\infty,+\infty).\end{aligned}$$ □

同步训练 1

证明 $\cos x$ 的幂级数展开式为

$$\begin{aligned}\cos x&=1-\frac{x^2}{2!}+\frac{x^4}{4!}+\cdots+(-1)^n\frac{x^{2n}}{(2n)!}+\cdots\\&=\sum_{n=0}^{\infty}(-1)^n\frac{x^{2n}}{(2n)!},\end{aligned}$$

$x\in(-\infty,+\infty)$.

例 5　将函数 $f(x)=\ln(1+x)$ 展开成 x 的幂级数．

解　函数 $f(x)=\ln(1+x)$ 的各阶导数是

$$f^{(n)}(x)=(-1)^{n-1}\frac{(n-1)!}{(1+x)^n}\quad(n=1,2,\cdots),$$

从而

$$f^{(n)}(0)=(-1)^{n-1}(n-1)!\quad(n=1,2,\cdots).$$

于是 $f(x)=\ln(1+x)$ 的麦克劳林级数为

$$\sum_{n=0}^{\infty}\frac{f^{(n)}(0)}{n!}x^n=x-\frac{x^2}{2}+\frac{x^3}{3}-\frac{x^4}{4}+\cdots+(-1)^{n-1}\frac{x^n}{n}+\cdots,\quad x\in(-1,1].$$

可以证明 $\lim\limits_{n\to\infty}R_n(x)=0$，所以

$$\begin{aligned}\ln(1+x)&=x-\frac{x^2}{2}+\frac{x^3}{3}-\frac{x^4}{4}+\cdots+(-1)^{n-1}\frac{x^n}{n}+\cdots\\&=\sum_{n=1}^{\infty}(-1)^{n-1}\frac{x^n}{n},\quad x\in(-1,1].\end{aligned}$$ □

例 6　讨论 α 不等于正整数时，函数 $f(x)=(1+x)^\alpha$ 的展开式．

解　当 α 不等于正整数时

$$f^{(n)}(x)=\alpha(\alpha-1)\cdot\cdots\cdot(\alpha-n+1)(1+x)^{\alpha-n}\quad(n=1,2,\cdots),$$

$$f^{(n)}(0)=\alpha(\alpha-1)\cdot\cdots\cdot(\alpha-n+1)\quad(n=1,2,\cdots),$$

于是 $f(x)$ 的麦克劳林级数是

$$1+\alpha x+\frac{\alpha(\alpha-1)}{2!}x^2+\cdots+\frac{\alpha(\alpha-1)\cdot\cdots\cdot(\alpha-n+1)}{n!}x^n+\cdots,\quad x\in(-1,1).$$

可以证明$\lim\limits_{n\to\infty}R_n(x)=0$,所以

$$(1+x)^{\alpha}=1+\alpha x+\frac{\alpha(\alpha-1)}{2!}x^2+\cdots+\frac{\alpha(\alpha-1)\cdot\cdots\cdot(\alpha-n+1)}{n!}x^n+\cdots$$

$$=\sum_{n=0}^{\infty}\frac{\alpha(\alpha-1)\cdot\cdots\cdot(\alpha-n+1)}{n!}x^n,\quad x\in(-1,1).\qquad \square$$

此式称为**牛顿二项展开式**.

特别地,当 α 为正整数时,它就是初等代数中的二项式定理.

当 $\alpha=-1$ 时得到

$$\frac{1}{1+x}=1-x+x^2+\cdots+(-1)^n x^n+\cdots,\quad x\in(-1,1).$$

当 $\alpha=-\frac{1}{2}$时得到

$$\frac{1}{\sqrt{1+x}}=1-\frac{1}{2}x+\frac{1\cdot 3}{2\cdot 4}x^2-\frac{1\cdot 3\cdot 5}{2\cdot 4\cdot 6}x^3+\cdots+$$

$$(-1)^n\frac{(2n-1)!!}{(2n)!!}x^n+\cdots,\quad x\in(-1,1].$$

2. 间接展开法

从上面几个例子来看,利用直接展开法将函数展开成幂级数很麻烦.一般地,只有少数比较简单的函数,其幂级数展开式能直接求得.更多的情况是从已知的函数展开式出发,通过变量代换、四则运算、逐项求导、逐项求积分等方法,间接地求得函数的幂级数展开式,这种方法称为函数幂级数的**间接展开法**.

若要熟练使用间接展开法,首先需要记住以下常用的幂级数展开式:

$$\frac{1}{1-x}=\sum_{n=0}^{\infty}x^n=1+x+x^2+\cdots+x^n+\cdots,\quad x\in(-1,1);\qquad (8.2)$$

$$\frac{1}{1+x}=\sum_{n=0}^{\infty}(-1)^n x^n=1-x+x^2-x^3+\cdots+$$

$$(-1)^n x^n+\cdots,\quad x\in(-1,1);$$

$$\mathrm{e}^x=\sum_{n=0}^{\infty}\frac{1}{n!}x^n=1+x+\frac{1}{2!}x^2+\cdots+\frac{1}{n!}x^n+\cdots,\quad x\in(-\infty,+\infty);$$

$$\sin x=\sum_{n=0}^{\infty}(-1)^n\frac{x^{2n+1}}{(2n+1)!}=x-\frac{x^3}{3!}+\frac{x^5}{5!}+\cdots+$$

$$(-1)^n\frac{x^{2n+1}}{(2n+1)!}+\cdots,\quad x\in(-\infty,+\infty);$$

$$\cos x=\sum_{n=0}^{\infty}(-1)^n\frac{x^{2n}}{(2n)!}=1-\frac{x^2}{2!}+\frac{x^4}{4!}+\cdots+(-1)^n\frac{x^{2n}}{(2n)!}+\cdots,\quad x\in(-\infty,+\infty);$$

$$\ln(1+x)=\sum_{n=1}^{\infty}\frac{(-1)^{n-1}}{n}x^n=x-\frac{x^2}{2}+\frac{x^3}{3}-\frac{x^4}{4}+\cdots+(-1)^{n-1}\frac{x^n}{n}+\cdots,\quad x\in(-1,1];$$

$$(1+x)^{\alpha}=1+\alpha x+\frac{\alpha(\alpha-1)}{2!}x^2+\cdots+\frac{\alpha(\alpha-1)\cdot\cdots\cdot(\alpha-n+1)}{n!}x^n+\cdots,\quad x\in(-1,1).$$

若将(8.2)式中的 x 换作 x^2,便可轻易得到$\frac{1}{1-x^2}$的展开式 $\frac{1}{1-x^2}=\sum_{n=0}^{\infty}x^{2n},x\in(-1,1)$. 若对(8.2)式积分,便可得到$\ln(1-x)$的展开式 $\ln(1-x)=-\sum_{n=0}^{\infty}\frac{x^{n+1}}{n+1},x\in[-1,1)$.

例 7　将函数 $\arctan x$ 展开成 x 的幂级数.

解　因为

$$(\arctan x)'=\frac{1}{1+x^2}=1-x^2+x^4-\cdots+(-1)^n x^{2n}+\cdots,\quad x\in(-1,1),$$

所以,逐项积分可得

$$\arctan x=\int_0^x\frac{1}{1+t^2}\mathrm{d}t=\int_0^x[1-t^2+t^4-\cdots+(-1)^n t^{2n}+\cdots]\,\mathrm{d}t$$

$$=x-\frac{1}{3}x^3+\frac{1}{5}x^5-\cdots+(-1)^n\frac{1}{2n+1}x^{2n+1}+\cdots,x\in(-1,1).\quad\square$$

例 8　将函数 $\ln(3+x)$ 展开成 x 的幂级数.

解法一　因为

$$\ln(3+x)=\ln 3\left(1+\frac{x}{3}\right)=\ln 3+\ln\left(1+\frac{x}{3}\right),$$

将 $\ln(1+x)=\sum_{n=1}^{\infty}\frac{(-1)^{n-1}}{n}x^n$ 中的 x 换作$\frac{x}{3}$可得

$$\ln(3+x)=\ln 3+\sum_{n=1}^{\infty}\frac{(-1)^{n-1}}{n}\left(\frac{x}{3}\right)^n$$

$$= \ln 3 + \sum_{n=1}^{\infty} (-1)^{n-1} \frac{1}{n \cdot 3^n} x^n, \quad x \in (-3,3].$$

解法二　也可以由 $\frac{1}{3+x} = \frac{1}{3} \cdot \frac{1}{1+\frac{x}{3}} = \frac{1}{3}\sum_{n=0}^{\infty} (-1)^n \left(\frac{x}{3}\right)^n$，$x \in (-3,3)$ $\left(使用了\frac{1}{1+x}的展开式\right)$ 两边积分得到，请读者自己试一试． □

例 9　将函数 $(1+x)e^x$ 展开成 x 的幂级数．

解　因为

$$e^x = \sum_{n=0}^{\infty} \frac{1}{n!} x^n = 1+x+\frac{1}{2!}x^2+\cdots+\frac{1}{n!}x^n+\cdots, \quad x \in (-\infty, +\infty),$$

所以

$$\begin{aligned}(1+x)e^x &= (1+x)\sum_{n=0}^{\infty} \frac{1}{n!} x^n \\ &= \sum_{n=0}^{\infty} \frac{1}{n!} x^n + \sum_{n=0}^{\infty} \frac{1}{n!} x^{n+1} \\ &= 1+\left(\frac{1}{1!}+\frac{1}{0!}\right)x+\left(\frac{1}{2!}+\frac{1}{1!}\right)x^2+\left(\frac{1}{3!}+\frac{1}{2!}\right)x^3+\cdots+ \\ &\quad \left[\frac{1}{n!}+\frac{1}{(n-1)!}\right]x^n+\cdots \\ &= \sum_{n=0}^{\infty} \frac{n+1}{n!} x^n, \quad x \in (-\infty, +\infty).\end{aligned}$$
□

例 10　将函数 $f(x)=\frac{1}{x^2+4x+3}$ 展开成 $x-1$ 的幂级数．

解　因为

$$\begin{aligned}f(x) &= \frac{1}{x^2+4x+3} = \frac{1}{(x+1)(x+3)} = \frac{1}{2(1+x)} - \frac{1}{2(3+x)} \\ &= \frac{1}{4\left(1+\frac{x-1}{2}\right)} - \frac{1}{8\left(1+\frac{x-1}{4}\right)}.\end{aligned}$$

而

$$\frac{1}{4\left(1+\frac{x-1}{2}\right)} = \frac{1}{4}\sum_{n=0}^{\infty} \frac{(-1)^n}{2^n}(x-1)^n \quad (-1<x<3),$$

$$\frac{1}{8\left(1+\frac{x-1}{4}\right)} = \frac{1}{8}\sum_{n=0}^{\infty} \frac{(-1)^n}{4^n}(x-1)^n \quad (-3<x<5),$$

所以

$$f(x)=\frac{1}{x^2+4x+3}=\sum_{n=0}^{\infty}(-1)^n\left(\frac{1}{2^{n+2}}-\frac{1}{2^{2n+3}}\right)(x-1)^n\quad(-1<x<3).$$

□

例 11　用间接方法求非初等函数 $F(x)=\int_0^x e^{-t^2}dt$ 的幂级数展开式.

解　以 $-x^2$ 代替 e^x 展开式中的 x,得

$$e^{-x^2}=\sum_{n=0}^{\infty}\frac{(-1)^n x^{2n}}{n!},\quad x\in(-\infty,+\infty),$$

再逐项积分得到 $F(x)$ 在 $(-\infty,+\infty)$ 上的展开式为

$$F(x)=\int_0^x e^{-t^2}dt=\sum_{n=0}^{\infty}\int_0^x\frac{(-1)^n t^{2n}}{n!}dt$$

$$=\sum_{n=0}^{\infty}\frac{(-1)^n}{(2n+1)n!}x^{2n+1},\quad x\in(-\infty,+\infty).$$

□

同步训练 2

1. 将下列函数展开成 x 的幂级数:

(1) $\frac{1}{(1+x)(1+2x)}$;

(2) $\sin^2x$;

(3) xe^{2x};

(4) $(1+x)\ln(1+x)$.

2. 将函数 $f(x)=\frac{1}{x^2+3x+2}$ 展开成 $(x+4)$ 的幂级数.

函数幂级数展开式的应用

* §8.5 综合与提高

一、常数项级数敛散性的判别

例 1　用定义判别级数 $\sum_{n=2}^{\infty}\frac{\ln\left(1+\frac{1}{n}\right)}{\ln n\ln(1+n)}$ 的敛散性.

解　原级数 $=\sum_{n=2}^{\infty}\frac{\ln(1+n)-\ln n}{\ln n\ln(1+n)}=\sum_{n=2}^{\infty}\left[\frac{1}{\ln n}-\frac{1}{\ln(n+1)}\right]$,

级数的部分和

$$S_n=\left(\frac{1}{\ln 2}-\frac{1}{\ln 3}\right)+\left(\frac{1}{\ln 3}-\frac{1}{\ln 4}\right)+\cdots+\left(\frac{1}{\ln n}-\frac{1}{\ln(n+1)}\right)$$

$$=\frac{1}{\ln 2}-\frac{1}{\ln(n+1)}\to\frac{1}{\ln 2}\quad(n\to\infty),$$

所以原级数收敛,且收敛于 $\frac{1}{\ln 2}$.　□

例 2　判别下列级数的敛散性:

(1) $\sum_{n=1}^{\infty}\left(\frac{1}{n}-\ln\frac{n+1}{n}\right)$;　(2) $\sum_{n=1}^{\infty}\frac{1}{n^2-\ln n}$;

(3) $\sum_{n=1}^{\infty}\frac{x^n}{(1+x)(1+x^2)\cdots(1+x^n)}\quad(x\geqslant 0)$.

解 (1) 令 $f(x)=x-\ln(1+x)$，当 $x>0$ 时，有 $f(x)>0$；当 $-1<x<0$ 时，$f(x)>0$. 由此可得

$$-\ln\frac{n+1}{n}=\ln\frac{n}{n+1}=\ln\left(1-\frac{1}{n+1}\right)<-\frac{1}{n+1},$$

有

$$\frac{1}{n}-\ln\frac{n+1}{n}<\frac{1}{n}-\frac{1}{n+1}=\frac{1}{n(n+1)}<\frac{1}{n^2},$$

由比较审敛法知，级数 $\sum_{n=1}^{\infty}\left(\frac{1}{n}-\ln\frac{n+1}{n}\right)$ 收敛.

(2) 因为 $\lim_{n\to\infty}n^2u_n=\lim_{n\to\infty}\frac{n^2}{n^2-\ln n}=1$，又 $\sum_{n=1}^{\infty}\frac{1}{n^2}$ 收敛，所以原级数收敛.

(3) 因为$\lim_{n\to\infty}\frac{u_{n+1}}{u_n}=\lim_{n\to\infty}\frac{x}{1+x^{n+1}}$，所以，当 $0\leqslant x<1$ 时，$\lim_{n\to\infty}\frac{u_{n+1}}{u_n}=x<1$，级数收敛；当 $x=1$ 时，$\lim_{n\to\infty}\frac{u_{n+1}}{u_n}=\frac{1}{2}<1$，级数收敛；当 $x>1$ 时，$\lim_{n\to\infty}\frac{u_{n+1}}{u_n}=0<1$，级数收敛.

综上，当 $x\geqslant 0$ 时，级数收敛. □

例 3 判断级数 $\sum_{n=2}^{\infty}\sin\left(n\pi+\frac{1}{\ln n}\right)$ 是绝对收敛，还是条件收敛.

解 由于 $u_n=(-1)^n\sin\frac{1}{\ln n}$，所以 $|u_n|=\sin\frac{1}{\ln n}$. 又$\frac{1}{\ln n}>\frac{1}{n}$，知级数 $\sum_{n=2}^{\infty}\frac{1}{\ln n}$ 发散，又因为$\lim_{n\to\infty}\frac{\sin\frac{1}{\ln n}}{\frac{1}{\ln n}}=1$，从而 $\sum_{n=2}^{\infty}|u_n|$ 发散，即级数非绝对收敛.

因为$\lim_{n\to\infty}\sin\frac{1}{\ln n}=0$，且 $\sin\frac{1}{\ln x}$在$(2,+\infty)$内单调减少，由莱布尼茨判别法知，原级数收敛，故原级数条件收敛. □

例 4 证明级数 $\sum_{n=2}^{\infty}(-1)^{n-1}\left(\mathrm{e}^{\frac{1}{\sqrt{n}}}-1-\frac{1}{\sqrt{n}}\right)$ 收敛.

证明 设$f(x)=\mathrm{e}^{\frac{1}{\sqrt{x}}}-1-\frac{1}{\sqrt{x}}$，则原级数为 $\sum_{n=2}^{\infty}(-1)^{n-1}f(n)$，又

$$f'(x)=\frac{1}{2}x^{-\frac{3}{2}}(1-e^{\frac{1}{\sqrt{x}}})<0\quad(x>0),$$

即$f(x)$在$(0,+\infty)$内单调减少，从而$f(n)>f(n+1)$，且$\lim\limits_{n\to\infty}f(n)=0$，由莱布尼茨判别法知，原级数收敛．□

例5　设数列$\{a_n\}$为单调增加的有界正数列，证明级数$\sum\limits_{n=2}^{\infty}\left(1-\dfrac{a_n}{a_{n+1}}\right)$收敛．

证明　因为数列$\{a_n\}$单调增加且有上界，所以极限存在．设$\lim\limits_{n\to\infty}a_n=a$，由于

$$0<u_n=1-\frac{a_n}{a_{n+1}}=\frac{a_{n+1}-a_n}{a_{n+1}}<\frac{a_{n+1}-a_n}{a_1},$$

而级数$\sum\limits_{n=2}^{\infty}(a_{n+1}-a_n)=\lim\limits_{n\to\infty}(a_{n+1}-a_2)=a-a_2$存在，由比较审敛法知，原级数收敛．□

二、幂级数收敛域及和函数的求法

例6　求下列幂级数的收敛域：

(1) $\sum\limits_{n=1}^{\infty}\dfrac{x^n}{n2^n}$；　　(2) $\sum\limits_{n=2}^{\infty}\left(\sin\dfrac{1}{2n}\right)\left(\dfrac{1+2x}{2-x}\right)^n$；

(3) $\sum\limits_{n=2}^{\infty}\dfrac{3^n+(-2)^n}{n}(x+1)^n$．

解　(1) $\lim\limits_{n\to\infty}\left|\dfrac{a_{n+1}}{a_n}\right|=\lim\limits_{n\to\infty}\dfrac{n}{2(n+1)}=\dfrac{1}{2}$，

所以收敛半径为$R=2$．当$x=2$时，级数$\sum\limits_{n=1}^{\infty}\dfrac{1}{n}$发散；当$x=-2$时，$\sum\limits_{n=1}^{\infty}(-1)^n\dfrac{1}{n}$收敛．所以收敛域为$[-2,2)$．

(2) 令$t=\dfrac{1+2x}{2-x}$，原幂级数化为$\sum\limits_{n=2}^{\infty}\left(\sin\dfrac{1}{2n}\right)t^n$，因为

$$\lim_{n\to\infty}\left|\frac{a_{n+1}}{a_n}\right|=\lim_{n\to\infty}\frac{\sin\left[\dfrac{1}{2(n+1)}\right]}{\sin\left(\dfrac{1}{2n}\right)}=1,$$

所以收敛半径$R=1$．又当$t=1$时，级数$\sum\limits_{n=2}^{\infty}\sin\dfrac{1}{2n}$发散；当$t=-1$时，级数$\sum\limits_{n=2}^{\infty}(-1)^n\sin\dfrac{1}{2n}$收敛，故其收敛域为$[-1,1)$．

再由 $-1 \leqslant \dfrac{1+2x}{2-x} < 1$,解得原幂级数的收敛域为 $\left[-3, \dfrac{1}{3}\right)$.

(3) $\lim\limits_{n\to\infty}\left|\dfrac{a_{n+1}}{a_n}\right| = \lim\limits_{n\to\infty}\dfrac{n}{n+1}\dfrac{3\left[1+\left(\dfrac{-2}{3}\right)^{n+1}\right]}{1+\left(\dfrac{-2}{3}\right)^{n}} = 3$,所以收敛半径 $R = \dfrac{1}{3}$,因此

$$-\frac{1}{3} < x+1 < \frac{1}{3}\text{,即} -\frac{4}{3} < x < -\frac{2}{3}.$$

当 $x = -\dfrac{4}{3}$ 时,级数 $\sum\limits_{n=2}^{\infty}\dfrac{3^n+(-2)^n}{n}\left(-\dfrac{1}{3}\right)^n$ 收敛;当 $x = -\dfrac{2}{3}$ 时,级数 $\sum\limits_{n=2}^{\infty}\dfrac{3^n+(-2)^n}{n}\left(\dfrac{1}{3}\right)^n$ 发散 . 故原幂级数的收敛域为 $\left[-\dfrac{4}{3}, -\dfrac{2}{3}\right)$. □

例 7　求下列幂级数的和函数:

(1) $\sum\limits_{n=0}^{\infty}\dfrac{2n+1}{n!}x^{2n+1}$;　　(2) $\sum\limits_{n=1}^{\infty}\dfrac{2n-1}{2^n}x^{2n-2}$;

(3) $\sum\limits_{n=0}^{\infty}\dfrac{(-1)^n(n+1)}{(2n+3)!}x^{2n}$.

解　(1)
$$\lim_{n\to\infty}\left|\frac{a_{n+1}}{a_n}\right| = \lim_{n\to\infty}\frac{2(n+1)+1}{(n+1)!}\frac{n!}{2n+1} = \lim_{n\to\infty}\frac{2n+3}{(n+1)(2n+1)} = 0,$$

所以收敛半径 $R = +\infty$,收敛域为 $(-\infty, +\infty)$.

$$\begin{aligned}\sum_{n=0}^{\infty}\frac{2n+1}{n!}x^{2n+1} &= x\sum_{n=0}^{\infty}\frac{2n+1}{n!}x^{2n}\\ &= x\left(x\sum_{n=1}^{\infty}\frac{2n}{n!}x^{2n-1} + \sum_{n=0}^{\infty}\frac{1}{n!}x^{2n}\right)\\ &= x^2\left(\sum_{n=1}^{\infty}\frac{x^{2n}}{n!}\right)' + xe^{x^2}\\ &= x^2(e^{x^2}-1)' + xe^{x^2} = e^{x^2}(2x^3+x),\end{aligned}$$

即和函数 $S(x) = e^{x^2}(2x^3+x)$.

(2) $\lim\limits_{n\to\infty}\left|\dfrac{a_{n+1}}{a_n}\right| = \lim\limits_{n\to\infty}\dfrac{(2n+1)2^n}{(2n-1)2^{n+1}} = \dfrac{1}{2}$,所以收敛半径 $R =$

$$\frac{1}{\sqrt{\frac{1}{2}}}=\sqrt{2}.$$

又 $x=\pm\sqrt{2}$ 时,级数 $\sum_{n=1}^{\infty}\left(n-\frac{1}{2}\right)$ 发散,所以该幂级数的收敛域为 $(-\sqrt{2},\sqrt{2})$.

设幂级数的和函数为 $S(x)$,对幂级数逐项积分得

$$\int_0^x S(t)\mathrm{d}t=\sum_{n=1}^{\infty}\frac{2n-1}{2^n}\int_0^x t^{2n-2}\mathrm{d}t=\sum_{n=1}^{\infty}\frac{x^{2n-1}}{2^n}$$

$$=\frac{x}{2}\sum_{n=1}^{\infty}\left(\frac{x^2}{2}\right)^{n-1}=\frac{x}{2}\frac{1}{1-\frac{x^2}{2}}=\frac{x}{2-x^2},$$

$$x\in(-\sqrt{2},\sqrt{2}),$$

对上式两边求导得

$$S(x)=\left(\frac{x}{2-x^2}\right)'=\frac{2+x^2}{(2-x^2)^2},\quad x\in(-\sqrt{2},\sqrt{2}).$$

(3) 易求幂级数的收敛域为 $(-\infty,+\infty)$. 记幂级数的和函数为 $S(x)$,因为

$$\sin x=\sum_{n=0}^{\infty}\frac{(-1)^n}{(2n+1)!}x^{2n+1}=x-\sum_{n=0}^{\infty}\frac{(-1)^{n-1}}{(2n+3)!}x^{2n+3},$$

所以

$$\sum_{n=0}^{\infty}\frac{(-1)^{n-1}}{(2n+3)!}x^{2n+3}=x-\sin x,\quad x\in(-\infty,+\infty),$$

即

$$\sum_{n=0}^{\infty}\frac{(-1)^{n-1}}{(2n+3)!}x^{2n+2}=1-\frac{\sin x}{x}\ (x\neq 0),$$

对上式两端求导得

$$\sum_{n=0}^{\infty}\frac{2(n+1)(-1)^{n-1}}{(2n+3)!}x^{2n+1}=-\frac{1}{x^2}(x\cos x-\sin x),$$

故有 $S(x)=\sum_{n=0}^{\infty}\frac{(n+1)(-1)^{n-1}}{(2n+3)!}x^{2n}=-\frac{1}{2x^3}(x\cos x-\sin x)\ (x\neq 0)$.

当 $x=0$ 时,由所给级数知 $S(0)=\frac{1}{6}$. 因此

$$S(x)=\begin{cases}-\frac{1}{2x^3}(x\cos x-\sin x), & x\neq 0,\\ \frac{1}{6}, & x=0.\end{cases}$$

□

三、函数的幂级数展开及应用

例 8　把幂级数 $\sum_{n=1}^{\infty}\frac{(-1)^{n-1}}{(2n-1)!2^{2n-2}}x^{2n-1}$ 的和函数展开成 $x-1$ 的幂级数.

解　记幂级数的和函数为 $S(x)$，即

$$S(x)=\sum_{n=1}^{\infty}\frac{(-1)^{n-1}}{(2n-1)!\ 2^{2n-2}}x^{2n-1}$$

$$=2\sum_{n=1}^{\infty}\frac{(-1)^{n-1}}{(2n-1)!}\left(\frac{x}{2}\right)^{2n-1}$$

$$=2\sin\frac{x}{2}=2\sin\frac{1+(x-1)}{2}$$

$$=2\left(\sin\frac{1}{2}\cos\frac{x-1}{2}+\cos\frac{1}{2}\sin\frac{x-1}{2}\right)$$

$$=2\sin\frac{1}{2}\sum_{n=0}^{\infty}(-1)^n\frac{1}{(2n)!}\left(\frac{x-1}{2}\right)^{2n}+$$

$$2\cos\frac{1}{2}\sum_{n=0}^{\infty}(-1)^n\frac{1}{(2n+1)!}\left(\frac{x-1}{2}\right)^{2n+1},$$

$$x\in(-\infty,+\infty).$$ □

例 9　设 $f(x)=\frac{1}{4}\ln\frac{1+x}{1-x}+\frac{1}{2}\arctan x-x$，试将 $f(x)$ 展开成 x 的幂级数.

解　$f'(x)=\frac{1}{4}\frac{1}{1+x}+\frac{1}{4}\frac{1}{1-x}+\frac{1}{2}\frac{1}{1+x^2}-1=\frac{1}{1-x^4}-1$

$$=\sum_{n=0}^{\infty}x^{4n}-1=\sum_{n=1}^{\infty}x^{4n},$$

所以

$$f(x)=f(0)+\int_0^x f'(t)\,\mathrm{d}t$$

$$=\int_0^x\sum_{n=1}^{\infty}t^{4n}\,\mathrm{d}t=\sum_{n=1}^{\infty}\frac{1}{4n+1}x^{4n+1},\quad |x|<1.$$ □

例 10　求级数 $\sum_{n=2}^{\infty}\frac{1}{(n^2-1)2^n}$ 的和.

解　设

$$S(x)=\sum_{n=2}^{\infty}\frac{1}{n^2-1}x^n=\frac{1}{2}\sum_{n=2}^{\infty}\left(\frac{1}{n-1}-\frac{1}{n+1}\right)x^n$$

$$= \frac{1}{2}\sum_{n=2}^{\infty}\left(\frac{1}{n-1}\right)x^n - \frac{1}{2}\sum_{n=2}^{\infty}\left(\frac{1}{n+1}\right)x^n$$

$$= \frac{x}{2}\sum_{n=2}^{\infty}\left(\frac{1}{n-1}\right)x^{n-1} - \frac{1}{2x}\sum_{n=2}^{\infty}\frac{1}{n+1}x^{n+1}$$

$$= -\frac{x}{2}\ln(1-x) - \frac{1}{2x}\left(\sum_{n=0}^{\infty}\frac{1}{n+1}x^{n+1} - x - \frac{x^2}{2}\right)$$

$$= -\frac{x}{2}\ln(1-x) - \frac{1}{2x}\left[-\ln(1-x) - x - \frac{x^2}{2}\right]$$

$$= -\frac{x}{2}\ln(1-x) + \frac{1}{2x}\ln(1-x) + \frac{1}{2} + \frac{x}{4}\ (|x|<1\text{且}x\neq 0),$$

故级数 $\sum_{n=2}^{\infty}\frac{1}{(n^2-1)2^n} = S\left(\frac{1}{2}\right) = -\frac{1}{4}\ln\frac{1}{2} + \ln\frac{1}{2} + \frac{1}{2} + \frac{1}{8}$

$$= \frac{5}{8} - \frac{3}{4}\ln 2.$$ □

例 11　利用麦克劳林级数计算 $\dfrac{1+\dfrac{\pi^4}{5!}+\dfrac{\pi^8}{9!}+\dfrac{\pi^{12}}{13!}+\cdots}{\dfrac{1}{3!}+\dfrac{\pi^4}{7!}+\dfrac{\pi^8}{11!}+\dfrac{\pi^{12}}{15!}+\cdots}$ 之值.

解　令原式 $=\frac{p}{q}$, $p=1+\frac{\pi^4}{5!}+\frac{\pi^8}{9!}+\frac{\pi^{12}}{13!}+\cdots$, $q=\frac{1}{3!}+\frac{\pi^4}{7!}+\frac{\pi^8}{11!}+\frac{\pi^{12}}{15!}+\cdots$.

因为

$$\sin x = x - \frac{x^3}{3!} + \frac{x^5}{5!} + \cdots + (-1)^n\frac{x^{2n+1}}{(2n+1)!} + \cdots,$$

$x\in(-\infty,+\infty)$,

则

$$\pi p - \pi^3 q = \sin\pi = 0,$$

即 $p=\pi^2 q$, 所以, 原式 $=\frac{p}{q}=\pi^2$. □

例 12　设 $f(x)=\sum_{n=0}^{\infty}a_n x^n$ 在 $[0,1]$ 上收敛, 试证: 当 $a_0=a_1=0$ 时, 级数 $\sum_{n=1}^{\infty}f\left(\frac{1}{n}\right)$ 必定收敛.

证明　由已知 $f(x)=\sum_{n=0}^{\infty}a_n x^n$ 在 $[0,1]$ 上收敛, 所以 $\lim_{n\to\infty}a_n=0$, 从而 $\{a_n\}$ 有界, 即存在 $M>0$, 使得 $|a_n|\leqslant M\ (n=0,1,2,\cdots)$, 所以

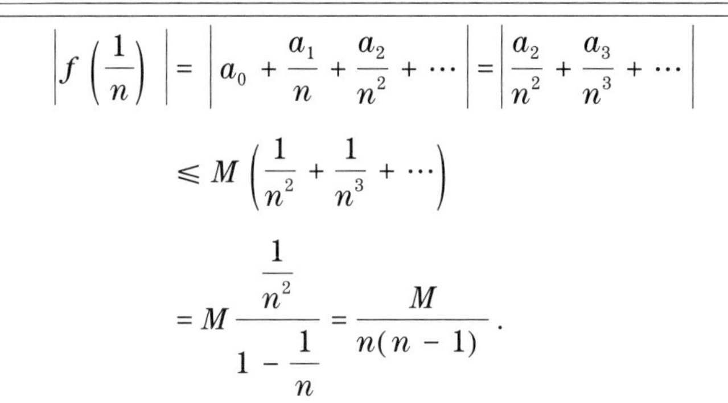

$$\left|f\left(\frac{1}{n}\right)\right| = \left|a_0 + \frac{a_1}{n} + \frac{a_2}{n^2} + \cdots\right| = \left|\frac{a_2}{n^2} + \frac{a_3}{n^3} + \cdots\right|$$

$$\leqslant M\left(\frac{1}{n^2} + \frac{1}{n^3} + \cdots\right)$$

$$= M\frac{\frac{1}{n^2}}{1-\frac{1}{n}} = \frac{M}{n(n-1)}.$$

由于级数 $\sum\limits_{n=2}^{\infty}\frac{M}{n(n-1)}$ 收敛,所以级数 $\sum\limits_{n=1}^{\infty}f\left(\frac{1}{n}\right)$ 收敛,且为绝对收敛. □

习题八　A

［基础练习］

1. 写出下列级数的一般项：

(1) $\frac{2}{1}-\frac{3}{2}+\frac{4}{3}-\frac{5}{4}+\frac{6}{5}-\cdots$；

(2) $\frac{a^2}{3}-\frac{a^3}{5}+\frac{a^4}{7}-\frac{a^5}{9}+\cdots$；

(3) $\frac{\sqrt{x}}{2}+\frac{x}{2\cdot4}+\frac{x\sqrt{x}}{2\cdot4\cdot6}+\frac{x^2}{2\cdot4\cdot6\cdot8}+\cdots$；

(4) $1+\frac{a}{4}+\frac{a^2}{7}+\frac{a^3}{10}+\frac{a^4}{13}+\cdots$.

2. 判别下列级数的敛散性：

(1) $-\frac{3}{4}+\frac{3^2}{4^2}-\frac{3^3}{4^3}+\frac{3^4}{4^4}-\cdots$；

(2) $\frac{1}{2}+\frac{3}{4}+\frac{5}{6}+\frac{7}{8}+\cdots+\frac{2n-1}{2n}+\cdots$；

(3) $\frac{1}{3}+\frac{1}{\sqrt{3}}+\frac{1}{\sqrt[3]{3}}+\frac{1}{\sqrt[4]{3}}+\cdots+\frac{1}{\sqrt[n]{3}}+\cdots$；

(4) $\frac{1}{1+\frac{1}{1}}+\frac{1}{\left(1+\frac{1}{2}\right)^2}+\frac{1}{\left(1+\frac{1}{3}\right)^3}+\cdots+\frac{1}{\left(1+\frac{1}{n}\right)^n}+\cdots$；

(5) $\left(\frac{1}{2}+\frac{1}{3}\right)+\left(\frac{1}{2^2}+\frac{1}{3^2}\right)+\cdots+\left(\frac{1}{2^n}+\frac{1}{3^n}\right)+\cdots$；

(6) $\frac{1}{1\cdot4}+\frac{1}{4\cdot7}+\frac{1}{7\cdot10}+\frac{1}{10\cdot13}+\cdots+\frac{1}{(3n-2)(3n+1)}+\cdots$.

3. 用比较审敛法判别下列级数的敛散性：

(1) $\sum\limits_{n=1}^{\infty}\frac{1}{na+b}(a>0,b>0)$；

(2) $\sum\limits_{n=1}^{\infty}\frac{1}{n^2+2}$；

(3) $\sum\limits_{n=1}^{\infty}\frac{1}{(n+1)(n+4)}$；

(4) $\sum\limits_{n=1}^{\infty}2^n\sin\frac{1}{3^n}$；

(5) $\sum\limits_{n=1}^{\infty}\frac{1+\sqrt{n}}{1+n}$；

(6) $\sum\limits_{n=1}^{\infty}\frac{1}{1+a^n}(a>0)$.

4. 用比值审敛法判别下列级数的敛散性：

(1) $\sum\limits_{n=1}^{\infty}\frac{1}{(2n+1)!}$；

(2) $\sum\limits_{n=1}^{\infty}\frac{5^n\cdot n!}{n^n}$；

(3) $\sum\limits_{n=1}^{\infty}n\sin\frac{1}{3^n}$；

(4) $\sum\limits_{n=1}^{\infty}\frac{3^n}{n!}$；

(5) $\sum\limits_{n=1}^{\infty}\frac{(n!)^2}{(2n)!}$；

(6) $\sum\limits_{n=1}^{\infty}\frac{3^n}{n\cdot2^n}$；

(7) $\sum\limits_{n=1}^{\infty}n\tan\frac{\pi}{3^{n+1}}$.

5. 用根值审敛法判别下列级数的敛散性：

(1) $\sum\limits_{n=1}^{\infty}\left(\frac{n}{2n+1}\right)^n$；

(2) $\sum\limits_{n=1}^{\infty}\frac{1}{[\ln(n+1)]^n}$；

(3) $\sum\limits_{n=1}^{\infty}\frac{\left(\frac{n+1}{n}\right)^{n^2}}{2^n}$；

(4) $\sum\limits_{n=1}^{\infty}\frac{4^n}{\mathrm{e}^{n+1}}$.

6. 判别下列级数的敛散性：

(1) $\frac{3}{4}+2\left(\frac{3}{4}\right)^2+3\left(\frac{3}{4}\right)^3+\cdots+n\left(\frac{3}{4}\right)^n+\cdots$；

(2) $\frac{1^4}{1!}+\frac{2^4}{2!}+\frac{3^4}{3!}+\cdots+\frac{n^4}{n!}+\cdots$；

(3) $\sqrt{2}+\sqrt{\frac{3}{2}}+\cdots+\sqrt{\frac{n+1}{n}}+\cdots$；

(4) $1+\frac{1+2}{1+2^2}+\frac{1+3}{1+3^2}\cdots+\frac{1+n}{1+n^2}+\cdots$；

(5) $\frac{1}{2\cdot 5}+\frac{1}{3\cdot 6}+\cdots+\frac{1}{(n+1)(n+4)}+\cdots$；

(6) $\sin\frac{\pi}{2}+\sin\frac{\pi}{2^2}+\cdots+\sin\frac{\pi}{2^n}+\cdots$；

(7) $\sum\limits_{n=1}^{\infty}\frac{n+1}{n(n+2)}$；

(8) $\sum\limits_{n=1}^{\infty}(\sqrt{n+1}-\sqrt{n})$；

(9) $\sum\limits_{n=1}^{\infty}\frac{2^n\cdot n!}{n^n}$；

(10) $\sum\limits_{n=1}^{\infty}\frac{2n}{(2n+1)^3}$；

(11) $\sum\limits_{n=1}^{\infty}\frac{n!}{9^n}$；

(12) $\sum\limits_{n=2}^{\infty}\frac{n^2+1}{n^4+1}$.

7. 判别下列级数哪些绝对收敛，哪些条件收敛，哪些发散？

(1) $1-\frac{1}{\sqrt{2}}+\frac{1}{\sqrt{3}}-\frac{1}{\sqrt{4}}+\cdots$；

(2) $\frac{1}{\ln 2}-\frac{1}{\ln 3}+\frac{1}{\ln 4}-\frac{1}{\ln 5}+\cdots$；

(3) $1-\frac{1}{3^2}+\frac{1}{5^2}-\frac{1}{7^2}+\cdots$；

(4) $\sum\limits_{n=1}^{\infty}(-1)^{n-1}\frac{n}{3^{n-1}}$；

(5) $\sum\limits_{n=1}^{\infty}(-1)^{n+1}\frac{2^{n^2}}{n!}$；

(6) $\sum\limits_{n=1}^{\infty}(-1)^{n-1}\sin\frac{1}{n^2}$；

(7) $\sum\limits_{n=1}^{\infty}(-1)^{n+1}\frac{1}{\sqrt{2n+1}}$；

(8) $\sum\limits_{n=1}^{\infty}\left(\frac{(-1)^n}{\sqrt{n}}+\frac{1}{n}\right)$；

(9) $\sum\limits_{n=1}^{\infty}\frac{\sin nx}{n!}$；

(10) $\sum\limits_{n=1}^{\infty}(-1)^n\frac{n}{n+1}$.

8. 求下列幂级数的收敛域：

(1) $\sum\limits_{n=1}^{\infty}\frac{x^n}{2^{n-1}(n+1)}$；

(2) $\sum\limits_{n=1}^{\infty}(-1)^n\frac{x^n}{n}$；

(3) $\sum\limits_{n=1}^{\infty}2^nx^n$；

(4) $\sum\limits_{n=1}^{\infty}\frac{1}{n\cdot 3^n}x^n$；

(5) $\sum\limits_{n=0}^{\infty}\frac{(-1)^n(x+1)^n}{n^2+1}$；

(6) $\sum\limits_{n=1}^{\infty}n^n(x-2)^n$；

(7) $\sum\limits_{n=1}^{\infty}\frac{(x-5)^n}{\sqrt{n}}$；

(8) $\sum\limits_{n=1}^{\infty}(-1)^n\frac{x^{2n}}{n\cdot 2^n}$；

(9) $\sum\limits_{n=1}^{\infty}(-1)^n\frac{x^{2n+1}}{2n+1}$；

(10) $\sum\limits_{n=1}^{\infty}\frac{2n-1}{2^n}x^{2n-2}$.

9. 求下列幂级数的和函数：

(1) $\sum\limits_{n=1}^{\infty}nx^{n-1}$；

(2) $\sum\limits_{n=1}^{\infty}\frac{x^{4n+1}}{4n+1}$；

(3) $\sum\limits_{n=0}^{\infty}(-1)^n(n+1)x^n$；

(4) $\sum\limits_{n=1}^{\infty}(-1)^{n-1}\frac{x^{2n-1}}{2n-1}$；

(5) $\sum_{n=1}^{\infty}\frac{x^{n+1}}{n(n+1)}$;

(6) $\sum_{n=1}^{\infty}n(n+1)x^{n}$.

10. 应用幂级数性质求下列级数的和：

(1) $\sum_{n=1}^{\infty}(-1)^{n-1}\frac{n}{2^{n}}$;

(2) $\sum_{n=1}^{\infty}\frac{1}{n\cdot 2^{n}}$.

11. 将下列函数展开成 x 的幂级数，并求其成立的区间：

(1) $f(x)=a^{x}$;

(2) $f(x)=\ln(a+x)(a>0)$.

12. 将函数 $f(x)=\frac{1}{x^{2}+3x+2}$ 展开成 $(x+4)$ 的幂级数.

13. 将函数 $f(x)=\lg x$ 展开成 $(x-1)$ 的幂级数.

B ［扩展练习］

1. 选择题

(1) 下列级数发散的是(　　).

A. $\sum_{n=1}^{\infty}\frac{(-1)^{n}}{q^{n}}, |q|>1$

B. $\sum_{n=1}^{\infty}\frac{(-1)^{n}}{\sqrt{n(n+1)}}$

C. $\sum_{n=1}^{\infty}\frac{1}{2^{n-1}}$

D. $\sum_{n=1}^{\infty}\ln(1+n)$

(2) 下列级数中收敛的是(　　).

A. $\sum_{n=1}^{\infty}e^{\frac{1}{n}}$

B. $\sum_{n=1}^{\infty}\frac{1}{\sqrt[3]{n}}$

C. $\sum_{n=1}^{\infty}\cos n$

D. $\sum_{n=1}^{\infty}\frac{(-1)^{n}}{\sqrt{n}}$

(3) 设常数 $k>0$，则级数 $\sum_{n=1}^{\infty}(-1)^{n}\frac{k+n}{n^{2}}$ (　　).

A. 发散

B. 绝对收敛

C. 条件收敛

D. 收敛与发散与 k 的取值有关

(4) 下列级数中绝对收敛的是(　　).

A. $\sum_{n=1}^{\infty}(-1)^{n-1}\frac{1}{n}$

B. $\sum_{n=1}^{\infty}(-1)^{n-1}\frac{1}{2^{n}}$

C. $\sum_{n=1}^{\infty}(-1)^{n-1}n$

D. $\sum_{n=1}^{\infty}\sin\frac{n\pi}{3}$

(5) 设级数 $\sum_{n=1}^{\infty}u_{n}$ 绝对收敛，则必有(　　).

A. $\sum_{n=1}^{\infty}(-1)^{n}u_{n}$ 收敛

B. $\sum_{n=1}^{\infty}u_{n}$ 可能收敛，也可能发散

C. $\sum_{n=1}^{\infty}|u_{n}|$ 发散

D. $\sum_{n=1}^{\infty}(-1)^{n-1}|u_{n}|$ 发散

(6) 幂级数 $\sum_{n=1}^{\infty}(-1)^{n-1}\frac{x^{n}}{n}$ 的收敛域是(　　).

A. $(-1,1)$　　B. $(-1,1]$

C. $[-1,1)$　　D. $[-1,1]$

(7) 幂级数 $\sum_{n=1}^{\infty}\frac{x^n}{n3^n}$ 的收敛域是(　　).

A. $\left[-\frac{1}{3},\frac{1}{3}\right]$　　B. $\left[-\frac{1}{3},\frac{1}{3}\right)$

C. $[-3,3]$　　D. $[-3,3)$

(8) 幂级数 $\sum_{n=1}^{\infty}\frac{3^n}{n+3}x^n$ 的收敛半径是(　　).

A. 1　　B. 3　　C. $\frac{1}{3}$　　D. ∞

(9) 由麦克劳林公式,函数 $f(x)=\frac{1}{\sqrt[3]{1+x}}$ 的幂级数展开式的前三项是(　　).

A. $1+\frac{1}{3}x+\frac{4}{9}x^2$

B. $1-\frac{1}{3}x+\frac{4}{9}x^2$

C. $1-\frac{1}{3}x+\frac{2}{9}x^2$

D. $1+\frac{1}{3}x+\frac{2}{9}x^2$

(10) $\sum_{n=0}^{\infty}\frac{(-1)^n x^{2n}}{n!}$ 在 $-\infty<x<+\infty$ 上的和函数是(　　).

A. e^{-x^2}　　B. e^{x^2}

C. $-e^{-x^2}$　　D. $-e^{x^2}$

2. 判别下列级数的敛散性:

(1) $\sum_{n=1}^{\infty}\frac{1\cdot 2\cdot 3\cdot\cdots\cdot n}{1\cdot 3\cdot 5\cdot\cdots\cdot(2n-1)}$;

(2) $\sum_{n=1}^{\infty}\frac{\sin^n x}{n^{\alpha}},x\in(0,2\pi)(\alpha>0)$;

(3) $\sum_{n=1}^{\infty}\left(1-\cos\frac{1}{n}\right)$;

(4) $\sum_{n=1}^{\infty}\left(\frac{1}{3^n}+\ln\frac{1}{n}\right)$;

(5) $\sum_{n=1}^{\infty}\frac{1}{[4+(-1)^n]^n}$;

(6) $\sum_{n=1}^{\infty}(-1)^{n+1}\frac{1}{1+\ln n}$;

(7) $\sum_{n=1}^{\infty}n\ln\left(1+\frac{1}{n}\right)$;

(8) $\sum_{n=1}^{\infty}(-1)^n\frac{x^n}{n}$;

(9) $\sum_{n=1}^{\infty}\frac{a^n}{n^3}$($a$ 为常数);

(10) $\sum_{n=1}^{\infty}\frac{1}{\sqrt{4n^2+n}}$;

(11) $\sum_{n=1}^{\infty}\frac{\ln n}{2n^3-1}$;

(12) $\sum_{n=1}^{\infty}\frac{n^{\ln n}}{(\ln n)^n}$;

(13) $\sum_{n=1}^{\infty}\frac{1}{n\sqrt[n]{n}}$;

(14) $\sum_{n=1}^{\infty}\frac{3+\sqrt{n+1}}{\sqrt[3]{n^5+2n^3-1}+n}$;

(15) $\sum_{n=1}^{\infty}\frac{1}{\ln^{10}n}$;

(16) $\sum_{n=1}^{\infty}\frac{n\cos^2\frac{n\pi}{3}}{2^n}$;

(17) $\sum_{n=1}^{\infty}\frac{1}{\sqrt{n+1}+\sqrt{n}}$;

(18) $\sum_{n=1}^{\infty}n^2\left(1-\cos\frac{1}{n}\right)$;

(19) $\sum_{n=1}^{\infty}\frac{3^n}{(1+n)^n}$;

(20) $\sum_{n=1}^{\infty}\left(\frac{\ln^n 2}{2^n}+\frac{1}{3^n}\right)$.

3. 讨论下列级数的绝对收敛性与条件收敛性:

(1) $\sum_{n=1}^{\infty}(-1)^n\frac{1}{n^p}$;

(2) $\sum_{n=1}^{\infty}(-1)^{n+1}\frac{\sin\frac{\pi}{n+1}}{\pi^{n+1}}$;

(3) $\sum_{n=1}^{\infty}(-1)^n\ln\frac{n+1}{n}$;

(4) $\sum_{n=1}^{\infty}(-1)^n\frac{(n+1)!}{n^{n+1}}$.

4. 求下列极限:

(1) $\lim_{n\to\infty}\frac{1}{n}\sum_{k=1}^{n}\frac{1}{3^k}\left(1+\frac{1}{k}\right)^{k^2}$;

(2) $\lim_{n\to\infty}\left[2^{\frac{1}{3}}\cdot 4^{\frac{1}{9}}\cdot 8^{\frac{1}{27}}\cdot\cdots\cdot(2^n)^{\frac{1}{3^n}}\right]$.

5. 求下列幂级数的收敛域：

(1) $\sum_{n=1}^{\infty}\frac{x^n}{2\cdot4\cdot6\cdot\cdots\cdot(2n)}$；

(2) $\sum_{n=1}^{\infty}\frac{(x+1)^n}{(2n-1)3^n}$；

(3) $\sum_{n=1}^{\infty}\frac{3^n}{n!}\left(\frac{x-1}{2}\right)^n$；

(4) $\sum_{n=0}^{\infty}\frac{3^n}{n\cdot x^n}$；

(5) $\sum_{n=1}^{\infty}\frac{(-1)^n2^{2n}x^{2n}}{2n}$；

(6) $\sum_{n=1}^{\infty}\frac{3^n+(-2)^n}{n}x^n$；

(7) $\sum_{n=1}^{\infty}\left(1+\frac{1}{n}\right)^{n^2}x^n$；

(8) $\sum_{n=1}^{\infty}(-1)^n\frac{(x-2)^{2n+1}}{2n+1}$.

6. 求下列幂级数的和函数：

(1) $\sum_{n=1}^{\infty}\frac{2n-1}{2^n}x^{2(n-1)}$；

(2) $\sum_{n=1}^{\infty}\frac{(-1)^{n-1}}{2n-1}x^{2n-1}$；

(3) $\sum_{n=1}^{\infty}n(x-1)^n$；

(4) $\sum_{n=1}^{\infty}\frac{x^n}{n(n+1)}$.

7. 求下列数项级数的和：

(1) $\sum_{n=1}^{\infty}\frac{n^2}{n!}$；

(2) $\sum_{n=0}^{\infty}\frac{n^2}{n!\,2^n}$；

(3) $\sum_{n=1}^{\infty}\frac{n(n+1)}{2^n}$.

8. 将下列函数展开成 x 的幂级数，并求其成立的区间：

(1) $f(x)=\sin^2 x$；

(2) $f(x)=\frac{x}{\sqrt{1+x^2}}$；

(3) $f(x)=\frac{x}{x^2-2x-3}$.

9. 将函数 $f(x)=\cos x$ 展开成 $\left(x+\frac{\pi}{3}\right)$ 的幂级数.

10. 设 $a_1=2, a_{n+1}=\frac{1}{2}\left(a_n+\frac{1}{a_n}\right), n=1,2,\cdots$，证明：

(1) $\lim\limits_{n\to\infty}a_n$ 存在；

(2) 级数 $\sum_{n=1}^{\infty}\left(\frac{a_n}{a_{n+1}}-1\right)$ 收敛.

11. 设 $f(x)=\begin{cases}\frac{1+x^2}{x}\arctan x, & x\neq 0,\\ 1, & x=0,\end{cases}$ 试将 $f(x)$ 展开成 x 的幂级数，并求级数 $\sum_{n=1}^{\infty}\frac{(-1)^n}{1-4n^2}$ 的和.

C ［测试练习］

1. 选择题（每小题 2 分，共 24 分）

(1) 下列级数中发散的是(　　).

A. $\sum_{n=1}^{\infty}\frac{1}{\sqrt{n^3}}$　　B. $\sum_{n=1}^{\infty}\frac{1}{2^n}$

C. $\sum_{n=1}^{\infty}\sqrt[n]{0.001}$　　D. $\sum_{n=1}^{\infty}\frac{3^n}{5^n}$

(2) 若级数 $\sum_{n=1}^{\infty}u_n(u_n\neq 0)$ 收敛，则下列结论成立的是(　　).

A. $\sum_{n=1}^{\infty}|u_n|$ 必收敛

B. $\sum_{n=1}^{\infty}\frac{1}{u_n}$ 必发散

C. $\sum_{n=1}^{\infty}\left(u_n+\frac{1}{2}\right)$ 收敛

D. $\sum_{n=1}^{\infty}(-1)^n u_n$ 必收敛

(3) 下列级数中,绝对收敛的级数是(　　).

A. $\sum_{n=1}^{\infty}\frac{1}{\sqrt{2n+1}}$

B. $\sum_{n=1}^{\infty}(-1)^n\left(\frac{3}{2}\right)^n$

C. $\sum_{n=1}^{\infty}(-1)^{n-1}\frac{1}{\sqrt{n^3}}$

D. $\sum_{n=1}^{\infty}(-1)^n\frac{n-1}{n}$

(4) 下列级数中,条件收敛的级数是(　　).

A. $\sum_{n=1}^{\infty}(-1)^n\frac{n}{n+1}$

B. $\sum_{n=1}^{\infty}(-1)^n\frac{1}{\sqrt{n}}$

C. $\sum_{n=1}^{\infty}(-1)^n\frac{1}{n^2}$

D. $\sum_{n=1}^{\infty}\frac{1}{\sqrt{n}}$

(5) 级数 $\sum_{n=1}^{\infty}\frac{(-1)^n}{u_n}$ 满足条件(　　)时,该级数必收敛.

A. $\lim_{n\to\infty}\frac{1}{u_n}=0$

B. $\sum_{n=1}^{\infty}u_n$ 发散

C. $\lim_{n\to\infty}u_n=\infty$

D. u_n 单调增加且 $\lim_{n\to\infty}u_n=+\infty$

(6) 设级数 $\sum_{n=0}^{\infty}u_n$ 收敛,其和为 2,则级数 $\sum_{n=0}^{\infty}\left(2u_n-\frac{3}{2^n}\right)$(　　).

A. 和为 0　　B. 和为 1

C. 和为 -2　　D. 发散

(7) 级数 $\sum_{n=1}^{\infty}\frac{a^n}{n^2}(a>0)$ 发散,则(　　).

A. $a>1$　　B. $a<1$

C. $a\geqslant 1$　　D. $a\leqslant 1$

(8) 下列级数中,条件收敛的是(　　).

A. $\sum_{n=1}^{\infty}(-1)^n\frac{n}{n+1}$

B. $\sum_{n=1}^{\infty}(-1)^n\frac{1}{\sqrt{n}}$

C. $\sum_{n=1}^{\infty}(-1)^n\frac{1}{n^2}$

D. $\sum_{n=1}^{\infty}\sin\frac{\pi}{n^2}$

(9) 幂级数 $\sum_{n=1}^{\infty}\frac{(2x+1)^n}{n}$ 的收敛域是(　　).

A. $[-1,1)$　　B. $(-1,1]$

C. $(-1,0)$　　D. $[-1,0)$

(10) 设级数为 $\sum_{n=0}^{\infty}\left(\frac{2}{5}\right)^{n+1}$,则其和为(　　).

A. $\frac{3}{2}$　　B. $\frac{5}{3}$

C. $\frac{5}{2}$　　D. $\frac{2}{3}$

(11) 正项级数 $\sum_{n=1}^{\infty}a_n$ 和 $\sum_{n=1}^{\infty}b_n$ 满足关系式 $a_n\leqslant b_n$,则下列一定成立的是(　　).

A. 若 $\sum_{n=1}^{\infty}a_n$ 收敛,则 $\sum_{n=1}^{\infty}b_n$ 收敛

B. 若 $\sum_{n=1}^{\infty}b_n$ 收敛,则 $\sum_{n=1}^{\infty}a_n$ 收敛

C. 若 $\sum_{n=1}^{\infty}b_n$ 发散,则 $\sum_{n=1}^{\infty}a_n$ 发散

D. 若 $\sum_{n=1}^{\infty}a_n$ 收敛,则 $\sum_{n=1}^{\infty}b_n$ 发散

(12) 函数 $f(x)=\sqrt{1+x}$ 的麦克劳林展开式中 x^2 的系数是(　　).

A. $\frac{1}{2!}$　　B. $\frac{1}{8}$

C. $-\frac{1}{8}$　　D. $\frac{1}{6}$

2. 填空题(每小题 2 分,共 20 分)

(1) 几何级数 $\sum_{n=1}^{\infty} q^{n-1}$,当 $|q|<1$ 时收敛,其和为________.

(2) 已知级数 $\sum_{n=1}^{\infty} \frac{2^n}{n!}$ 收敛,则 $\lim_{n\to\infty} \frac{2^n}{n!}=$ ________.

(3) 幂级数 $\sum_{n=0}^{\infty} \frac{x^n}{3^n}$ 的收敛半径是______.

(4) 已知 $e^x=\sum_{n=0}^{\infty} \frac{x^n}{n!}$,则 $xe^{-x}=$ ______.

(5) 级数 $\sum_{n=1}^{\infty} \frac{1}{n^p}$,当____时收敛,当____时发散.

(6) 交错级数 $\sum_{n=2}^{\infty} \frac{(-1)^n}{n^x}$,当____时绝对收敛,当____时条件收敛.

(7) 若级数 $\sum_{n=1}^{\infty} a_n$ 绝对收敛,数列 $\{b_n\}$ 有界,则级数 $\sum_{n=1}^{\infty} a_n b_n$ ________(绝对收敛或条件收敛或发散).

(8) 级数 $\sum_{n=1}^{\infty} \left[\frac{(-1)^n}{n+1}-\frac{1}{3^n}\right]$ 的敛散性是______________.

(9) 幂级数 $\sum_{n=0}^{\infty} \frac{x^{2n}}{n!}$ 的和函数是________.

(10) 级数 $\sum_{n=2}^{\infty} \frac{1}{n^2-1}$ 的和为__________.

3. 计算题(共 41 分)

(1) 判别下列级数的敛散性(10 分):

① $\sum_{n=1}^{\infty} \left(\frac{1}{n^2}+\frac{n!\sqrt{n}}{3^n}\right)$;

② $\sum_{n=1}^{\infty} \frac{n!}{(2\pi)^n}$.

(2) 判别下列级数是绝对收敛、条件收敛或发散(10 分):

① $\sum_{n=1}^{\infty} (-1)^n \frac{(n+1)!}{n^{n+1}}$;

② $\sum_{n=1}^{\infty} (-1)^n \frac{1}{\sqrt{n^2+1}}$.

(3) 求幂级数 $\sum_{n=0}^{\infty} (-1)^n \frac{x^n}{2n+3}$ 的收敛域(6 分).

(4) 求幂级数 $\sum_{n=1}^{\infty} \frac{(-1)^n x^{3n}}{n\cdot 2^n}$ 的收敛域及和函数(10 分).

(5) 把 $f(x)=\frac{1}{x^2-5x+6}$ 展开成 x 的幂级数(5 分).

4. 证明题(15 分)

若级数 $\sum_{n=1}^{\infty} a_n^2$ 及 $\sum_{n=1}^{\infty} b_n^2$ 收敛,则级数 $\sum_{n=1}^{\infty} |a_n b_n|$, $\sum_{n=1}^{\infty} (a_n+b_n)^2$, $\sum_{n=1}^{\infty} \frac{|a_n|}{n}$ 也收敛.

参考答案　A

[基础练习]

1. (1) $(-1)^{n+1}\frac{n+1}{n}$;

(2) $(-1)^{n+1}\frac{a^{n+1}}{2n+1}$;

(3) $\frac{x^{\frac{n}{2}}}{(2n)!!}$;

(4) $\frac{a^{n-1}}{3n-2}$.

2. (1) 收敛; (2) 发散; (3) 发散;
(4) 发散; (5) 收敛; (6) 收敛.

3. (1) 发散; (2) 收敛; (3) 收敛;
(4) 收敛; (5) 发散;

(6) $0<a\leqslant 1$ 时发散, $a>1$ 时收敛.

4. (1) 收敛; (2) 发散; (3) 收敛;
(4) 收敛; (5) 收敛; (6) 发散;
(7) 收敛.

5. (1) 收敛; (2) 收敛; (3) 发散;
(4) 发散.

6. (1) 收敛; (2) 收敛; (3) 发散;
(4) 发散; (5) 收敛; (6) 收敛;
(7) 发散; (8) 发散; (9) 收敛;
(10) 收敛; (11) 发散; (12) 收敛.

7. (1) 条件收敛; (2) 条件收敛;
(3) 绝对收敛; (4) 绝对收敛;
(5) 发散; (6) 绝对收敛; (7) 条件收敛;
(8) 发散; (9) 绝对收敛; (10) 发散.

8. (1) $[-2,2)$; (2) $(-1,1]$;
(3) $\left(-\frac{1}{2},\frac{1}{2}\right)$; (4) $[-3,3)$;
(5) $[-2,0]$; (6) $\{2\}$; (7) $[4,6)$;
(8) $[-\sqrt{2},\sqrt{2}]$; (9) $[-1,1]$;
(10) $(-\sqrt{2},\sqrt{2})$.

9. (1) $\frac{1}{(1-x)^2},x\in(-1,1)$;
(2) $-x+\frac{1}{4}\ln\frac{1+x}{1-x}+\frac{1}{2}\arctan x$,
$x\in(-1,1)$;
(3) $\frac{1}{(1+x)^2},x\in(-1,1)$;
(4) $\arctan x,x\in[-1,1]$;
(5) $\begin{cases}(1-x)\ln(1-x)+x, & x\in[-1,1),\\ 1, & x=1;\end{cases}$
(6) $\frac{2x}{(1-x)^3},x\in(-1,1)$.

10. (1) $\frac{2}{9}$; (2) $\ln 2$.

11. (1) $a^x=\sum\limits_{n=0}^{\infty}\frac{(\ln a)^n}{n!}x^n,x\in(-\infty,+\infty)$;
(2) $\ln(a+x)=\ln a+\sum\limits_{n=1}^{\infty}(-1)^{n-1}\frac{1}{n}\left(\frac{x}{a}\right)^n,x\in(-a,a]$.

12. $\sum\limits_{n=0}^{\infty}\left(\frac{1}{2^{n+1}}-\frac{1}{3^{n+1}}\right)(x+4)^n,x\in(-6,-2)$.

13. $\lg x=\frac{1}{\ln 10}\sum\limits_{n=1}^{\infty}(-1)^{n-1}\frac{(x-1)^n}{n},x\in(0,2]$.

B [扩展练习]

1. (1) D; (2) D; (3) C; (4) B;
(5) A; (6) B; (7) D; (8) C;
(9) C; (10) A.

2. (1) 收敛;
(2) 当 $x\neq\frac{\pi}{2}$ 时,级数收敛;当 $x=\frac{\pi}{2}$ 且 $\alpha>1$ 时,级数收敛;当 $x=\frac{\pi}{2}$ 且 $0<\alpha\leqslant 1$ 时,级数发散;
(3) 收敛; (4) 发散;
(5) 收敛; (6) 收敛;
(7) 发散;
(8) 当 $x\in(-1,1]$ 时,级数收敛,当 $x\in(-\infty,-1]\cup(1,+\infty)$ 时,级数发散;
(9) $|a|\leqslant 1$ 时收敛, $|a|>1$ 时发散;
(10) 发散; (11) 收敛; (12) 收敛;
(13) 发散; (14) 收敛; (15) 发散;
(16) 收敛; (17) 发散; (18) 发散;
(19) 收敛; (20) 收敛.

3. (1) $p>1$ 时绝对收敛, $0<p\leqslant 1$ 时条件收敛, $p\leqslant 0$ 时发散;
(2) 绝对收敛; (3) 条件收敛;
(4) 绝对收敛.

4. (1) 0; (2) $\sqrt[4]{8}$.

5. (1) $(-\infty,+\infty)$； (2) $[-4,2)$；
(3) $(-\infty,+\infty)$； (4) $(-\infty,-3]\cup(3,+\infty)$；
(5) $\left[-\frac{1}{2},\frac{1}{2}\right]$； (6) $\left[-\frac{1}{3},\frac{1}{3}\right)$；
(7) $\left(-\frac{1}{e},\frac{1}{e}\right)$； (8) $[1,3]$.

6. (1) $S(x)=\frac{2+x^2}{(2-x^2)^2},x\in(-\sqrt{2},\sqrt{2})$；
(2) $S(x)=\arctan x,x\in[-1,1]$；
(3) $S(x)=\frac{x-1}{(2-x)^2},x\in(0,2)$；
(4) $S(x)=\begin{cases}1+\left(\frac{1}{x}-1\right)\ln(1-x), & x\in[-1,0)\cup(0,1),\\ 0, & x=0,\\ 1, & x=1.\end{cases}$

7. (1) 2e； (2) $\frac{3}{4}\sqrt{e}$； (3) 8.

8. (1) $\sin^2 x=\sum_{n=1}^{\infty}(-1)^{n-1}\frac{(2x)^{2n}}{2(2n)!}$,
$x\in(-\infty,+\infty)$；
(2) $\frac{x}{\sqrt{1+x^2}}=x+\sum_{n=1}^{\infty}(-1)^n\frac{(2n-1)!!}{(2n)!!}x^{2n+1}$,
$-1<x<1$;
(3) $-\frac{1}{4}\sum_{n=0}^{\infty}\left[(-1)^n+\frac{1}{3^{n+1}}\right]x^{n+1}$,
$-1<x<1$.

9. $\cos x=\frac{1}{2}\sum_{n=0}^{\infty}(-1)^n\left[\frac{\left(x+\frac{\pi}{3}\right)^{2n}}{(2n)!}+\sqrt{3}\frac{\left(x+\frac{\pi}{3}\right)^{2n+1}}{(2n+1)!}\right]$,
$x\in(-\infty,+\infty)$.

10. 证明略.

11. $f(x)=1+2\sum_{n=1}^{\infty}\frac{(-1)^n}{1-4n^2}x^{2n},x\in[-1,1]$,
$\sum_{n=1}^{\infty}\frac{(-1)^n}{1-4n^2}=\frac{\pi}{4}-\frac{1}{2}$.

C　［测试练习］

1. (1) C; (2) B; (3) C; (4) B;
(5) D; (6) C; (7) A; (8) B;
(9) D; (10) D; (11) B; (12) C.

2. (1) $\frac{1}{1-q}$;(2) 0;(3) 3;
(4) $\sum_{n=0}^{\infty}(-1)^n\frac{x^{n+1}}{n!},x\in(-\infty,+\infty)$；
(5) $p>1,p\leqslant 1$; (6) $x>1,0<x\leqslant 1$;
(7) 绝对收敛； (8) 收敛；
(9) $e^{x^2},x\in(-\infty,+\infty)$； (10) $\frac{3}{4}$.

3. (1) ① 发散;② 发散;
(2) ① 绝对收敛;② 条件收敛;
(3) $(-1,1]$；
(4) $(-\sqrt[3]{2},\sqrt[3]{2}]$；$S(x)=-\ln\left(1+\frac{x^3}{2}\right)$；
(5) $\sum_{n=0}^{\infty}\left(\frac{1}{2^{n+1}}-\frac{1}{3^{n+1}}\right)x^n,|x|<2$.

4. 证明略.

第八章方法总结与习题全解

第八章同步训练答案

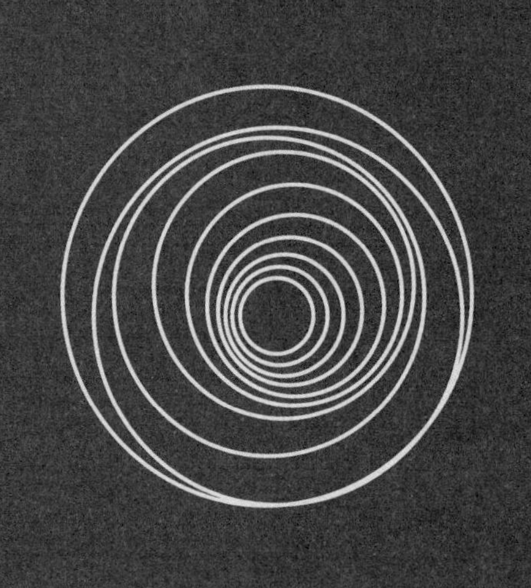

9 第九章 常微分方程
Chapter 9

自学能力、独立思考能力是每一个人都应具备的优良素质．任何一个人，都应养成自学和独立思考的习惯，作为在校的学生，更应如此，因为这对于从事科学研究或其他任何工作，都是十分必要的．在历史上，任何科学上的重大发明创造，都充分证明了这一点．

重点难点提示：

知识点	重点	难点	教学要求
微分方程基本概念			理解
变量分离方程	•		掌握
齐次微分方程	•		掌握
一阶线性微分方程	•		掌握
三种可降阶的二阶方程	•		掌握
二阶微分方程解的结构			了解
二阶常系数线性齐次方程	•		掌握
二阶常系数线性非齐次方程	•	•	掌握
n 阶微分方程			了解

在实际生活中，自然科学、生物科学以及经济与管理科学的许多问题需要寻求有关变量之间的函数关系．但是，有时这种关系不容易直接建立起来，却可能建立起含有待求函数的导数或微分的关系式，这种关系式就是微分方程．通过求解微分方程，就能得到所要求的函数关系.

本章将介绍微分方程的基本知识及微分方程的求解．

§9.1 微分方程的基本概念

一、引例

通过下面几个实例,给出与微分方程有关的基本概念.

例1(自由落体运动)　设物体从某高度作自由落体运动,并设下落的起点为原点,开始下落的时间为 $t=0$,物体运动的方向为正方向,求物体的路程函数 $s(t)$.

解　由二阶导数及物理学基本知识,知道有以下等式成立,

$$\frac{\mathrm{d}^2 s}{\mathrm{d}t^2}=g, \tag{9.1}$$

其中 g 为重力加速度,且式(9.1)还满足条件

$$s(0)=0,\quad s'(0)=0. \tag{9.2}$$

对(9.1)式两端积分,得

$$\frac{\mathrm{d}s}{\mathrm{d}t}=gt+C_1,$$

对上式再次积分,得

$$s=\frac{1}{2}gt^2+C_1t+C_2, \tag{9.3}$$

其中 C_1,C_2 为任意常数. 利用条件(9.2)解得 $C_1=0,C_2=0$. 于是

$$s=\frac{1}{2}gt^2.$$

□

例2(马尔萨斯人口模型)　英国人口学家马尔萨斯(Malthus T. R. 1766—1834)根据百余年的人口统计资料,于18世纪末提出著名的人口模型,该模型假设人口的净增长率(出生率减去死亡率)是常数,即单位时间内人口的增长量与当时的人口数成正比.

解　设时刻 t 的人口为 $x(t)$,净增长率为 r. 我们将 $x(t)$ 当作连续函数考虑,开始时($t=0$)的人口数量为 x_0,即 $x(0)=x_0$. 按照马尔萨斯理论,$x(t)$ 满足如下方程

$$\frac{\mathrm{d}x}{\mathrm{d}t}=rx(t), \tag{9.4}$$

并且式(9.4)满足条件

$$x(0)=x_0, \tag{9.5}$$

其中 r 为常数. 方程式(9.4)称为**马尔萨斯人口模型**. □

由上述例题可以看到,建立的关系式(9.1)和(9.4)具有相同的特征,即都含有未知函数及其导数,这就是微分方程模型.

二、基本概念

1. 微分方程的概念

定义9.1　含有自变量、未知函数以及未知函数的导数(或偏导数)的方程称为**微分方程**(differential equation).若未知函数所含自变量的个数只有一个,则这种微分方程称为**常微分方程**(ordinary differential equation);若未知函数所含自变量的个数为两个或两个以上,从而使方程中含有偏导数,则这种微分方程称为**偏微分方程**(partial differential equation).微分方程中出现的未知函数导数或偏导数的最高阶数,称为微分方程的**阶**(order).

本章只讨论常微分方程,因此,在后面的讨论中,把常微分方程简称为“微分方程”或“方程”.

例如,方程

$$\frac{dy}{dx}=4x^2-y, \tag{9.6}$$

$$\frac{d^2y}{dx^2}-\left(\frac{dy}{dx}\right)^2+x^2=0, \tag{9.7}$$

$$\left(\frac{dy}{dx}\right)^2+x\frac{dy}{dx}-3y=0 \tag{9.8}$$

都是常微分方程,其中式(9.6)和式(9.8)为一阶微分方程,式(9.7)为二阶微分方程.这里 y 是未知函数,x 是自变量.

一般地,n 阶微分方程的形式如下:

$$F(x,y,y',y'',\cdots,y^{(n)})=0, \tag{9.9}$$

其中 x 为自变量,$y=y(x)$ 是未知函数,$F(x,y,y',y'',\cdots,y^{(n)})$ 为 $x,y,y',y'',\cdots,y^{(n)}$ 的已知表达式.在 n 阶微分方程中,$y^{(n)}$ 一定出现,而其余部分据实际情况可出现也可不出现.如在三阶微分方程 $y'''+x=0$ 中,变量 y,y',y'' 就没有出现.

2. 方程解的概念

由例1可以看到,在研究某些实际问题时,首先要建立微分方程,然后找出满足微分方程的函数,也就是说,把该函数代入微分方程能使之成为恒等式,那么该函数就是该方程的解.下面给出方程解的定义.

定义 9.2　如果存在(能找到)一个函数 $y=\varphi(x)$,将其代入方程(9.9),使其成为恒等式,则称函数 $y=\varphi(x)$ 为方程(9.9)的**显式解**(explicit solution). 如果关系式 $\Phi(x,y)=0$ 确定的隐函数 $y=\varphi(x)$ 是方程(9.9)的解,则称 $\Phi(x,y)=0$ 是方程(9.9)的**隐式解**(implicit solution). 将显示解和隐式解统称为方程的**解**(solution).

一般地,把含有 n 个任意独立常数 $C_1,C_2,\cdots,C_n$ 的解 $y=\varphi(x,C_1,C_2,\cdots,C_n)$,称为 n 阶方程(9.9)的**通解**(general solution). 给通解中任意常数赋予确定的值而得到的解,称为**特解**(particular solution).

下面对定义 9.2 作几点说明:

(1)"任意独立的常数"是指这些常数取值任意;取值相互独立即个数不会通过合并而减少.

(2)通解中任意独立常数的个数与方程的阶数相等.

例如,例 1 中,函数 $s=\frac{1}{2}gt^2+C_1t+C_2$ 就是方程 $\frac{\mathrm{d}^2s}{\mathrm{d}t^2}=g$ 的解,由于其含有两个独立的任意常数,而该方程又是二阶的,故 $s=\frac{1}{2}gt^2+C_1t+C_2$ 是该方程的通解.

(3)在求解微分方程时,不区分隐式解和显式解,例如,一阶微分方程

$$y'=-\frac{x}{y}$$

有 $y=\sqrt{1-x^2}$ 和 $y=-\sqrt{1-x^2}$ 两个解,而关系式 $x^2+y^2=1$ 是方程的隐式解,它们都是微分方程的解.

通过解微分方程可得到其通解,但在许多实际问题中还需要得到满足某些附加条件的微分方程的特解,这些附加条件称为**定解条件**(definite conditions).一类重要的定解条件是规定微分方程中的未知函数及其若干阶导数在某一点处的取值,这类定解条件称为微分方程的**初值条件**(initial conditions).

一般地,确定一阶方程 $F(x,y,y')=0$ 通解中任意常数的初值条件为 $y(x_0)=y_0$,其中 x_0,y_0 为常数;确定二阶方程 $F(x,y,y',y'')=0$ 通解中任意常数的初值条件为 $y(x_0)=y_0,y'(x_0)=y_1$,其中 x_0,y_0,y_1 为常数;确定 n 阶方程 $F(x,y,y',y'',\cdots,y^{(n)})=0$ 通解中

任意常数的初值条件为 $y(x_0)=y_0, y'(x_0)=y_1, y''(x_0)=y_2, \cdots, y^{(n-1)}(x_0)=y_{n-1}$，其中 $x_0, y_0, y_1, y_2, \cdots, y_{n-1}$ 为常数.

例 3　验证函数 $y=(C_1+C_2x)\mathrm{e}^{3x}$ 是方程 $y''-6y'+9y=0$ 的通解，其中 C_1, C_2 为任意常数，并求满足初值条件 $y(0)=0, y'(0)=1$ 的特解.

分析　要验证一个函数是否是方程的通解，要从两个方面验证. 首先验证这个函数是否是解，其次验证该函数中独立的任意常数的个数是否与方程的阶数相等. 如果两者均符合，此函数即是通解.

解　由于

$$y'=C_2\mathrm{e}^{3x}+3(C_1+C_2x)\mathrm{e}^{3x},$$

$$y''=6C_2\mathrm{e}^{3x}+9(C_1+C_2x)\mathrm{e}^{3x},$$

于是

$$\begin{aligned}&y''-6y'+9y\\=&6C_2\mathrm{e}^{3x}+9(C_1+C_2x)\mathrm{e}^{3x}-6C_2\mathrm{e}^{3x}-18(C_1+C_2x)\mathrm{e}^{3x}+\\&9(C_1+C_2x)\mathrm{e}^{3x}\\=&0.\end{aligned}$$

且 y 中含有两个任意常数，与方程的阶数相同，故 $y=(C_1+C_2x)\mathrm{e}^{3x}$ 是方程 $y''+6y'+9y=0$ 的通解.

将初值条件 $y(0)=0$ 代入 $y=(C_1+C_2x)\mathrm{e}^{3x}$，得 $C_1=0$. 再将 $y'(0)=1$ 代入 y' 中，得 $C_2=1$，从而所求特解为 $y=x\mathrm{e}^{3x}$. □

§9.2 一阶微分方程

一阶微分方程

一阶微分方程的一般形式为

$$F(x,y,y')=0,$$

其中 y' 必出现. 一阶微分方程可化为 $\frac{\mathrm{d}y}{\mathrm{d}x}=f(x,y)$ 的形式. 下面根据 $f(x,y)$ 表达式的不同，详细介绍几种一阶微分方程的求解方法.

一、可分离变量方程

形如

$$\frac{\mathrm{d}y}{\mathrm{d}x}=f(x)g(y) \tag{9.10}$$

的方程,称为**可分离变量方程**(separable equation). 这里 $f(x)$, $g(y)$ 分别是 x 和 y 的连续函数.

可分离变量方程主要采用积分的方法求解. 设 $g(y)\neq0$,方程(9.10)的两端同时乘 $\frac{1}{g(y)}$ 和 $\mathrm{d}x$,得

$$\frac{\mathrm{d}y}{g(y)}=f(x)\mathrm{d}x.$$

这样,变量就分离了. 两边积分得

$$\int\frac{\mathrm{d}y}{g(y)}=\int f(x)\mathrm{d}x+C. \tag{9.11}$$

这里规定 $\int\frac{\mathrm{d}y}{g(y)}$ 与 $\int f(x)\mathrm{d}x$ 分别为 $\frac{1}{g(y)}$ 与 $f(x)$ 的某个原函数,而两个不定积分中应当出现的两个任意常数合并在一起写成 C.

如果存在 y_0,使 $g(y_0)=0$,可知 $y=y_0$ 也是方程(9.10)的解.

综上可得到方程的通解.

例 1　求方程 $\frac{\mathrm{d}y}{\mathrm{d}x}=-\frac{x}{y}$ 的通解.

解　将题设方程分离变量得

$$y\mathrm{d}y=-x\mathrm{d}x,$$

两边积分得

$$\frac{1}{2}y^2=-\frac{1}{2}x^2+\overline{C},\quad \overline{C}\text{ 为任意常数}.$$

令 $C=2\overline{C}$,则原方程的通解为

$$x^2+y^2=C,$$

这里 C 为任意正常数. □

注　由例 1 可以看出,常数 C 是在保证解有意义的前提下任意取值的.

例 2　求方程 $\frac{\mathrm{d}y}{\mathrm{d}x}=2xy$ 的通解,以及 $y(0)=1$ 的特解.

解　设 $y\neq0$,分离变量得

$$\frac{\mathrm{d}y}{y}=2x\mathrm{d}x,$$

两边积分得

$$\ln|y|=x^2+\overline{C},\quad \overline{C}\text{为任意常数}.$$

于是,由对数定义得

$$|y|=\mathrm{e}^{x^2+\overline{C}}=\mathrm{e}^{\overline{C}}\mathrm{e}^{x^2}.$$

进一步有

$$y=\pm\mathrm{e}^{\overline{C}}\mathrm{e}^{x^2}.$$

令 $C=\pm\mathrm{e}^{\overline{C}}$ 得

$$y=C\mathrm{e}^{x^2},\quad C\text{为不等于零的任意常数}. \tag{1}$$

此外,$y=0$ 也是原方程的解．如果扩大 C 的取值范围,令 $C=0$,则解(1)就包含了解 $y=0$. 故原方程的通解为

$$y=C\mathrm{e}^{x^2},\quad C\text{为任意常数}. \tag{2}$$

将 $y(0)=1$ 代入通解(2)中,得 $C=1$. 故原方程满足题设初值条件的特解为 $y=\mathrm{e}^{x^2}$. □

注　(1) 由例2可以看到,在求解可分离变量方程的过程中,先假定 $g(y)\neq 0$ 得到方程的通解．然后,再讨论满足 $g(y)=0$ 的特解 $y=y_0$ 是否可通过扩大任意常数 C 的取值范围,将其包含在通解中．

(2) 对于通解中任意常数 C 的确定,可以有不同的处理方式,如例2中的 $\ln|y|=x^2+\overline{C}$,也可写成 $\ln|y|=x^2+\ln|C|$,进一步得到 $\ln|y|=\ln(|C|\mathrm{e}^{x^2})$ 及 $y=C\mathrm{e}^{x^2}$. 下面例题(或练习题)中还有类似的情况．

同步训练 1

求方程 $\frac{\mathrm{d}y}{\mathrm{d}x}=\frac{xy}{1+x^2}$ 的通解．

二、齐次微分方程

形如

$$\frac{\mathrm{d}y}{\mathrm{d}x}=f\left(\frac{y}{x}\right) \tag{9.12}$$

的一阶微分方程,称为**齐次微分方程**,简称**齐次方程**．

要求齐次方程(9.12)的解,首先作变量替换

$$u=\frac{y}{x}, \tag{9.13}$$

即 $y=ux$,其中 $u=u(x)$ 是关于 x 的一个未知函数．于是得

$$\frac{\mathrm{d}y}{\mathrm{d}x}=u+x\frac{\mathrm{d}u}{\mathrm{d}x},$$

将其代入式(9.12)得 $u+x\frac{\mathrm{d}u}{\mathrm{d}x}=f(u)$,整理后得

$$\frac{\mathrm{d}u}{\mathrm{d}x}=\frac{f(u)-u}{x}. \tag{9.14}$$

方程(9.14)是一个可分离变量方程,可按方程(9.10)的求解方法求解,然后再将 $u=\frac{y}{x}$回代,就可以得到方程(9.12)的通解.

注　若存在 u_0,使 $f(u_0)-u_0=0$,则 $y=u_0x$ 也是原方程的解.

通过上述讨论可知,齐次方程(9.12)通过变量替换化为可分离变量的方程,然后再求解.变量替换是微分方程求解时常用的一种技巧,请同学们在学习过程中认真体会.

例3　求方程$\frac{\mathrm{d}y}{\mathrm{d}x}=\frac{y}{x}+\tan\frac{y}{x}$的通解.

解　很显然,原方程是齐次方程.令 $u=\frac{y}{x}$,则$\frac{\mathrm{d}y}{\mathrm{d}x}=u+x\frac{\mathrm{d}u}{\mathrm{d}x}$,将其代入原方程有

$$u+x\frac{\mathrm{d}u}{\mathrm{d}x}=u+\tan u. \tag{*}$$

当 $\tan u\neq 0$ 时,变量分离得

$$\cot u\mathrm{d}u=\frac{1}{x}\mathrm{d}x.$$

两边积分得

$$\ln|\sin u|=\ln|x|+\overline{C},\quad \overline{C}\text{ 为任意常数}.$$

整理后得 $\sin u=\pm\mathrm{e}^{\overline{C}}x$,令 $C=\pm\mathrm{e}^{\overline{C}}$,得 $\sin u=Cx$,C 为任意非零常数.

另外,$\tan u=0$ 也是方程(*)的解,则 $\sin u=0$ 也是方程(*)的解.如果扩大 C 的取值范围,令 $C=0$,则 $\sin u=0$ 就包含在解 $\sin u=Cx$ 中了,故方程(*)的通解为 $\sin u=Cx$,C 为任意常数.

将$u=\frac{y}{x}$回代,得原方程的通解为

$$\sin\frac{y}{x}=Cx,\quad C\text{ 为任意常数}.$$

□

例4　求方程$\frac{\mathrm{d}y}{\mathrm{d}x}=\frac{x+y}{x-y}$的通解.

解　将原方程变形为

$$\frac{\mathrm{d}y}{\mathrm{d}x}=\frac{1+\frac{y}{x}}{1-\frac{y}{x}}. \tag{*}$$

令 $u=\frac{y}{x}$，则$\frac{\mathrm{d}y}{\mathrm{d}x}=u+x\frac{\mathrm{d}u}{\mathrm{d}x}$，将其代入（ * ）中，得

$$u+x\frac{\mathrm{d}u}{\mathrm{d}x}=\frac{1+u}{1-u}.$$

变量分离得

$$\frac{(1-u)\mathrm{d}u}{1+u^2}=\frac{\mathrm{d}x}{x}.$$

两边积分得

$$\arctan u-\frac{1}{2}\ln(1+u^2)=\ln|x|+\bar{C},\quad \bar{C}\text{ 为任意常数},$$

整理后得

$$\frac{\mathrm{e}^{\arctan u}}{\sqrt{1+u^2}}=\mathrm{e}^{\bar{C}}|x|.$$

将 $u=\frac{y}{x}$ 回代，得原方程的通解为

$$\mathrm{e}^{\arctan\frac{y}{x}}=C\sqrt{x^2+y^2},\quad C=\mathrm{e}^{\bar{C}}\text{为任意正常数}.$$ □

注　由上面的几个例题看到，C 有时可取任意常数，有时只在某个范围内取值.

同步训练 2

求方程 $x\mathrm{d}y=y(\ln y-\ln x)\mathrm{d}x$ 的通解.

三、一阶线性微分方程

形如

$$\frac{\mathrm{d}y}{\mathrm{d}x}+P(x)y=Q(x)\,(\text{或 } y'+P(x)y=Q(x))\tag{9.15}$$

的方程，称为**一阶线性微分方程**（first-order linear differential equation），其中 $P(x)$，$Q(x)$ 为某区间 I 上的连续函数.

若 $Q(x)\equiv 0$，则方程(9.15)化为

$$\frac{\mathrm{d}y}{\mathrm{d}x}+P(x)y=0\,(\text{或 } y'+P(x)y=0),\tag{9.16}$$

方程(9.16)称为方程(9.15)对应的**一阶线性齐次方程**（first-order linear homogeneous differential equation）. 而当 $Q(x)$ 不恒等于零时(9.15)称为**一阶线性非齐次方程**（first-order linear inhomogeneous differential equation）.

方程(9.16)是可分离变量方程，易求得其通解为

$$y=C\mathrm{e}^{-\int P(x)\mathrm{d}x},\quad C\text{ 为任意常数},\tag{9.17}$$

通解中的 $\int P(x)\mathrm{d}x$ 只取 $P(x)$ 的某个确定的原函数即可.

下面讨论一阶线性非齐次微分方程(9.15)通解的求法.

不难看出,方程(9.16)是方程(9.15)的特殊情形,设想它们的解之间应该有某种关系. 显然,如果式(9.17)中的 C 恒为常数,它不可能是方程(9.15)的解. 如果我们将(9.17)中的 C 变易为待定函数 $C(x)$,假设它满足方程(9.15),会有什么样的结果呢? 为此,令

$$y=C(x)\mathrm{e}^{-\int P(x)\mathrm{d}x} \tag{9.18}$$

为方程(9.15)的解. 于是有

$$\frac{\mathrm{d}y}{\mathrm{d}x}=C'(x)\mathrm{e}^{-\int P(x)\mathrm{d}x}-C(x)P(x)\mathrm{e}^{-\int P(x)\mathrm{d}x}. \tag{9.19}$$

将式(9.18)和(9.19)代入方程(9.15)得

$$C'(x)\mathrm{e}^{-\int P(x)\mathrm{d}x}-C(x)P(x)\mathrm{e}^{-\int P(x)\mathrm{d}x}+C(x)P(x)\mathrm{e}^{-\int P(x)\mathrm{d}x}=Q(x),$$

由上式,进一步得到

$$C'(x)=Q(x)\mathrm{e}^{\int P(x)\mathrm{d}x}.$$

两端积分,得

$$C(x)=\int Q(x)\mathrm{e}^{\int P(x)\mathrm{d}x}\mathrm{d}x+C, \tag{9.20}$$

这里 C 是任意常数. 将式(9.20)代入式(9.18),得方程(9.15)的通解为

$$y=\left(\int Q(x)\mathrm{e}^{\int P(x)\mathrm{d}x}\mathrm{d}x+C\right)\mathrm{e}^{-\int P(x)\mathrm{d}x}. \tag{9.21}$$

这种将常数变易为待定函数的方法,通常称为**常数变易法**. 常数变易法是求线性非齐次方程解的一种有效方法,此种方法也适合于二阶甚至更高阶线性非齐次方程的求解,在本章后面还会简略涉及此种方法的应用.(9.21)式也可以作为一阶线性微分方程的求解公式直接使用.

例 5　求方程 $y'+2xy=x\mathrm{e}^{-x^2}$ 的通解.

解法一　(常数变易法)原方程为一阶线性非齐次方程,其对应的齐次方程为

$$y'+2xy=0,$$

它的通解为

$$y=C\mathrm{e}^{-x^2}.$$

令 $y=C(x)\mathrm{e}^{-x^2}$ 为原方程的解,代入原方程有

$$C'(x)\mathrm{e}^{-x^2}-2C(x)x\mathrm{e}^{-x^2}+2C(x)x\mathrm{e}^{-x^2}=x\mathrm{e}^{-x^2},$$

整理得 $C'(x)=x$，两边积分得

$$C(x)=\frac{1}{2}x^2+C,\quad C\text{ 为任意常数},$$

则原方程的通解为

$$y=\left(\frac{1}{2}x^2+C\right)\mathrm{e}^{-x^2}\quad(C\text{ 为任意常数}).$$

解法二　（公式法）将 $P(x)=2x$，$Q(x)=x\mathrm{e}^{-x^2}$ 代入公式(9.21)，直接计算得到结果(请同学们自己完成)．□

例 6　求方程$\frac{\mathrm{d}y}{\mathrm{d}x}=\frac{y}{2x-y^2}$的通解．

解　容易看出原方程不是未知函数 y 的一阶线性方程，若把所给方程变形为

$$\frac{\mathrm{d}x}{\mathrm{d}y}=\frac{2x-y^2}{y}=\frac{2}{y}x-y,\tag{1}$$

把 x 看作未知函数，y 看作自变量．这样，方程(1)为一阶线性方程．

首先，求出方程(1)对应线性齐次方程

$$\frac{\mathrm{d}x}{\mathrm{d}y}=\frac{2}{y}x$$

的通解为

$$x=Cy^2.\tag{2}$$

其次，利用常数变易法，将式(2)中的 C 变为 $C(y)$，并将其代入方程(1)，得

$$C'(y)=-\frac{1}{y},$$

两边积分，得

$$C(y)=-\ln|y|+C_1,\quad C_1\text{ 为任意常数}.$$

从而原方程的通解为

$$x=y^2(C_1-\ln|y|),\quad C_1\text{ 为任意常数}.$$ □

本节主要介绍了几类特殊的一阶微分方程的求解方法．对可分离变量方程，主要采用积分的方法求解；对齐次方程，先利用变量替换法，将方程化为可分离变量的方程进行求解，最后再变量回代求出原方程的解；对一阶线性非齐次方程，主要采用常数变易法求解．

同步训练 3

求方程 $y'-\frac{y}{x(1-x)}=(1+x)^2$ 的通解.

§9.3 二阶微分方程

本节主要讨论几类特殊的可降阶的二阶微分方程的解法,二阶线性微分方程解的相关理论以及二阶常系数线性方程的求解方法.在下一节中,我们会把本节讨论的线性方程的相关理论推广到相应的 n 阶线性微分方程.

一、可降阶的二阶微分方程

下面讨论三类可降阶的二阶微分方程的求解问题. 尽管方程的类型不同,但都是通过变量替换的方法达到降阶目的的.

1. $y''=f(x)$ 型的微分方程

这类方程的特点是方程的右端仅含有自变量 x. 容易看出,只要令 $y'=u$,则 $y''=u'$,那么 $y''=f(x)$ 就化成了一阶微分方程

$$u'=f(x).$$

两边积分,得 $u=\int f(x)\mathrm{d}x+C_1$,代回 $y'=u$,得

$$y'=\int f(x)\mathrm{d}x+C_1,$$

上式两端再次积分,得到原方程的通解为

$$y=\int\left[\int f(x)\mathrm{d}x+C_1\right]\mathrm{d}x+C_2,$$

这里 C_1,C_2 为任意常数.

注 通过上述的分析可知,对于 $y''=f(x)$ 型的方程,不作变量变换 $y'=u$,而对方程 $y''=f(x)$ 两端直接积分两次,也可得到同样的结果.

例 1 求方程 $y''=\mathrm{e}^x+\sin x$ 的通解.

解 令 $y'=u$,则 $y''=u'$. 于是原方程化为

$$u'=\mathrm{e}^x+\sin x,$$

两边积分,得

$$u=\int(\mathrm{e}^x+\sin x)\mathrm{d}x+C_1$$
$$=\mathrm{e}^x-\cos x+C_1,$$

即

$$y'=\mathrm{e}^x-\cos x+C_1,\quad C_1 \text{ 为任意常数}.$$

对上式两端再次积分,得原方程的通解为

$$y=\int(\mathrm{e}^x-\cos x+C_1)\,\mathrm{d}x+C_2$$

$$=\mathrm{e}^x-\sin x+C_1x+C_2,$$

这里 C_1,C_2 为任意常数. □

另外,这种方法也可应用到 n 阶微分方程 $y^{(n)}=f(x)$ 的求解上. 对于这种类型的 n 阶方程,我们可以通过对方程两端积分 n 次得到方程的通解,也可以通过变量替换将方程降阶,请同学们自己试一下.

同步训练 1

求方程 $y'''=\mathrm{e}^x+\sin x$ 和 $y''=\dfrac{1}{1+x^2}$ 的通解.

2. $y''=f(x,y')$ 型的微分方程

这类方程的特点是方程中不显含未知函数 y. 作变量替换 $y'=u(x)$,则 $y''=u'(x)$,代入原方程,将原方程化为一阶微分方程

$$u'(x)=f[x,u(x)].$$

选用适当的方法解得其通解为 $u(x)=\varphi(x,C_1)$,因为 $y'=u(x)$,这样,我们又得到一个一阶微分方程

$$y'=\varphi(x,C_1),$$

对其两端积分,便得到原方程的通解为

$$y=\int\varphi(x,C_1)\,\mathrm{d}x+C_2,$$

这里 C_1,C_2 为任意常数.

例 2　求方程 $y''-2(y')^2=0$ 满足 $y(0)=0,y'(0)=1$ 的特解.

解　很显然,所给方程属于 $y''=f(x,y')$ 型. 令 $y'=u=u(x)$,则 $y''=u'$,代入原方程,得

$$u'=2u^2.$$

上述方程为可分离变量方程,当 $u\neq0$ 时,变量分离后,两端积分得

$$-\frac{1}{u}=2x+C_1,$$

整理得

$$u=-\frac{1}{2x+C_1},\quad C_1\text{ 为任意常数}.$$

由条件 $y'(0)=1$,得 $C_1=-1$. 所以

$$y'=\frac{1}{1-2x},$$（显然,$u=0$ 即 $y=C$ 不是方程满足初值条件的特解）

两端积分,得

$$y=\int\frac{1}{1-2x}\mathrm{d}x=-\frac{1}{2}\ln|1-2x|+C_2,\quad C_2\text{ 为任意常数}.$$

同步训练 2

求方程 $y''=1+(y')^2$ 的通解.

由条件 $y(0)=0$，得 $C_2=0$. 故原方程满足初值条件的特解为

$$y=-\frac{1}{2}\ln|1-2x|.$$ □

3. $y''=f(y,y')$ 型的微分方程

这类方程的特点是方程中不显含自变量 x. 作变量替换 $y'=u(y)$，此时，u 是以 y 为中间变量，x 为自变量的复合函数. 利用复合函数求导法则，有

$$y''=\frac{\mathrm{d}u}{\mathrm{d}x}=\frac{\mathrm{d}u}{\mathrm{d}y}\cdot\frac{\mathrm{d}y}{\mathrm{d}x}=u\frac{\mathrm{d}u}{\mathrm{d}y},$$

代入原方程得

$$u\frac{\mathrm{d}u}{\mathrm{d}y}=f(y,u).$$

这样，原方程就化成了以 y 为自变量，以 u 为未知函数的一阶微分方程. 可用一定的方法解得其通解为

$$y'=u(y)=\varphi(y,C_1),\quad C_1 \text{ 为任意常数}.$$

显然，该方程为可分离变量方程. 利用求解可分离变量方程的方法，可得原方程的通解为

$$\int\frac{\mathrm{d}y}{\varphi(y,C_1)}=x+C_2,$$

这里 C_1,C_2 为任意常数.

例 3　求方程 $yy''-(y')^2=0$ 的通解.

解　原方程为 $y''=f(y,y')$ 型的方程. 令 $y'=u(y)$，则 $y''=u\frac{\mathrm{d}u}{\mathrm{d}y}$. 代入原方程，有

$$yu\frac{\mathrm{d}u}{\mathrm{d}y}-u^2=0,$$

即 $u\left(y\frac{\mathrm{d}u}{\mathrm{d}y}-u\right)=0$，可得 $u=0$ 或 $y\frac{\mathrm{d}u}{\mathrm{d}y}-u=0$.

由 $u=0$，得 $y=C$（C 为任意常数）.

由 $y\frac{\mathrm{d}u}{\mathrm{d}y}-u=0$，即 $\frac{\mathrm{d}u}{u}=\frac{\mathrm{d}y}{y}$，解得 $u=C_1y$，即 $\frac{\mathrm{d}y}{\mathrm{d}x}=C_1y$（$C_1$ 为任意常数），进一步解得原方程的通解为

$$y=C_2\mathrm{e}^{C_1x},$$

这里 C_1,C_2 为任意常数. 注意到，$y=C$ 这个解已包含在通解中. □

同步训练 3

求方程 $yy''-y'^2+y'^3=0$ 的通解.

二、二阶线性微分方程解的结构

形如

$$y''+a_1(x)y'+a_2(x)y=f(x) \tag{9.22}$$

的方程，称为**二阶线性微分方程**（second-order linear differential equation）. 其中 $a_1(x)$，$a_2(x)$ 及 $f(x)$ 为 x 的已知函数，且都是某区间 I 上的连续函数. $f(x)$ 称为自由项.

如果 $f(x)\equiv 0$，则方程(9.22)变为

$$y''+a_1(x)y'+a_2(x)y=0, \tag{9.23}$$

称方程(9.23)为**二阶线性齐次微分方程**（second-order linear homogeneous differential equation），简称**线性齐次方程**. 如果 $f(x)$ 不恒等于零，则称方程(9.22)为**二阶线性非齐次微分方程**（second-order linear inhomogeneous differential equation），简称**线性非齐次方程**. 通常把方程(9.23)称为**方程**(9.22)**对应的齐次方程**.

首先，讨论二阶线性方程解的性质与结构.

由导数的运算法则及性质，很容易得到关于线性齐次方程(9.23)解的如下定理.

定理 9.1　若 $y_1(x)$，$y_2(x)$ 都是方程(9.23)的解，则

$$C_1y_1(x)+C_2y_2(x) \tag{9.24}$$

也是方程(9.23)的解，这里 C_1，C_2 为任意常数.

尽管 $C_1y_1(x)+C_2y_2(x)$ 中有两个任意常数，但它不一定是方程(9.23)的通解，因为其中的两个常数不一定是独立的. 如 $y_1(x)=\mathrm{e}^x$ 与 $y_2(x)=2\mathrm{e}^x$ 都是方程 $y''+2y'-3y=0$ 的解，由于 $C_1y_1(x)+C_2y_2(x)$ 中的两个任意常数可以合并，即

$$C_1y_1(x)+C_2y_2(x)=C_1\mathrm{e}^x+2C_2\mathrm{e}^x=(C_1+2C_2)\mathrm{e}^x=C\mathrm{e}^x,$$

故 $C_1y_1(x)+C_2y_2(x)$ 不是方程 $y''+2y'-3y=0$ 的通解. 那么，$C_1y_1(x)+C_2y_2(x)$ 在什么样的条件下能够成为方程(9.23)的通解呢？为了得到这个问题的答案，首先引入函数线性相关与线性无关的定义.

定义 9.3　设 $y_1(x)$ 和 $y_2(x)$ 是定义在区间 I 上的两个函数. 如果存在不全为零的两个常数 k_1，k_2，使得在区间 I 上恒有

$$k_1y_1(x)+k_2y_2(x)\equiv 0,$$

则称函数 $y_1(x)$ 和 $y_2(x)$ 在区间 I 上**线性相关**，否则称为**线性无关**.

根据定义 9.3 可知，判断两个函数在区间 I 上是否线性相关，只

要看它们的商在区间 I 上是否恒为常数．如果商恒为常数，即 $\frac{y_2(x)}{y_1(x)}=C$，则 $y_1(x)$ 和 $y_2(x)$ 就是线性相关的，否则就是线性无关的．

例如，函数 $\cos x$ 和 $\sin x$ 在任何区间上都是线性无关的；但是函数 $\cos 2x$ 和 $2\cos^2 x-1$ 是线性相关的，因为 $\frac{2\cos^2 x-1}{\cos 2x}=1$.

有了定义 9.3，就可以得到线性齐次方程(9.23)解的结构定理．

定理 9.2　若 $y_1(x)$ 和 $y_2(x)$ 是方程(9.23)的两个线性无关的解，则方程(9.23)的通解可以表示为

$$y(x)=C_1y_1(x)+C_2y_2(x), \tag{9.25}$$

这里 C_1,C_2 为任意常数．

例如，容易验证 $y_1=\mathrm{e}^{3x}$ 和 $y_2=\mathrm{e}^{-x}$ 是方程 $y''-2y'-3y=0$ 的两个特解．因为 $\frac{\mathrm{e}^{3x}}{\mathrm{e}^{-x}}=\mathrm{e}^{4x}\neq$ 常数，所以 $y_1=\mathrm{e}^{3x}$ 和 $y_2=\mathrm{e}^{-x}$ 是两个线性无关的解，故 $y=C_1\mathrm{e}^{3x}+C_2\mathrm{e}^{-x}$ 为该方程的通解．

由上面的讨论可知，若求线性齐次方程的通解，只要求出它的两个线性无关的特解 $y_1(x)$ 和 $y_2(x)$，那么 $y(x)=C_1y_1(x)+C_2y_2(x)$ 就是它的通解．

下面，给出线性非齐次方程解的结构定理．

定理 9.3　设 $\tilde{y}(x)$ 是方程(9.23)的通解，$y_0(x)$ 是方程(9.22)的任一特解，则

$$y(x)=\tilde{y}(x)+y_0(x) \tag{9.26}$$

为方程(9.22)的通解．

证明　容易验证 $y(x)=\tilde{y}(x)+y_0(x)$ 是方程(9.22)的解．又由于 $\tilde{y}(x)$ 为方程(9.23)的通解，所以其中含有两个任意独立常数，因此 $\tilde{y}(x)+y_0(x)$ 为方程(9.22)的通解． ■

由定理 9.3 可知，要求线性非齐次方程的通解，首先求线性非齐次方程对应的线性齐次方程的通解 $\tilde{y}(x)$，其次再求线性非齐次方程的一个特解 $y_0(x)$，最后两者的和就是线性非齐次方程的通解.

例如，方程 $y''-2y'-3y=3x$ 是二阶线性非齐次方程．由前面的讨论知，$\tilde{y}=C_1\mathrm{e}^{3x}+C_2\mathrm{e}^{-x}$ 为所给方程对应的齐次方程 $y''-2y'-3y=0$ 的通解．可以验证 $y_0=\frac{2}{3}-x$ 为所给方程的一个特解．因此，$y=C_1\mathrm{e}^{3x}+C_2\mathrm{e}^{-x}+\frac{2}{3}-x$ 为所给线性非齐次方程的通解．

在求线性非齐次方程(9.22)的特解时,我们还会用到如下原理.

定理 9.4(线性非齐次方程解的叠加原理)　设线性非齐次方程(9.22)右端的自由项 $f(x)=f_1(x)+f_2(x)$,即

$$y''+a_1(x)y'+a_2(x)y=f_1(x)+f_2(x). \tag{9.27}$$

若 $y_1(x)$,$y_2(x)$ 分别是

$$y''+a_1(x)y'+a_2(x)y=f_1(x),$$

$$y''+a_1(x)y'+a_2(x)y=f_2(x)$$

的解,则 $y_1(x)+y_2(x)$ 是方程(9.27)的解.

证明　把 $y_1(x)+y_2(x)$ 代入方程(9.27)的左端,由定理 9.4 的条件,得

$$\begin{aligned}&[y_1(x)+y_2(x)]''+a_1(x)[y_1(x)+y_2(x)]'+\\&a_2(x)[y_1(x)+y_2(x)]\\=&[y_1''(x)+a_1(x)y_1'(x)+a_2(x)y_1(x)]+\\&[y_2''(x)+a_1(x)y_2'(x)+a_2(x)y_2(x)]\\=&f_1(x)+f_2(x).\end{aligned}$$

这说明 $y_1(x)+y_2(x)$ 就是方程(9.27)的解. ■

这一定理为我们求解自由项较为复杂的线性非齐次方程提供了思路.

理解了上述定理的含义之后,这个定理可以推广到自由项 $f(x)=f_1(x)+f_2(x)+\cdots+f_n(x)$ 的情形.

三、二阶常系数线性齐次微分方程

形如

$$y''+ay'+by=0(a,b\text{ 为常数}) \tag{9.28}$$

的方程,称为**二阶常系数线性齐次微分方程**.

由定理 9.2 可知,只要求得方程(9.28)的两个线性无关的特解,即可得方程(9.28)的通解. 那么,如何求方程(9.28)的两个线性无关的特解呢?很容易求得一阶常系数微分方程 $\frac{\mathrm{d}y}{\mathrm{d}x}+ay=0$ 的一个特解为 $y=\mathrm{e}^{-ax}$. 再结合方程(9.28)的特点,假设 $y=\mathrm{e}^{\lambda x}$ 为方程(9.28)的特解,其中 λ 是待定常数.

将 $y=\mathrm{e}^{\lambda x}$ 代入方程(9.28),得

$$(\lambda^2+a\lambda+b)\mathrm{e}^{\lambda x}=0.$$

由于 $e^{\lambda x}\neq 0$,所以

$$\lambda^2+a\lambda+b=0. \tag{9.29}$$

由此可见,只要 λ 是代数方程(9.29)的根,$y=e^{\lambda x}$ 就是方程(9.28)的解．我们把代数方程(9.29)称为微分方程(9.28)的**特征方程**(characteristic equation),并称特征方程的两个根 λ_1,λ_2 为**特征根**(eigenvalue).

由上面的讨论可知,求齐次方程(9.28)的解的问题就转化为求特征方程(9.29)的特征根的问题．根据初等代数的相关知识,易知特征方程的两个特征根为

$$\lambda_1=\frac{-a+\sqrt{a^2-4b}}{2},\quad \lambda_2=\frac{-a-\sqrt{a^2-4b}}{2}.$$

根据判别式 $\Delta=a^2-4b$ 与零的三种关系,λ_1,λ_2 的取值有以下三种情形:

(1) 当 $a^2-4b>0$ 时,λ_1,λ_2 是两个不相等的实根;

(2) 当 $a^2-4b=0$ 时,λ_1,λ_2 是两个相等的实根,即 $\lambda_1=\lambda_2=-\frac{1}{2}a$;

(3) 当 $a^2-4b<0$ 时,λ_1,λ_2 是两个共轭复根,即

$$\lambda_1=\alpha+\beta i,\quad \lambda_2=\alpha-\beta i,$$

其中 $\alpha=-\frac{a}{2},\beta=\frac{\sqrt{4b-a^2}}{2}$.

根据特征根的以上三种情形,分如下三种情形讨论方程(9.28)的通解．

1. 特征方程有两个不相等的实根:$\lambda_1\neq\lambda_2$

由于 $y_1=e^{\lambda_1 x}$ 和 $y_2=e^{\lambda_2 x}$ 都是方程(9.28)的解．又由于 $\lambda_1\neq\lambda_2$,所以 $\frac{y_2}{y_1}=\frac{e^{\lambda_2 x}}{e^{\lambda_1 x}}=e^{(\lambda_2-\lambda_1)x}\neq$ 常数．因此,$y_1=e^{\lambda_1 x}$ 和 $y_2=e^{\lambda_2 x}$ 是方程(9.28)的两个线性无关的解,故方程(9.28)的通解为

$$y(x)=C_1e^{\lambda_1 x}+C_2e^{\lambda_2 x},$$

这里 C_1,C_2 为任意常数．

例 4　求方程 $y''-y'-2y=0$ 的通解．

解　原方程的特征方程为

$$\lambda^2-\lambda-2=0,$$

解得特征根为 $\lambda_1=-1,\lambda_2=2$,可得原方程的两个线性无关的特解为 $y_1=e^{-x},y_2=e^{2x}$．故原方程的通解为

$$y(x)=C_1\mathrm{e}^{-x}+C_2\mathrm{e}^{2x},$$

这里 C_1,C_2 为任意常数. □

2. 特征方程有两个相等的实根:$\lambda_1=\lambda_2=\lambda$

此时,方程(9.28)有两个线性无关的特解 $y_1=\mathrm{e}^{\lambda x}$ 与 $y_2=x\mathrm{e}^{\lambda x}$,从而方程(9.28)的通解为

$$y(x)=C_1\mathrm{e}^{\lambda x}+C_2x\mathrm{e}^{\lambda x}=(C_1+C_2x)\mathrm{e}^{\lambda x},$$

这里 C_1,C_2 为任意常数.

情形2和3求解参考

例5　求方程 $y''-10y'+25y=0$ 满足初值条件 $y(0)=1,y'(0)=0$ 的特解.

解　原方程的特征方程为

$$\lambda^2-10\lambda+25=0,$$

解得特征根为 $\lambda_1=\lambda_2=5$,可得原方程的两个线性无关的特解为 $y_1=\mathrm{e}^{5x},y_2=x\mathrm{e}^{5x}$. 故原方程的通解为

$$y(x)=(C_1+C_2x)\mathrm{e}^{5x},$$

这里 C_1,C_2 为任意常数. 由条件 $y(0)=1,y'(0)=0$,得 $C_1=1,C_2=-5$. 于是原方程满足初值条件的特解为

$$y(x)=(1-5x)\mathrm{e}^{5x}.$$ □

3. 特征方程有一对共轭复根:$\lambda_1=\alpha+\beta\mathrm{i},\lambda_2=\alpha-\beta\mathrm{i}(\beta\neq0)$

此时,方程(9.28)的两个线性无关的实函数形式的解为

$$y_1=\mathrm{e}^{\alpha x}\cos\beta x,\quad y_2=\mathrm{e}^{\alpha x}\sin\beta x,$$

则方程(9.28)的通解为

$$y(x)=(C_1\cos\beta x+C_2\sin\beta x)\mathrm{e}^{\alpha x}\quad C_1,C_2\text{ 为任意常数}.$$

例6　求方程 $y''-y'+y=0$ 的通解.

解　原方程的特征方程为 $\lambda^2-\lambda+1=0$,解得特征根为 $\lambda_{1,2}=\frac{1}{2}\pm\frac{\sqrt{3}}{2}\mathrm{i}$. 记 $\alpha=\frac{1}{2},\beta=\frac{\sqrt{3}}{2}$,于是方程的两个线性无关的特解为 $y_1=\mathrm{e}^{\frac{1}{2}x}\cos\frac{\sqrt{3}}{2}x,y_2=\mathrm{e}^{\frac{1}{2}x}\sin\frac{\sqrt{3}}{2}x$. 故原方程的通解为

$$y(x)=\left(C_1\cos\frac{\sqrt{3}}{2}x+C_2\sin\frac{\sqrt{3}}{2}x\right)\mathrm{e}^{\frac{1}{2}x},$$

这里 C_1,C_2 为任意常数. □

下面总结一下求解二阶常系数线性齐次方程通解的步骤:

(1) 写出特征方程 $\lambda^2+a\lambda+b=0$,并求出特征根;

(2) 根据特征根的不同情形,写出方程的两个线性无关的特解;

(3) 写出方程的通解.

同步训练 4

求下列方程的通解：

(1) $y''+3y'-4y=0$;

(2) $y''+6y'+9y=0$;

(3) $y''+4y'+8y=0$.

二阶常系数线性非齐次方程

四、二阶常系数线性非齐次微分方程的解

如果$f(x)$不恒等于零，则形如

$$y''+ay'+by=f(x),(a,b\text{ 为常数}) \tag{9.30}$$

的方程，称为**二阶常系数线性非齐次微分方程**.

方程(9.28)称为**方程(9.30)对应的齐次微分方程**.

由定理 9.3 可知，求方程(9.30)的通解的步骤如下：

(1) 求出对应齐次方程(9.28)的通解 $\tilde{y}(x)$;

(2) 求出非齐次方程(9.30)的一个特解 $y_0(x)$;

(3) 所求方程(9.30)的通解为

$$y(x)=\tilde{y}(x)+y_0(x).$$

前面已经讨论了齐次方程通解的求法，接下来讨论如何求二阶常系数线性非齐次方程的特解 $y_0(x)$.

方程(9.30)特解的形式与右端自由项$f(x)$有关. 我们根据自由项$f(x)$的形式，预先给出方程(9.30)的特解形式，然后采用**待定系数法**，将方程的特解求出来. 下面我们仅就$f(x)$的以下四种类型进行讨论：

(1) $f(x)=P_m(x)=a_0x^m+a_1x^{m-1}+\cdots+a_{m-1}x+a_m(m\in\mathbf{N}_+)$, $P_m(x)$是 x 的一个 m 次多项式；

(2) $f(x)=P_m(x)\mathrm{e}^{\alpha x}$，其中 α 是常数，$P_m(x)$是 x 的一个 m 次多项式，形式与(1)中相同；

(3) $f(x)=a_1\cos\beta x+a_2\sin\beta x$，其中 a_1,a_2,β 为常数；

(4) $f(x)=(a_1\cos\beta x+a_2\sin\beta x)\mathrm{e}^{\alpha x}$，其中 a_1,a_2,α,β 为常数.

1. $f(x)=P_m(x)$型

当自由项$f(x)=P_m(x)$时，方程(9.30)有如下形式的特解：

条件	特解 $y_0(x)$ 的形式
0 不是特征根	$y_0(x)=Q_m(x)=b_0x^m+b_1x^{m-1}+\cdots+b_{m-1}x+b_m$，其中 $b_0,b_1,\cdots,b_m$ 为待定系数
0 是特征根	$y_0(x)=xQ_m(x)$，$Q_m(x)$同上

将 $y_0(x)=Q_m(x)$或 $y_0=xQ_m(x)$代入方程(9.30)，根据方程两端 x 的同次幂系数相等，确定出待定系数 $b_i(i=0,1,2,\cdots,m)$，从而确定出方程(9.30)的特解.

例 7　求方程 $y''-4y'+3y=3x^2-2x$ 的特解.

解　易知 $\lambda=0$ 不是特征根,设特解为 $y_0(x)=b_0x^2+b_1x+b_2$,则 $y_0'(x)=2b_0x+b_1$, $y_0''(x)=2b_0$. 将其代入原方程,有

$$\begin{aligned}&2b_0-4(2b_0x+b_1)+3(b_0x^2+b_1x+b_2)\\=&3b_0x^2+(-8b_0+3b_1)x+2b_0-4b_1+3b_2=3x^2-2x.\end{aligned}$$

由 x 的同次幂的系数对应相等,得

$$\begin{cases}3b_0=3,\\-8b_0+3b_1=-2,\\2b_0-4b_1+3b_2=0,\end{cases}$$

解此方程组得 $b_0=1, b_1=2, b_2=2$. 于是,原方程的特解为

$$y_0(x)=x^2+2x+2.$$

注　当自由项是多项式时,所设特解中的多项式从常数项到 x 的最高次幂必须一项都不能少.

同步训练 5

求方程 $y''+y'+2y=x^2-3$ 的通解.

2. $f(x)=P_m(x)e^{\alpha x}$ 型

当自由项 $f(x)=P_m(x)e^{\alpha x}$ 时,方程(9.30)有如下形式的特解.

条件	特解 $y_0(x)$ 的形式
α 不是特征根	$y_0(x)=Q_m(x)e^{\alpha x}=(b_0x^m+b_1x^{m-1}+\cdots+b_{m-1}x+b_m)e^{\alpha x}$,其中 $b_0,b_1,\cdots,b_m$ 为待定系数
α 是单特征根	$y_0(x)=xQ_m(x)e^{\alpha x}$, $Q_m(x)$ 同上
α 是重特征根	$y_0(x)=x^2Q_m(x)e^{\alpha x}$, $Q_m(x)$ 同上

情形 2 求解过程

例 8　求方程 $y''+5y'+6y=3xe^{-2x}$ 的特解.

解　原方程对应的齐次方程的特征方程为 $\lambda^2+5\lambda+6=0$,其特征根为 $\lambda_1=-3, \lambda_2=-2$. 易知 $\alpha=-2$ 为单特征根,故设原方程的特解为

$$y_0(x)=x(b_0x+b_1)e^{-2x}.$$

将其代入题设方程,消去 e^{-2x},有

$$2b_0x+2b_0+b_1=3x.$$

由待定系数法得 $\begin{cases}2b_0=3,\\2b_0+b_1=0,\end{cases}$ 解此方程组得 $\begin{cases}b_0=\dfrac{3}{2},\\b_1=-3.\end{cases}$ 所以,原方程的特解为

$$y_0(x)=x\left(\frac{3}{2}x-3\right)e^{-2x}.$$ □

通过例 8,可以看到特解中有关多项式的设法与前面提到的注意事项一样,不能缺项.

例 9　方程 $y''+2y'+y=(3x^2+1)e^{-x}$ 有什么形式的特解?

解　因为原方程对应的齐次方程的特征方程为 $\lambda^2+2\lambda+1=0$,其特征根为 $\lambda_1=\lambda_2=-1$. 于是 $\alpha=-1$ 为重特征根. 从而,题设方程有形如

$$y_0(x)=x^2(b_0x^2+b_1x+b_2)e^{-x}$$

的特解. □

例 10　求方程 $y''+y=(x-2)e^{3x}$ 的通解.

解　原方程对应的齐次方程的特征方程为 $\lambda^2+1=0$,其特征根为 $\lambda_{1,2}=\pm i$. 所以,原方程对应齐次方程的通解为

$$\tilde{y}(x)=C_1\cos x+C_2\sin x,$$

这里 C_1,C_2 为任意常数.

由于 $\alpha=3$ 不是特征根,于是,设原方程的特解为

$$y_0(x)=(b_0x+b_1)e^{3x}.$$

将其代入原方程,消去 e^{3x},有

$$10b_0x+6b_0+10b_1=x-2.$$

由待定系数法得方程组 $\begin{cases}10b_0=1,\\6b_0+10b_1=-2,\end{cases}$ 解此方程组得 $\begin{cases}b_0=\dfrac{1}{10},\\b_1=-\dfrac{13}{50}.\end{cases}$ 所以,原方程的一个特解为

$$y_0(x)=\left(\frac{1}{10}x-\frac{13}{50}\right)e^{3x}.$$

从而,原方程的通解为

$$y(x)=C_1\cos x+C_2\sin x+\left(\frac{1}{10}x-\frac{13}{50}\right)e^{3x},\quad C_1,C_2\text{ 为任意常数}.$$ □

同步训练 6

求下列方程的通解:

(1) $y''+y'=xe^x$;

(2) $y''-2y'-3y=(x-2)e^{3x}$;

(3) $y''-4y'+4y=3e^{2x}$.

3. $f(x)=a_1\sin\beta x+a_2\cos\beta x$ 型

当自由项 $f(x)=a_1\sin\beta x+a_2\cos\beta x$ 时,方程(9.30)有如下形式的特解:

条件	特解 $y_0(x)$ 的形式
$\pm\beta i$ 不是特征根	$y_0(x)=b_1\sin\beta x+b_2\cos\beta x$,其中 b_1,b_2 为待定系数
$\pm\beta i$ 是特征根	$y_0(x)=x(b_1\sin\beta x+b_2\cos\beta x)$,其中 b_1,b_2 为待定系数

注　利用等式两端正弦函数与余弦函数的系数相等的方法来确定待定系数 b_1, b_2.

例 11　求方程 $y''-y'=\sin x$ 的特解.

解　原方程所对应的齐次方程为

$$y''-y'=0.$$

其特征方程为 $\lambda^2-\lambda=0$,特征根为 $\lambda_1=0, \lambda_2=1$.

由于 $\pm\beta i=\pm i$ 不是特征根,故设原方程的特解为

$$y_0(x)=b_1\sin x+b_2\cos x.$$

将其代入原方程,整理得

$$(-b_1+b_2)\sin x-(b_1+b_2)\cos x=\sin x.$$

从而有 $\begin{cases}-b_1+b_2=1,\\ b_1+b_2=0,\end{cases}$ 解得 $\begin{cases}b_1=-\dfrac{1}{2},\\ b_2=\dfrac{1}{2}.\end{cases}$ 故原方程的特解为

$$y_0(x)=-\frac{1}{2}\sin x+\frac{1}{2}\cos x.$$ □

注　尽管自由项只含有正弦函数,所设特解仍然是正弦函数与余弦函数线性和的形式. 由此,请同学们思考一下,如果自由项只含有余弦函数时,应如何设特解的形式?

例 12　求方程 $y''+4y=\sin 2x$ 的通解.

解　原方程所对应的齐次方程为

$$y''+4y=0,$$

其特征方程为 $\lambda^2+4=0$,特征根为 $\lambda_{1,2}=\pm 2i$. 故对应齐次方程的通解为

$$\tilde{y}(x)=C_1\sin 2x+C_2\cos 2x, C_1, C_2 \text{ 为任意常数}.$$

下面求原方程的特解. 由于 $\pm\beta i=\pm 2i$ 是特征根,所以设原方程的特解为

$$y_0(x)=x(b_1\sin 2x+b_2\cos 2x).$$

将其代入题设方程,整理得

$$4b_1\cos 2x-4b_2\sin 2x=\sin 2x.$$

从而有 $\begin{cases}4b_1=0,\\ -4b_2=1,\end{cases}$ 解得 $\begin{cases}b_1=0,\\ b_2=-\dfrac{1}{4}.\end{cases}$ 于是,特解为

$$y_0(x)=-\frac{1}{4}x\cos 2x.$$

故原方程的通解为

同步训练 7

下列方程各有什么形式的特解:

(1) $y''+4y=\sin 2x+\cos 2x$;

(2) $y''+4y=3\sin x$.

$$\tilde{y}(x)=C_1\sin 2x+C_2\cos 2x-\frac{1}{4}x\cos 2x,$$

这里 C_1, C_2 为任意常数． □

4. $f(x)=(a_1\sin\beta x+a_2\cos\beta x)e^{\alpha x}$ 型

当自由项 $f(x)=(a_1\sin\beta x+a_2\cos\beta x)e^{\alpha x}$ 时，方程(9.30)有如下形式的特解：

条件	特解 $y_0(x)$ 的形式
$\alpha\pm\beta i$ 不是特征根	$y_0(x)=(b_1\sin\beta x+b_2\cos\beta x)e^{\alpha x}$，$b_1, b_2$ 为待定系数
$\alpha\pm\beta i$ 是特征根	$y_0(x)=x(b_1\sin\beta x+b_2\cos\beta x)e^{\alpha x}$，$b_1, b_2$ 为待定系数

例 13 求方程 $y''-2y'-3y=e^x\sin 2x$ 的通解．

解 原方程对应的齐次方程为

$$y''-2y'-3y=0,$$

它的特征方程为

$$\lambda^2-2\lambda-3=0,$$

解得特征根为 $\lambda_1=-1, \lambda_2=3$. 于是，原方程对应的齐次方程的通解为

$$\tilde{y}(x)=C_1e^{-x}+C_2e^{3x}, C_1, C_2 \text{ 为任意常数}.$$

由于 $\alpha\pm\beta i=1\pm2i$ 不是特征根，所以设原方程的特解为

$$y_0(x)=(b_1\sin 2x+b_2\cos 2x)e^x.$$

将其代入原方程，整理得

$$-8b_1\sin 2x-8b_2\cos 2x=\sin 2x.$$

从而有 $\begin{cases}-8b_1=1,\\ -8b_2=0,\end{cases}$ 解得 $\begin{cases}b_1=-\dfrac{1}{8},\\ b_2=0,\end{cases}$ 所以特解为

$$y_0(x)=-\frac{1}{8}e^x\sin 2x.$$

故原方程的通解为

$$y(x)=C_1e^{-x}+C_2e^{3x}-\frac{1}{8}e^x\sin 2x,$$

这里 C_1, C_2 为任意常数． □

在本部分中，所设特解的注意事项与自由项是第三种类型的注意事项相同．

同步训练 8

求方程 $y''-4y'+4y=e^x\cos x$ 的一个特解．

例 14 求方程 $y''-3y'+2y=e^x+x$ 的通解．

解 原方程所对应的齐次方程的特征方程为 $\lambda^2-3\lambda+2=0$，解得特征根为 $\lambda_1=1, \lambda_2=2$. 故对应齐次方程的通解为

$$\tilde{y}(x)=C_1e^x+C_2e^{2x}, C_1, C_2 \text{ 为任意常数}.$$

接下来求原方程的特解．很显然，原方程的自由项不是上面所讨论的任何一种形式．由定理 9.4，将原方程拆成如下两个方程：

$$y''-3y'+2y=\mathrm{e}^{x}, \tag{1}$$

$$y''-3y'+2y=x. \tag{2}$$

先求方程(1)的特解，由于 $\alpha=1$ 是单特征根，所以设方程(1)的特解为

$$y_1(x)=b_0x\mathrm{e}^{x}.$$

将其代入方程(1)，解得 $b_0=-1$，故方程(1)的特解为

$$y_1(x)=-x\mathrm{e}^{x}.$$

再求方程(2)的特解，由于 $\lambda=0$ 不是特征根，所以设方程(2)的特解为

$$y_2(x)=Ax+B.$$

将其代入方程(2)，解得 $A=\frac{1}{2}$，$B=\frac{3}{4}$，故

得到方程(2)的特解为

$$y_2(x)=\frac{1}{2}x+\frac{3}{4}.$$

故原方程的特解为

$$y_0(x)=-x\mathrm{e}^{x}+\frac{1}{2}x+\frac{3}{4},$$

从而原方程的通解为

$$y(x)=C_1\mathrm{e}^{x}+C_2\mathrm{e}^{2x}-x\mathrm{e}^{x}+\frac{1}{2}x+\frac{3}{4},$$

其中 C_1, C_2 为任意常数．□

同步训练 9

求方程 $y''+y=\mathrm{e}^{x}+x$ 的通解．

* §9.4 高阶线性微分方程

在上一节，主要讨论了二阶线性微分方程，尤其是二阶常系数线性微分方程．本节把二阶线性微分方程解的相关理论推广到 n 阶微分方程．主要讨论一般高阶线性微分方程以及高阶常系数线性微分方程的解的相关理论．一般高阶线性微分方程的形式如下：

$$y^{(n)}+a_1(x)y^{(n-1)}+\cdots+a_{n-1}(x)y'+a_n(x)y=f(x), \tag{9.31}$$

其中 $a_1(x),\cdots,a_n(x)$ 为已知函数．如果 $f(x)\equiv 0$，则方程(9.31)变为

$$y^{(n)}+a_1(x)y^{(n-1)}+\cdots+a_{n-1}(x)y'+a_n(x)y=0, \tag{9.32}$$

我们称(9.32)为 n **阶线性齐次微分方程**,简称**齐次方程**. 并且通常把方程(9.32)称为**方程**(9.31)**对应的线性齐次方程**.

首先,讨论线性微分方程解的结构定理.

一、n 阶线性微分方程解的结构定理

定理 9.5　若 $y_1(x),y_2(x),\cdots,y_k(x)$ 是方程(9.32)的 k 个解,则它们的线性和

$$C_1y_1(x)+C_2y_2(x)+\cdots+C_ky_k(x)$$

也是方程(9.32)的解,这里 $C_1,C_2,\cdots,C_k$ 为任意常数.

特别地,当 $k=n$ 时,

$$C_1y_1(x)+C_2y_2(x)+\cdots+C_ny_n(x) \tag{9.33}$$

也是方程(9.32)的解.

接下来,我们就遇到了同上一节一样的问题. 在什么样的条件下,含有 n 个任意常数的解(9.33)能成为方程(9.32)的通解呢? 在上一节中,为了讨论的需要,我们给出了两个函数线性相关与线性无关的定义. 同样地,首先给出 n 个函数线性相关和线性无关的定义,然后再讨论上述问题.

定义 9.4　设 $y_1(x),y_2(x),\cdots,y_n(x)$ 是定义在某区间 I 上的 n 个函数,如果存在不全为零的 n 个数 $k_1,k_2,\cdots,k_n$,使得在区间 I 上恒有

$$k_1y_1(x)+k_2y_2(x)+\cdots+k_ny_n(x)\equiv 0,$$

则称这 n 个函数 $y_1(x),y_2(x),\cdots,y_n(x)$ 在区间 I 上是线性相关的,否则称为线性无关的.

如函数 $1,x,x^2,\cdots,x^{n-1}$ 在任何区间上都是线性无关的. 因为恒等式

$$k_0+k_1x+k_2x^2+\cdots+k_{n-1}x^{n-1}\equiv 0$$

当且仅当 $k_i=0(i=0,1,2,\cdots,n-1)$ 时才成立.

定理 9.6　n 阶线性齐次微分方程(9.32)一定存在 n 个线性无关的解.

在定理 9.5 和定理 9.6 的基础上,给出如下定理.

定理 9.7　若 $y_1(x),y_2(x),\cdots,y_n(x)$ 是方程(9.32)的 n 个线性无关的解,则方程(9.32)的通解可表示为

$$\tilde{y}(x)=C_1y_1(x)+C_2y_2(x)+\cdots+C_ny_n(x),$$

这里 $C_1,C_2,\cdots,C_n$ 为任意常数.

定理 9.8　设 $\tilde{y}(x)$ 是方程(9.32)的通解，而 $y_0(x)$ 是方程(9.31)的任一特解，则方程(9.31)的通解可以表示为

$$y(x)=\tilde{y}(x)+y_0(x).$$

从上述定理可以看出，要想求线性非齐次方程的通解，应先求与之对应的齐次方程的 n 个线性无关的解，然后求线性非齐次方程的一个特解．根据定理 9.8，即可求出线性非齐次方程的通解．但是，一般线性齐次方程的 n 个线性无关的解并不容易求出来．下面讨论如何求 n 阶常系数线性齐次方程的 n 个线性无关的解．

二、n 阶常系数线性齐次微分方程

形如

$$y^{(n)}+a_1y^{(n-1)}+\cdots+a_{n-1}y'+a_ny=0\ (a_1,a_2,\cdots,a_n \text{ 为常数}) \tag{9.34}$$

的方程，称为 n **阶常系数线性齐次微分方程**．

通过上一节的讨论，知道求二阶常系数线性齐次方程解的问题归结为求特征方程根的问题．这种方法也适合于 n 阶常系数线性齐次方程的求解．因为这是常系数线性齐次方程所固有的一种简单特性．下面对于这种简单特性进行一下简要验证．假设方程(9.34)有

$$y(x)=\mathrm{e}^{\lambda x}$$

形式的解，其中 λ 为待定常数．将其代入方程(9.34)有

$$(\lambda^n+a_1\lambda^{n-1}+\cdots+a_{n-1}\lambda+a_n)\mathrm{e}^{\lambda x}=0.$$

易知，$y(x)=\mathrm{e}^{\lambda x}$ 是方程(9.34)的解的充要条件是：λ 是方程

$$\lambda^n+a_1\lambda^{n-1}+\cdots+a_{n-1}\lambda+a_n=0 \tag{9.35}$$

的根．

我们称方程(9.35)为方程(9.34)的**特征方程**，它的根称为**特征根**．由代数学的相关知识，我们知道方程(9.35)一定有 n 个特征根 $\lambda_1,\lambda_2,\cdots,\lambda_n$．下面就特征根的不同情况分别讨论方程(9.34)的解的形式．

1. 特征根都是单特征根

(1) 如果 $\lambda_1,\lambda_2,\cdots,\lambda_n$ 是 n 个彼此不相等的实特征根，则方程(9.34)有如下 n 个线性无关的解

$$\mathrm{e}^{\lambda_1 x},\quad \mathrm{e}^{\lambda_2 x},\quad \cdots,\quad \mathrm{e}^{\lambda_n x}.$$

此时，方程(9.34)的通解为

$$\tilde{y}(x)=C_1\mathrm{e}^{\lambda_1 x}+C_2\mathrm{e}^{\lambda_2 x}+\cdots+C_n\mathrm{e}^{\lambda_n x},$$

这里 $C_1,C_2,\cdots,C_n$ 为任意常数．

（2）如果特征方程有复数根，由于方程(9.34)的系数为实常数，故它的复数根是成对共轭的．设 $\alpha\pm\beta\mathrm{i}$ 是一对共轭特征根，方程(9.34)与这对共轭特征根对应的两个复值解为

$$\mathrm{e}^{(\alpha\pm\beta\mathrm{i})x}.$$

根据欧拉公式及定理9.5可知，方程(9.34)有如下两个实值解

$$\mathrm{e}^{\alpha x}\cos\beta x,\quad \mathrm{e}^{\alpha x}\sin\beta x.$$

例1　求方程 $y'''-2y''-y'+2y=0$ 的通解．

解　原方程的特征方程为 $\lambda^3-2\lambda^2-\lambda+2=0$，解得特征根为 $\lambda_1=-1,\lambda_2=1,\lambda_3=2$. 由于有三个互不相同的特征根，所以，$y_1=\mathrm{e}^{-x}$，$y_2=\mathrm{e}^{x},y_3=\mathrm{e}^{2x}$是方程的三个线性无关的解，故原方程的通解为

$$\tilde{y}(x)=C_1\mathrm{e}^{-x}+C_2\mathrm{e}^{x}+C_3\mathrm{e}^{2x},$$

这里 C_1,C_2,C_3 为任意常数．□

例2　求方程 $y^{(4)}-y=0$ 的通解．

解　原方程的特征方程为 $\lambda^4-1=0$，解得特征根为

$$\lambda_1=-1,\quad \lambda_2=1,\quad \lambda_3=\mathrm{i},\quad \lambda_4=-\mathrm{i}.$$

可以看出有四个互不相同的特征根，其中两个实根，两个共轭复根，于是，$y_1=\mathrm{e}^{-x},y_2=\mathrm{e}^{x},y_3=\cos x,y_4=\sin x$ 是方程的四个线性无关的解，故方程的通解为

$$\tilde{y}(x)=C_1\mathrm{e}^{-x}+C_2\mathrm{e}^{x}+C_3\cos x+C_4\sin x,$$

这里 C_1,C_2,C_3,C_4 为任意常数．□

同步训练1

求下列方程的通解：

（1）$y'''+6y''+3y'-10y=0$；

（2）$y'''+y''-2y=0$.

2. 特征根有重根

不失一般性，如果特征方程有 k 重实特征根 $\lambda_1=\lambda_2=\cdots=\lambda_k=\lambda$. 方程(9.34)有如下 k 个线性无关的解：

$$\mathrm{e}^{\lambda x},\quad x\mathrm{e}^{\lambda x},\quad x^2\mathrm{e}^{\lambda x},\quad \cdots,\quad x^{k-1}\mathrm{e}^{\lambda x}.$$

其他的重实特征根对应于方程(9.34)的线性无关的解可以仿照如上形式给出．

如果特征方程有 k 重复特征根 $\lambda_1=\alpha+\beta\mathrm{i}$，相应地，也应该有 k 重复特征根 $\lambda_2=\alpha-\beta\mathrm{i}$. 方程(9.34)有 $2k$ 个如下的实值解：

$$\mathrm{e}^{\alpha x}\cos\beta x,\quad x\mathrm{e}^{\alpha x}\cos\beta x,\quad x^2\mathrm{e}^{\alpha x}\cos\beta x,\quad \cdots,\quad x^{k-1}\mathrm{e}^{\alpha x}\cos\beta x;$$

$$\mathrm{e}^{\alpha x}\sin\beta x,\quad x\mathrm{e}^{\alpha x}\sin\beta x,\quad x^2\mathrm{e}^{\alpha x}\sin\beta x,\quad \cdots,\quad x^{k-1}\mathrm{e}^{\alpha x}\sin\beta x.$$

例3　求方程 $y^{(4)}-4y'''+6y''-4y'+y=0$ 的通解．

解　原方程的特征方程为 $\lambda^4-4\lambda^3+6\lambda^2-4\lambda+1=(\lambda-1)^4=0$，解得特征根为 $\lambda=1$. 可以看出此特征根为4重根，此时，$y_1=\mathrm{e}^{x},y_2=x\mathrm{e}^{x}$，$y_3=x^2\mathrm{e}^{x},y_4=x^3\mathrm{e}^{x}$ 为方程的四个线性无关的解，故原方程的通解为

$$\tilde{y}(x)=(C_1+C_2x+C_3x^2+C_4x^3)e^x,$$

这里 C_1,C_2,C_3,C_4 为任意常数. □

例 4　求方程 $y^{(4)}-2y''+y=0$ 的通解.

解　原方程的特征方程为 $\lambda^4-2\lambda^2+1=(\lambda-1)^2(\lambda+1)^2=0$,解得特征根为 $\lambda=\pm1$. 易得特征根 $\lambda=\pm1$ 为重根,故原方程的通解为

$$\tilde{y}(x)=(C_1+C_2x)e^{-x}+(C_3+C_4x)e^x,$$

这里 C_1,C_2,C_3,C_4 为任意常数. □

例 5　求方程 $y^{(4)}+2y''+y=0$ 的通解.

解　原方程的特征方程为 $\lambda^4+2\lambda^2+1=0$,即 $(\lambda^2+1)^2=0$,解得特征根为 $\lambda=\pm i$,并且这两个特征根为重根. 因此,题设方程有如下四个线性无关的解

$$\cos x,\quad x\cos x,\quad \sin x,\quad x\sin x.$$

故原方程的通解为

$$\tilde{y}(x)=(C_1+C_2x)\cos x+(C_3+C_4x)\sin x,$$

这里 C_1,C_2,C_3,C_4 为任意常数. □

同步训练 2

求下列方程的通解:

(1) $y'''+5y''+3y'-9y=0$;

(2) $y^{(4)}+6y''+9y=0$.

三、n 阶常系数线性非齐次微分方程

如果 $f(x)$ 不恒等于零,则形如

$$y^{(n)}+a_1y^{(n-1)}+\cdots+a_{n-1}y'+a_ny=f(x)\ (a_1,a_2,\cdots,a_n \text{ 为实常数}) \tag{9.36}$$

的方程,称为 n **阶常系数线性非齐次微分方程**.

在上一节中,我们介绍了二阶常系数线性非齐次方程特解的求法,即根据自由项的几种特殊类型,采用待定系数法,把特解求出来. 对于 n 阶常系数线性非齐次微分方程来说,仍然采用与二阶相同的方法求其特解. 所以,接下来就自由项的两种特殊类型简要地给大家作一下介绍.

1. $f(x)=P_m(x)e^{\alpha x}$ 型

设 $f(x)=P_m(x)e^{\alpha x}$,其中 α 为常数,$P_m(x)$ 为 x 的 m 次多项式. 当 α 是特征方程(9.35)的 k 重特征根时,方程(9.36)有如下形式的特解

$$y_0(x)=x^k(b_0x^m+b_1x^{m-1}+\cdots+b_{m-1}x+b_m)e^{\alpha x}.$$

当 α 不是特征根时,上式中取 $k=0$,就得到特解. 其中 $b_i(i=0,1,2,\cdots,m)$ 为待定常数,可以通过待定系数法来确定.

特别地,若 $\alpha=0$,则 $f(x)=P_m(x)\mathrm{e}^{\alpha x}$ 就变成了 $f(x)=P_m(x)$. 因此,$f(x)=P_m(x)\mathrm{e}^{\alpha x}$ 型包含自由项是多项式的情况.

例 6　求方程 $y'''+y''-y'-y=3x+1$ 的通解.

解　先求原方程对应的齐次方程

$$y'''+y''-y'-y=0$$

的通解. 特征方程为

$$\lambda^3+\lambda^2-\lambda-1=0,$$

即 $(\lambda+1)^2(\lambda-1)=0$. 特征根为 $\lambda_1=-1,\lambda_2=1$,其中 $\lambda_1=-1$ 为重特征根. 因此,齐次方程的通解为

$$\tilde{y}(x)=(C_1+C_2x)\mathrm{e}^{-x}+C_3\mathrm{e}^{x},C_1,C_2,C_3\text{ 为任意常数}.$$

接下来,求非齐次方程的一个特解. 由于 $f(x)=3x+1$,所以设原方程特解的形式为

$$y_0(x)=b_0x+b_1.$$

将其代入原方程,得

$$-b_0-b_0x-b_1=3x+1.$$

根据 x 同次幂的系数相等,得 $\begin{cases}-b_0=3,\\-b_0-b_1=1,\end{cases}$ 解得 $\begin{cases}b_0=-3,\\b_1=2,\end{cases}$ 从而 $y_0(x)=-3x+2$. 因此,原方程的通解为

$$y(x)=(C_1+C_2x)\mathrm{e}^{-x}+C_3\mathrm{e}^{x}-3x+2,$$

其中 C_1,C_2,C_3 为任意常数. □

同步训练 3
求方程 $y'''+y''-4y'-4y=(x+1)\mathrm{e}^{x}$ 的通解.

例 7　求方程 $y'''+3y''+3y'+y=(x-5)\mathrm{e}^{-x}$ 的特解.

解　特征方程为 $\lambda^3+3\lambda^2+3\lambda+1=(\lambda+1)^3=0$,有三重特征根 $\lambda=-1$. 因为 $f(x)=(x-5)\mathrm{e}^{-x}$,$\alpha=-1$ 为三重特征根,因此,原方程有如下形式的特解

$$y_0(x)=x^3(b_0x+b_1)\mathrm{e}^{-x}.$$

将其代入原方程,消去 e^{-x} 得

$$24b_0x+6b_1=x-5.$$

根据 x 同次幂的系数相等,得 $b_0=\dfrac{1}{24},b_1=-\dfrac{5}{6}$. 从而原方程的特解为

$$y_0(x)=x^3\left(\frac{1}{24}x-\frac{5}{6}\right)\mathrm{e}^{-x}.$$ □

同步训练 4
求方程 $y'''-3y''+3y'-y=\mathrm{e}^{x}$ 的一个特解.

2. $f(x)=(a_1\sin\beta x+a_2\cos\beta x)\mathrm{e}^{\alpha x}$ 型

设 $f(x)=(a_1\sin\beta x+a_2\cos\beta x)\mathrm{e}^{\alpha x}$,其中 a_1,a_2,α,β 为常数. 当 $\alpha+\beta\mathrm{i}$ 是特征方程(9.35)的 k 重特征根时,方程(9.36)有如下形式的特解:

$$y_0(x)=x^k(b_1\sin\beta x+b_2\cos\beta x)e^{\alpha x}.$$

当 $\alpha\pm\beta i$ 不是特征根时，上式中取 $k=0$，就得到特解．其中 b_1,b_2 为待定常数，可以通过待定系数法来确定．

特别地，在 $f(x)=(a_1\sin\beta x+a_2\cos\beta x)e^{\alpha x}$ 中，当 $\alpha=0$ 时，自由项就变成了 $f(x)=a_1\sin\beta x+a_2\cos\beta x$. 因此，在此种形式中包含了自由项为正弦函数与余弦函数线性和的情形．

例 8　求方程 $y'''-y=\cos x$ 的通解．

解　原方程对应齐次方程的特征方程为 $\lambda^3-1=(\lambda-1)(\lambda^2+\lambda+1)=0$，特征根为 $\lambda_1=1,\lambda_{2,3}=-\frac{1}{2}\pm\frac{\sqrt{3}}{2}i$. 因此，原方程所对应的齐次方程的通解为

$$\tilde{y}(x)=C_1e^x+\left(C_2\sin\frac{\sqrt{3}}{2}x+C_3\cos\frac{\sqrt{3}}{2}x\right)e^{-\frac{1}{2}x}, C_1,C_2,C_3 \text{ 为任意常数.}$$

接下来，求原方程的一个特解．由于 $\pm i$ 不是特征根，所以设原方程的特解为

$$y_0(x)=b_1\sin x+b_2\cos x.$$

将其代入原方程，得

$$(-b_1+b_2)\sin x+(-b_1-b_2)\cos x=\cos x.$$

比较系数得 $\begin{cases}-b_1+b_2=0,\\-b_1-b_2=1,\end{cases}$ 解得 $b_1=b_2=-\frac{1}{2}$. 从而，原方程的特解为

$$y_0(x)=-\frac{1}{2}\sin x-\frac{1}{2}\cos x.$$

综上，原方程的通解为

$$y(x)=C_1e^x+\left(C_2\sin\frac{\sqrt{3}}{2}x+C_3\cos\frac{\sqrt{3}}{2}x\right)e^{-\frac{1}{2}x}-\frac{1}{2}\sin x-\frac{1}{2}\cos x,$$

其中 C_1,C_2,C_3 为任意常数．□

同步训练 5
求方程 $y'''-2y''+y'-2y=\sin 2x$ 的通解．

* §9.5 综合与提高

一、化积分方程为微分方程的求解问题

例 1　设连续函数 $f(x)$ 满足方程 $f(x)=\int_0^x f(t)\,dt+e^x$，求 $f(x)$.

分析　求解这个问题的关键是对积分方程 $f(x)=\int_0^x f(t)\,\mathrm{d}t+\mathrm{e}^x$ 的两端求导，将问题转化为求微分方程 $f'(x)=f(x)+\mathrm{e}^x$ 的解．同时还要注意原积分方程隐藏的初值条件 $f(0)=1$.

解　对原方程的两端关于 x 求导，得

$$f'(x)=f(x)+\mathrm{e}^x,$$

此方程为一阶线性非齐次微分方程，故利用常数变易法可得该方程的通解为

$$f(x)=(x+C)\mathrm{e}^x.$$

又由原方程可得 $f(0)=1$，上式令 $x=0$ 可得 $C=1$. 因此

$$f(x)=(x+1)\mathrm{e}^x.$$

□

例 2　求满足方程

$$\int_0^x f(t)\,\mathrm{d}t=x+\int_0^x tf(x-t)\,\mathrm{d}t$$

的连续函数 $f(x)$.

分析　由于方程 $\int_0^x f(t)\,\mathrm{d}t=x+\int_0^x tf(x-t)\,\mathrm{d}t$ 中含有复合函数 $f(x-t)$，所以在对方程的两端求导化为微分方程之前一定要做变量替换 $u=x-t$，使其成为 $f(u)$ 的形式，再按例 1 的方法进行求解．

解　因为

$$\int_0^x tf(x-t)\,\mathrm{d}t \xlongequal{令 u=x-t} -\int_x^0 (x-u)f(u)\,\mathrm{d}u$$

$$=x\int_0^x f(u)\,\mathrm{d}u-\int_0^x uf(u)\,\mathrm{d}u,$$

所以

$$\int_0^x f(t)\,\mathrm{d}t=x+x\int_0^x f(u)\,\mathrm{d}u-\int_0^x uf(u)\,\mathrm{d}u.$$

上式两端关于 x 求导，得

$$f(x)=1+\int_0^x f(u)\,\mathrm{d}u+xf(x)-xf(x)$$

$$=1+\int_0^x f(u)\,\mathrm{d}u.$$

上述方程两端再关于 x 求导，得 $f'(x)=f(x)$，解得 $f(x)=C\mathrm{e}^x$. 又由上述方程可得 $f(0)=1$，因此，$C=1$，于是所求函数为

$$f(x)=\mathrm{e}^x.$$

□

二、二阶常系数线性非齐次微分方程求解问题

例 3　求解初值问题 $\begin{cases} y''+4y=f(x), \\ y(0)=0, y'(0)=0, \end{cases}$ 其中

$$f(x)=\begin{cases}\sin x, 0\leqslant x\leqslant\dfrac{\pi}{2},\\ 1, \quad \dfrac{\pi}{2}<x<+\infty.\end{cases}$$

分析　由于$f(x)$是一个分段函数,所以要在x的不同区间段上分情况求解．值得注意的是在区间$\left(\dfrac{\pi}{2},+\infty\right)$上求解时,要应用$y(x)$在$x=\dfrac{\pi}{2}$时的值作为初值条件．

解　当$0\leqslant x\leqslant\dfrac{\pi}{2}$时,初值问题为

$$\begin{cases}y''+4y=\sin x,\\ y(0)=0, y'(0)=0.\end{cases}$$

解得

$$y=-\frac{1}{6}\sin 2x+\frac{1}{3}\sin x,\quad 0\leqslant x\leqslant\frac{\pi}{2},$$

由上式得

$$y\left(\frac{\pi}{2}\right)=\frac{1}{3},\quad y'\left(\frac{\pi}{2}\right)=\frac{1}{3}.$$

当$\dfrac{\pi}{2}<x<+\infty$时,初值问题为

$$\begin{cases}y''+4y=1,\\ y\left(\dfrac{\pi}{2}\right)=\dfrac{1}{3}, y'\left(\dfrac{\pi}{2}\right)=\dfrac{1}{3}.\end{cases}$$

解得

$$y=-\frac{1}{12}\cos 2x-\frac{1}{6}\sin 2x+\frac{1}{4},\quad \frac{\pi}{2}<x<+\infty.$$

于是初值问题的解为

$$y=\begin{cases}-\dfrac{1}{6}\sin 2x+\dfrac{1}{3}\sin x, & 0\leqslant x\leqslant\dfrac{\pi}{2},\\ -\dfrac{1}{12}\cos 2x-\dfrac{1}{6}\sin 2x+\dfrac{1}{4}, & \dfrac{\pi}{2}<x<+\infty.\end{cases}$$

□

例4　求微分方程$y''+4y'+4y=\mathrm{e}^{\alpha x}$的解,其中$\alpha$为实数．

解　原方程对应齐次方程的特征方程为$\lambda^2+4\lambda+4=0$,解得特征根为$\lambda_1=\lambda_2=-2$,对应齐次方程的通解为

$$\tilde{y}(x)=(C_1+C_2x)\mathrm{e}^{-2x},\quad C_1, C_2\text{ 为任意常数}.$$

下面求题设方程的特解．

（1）当 $\alpha\neq-2$ 时，设原方程的特解为 $y_0(x)=b_0\mathrm{e}^{\alpha x}$，将其代入原方程，解得 $b_0=\dfrac{1}{\alpha^2+4\alpha+4}=\dfrac{1}{(\alpha+2)^2}$，故特解为 $y_0(x)=\dfrac{1}{(\alpha+2)^2}\mathrm{e}^{\alpha x}$.

（2）当 $\alpha=-2$ 时，设原方程的特解为 $y_0(x)=b_0x^2\mathrm{e}^{-2x}$，将其代入原方程，解得 $b_0=\dfrac{1}{2}$，故特解为 $y_0(x)=\dfrac{1}{2}x^2\mathrm{e}^{-2x}$

综上所述，方程的通解为

$$y=\begin{cases}(C_1+C_2x)\mathrm{e}^{-2x}+\dfrac{1}{(\alpha+2)^2}\mathrm{e}^{\alpha x}, & \alpha\neq-2,\\ (C_1+C_2x)\mathrm{e}^{-2x}+\dfrac{1}{2}x^2\mathrm{e}^{-2x}, & \alpha=-2,\end{cases}$$

其中 C_1,C_2 为任意常数． □

例 5　设方程 $y''+\alpha y'+\beta y=\gamma\mathrm{e}^x$ 的一个特解为 $y_0(x)=\mathrm{e}^{2x}+(1+x)\mathrm{e}^x$. 试确定 α,β,γ 的值，并求该方程的通解．

解　将 $y_0(x)=\mathrm{e}^{2x}+(1+x)\mathrm{e}^x$ 代入方程，得

$$(4+2\alpha+\beta)\mathrm{e}^{2x}+(3+2\alpha+\beta)\mathrm{e}^x+(1+\alpha+\beta)x\mathrm{e}^x=\gamma\mathrm{e}^x,$$

于是得方程组

$$\begin{cases}4+2\alpha+\beta=0,\\ 3+2\alpha+\beta=\gamma,\\ 1+\alpha+\beta=0,\end{cases}$$

解得 $\alpha=-3,\beta=2,\gamma=-1$. 故原方程为

$$y''-3y'+2y=-\mathrm{e}^x.$$

其特征方程为 $\lambda^2-3\lambda+2=0$，特征根为 $\lambda_1=1,\lambda_2=2$，对应的齐次方程的通解为

$$\tilde{y}(x)=\tilde{C}_1\mathrm{e}^x+\tilde{C}_2\mathrm{e}^{2x},\quad \tilde{C}_1,\tilde{C}_2\ 为任意常数．$$

故原方程的通解为

$$\begin{aligned}y(x)&=\tilde{C}_1\mathrm{e}^x+\tilde{C}_2\mathrm{e}^{2x}+\mathrm{e}^{2x}+(1+x)\mathrm{e}^x\\&=(\tilde{C}_1+1)\mathrm{e}^x+(\tilde{C}_2+1)\mathrm{e}^{2x}+x\mathrm{e}^x\\&=C_1\mathrm{e}^x+C_2\mathrm{e}^{2x}+x\mathrm{e}^x,\end{aligned}$$

其中 C_1,C_2 为任意常数． □

例 6　若二阶常系数线性齐次微分方程 $y''+ay'+by=0$ 的通解为 $y=(C_1+C_2x)\mathrm{e}^x$（C_1,C_2 为任意常数），求满足 $y(0)=2,y'(0)=0$ 的线性非齐次方程 $y''+ay'+by=x$ 的解．

解　由线性齐次方程的通解为 $y=(C_1+C_2x)\mathrm{e}^x$，可得线性齐次

方程的特征根为 $\lambda_1=\lambda_2=1$，进一步可得 $a=-2,b=1$.

设线性非齐次方程 $y''-2y'+y=x$ 的特解为

$$y_0(x)=Ax+B.$$

将其代入线性非齐次方程，得

$$-2A+Ax+B=x,$$

由 x 的同次幂的系数相等，得$\begin{cases}A=1,\\-2A+B=0,\end{cases}$解此方程组得$\begin{cases}A=1,\\B=2,\end{cases}$所以线性非齐次方程的特解为 $y_0(x)=x+2$. 于是线性非齐次方程的通解为

$$y=(C_1+C_2x)\mathrm{e}^x+x+2.$$

再将 $y(0)=2,y'(0)=0$ 代入上述方程，得 $C_1=0,C_2=-1$. 故满足题设条件的线性非齐次方程的解为

$$y=-x\mathrm{e}^x+x+2.$$

□

三、有几何背景的微分方程问题

例 7　设位于第一象限的曲线 $y=f(x)$ 过点$\left(\frac{\sqrt{2}}{2},\frac{1}{2}\right)$，其上任一点 $P(x,f(x))$ 处的法线与 y 轴的交点为 Q，且线段 PQ 被 x 轴平分. 求曲线 $y=f(x)$ 的方程.

解　曲线 $y=f(x)$ 在点 $P(x,f(x))$ 处的法线方程为

$$Y-f(x)=-\frac{1}{f'(x)}(X-x).$$

令 $Y=0$，得

$$X=f(x)f'(x)+x.$$

由题意知

$$\frac{1}{2}x=f(x)f'(x)+x,$$

即 $f(x)f'(x)=-\frac{1}{2}x$. 易解得 $f^2(x)=-\frac{1}{2}x^2+C$，又由曲线过点$\left(\frac{\sqrt{2}}{2},\frac{1}{2}\right)$可得 $C=\frac{1}{2}$，故满足题设条件的曲线方程为

$$x^2+2y^2=1,\quad x\geqslant 0,\quad y\geqslant 0.$$

□

例 8　设曲线 $y=f(x)$，其中 $f(x)$ 是可导函数且 $f(x)>0$. 一曲线 $y=f(x)$ 与直线 $y=0,x=1$ 及 $x=t(t>1)$ 所围成的曲边梯形绕 x 轴旋

转一周所得的立体体积值是该曲边梯形面积值的 πt 倍,求该曲线的方程.

解　由题意知

$$\pi\int_1^t f^2(x)\,\mathrm{d}x=\pi t\int_1^t f(x)\,\mathrm{d}x,$$

上式两边关于 t 求导,得

$$f^2(t)=\int_1^t f(x)\,\mathrm{d}x+tf(t),$$

将 $t=1$ 代入上式,得 $f(1)=1$ 或 $f(1)=0$(舍去). 再对上式求导得

$$2f(t)f'(t)=2f(t)+tf'(t).$$

变形得

$$\frac{\mathrm{d}t}{\mathrm{d}f(t)}+\frac{1}{2f(t)}t=1.$$ (注:这里将 t 看作因变量,$f(t)$ 作为一个整体看作 t 的自变量.)

利用常数变易法求解,得

$$t=\frac{C}{\sqrt{f(t)}}+\frac{2}{3}f(t).$$

代入 $f(1)=1$,得 $C=\frac{1}{3}$. 故所求曲线方程为

$$x=\frac{1}{3\sqrt{f(x)}}+\frac{2}{3}f(x),$$

即 $x=\frac{1}{3\sqrt{y}}+\frac{2}{3}y.$ □

四、伯努利方程

在§9.2讨论了求解一阶线性非齐次微分方程 $y'+P(x)y=Q(x)$ 解的有效方法——常数变易法,此种方法还可以用于伯努利微分方程的求解.

形如

$$y'+P(x)y=Q(x)y^n\quad(n\neq 0,1)\tag{9.37}$$

的方程,称为**伯努利方程**. 其中 $P(x)$ 和 $Q(x)$ 为 x 的连续函数.

很显然,伯努利方程不是一阶线性方程. 但是,我们可以利用变量替换法,将伯努利方程化为线性方程. 若 $y\neq 0$,我们用 y^{-n} 乘方程(9.37)的两端,得

$$y^{-n}\frac{\mathrm{d}y}{\mathrm{d}x}+P(x)y^{1-n}=Q(x).\tag{9.38}$$

作变量替换 $z=y^{1-n}$，从而有

$$\frac{\mathrm{d}z}{\mathrm{d}x}=(1-n)y^{-n}\frac{\mathrm{d}y}{\mathrm{d}x}. \tag{9.39}$$

代入方程(9.38)，得

$$\frac{\mathrm{d}z}{\mathrm{d}x}+(1-n)P(x)z=(1-n)Q(x).$$

这样，伯努利方程就化成了一阶线性非齐次方程．利用常数变易法就可以求得它的通解，然后代回变量，就得到原方程的通解．常数变易法是一种非常重要的方法，为了进一步熟悉这种方法，同学们可以自己试着求一下伯努利方程的通解．

注　当 $n>0$ 时，方程还有解 $y=0$.

例9　求方程 $\frac{\mathrm{d}y}{\mathrm{d}x}-6\frac{y}{x}=-xy^2$ 的通解．

解　很显然，原方程为 $n=2$ 的伯努利方程．令 $z=y^{-1}$，则 $\frac{\mathrm{d}z}{\mathrm{d}x}=-y^{-2}\frac{\mathrm{d}y}{\mathrm{d}x}$，代入题设方程得

$$\frac{\mathrm{d}z}{\mathrm{d}x}+\frac{6}{x}z=x.$$

上述方程为一阶线性非齐次方程，利用常数变易法求得它的通解为

$$z=C\frac{1}{x^6}+\frac{x^2}{8},$$

代回原来的变量 y，得到原方程的通解为

$$\frac{1}{y}=C\frac{1}{x^6}+\frac{x^2}{8},\quad \text{其中 } C \text{ 为任意常数}.$$

此外，方程还有解 $y=0$. □

例10　求方程 $yy'+2xy^2-x=0$ 满足 $x=0,y=1$ 的特解．

解　将原方程变形为

$$y'+2xy=xy^{-1},$$

该方程是 $n=-1$ 的伯努利方程．令 $z=y^2$，则 $\frac{\mathrm{d}z}{\mathrm{d}x}=2y\frac{\mathrm{d}y}{\mathrm{d}x}$，将其代入上述方程得

$$\frac{\mathrm{d}z}{\mathrm{d}x}+4xz=2x.$$

利用常数变易法可得上述方程的通解为

$$z=\mathrm{e}^{-2x^2}\left(\frac{1}{2}\mathrm{e}^{2x^2}+C\right)=\frac{1}{2}+C\mathrm{e}^{-2x^2},\quad C \text{ 为任意常数}.$$

同步训练

求方程 $y'-xy=x^3y^3$ 的通解.

代回变量 y,得原方程的通解为

$$y^2=\frac{1}{2}+Ce^{-2x^2}.$$

代入 $x=0,y=1$ 得 $C=\frac{1}{2}$,故满足初值条件的方程的特解为

$$y^2=\frac{1}{2}(e^{-2x^2}+1).$$

□

习题九　A

［基础练习］

1. 指出下列微分方程的阶数，并判断所给的方程是不是线性的：

(1) $(y')^3-2yy'+x=0$；

(2) $y'''+xy=0$；

(3) $xy'+\cos y=0$；

(4) $(3x-2y)\mathrm{d}x+(2x+y)\mathrm{d}y=0$.

2. 验证下列各题中的函数是不是所给微分方程的解：

(1) $xy'=2y, y=5x^2$；

(2) $y''-y'-6y=0, y=Ce^{3x}$（C 为任意常数）；

(3) $y'+y^2-2y\sin x+\sin^2 x-\cos x=0, y=\sin x$；

(4) $y'=y^2-(x^2+1)y+2x, y=x^2+1$.

3. 求下列微分方程的通解或在给定初值条件下的特解：

(1) $xy'-y\ln y=0$；

(2) $(1+x)y\mathrm{d}x+(1-y)x\mathrm{d}y=0$；

(3) $\tan y\mathrm{d}x+\cot x\mathrm{d}y=0$；

(4) $yy'-e^{x-y}=0$；

(5) $y'\cos x=y\ln y, y|_{x=0}=e$.

4. 求下列齐次微分方程的通解及在给定初值条件下的特解：

(1) $xy'-y-\sqrt{y^2-x^2}=0$；

(2) $(x^2+y^2)\mathrm{d}x-xy\mathrm{d}y=0$；

(3) $(x^3+y^3)\mathrm{d}x-3xy^2\mathrm{d}y=0$；

(4) $\left(x+y\cos\dfrac{y}{x}\right)\mathrm{d}x-x\cos\dfrac{y}{x}\mathrm{d}y=0$；

(5) $y'=e^{\frac{y}{x}}+\dfrac{y}{x}$；

(6) $y'=\dfrac{y}{x}(\ln y-\ln x)$；

(7) $(y^2-3x^2)\mathrm{d}y+2xy\mathrm{d}x=0, y|_{x=0}=1$.

5. 求下列线性微分方程的通解：

(1) $y'+3y=e^x$；

(2) $y'+y\sin x=e^{\cos x}$；

(3) $y'+2xy=4x$；

(4) $xy'+y=xe^x$；

(5) $xy'+y=x^2+3x+2$；

(6) $(x^2+1)y'+2xy+\sin x=0$；

(7) $y'-y\cot x=\sin 2x$；

(8) $y'+y=\sin x$；

(9) $y'=y+\cos x$；

(10) $y'+y\cos x=\dfrac{1}{2}\sin 2x$；

(11) $xy'-2y=2x^4$.

6. 求下列线性微分方程在给定条件下的特解：

(1) $y'+3y=8, y|_{x=0}=2$；

(2) $e^x\cos y\mathrm{d}x+(e^x+1)\sin y\mathrm{d}y=0, y|_{x=0}=\dfrac{\pi}{4}$；

(3) $xy'+y=\cos x, y|_{x=\pi}=1$；

(4) $y'-y\tan x=\sec x, y|_{x=0}=0$；

(5) $y'\arcsin x+\dfrac{y}{\sqrt{1-x^2}}=1, y|_{x=\frac{1}{2}}=0$.

7. 求一曲线的方程，该曲线过点(0,1)且曲线上任一点处的切线垂直于此点与原点的连线.

8. 曲线上任一点的切线的斜率等于原点与该切点连线的斜率的 2 倍，且曲线过点$\left(1,\dfrac{1}{3}\right)$，求该曲线的方程.

9. 某商品的需求量 x 对价格 P 的弹性为$-3P^3$，市场对该商品的最大需求量为 1（万件），求需求函数.

10. 求下列微分方程的通解或在给定条件下的特解：

(1) $y''=e^{2x}+\cos x$；

(2) $y'''=24x+e^x$;

(3) $y''=x-\sin x$;

(4) $y'''=xe^x, y|_{x=0}=0, y'|_{x=0}=0, y''|_{x=0}=3$;

(5) $y''=y'+x$;

(6) $y''=y'+e^x\sin x$;

(7) $xy''+y'=0$;

(8) $y''=1+y'^2$;

(9) $y''-2y'^2=0, y|_{x=0}=0, y'|_{x=0}=-1$;

(10) $2yy''=1+y'^2$;

(11) $y''=3\sqrt{y}, y|_{x=0}=1, y'|_{x=0}=2$;

(12) $y^3y''+1=0, y|_{x=1}=1, y'|_{x=1}=0$.

11. 求方程 $y''=x+\sin x$ 的一条积分曲线,使其与直线 $y=x$ 在原点相切.

12. 判断下列函数组在定义区间内是否线性无关:

(1) x, x^2;

(2) $x, 2x$;

(3) $e^x, 3e^x$;

(4) e^{2x}, xe^{2x};

(5) e^x, e^{3x};

(6) $\sin 2x, \sin x\cos x$;

(7) $\cos x, 3\sin x$;

(8) $e^x\cos 2x, e^x\sin 2x$.

13. 验证 $y_1=\cos x, y_2=\sin x$ 都是方程 $y''+y=0$ 的解,并写出该方程的通解.

14. 求下列微分方程的通解:

(1) $y''+9y'-10y=0$;

(2) $y''-y'-12y=0$;

(3) $y''-y=0$;

(4) $y''+6y'+9y=0$;

(5) $y''-12y'+36y=0$;

(6) $y''-4y'+5y=0$;

(7) $y''-6y'+10y=0$;

(8) $y''+2y'+17y=0$.

15. 求下列微分方程满足所给初值条件的特解:

(1) $y''-4y'+3y=0, y|_{x=0}=6, y'|_{x=0}=10$;

(2) $y''-10y'+25y=0, y|_{x=0}=0, y'|_{x=0}=1$;

(3) $y''+4y'+29y=0, y|_{x=0}=0, y'|_{x=0}=15$;

(4) $y''-4y'+13y=0, y|_{x=0}=0, y'|_{x=0}=3$.

16. 求下列方程的通解:

(1) $y''-7y'+12y=x$;

(2) $y''-3y'=2-6x$;

(3) $y''-2y'+2y=x^2$;

(4) $2y''+y'-y=2e^x$;

(5) $y''-5y'+6y=xe^{2x}$;

(6) $y''-6y'+9y=5(x+1)e^{3x}$;

(7) $y''-3y'+2y=3xe^{-x}$;

(8) $y''+y=\cos 2x$;

(9) $y''+y=\sin x$;

(10) $y''-2y'+5y=e^x\sin 2x$.

17. 求下列方程在所给初值条件下的特解:

(1) $y''-3y'+2y=5, y|_{x=0}=1, y'|_{x=0}=2$;

(2) $y''-y=4xe^x, y|_{x=0}=0, y'|_{x=0}=1$;

(3) $y''-4y'+3y=8e^{5x}, y|_{x=0}=3, y'|_{x=0}=9$;

(4) $y''+y=-\sin 2x, y|_{x=\pi}=1, y'|_{x=\pi}=1$.

18. 求下列高阶微分方程的通解或在给定初值条件下的特解:

(1) $y'''-6y''+3y'+10y=0$;

(2) $y^{(4)}-5y'''+6y''+4y'-8y=0$;

(3) $y^{(4)}+4y=0$;

(4) $y^{(5)}+2y'''+y'=0$;

(5) $y^{(4)}-2y'''+2y''-2y'+y=0$;

(6) $y'''-4y''+5y'-2y=2x+3$;

(7) $y'''-y=e^x$.

B

［扩展练习］

1. 求下列微分方程的通解或在给定初值条件下的特解：

(1) $y'+y\cos x=(\ln x)e^{-\sin x}$；

(2) $(y^2-6x)y'+2y=0$；

(3) $y'(x\cos y+\sin 2y)=1, y|_{x=1}=0$；

(4) $y''+y=e^x+\cos x$.

2. 求下列伯努利方程的通解或在给定条件下的特解.

(1) $y'+2xy+xy^4=0$；

(2) $y'+y=y^2(\cos x-\sin x)$；

(3) $y'+\frac{1}{2}y=\frac{1}{2}(1-2x)y^3, y|_{x=0}=1$；

(4) $y'+xy=x^3y^3, y|_{x=0}=1$.

3. 设函数 $f(x)$ 在 $[1,+\infty)$ 上连续. 若由曲线 $y=f(x)$、直线 $x=1$、$x=t(t>1)$ 与 x 轴围成的平面图形绕 x 轴所成旋转体的体积为 $V(t)=\frac{\pi}{3}[t^2f(t)-f(1)]$，试求 $y=f(x)$ 所满足的微分方程. 并求该微分方程满足条件 $y|_{x=2}=\frac{2}{9}$ 的解.

4. 设 $F(x)=f(x)g(x)$，其中函数 $f(x), g(x)$ 在 $(-\infty,+\infty)$ 内满足以下条件：

$f'(x)=g(x), g'(x)=f(x)$，且 $f(0)=0$，$f(x)+g(x)=2e^x$.

(1) 求 $F(x)$ 所满足的一阶微分方程；

(2) 求出 $F(x)$ 的表达式.

5. 有一平底容器，其内壁是由曲线 $x=\varphi(y)$ $(y\geqslant 0)$ 绕 y 轴旋转而成的旋转曲面，容器的底面圆的半径为 2 m. 根据设计要求，当以 3 m^3/min 的速率向容器内注入液体时，液面的面积将以 π m^2/min 的速率均匀扩大(假设注入液体前，容器内无液体).

(1) 根据 t 时刻液面的面积，写出 t 与 $\varphi(y)$ 之间的关系式；

(2) 求曲线 $x=\varphi(y)$ 的方程.

6. 求微分方程 $xdy+(x-2y)dx=0$ 的一个解 $y=y(x)$，使得由曲线 $y=y(x)$ 与直线 $x=1$、$x=2$ 以及 x 轴围成的平面图形绕 x 轴旋转一周的旋转体体积最小.

7. 设函数 $f(x)$ 为连续函数，且满足方程

$$f(x)=e^{2x}-\int_0^x(x-t)f(t)dt,$$

求 $f(x)$.

8. 设对任意 $x>0$，曲线 $y=f(x)$ 上点 (x,y) 处的切线与 y 轴的截距等于 $\frac{1}{x}\int_0^x f(t)dt$，已知该曲线上点 $(1,1)$ 处切线与直线 $y=x-2$ 平行，求 $f(x)$ 的表达式.

9. 设函数 $y=y(x)$ 满足微分方程 $y''-3y'+2y=2e^x$，且其图形在点 $(0,1)$ 处的切线与曲线 $y=x^2-x+1$ 在该点的切线重合，求函数 $y=y(x)$.

10. 设函数 $y=y(x)$ 在 $(-\infty,+\infty)$ 内具有二阶导数，且 $y'\neq 0$，$x=x(y)$ 是 $y=y(x)$ 的反函数.

(1) 试将 $x=x(y)$ 所满足的微分方程

$$\frac{d^2x}{dy^2}+(y+\sin x)\left(\frac{dx}{dy}\right)^3=0$$

变换为 $y=y(x)$ 满足的微分方程；

(2) 求变换后的微分方程满足初值条件 $y(0)=0, y'(0)=\frac{3}{2}$ 的解.

11. 设 $y=y(x)$ 是区间 $(-\pi,\pi)$ 内的可导函数，且函数曲线过点 $\left(-\frac{\pi}{\sqrt{2}},\frac{\pi}{\sqrt{2}}\right)$，且当 $-\pi<x<0$ 时，曲线上任一点处的法线都过原点. 当 $0\leqslant x<\pi$ 时，函数 $y(x)$ 满足 $y''+y+x=0$. 求函数 $y(x)$ 的表达式.

C [测试练习]

1. 选择题(每题3分,共21分)

(1) 下列微分方程中,(　　)是线性微分方程.

A. $xy''+2y'\ln x+y^2=0$

B. $x^2y''-xy=e^y$

C. $e^xy'''+y\sin x=\ln x$

D. $y'y-xy''=\cos x$

(2) 若连续函数$f(x)$满足关系式

$$f(x)=\int_0^{2x}f\left(\frac{t}{2}\right)dt+\ln 2,$$

则$f(x)=$(　　).

A. $e^x\ln 2$　　B. $e^{2x}\ln 2$

C. $e^x+\ln 2$　　D. $e^{2x}+\ln 2$

(3) 设$y_1(x),y_2(x)$都是方程$y''+a_1(x)y'+a_2(x)y=0$的解,则$y=C_1y_1(x)+C_2y_2(x)$是方程通解的充要条件是(　　).

A. $y_1'(x)y_2(x)-y_1(x)y_2'(x)=0$

B. $y_1'(x)y_2(x)-y_1(x)y_2'(x)\neq 0$

C. $y_1'(x)y_2(x)+y_1(x)y_2'(x)=0$

D. $y_1'(x)y_2(x)+y_1(x)y_2'(x)\neq 0$

(4) 微分方程$y''=0$的通解为(　　).

A. $y=C_1x^2+C_2x$　　B. $y=C_1x+C_2$

C. $y=C_1x$　　D. $y=0$

(5) 以$y_1(x)=2\cos x,y_2(x)=\sin x$为特解的二阶常系数齐次线性方程是(　　).

A. $y''-y=0$　　B. $y''+y=0$

C. $y''-y'=0$　　D. $y''+y'=0$

(6) 方程$y''+y=\sin x$的特解y^*可设为(　　).

A. $y^*=x(A\cos x+B\sin x)$

B. $y^*=Ax\sin x$

C. $y^*=Bx\cos x$

D. $y^*=A\cos x+B\sin x$

(7) 微分方程$y''-y=e^x+1$的一个特解应具有形式(式中a,b为常数)(　　).

A. ae^x+b　　B. axe^x+b

C. ae^x+bx　　D. axe^x+bx

2. 填空题(每题3分,共24分)

(1) 微分方程$\left(\frac{d^3y}{dx^3}\right)^2-y^4=e^x$的阶数为________.

(2) 微分方程$(x^2-1)y'+2xy-\cos x=0$满足初值条件$y(0)=0$的特解为$y=$________.

(3) 已知二阶常系数微分方程为$y''+2y'-3y=0$,则其通解为________.

(4) 已知二阶常系数微分方程为$y''+2y'+2y=10\sin 2x$,则其特解的形式为________.

(5) 微分方程$y''+9y=6e^{3x}$,则其通解为$y=$________.

(6) 设$y=C_1e^x+C_2e^{2x}$(C_1,C_2为任意常数)为某二阶常系数齐次线性微分方程的通解,则该方程为______________.

(7) 与积分方程$y=\sin x+\int_0^x tf(t)dt$等价的微分方程初值问题是__________.

(8) 设微分方程$y''+a_1(x)y'+a_2(x)y=f(x)$有两个特解$y_1(x),y_2(x)$,如果$ay_1(x)+by_2(x)$是该微分方程的解,则$a+b=$________;如果$ay_1(x)+by_2(x)$是对应齐次微分方程的解,则$a+b=$________($a,b$为常数).

3. 求下列微分方程的通解或在给定条件下的特解(每题5分,共25分)

(1) $(1+x^2)y'=\arctan x$;

（2）$xy^2\mathrm{d}y=(x^3+y^3)\mathrm{d}x, y|_{x=1}=0$；

（3）$y'-y\cot x=2x\sin x$；

（4）$xy''+3y'=0$；

（5）$y''-6y'+25y=2\sin x+3\cos x$；

4. 已知曲线在点(x,y)处的切线斜率等于该点横坐标的立方，并且过点$(2,5)$，求该曲线的方程(8分).

5. 已知连续函数$f(x)$满足条件$f(x)=\int_0^{3x}f\left(\frac{t}{3}\right)\mathrm{d}t+\mathrm{e}^{2x}$，求$f(x)$(10分).

6. 求$y''-3y'+2y=2\mathrm{e}^x$满足$\lim\limits_{x\to 0}\frac{y(x)}{x}=1$的特解(12分).

参考答案　A

［基础练习］

1. （1）一阶，否；（2）三阶，是；
   （3）一阶，否；（4）一阶，否.

2. （1）是；（2）是；（3）是；（4）是.

3. （1）$y=\mathrm{e}^{Cx}$；（2）$xy=C\mathrm{e}^{y-x}$；
   （3）$\sin y=C\cos x$；（4）$(y-1)\mathrm{e}^y=\mathrm{e}^x+C$；
   （5）$\ln y=(\sec x+\tan x)$.

4. （1）$y+\sqrt{y^2-x^2}=Cx^2$；
   （2）$y^2=x^2(2\ln|x|+C)$；
   （3）$x^3-2y^3=Cx$；
   （4）$\sin\frac{y}{x}=\ln|x|+C$；
   （5）$y=-x\ln|C-\ln|x||$；
   （6）$y=x\mathrm{e}^{Cx+1}$；
   （7）$y^3=y^2-x^2$.

5. （1）$y=\frac{1}{4}\mathrm{e}^x+C\mathrm{e}^{-3x}$；
   （2）$y=(x+C)\mathrm{e}^{\cos x}$；
   （3）$y=2+C\mathrm{e}^{-x^2}$；
   （4）$y=\frac{1}{x}[(x-1)\mathrm{e}^x+C]$；
   （5）$y=\frac{1}{3}x^2+\frac{3}{2}x+2+\frac{C}{x}$；
   （6）$y=\frac{\cos x+C}{x^2+1}$；
   （7）$y=(2\sin x+C)\sin x$；
   （8）$y=\frac{1}{2}(\sin x-\cos x)+C\mathrm{e}^{-x}$；
   （9）$y=\frac{1}{2}(\sin x-\cos x)+C\mathrm{e}^{x}$；
   （10）$y=\sin x-1+C\mathrm{e}^{-\sin x}$；
   （11）$y=x^2(x^2+C)$.

6. （1）$y=\frac{8}{3}-\frac{2}{3}\mathrm{e}^{-3x}$；
   （2）$\cos y=\frac{\sqrt{2}}{4}(1+\mathrm{e}^x)$；
   （3）$y=\frac{\pi+\sin x}{x}$；
   （4）$y=\frac{x}{\cos x}$；
   （5）$y=\frac{2x-1}{2\arcsin x}$.

7. $x^2+y^2=1$.

8. $y=\frac{1}{3}x^2$.

9. $x=\mathrm{e}^{-P^3}$.

10. （1）$y=\frac{1}{4}\mathrm{e}^{2x}-\cos x+C_1x+C_2$；
    （2）$y=x^4+\mathrm{e}^x+C_1x^2+C_2x+C_3$；
    （3）$y=\frac{1}{6}x^3+\sin x+C_1x+C_2$；
    （4）$y=(x-3)\mathrm{e}^x+2x^2+2x+3$；
    （5）$y=-\frac{1}{2}x^2-x+C_1\mathrm{e}^x+C_2$；

(6) $y=\frac{1}{2}e^{x}(-\cos x-\sin x+C_1)+C_2$;

(7) $y=C_1\ln|x|+C_2$;

(8) $y=-\ln|\cos(x+C_1)|+C_2$;

(9) $y=-\frac{1}{2}\ln|2x+1|$;

(10) $4(C_1y-1)=C_1^2(x+C_2)^2$;

(11) $y=\left(\frac{1}{2}x+1\right)^4$;

(12) $y=\sqrt{2x-x^2}$.

11. $y=\frac{1}{6}x^3+2x-\sin x$.

12. (1) 是; (2) 否; (3) 否; (4) 是;

(5) 是; (6) 否; (7) 是; (8) 是.

13. $y=C_1\cos x+C_2\sin x$.

14. (1) $y=C_1e^{-10x}+C_2e^{x}$;

(2) $y=C_1e^{-3x}+C_2e^{4x}$;

(3) $y=C_1e^{-x}+C_2e^{x}$;

(4) $y=(C_1+C_2x)e^{-3x}$;

(5) $y=(C_1+C_2x)e^{6x}$;

(6) $y=(C_1\cos x+C_2\sin x)e^{2x}$;

(7) $y=(C_1\cos x+C_2\sin x)e^{3x}$;

(8) $y=(C_1\cos 4x+C_2\sin 4x)e^{-x}$.

15. (1) $y=4e^{x}+2e^{3x}$;

(2) $y=xe^{5x}$;

(3) $y=3e^{-2x}\sin 5x$;

(4) $y=e^{2x}\sin 3x$.

16. (1) $y=C_1e^{3x}+C_2e^{4x}+\frac{x}{12}+\frac{7}{144}$;

(2) $y=C_1+C_2e^{3x}+x^2$;

(3) $y=\frac{1}{2}(x+1)^2+(C_1\cos x+C_2\sin x)e^{x}$;

(4) $y=C_1e^{-x}+C_2e^{\frac{x}{2}}+e^{x}$;

(5) $y=C_1e^{2x}+C_2e^{3x}-x\left(\frac{1}{2}x+1\right)e^{2x}$

(6) $y=e^{3x}\left(C_1+C_2x+\frac{5}{2}x^2+\frac{5}{6}x^3\right)$;

(7) $y(x)=C_1e^{x}+C_2e^{2x}+\left(\frac{1}{2}x+\frac{5}{12}\right)e^{-x}$;

(8) $y=C_1\cos x+C_2\sin x-\frac{1}{3}\cos 2x$;

(9) $y=C_1\cos x+C_2\sin x-\frac{1}{2}x\cos x$;

(10) $y=e^{x}(C_1\cos 2x+C_2\sin 2x)-\frac{1}{4}xe^{x}\cos 2x$.

17. (1) $y=-5e^{x}+\frac{7}{2}e^{2x}+\frac{5}{2}$;

(2) $y=e^{x}-e^{-x}+e^{x}(x^2-x)$;

(3) $y=e^{x}+e^{3x}+e^{5x}$;

(4) $y=-\cos x-\frac{1}{3}\sin x+\frac{1}{3}\sin 2x$.

18. (1) $y=C_1e^{-x}+C_2e^{2x}+C_3e^{5x}$;

(2) $y=C_1e^{-x}+(C_2+C_3x+C_4x^2)e^{2x}$;

(3) $y=e^{x}(C_1\cos x+C_2\sin x)+e^{-x}(C_3\cos x+C_4\sin x)$;

(4) $y=C_1+(C_2+C_3x)\sin x+(C_4+C_5x)\cos x$;

(5) $y=(C_1+C_2x)e^{x}+C_3\cos x+C_4\sin x$;

(6) $y=(C_1+C_2x)e^{x}+C_3e^{2x}-x-4$;

(7) $y=C_1e^{x}+\left(C_2\cos\frac{\sqrt{3}}{2}x+C_3\sin\frac{\sqrt{3}}{2}x\right)e^{-\frac{1}{2}x}+\frac{1}{3}xe^{x}$.

B [扩展练习]

1. (1) $y=e^{-\sin x}(x\ln x-x+C)$;

(2) $x=Cy^3+\frac{1}{2}y^2$;

（3）$x=3e^{\sin y}-2(\sin y+1)$；

（4）$y=C_1\cos x+C_2\sin x+\frac{1}{2}e^x+\frac{x}{2}\sin x$.

2. （1）$y^3\left(-\frac{1}{2}+Ce^{3x^2}\right)=1$，此外，方程还有解 $y=0$；

（2）$y(-\sin x+Ce^x)=1$，此外，方程还有解 $y=0$；

（3）$(-2x-3+4e^x)y^2=1$；

（4）$y^2(x^2+1)=1$.

3. $y=\frac{x}{1+x^3}$.

4. （1）$F'(x)+2F(x)=4e^{2x}$；

（2）$F(x)=e^{2x}-e^{-2x}$.

5. （1）$t=\varphi^2(y)-4$；（2）$\varphi(y)=2e^{\frac{\pi}{6}y}$.

6. $y=x-\frac{75}{124}x^2$.

7. $y=\frac{1}{5}\cos x+\frac{2}{5}\sin x+\frac{4}{5}e^{2x}$.

8. $f(x)=1+\ln x$.

9. $y=(1-2x)e^x$.

10. （1）$y''-y=\sin x$；

（2）$y=e^x-e^{-x}-\frac{1}{2}\sin x$.

11. $y(x)=\begin{cases}\sqrt{\pi^2-x^2}, & -\pi<x<0,\\ \pi\cos x+\sin x-x, & 0\leqslant x<\pi.\end{cases}$

C ［测试练习］

1. （1）C；（2）B；（3）B；（4）B；（5）B；（6）A；（7）B.

2. （1）三；

（2）$y=\frac{\sin x}{x^2-1}$；

（3）$y=C_1e^x+C_2e^{-3x}$；

（4）$y_0=A\cos 2x+B\sin 2x$；

（5）$y=C_1\cos 3x+C_2\sin 3x+\frac{1}{3}e^{3x}$；

（6）$y''-3y'+2y=0$；

（7）$y'=\cos x+xy, y|_{x=0}=0$；

（8）1，0.

3. （1）$y=\frac{1}{2}(\arctan x)^2+C$；

（2）$y^3=3x^3\ln|x|$；

（3）$y=(C+x^2)\sin x$；

（4）$y=C_1x^{-2}+C_2$；

（5）$y=(C_1\cos 4x+C_2\sin 4x)e^{3x}+\frac{1}{102}(5\sin x+14\cos x)$.

4. $y=\frac{1}{4}x^4+1$.

5. $y=3e^{3x}-2e^{2x}$.

6. $y=-3e^x+3e^{2x}-2xe^x$.

第九章方法总结与习题全解

第九章同步训练答案

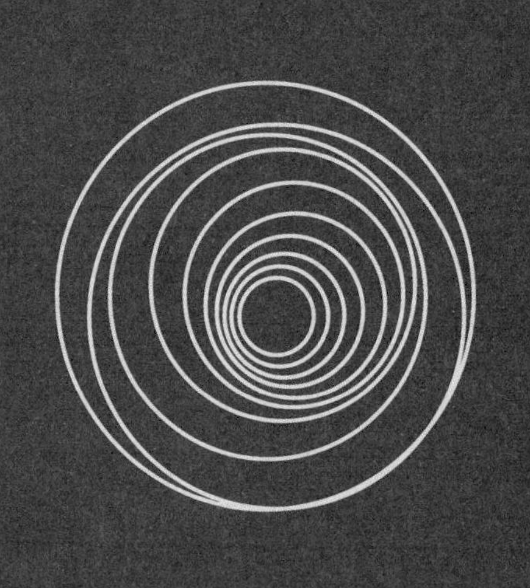

10 第十章 差分方程
Chapter 10

没有学不会的知识，只有畏难的情绪使你丧失了学会的信心．

需知世上少有轻而易举的事，我们必须经过努力才能实现目标．更需知道“世上无难事，只要肯登攀”．

重点难点提示：

知识点	重点	难点	教学要求
差分的定义	•		理解
高阶差分		•	了解
差分方程及相关概念	•		理解
线性差分方程解的结构定理	•		了解
一阶常系数齐次差分方程的通解	•		掌握
一阶常系数非齐次差分方程的特解	•	•	掌握
二阶常系数齐次差分方程的通解		•	掌握
二阶常系数非齐次差分方程的特解	•	•	掌握
高阶非齐次方程的解法			了解
差分方程的简单经济应用			掌握

在第九章中我们学习了常微分方程，这类方程的未知函数的自变量在连续区间上取值，从而求得的未知函数也是连续函数．

然而在经济与管理方面，经济量大多是以等间隔时间为周期进行统计或计算的．例如，GDP、工业或农业生产总值等，都是按年统计；产品产量、销售收入和利润等，一般可按月统计计算．这些量都可以看作以时间 t 为自变量的函数，但自变量不是连续变化的，而是离散变化的，从而相关经济量也是离散变化的．这样的函数在数学上称为离散函数．由一个未知的离散函数在不同时间段的函数改变量（或不同时间点的函数值）之间的关系建立起来的函数方程，就属于离散型数学模型，称为差分方程．

本章的学习应与第九章的相应内容进行类比，参考其相似之大略，体察其不同于细微．下面就对差分方程作一简单介绍．

§10.1 差分方程的基本概念

一、差分

设变量 y 是时间 t 的函数，我们知道，当 $y=f(t)$ 是连续函数且可导时，函数的变化率用其导数$\frac{\mathrm{d}y}{\mathrm{d}t}$表示．但若 t 只能离散地取值时，造成变量 y 也只能离散地变化，这时只能用$\frac{\Delta y}{\Delta t}$来刻画函数在时间 Δt 内的平均变化率．特别地，若取 $\Delta t=1$，则 $\Delta y=f(t+1)-f(t)$，这个量近似地表示函数在 t 时刻的变化率，我们将其称为**差分**(difference).

定义 10.1　给定函数 $y_t=f(t)$，其自变量 t(通常表示时间)的取值为离散的等间隔整数值，即 $t=0,1,2,\cdots$，当自变量从 t 变到 $t+1$ 时，函数 $y_t=f(t)$ 的改变量 $f(t+1)-f(t)$ 称为函数在 t 时刻的**一阶差分**(difference of first order)，记作 Δy_t，即

$$\Delta y_t=f(t+1)-f(t),$$

也简记为

$$\Delta y_t=y_{t+1}-y_t.$$

按上述定义，函数 $y_t=f(t)$ 在 $t+1,t+2,\cdots$ 时刻的一阶差分分别为

$$\Delta y_{t+1}=y_{t+2}-y_{t+1}=f(t+2)-f(t+1),$$

$$\Delta y_{t+2}=y_{t+3}-y_{t+2}=f(t+3)-f(t+2),$$

$$\cdots$$

由一阶差分的定义，容易验证差分具有以下运算性质：

性质　设 y_t 与 z_t 都是自变量取非负整数值的离散函数，C 是常数，则

(1) $\Delta(Cy_t)=C\Delta y_t$;

(2) $\Delta(y_t\pm z_t)=\Delta y_t\pm\Delta z_t$.

例1　设 $y_t=a^t$(其中 $a>0$ 且 $a\neq 1$)，求 $\Delta y_t,\Delta y_2$.

解　$\Delta y_t=y_{t+1}-y_t=a^{t+1}-a^t=a^t(a-1)$,

$\Delta y_2=y_{2+1}-y_2=a^{2+1}-a^2=a^2(a-1)$. □

同步训练 1

设 $y_t=\sin at$，求 Δy_t.

定义 10.2　函数 $y_t=f(t)$ 在 t 时刻的一阶差分的差分，称为函数 $y_t=f(t)$ 在 t 时刻的**二阶差分**(difference of second order)．记作 $\Delta^2 y_t$，即

$$\Delta^2 y_t = \Delta(\Delta y_t) = \Delta y_{t+1} - \Delta y_t = y_{t+2} - 2y_{t+1} + y_t,$$

$$\Delta^2 y_{t+1} = \Delta y_{t+2} - \Delta y_{t+1} = y_{t+3} - 2y_{t+2} + y_{t+1},$$

$$\cdots$$

类似地，可定义更高阶的差分，这里不再讨论．

通过上面的讨论，可以通俗地说：差分即离散函数 $y_t = f(t)$ 在两相邻时刻 $t+1$，t（离散）的函数值的差．这一概念与连续函数的增量的概念相对应．图 10-1 反映了增量与差分之间的区别．

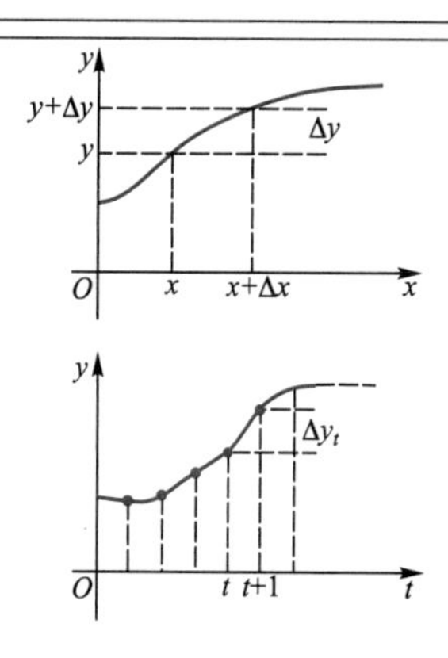

图 10-1 连续函数的增量与离散函数的差分

二、差分方程

定义 10.3　含有自变量 t、未知函数 y_t 及其差分 $\Delta y_t, \Delta^2 y_t, \cdots$ 的函数方程，称为**差分方程**（difference equation）．出现在差分方程中的差分的最高阶数 n，称为**差分方程的阶**．n 阶差分方程的一般形式为

$$F(t, y_t, \Delta y_t, \Delta^2 y_t, \cdots, \Delta^n y_t) = 0.$$

本章只讨论差分方程.因此，在后面的讨论中，把差分方程简称为“方程”.

关于上述差分方程的定义，要明确以下几个要点：

(1) 方程中，只有函数 y_t 是未知量，t 是函数 y_t 的自变量；

(2) 作为 n 阶差分方程，$\Delta^n y_t$ 一定要出现，否则将是比 n 低阶的差分方程；

(3) 方程的阶数只与方程中出现的差分的最高阶数有关，与是否含有低阶差分无关．

例 2　观察下列方程，对照定义，指出它们是不是差分方程，若是，指出它们的阶．（解略）

$$\Delta y_t - y_t - 2t - 3 = 0,$$

$$y_t^2 - 2y_t = \mathrm{e}^t + t,$$

$$\Delta^2 y_t - 4\Delta y_t = 1,$$

$$\Delta^5 y_t = f(t).$$

□

由定义 10.2 知道，任何阶的差分都可以表示为函数在某几个不同时刻的函数值的线性和．于是将上述定义中的 $\Delta^n y_t$ $(n=1, 2, \cdots)$ 用函数值的线性和代替，则得到如下形式的定义．

定义 10.3'　含有自变量 t 和两个或两个以上的函数值 y_t，$y_{t+1}, \cdots$ 的函数方程称为**差分方程**，其中出现在方程中的未知函数下标的最大差称为**差分方程的阶**.

按此定义,n 阶差分方程的一般形式为

$$F(t,y_t,y_{t+1},\cdots,y_{t+n})=0.$$

在此定义中,y_t,y_{t+n}两项必出现,否则方程的阶将不是 n 阶,而是低于 n 阶.

例3　指出下列方程是几阶差分方程:

$$4y_{t+1}+\frac{3}{2}y_t=1,$$

$$y_{t+2}-3y_{t+1}+2y_t=0,$$

$$y_{t+3}-3y_{t+2}+2y_t-y_{t-2}=0.$$ □

关于差分方程的两个定义(定义 10.3 和定义 10.3')需要注意以下几点:

(1) $F(t,y_t,\Delta y_t,\Delta^2 y_t,\cdots,\Delta^n y_t)=0$ 形式的差分方程均可变形为 $F(t,y_t,y_{t+1},\cdots,y_{t+n})=0$ 形式的差分方程,但变形前后的这两个方程的阶不一定是相等的,因而两个定义也不是等价的.

例如,$\Delta^2 y_t+\Delta y_t=0$ 是二阶差分方程,将其化为 $y_{t+2}-y_{t+1}=0$,则是一阶差分方程.

(2) 由于第二种形式的方程便于求解,在经济学中经常使用,所以本章只介绍第二种形式的差分方程及其求解. 所以,今后说差分方程的阶,均指化为第二种定义形式时的差分方程的阶.

(3) 差分方程有一个特性就是方程中的自变量 t 同时增加(或减小)相同的间隔,其解不变.

例4　$ay_{t+1}-by_t=0,ay_t-by_{t-1}=0,ay_{t+3}-by_{t+2}=0$,它们的解相同.

事实上,后两个方程分别作变量替换 $x=t-1,x=t+2$ 便可得到第一个方程. □

例5　$y_{t+1}-y_t=2t+1$ 与 $y_{t+3}-y_{t+2}=2t+5$ 的解相同.

事实上,后一个方程作变量替换 $x=t+2$ 便可得到第一个方程,故两方程的解相同. □

三、差分方程的解

定义 10.4　对于 n 阶差分方程 $F(t,y_t,y_{t+1},\cdots y_{t+n})=0$,如果存在一个函数 $y_t=\varphi(t)$,将其代入差分方程后,使其成为恒等式,则称函数 $y_t=\varphi(t)$ 为**差分方程的解**(solution of a difference equation). 把含有相互独立的任意常数(常数个数与方程的阶相

同）的解 $y_t=\varphi(t,C_1,C_2,\cdots,C_n)$，称为差分方程的**通解**．给通解中的每一个任意常数赋予特定的值得到的解称为差分方程的**特解**．

例 6　讨论函数 $y=at$ 是否为差分方程 $y_{t+1}-y_t=a$（a 为常数）的解．

解　将函数 $y_t=at$ 代入方程 $y_{t+1}-y_t=a$，则

左式 $=a(t+1)-at=a=$ 右式，

故函数 $y_t=at$ 是方程的解．而将

$$y_t=at+C \quad (C\text{ 为任意常数})$$

代入方程也成立，由于它含有一个任意常数，而原方程是一阶方程，故它是方程的通解．

令 $C=0$ 可知，$y_t=at$ 是方程的特解．□

在实际应用中，往往需要从一个方程的通解中求出符合某些附加条件的特解，这些附加的条件称为**定解条件**．其中使用最多的是根据初值条件确定特解，称这样的定解条件为**初值条件**.

同步训练 2
试讨论函数 $y_t=2^t$ 与 $y_t=3^t$ 是否为差分方程 $y_{t+2}-5y_{t+1}+6y_t=0$ 的解.

§10.2 线性差分方程及其解的结构

一、线性差分方程

定义 10.5　形如

$$y_{t+n}+a_1(t)y_{t+n-1}+\cdots+a_{n-1}(t)y_{t+1}+a_n(t)y_t=f(t) \tag{10.1}$$

的差分方程，称为 n **阶线性非齐次差分方程**，其中 $a_n(t)\neq 0$，$f(t)$ 不恒等于 0.

将形如

$$y_{t+n}+a_1(t)y_{t+n-1}+\cdots+a_{n-1}(t)y_{t+1}+a_n(t)y_t=0 \tag{10.2}$$

的方程，称为 n **阶线性齐次差分方程**．

方程（10.2）也称为方程（10.1）对应的齐次方程．方程（10.1）中的 $f(t)$ 称为非齐次项函数，也称为自由项．

线性差分方程必须满足以下两点要求：

（1）方程中出现的 $y_{t+n},y_{t+n-1},\cdots,y_{t+1},y_t$ 项的指数都是 1 次，不能含有非一次幂的项（如 $\sqrt{y_{t+2}}$，y_t^2），也不能含有其中两个或多个项的乘积（如 $y_{t+2}\cdot y_t$）.

（2）方程的系数 $a_i(t)$（$i=1,2,\cdots,n$）只能是以 t 为自变量的

已知函数.

定义 10.6　如果 $a_i(t)=a_i(i=1,2,\cdots,n)$ 均为常数,则

$$y_{t+n}+a_1y_{t+n-1}+\cdots+a_{n-1}y_{t+1}+a_ny_t=f(t) \tag{10.3}$$

和

$$y_{t+n}+a_1y_{t+n-1}+\cdots+a_{n-1}y_{t+1}+a_ny_t=0 \tag{10.4}$$

分别称为 n **阶常系数线性非齐次差分方程**和 n **阶常系数线性齐次差分方程**.

常系数线性差分方程是一类特殊的线性差分方程.

例 1　分别指出下列方程是什么类型的差分方程.

(1) $3y_{t+1}+8y_t=3t$;

(2) $y_{t+2}-10y_{t+1}+5y_t=3t+5$;

(3) $2^ty_{t+3}-3^ty_{t+2}+4^ty_{t+1}-5^ty_t=0$.

解　(1) 一阶常系数线性非齐次差分方程;

(2) 二阶常系数线性非齐次差分方程;

(3) 三阶线性齐次差分方程.　□

二、线性差分方程解的基本定理

关于线性差分方程的解有下面的基本定理.

定理 10.1　如果函数 $y(t)$ 是 n 阶线性齐次差分方程(10.2)的解,则 $Cy(t)$ 也是它的解,其中 C 为任意常数.

定理 10.2　如果函数 $y_1(t),y_2(t)$ 是 n 阶线性齐次差分方程(10.2)的解,则 $y_1(t)+y_2(t)$ 也是它的解.

由定理 10.1、定理 10.2 可得

推论　若 n 阶线性齐次差分方程(10.2)有 m 个解 $y_1(t)$, $y_2(t),\cdots,y_m(t)$,则它们的线性和 $\alpha_1y_1(t)+\alpha_2y_2(t)+\cdots+\alpha_my_m(t)$ (其中 $\alpha_1,\alpha_2,\cdots,\alpha_m$ 为任意常数)也是方程的解.

定理 10.3　n 阶线性齐次差分方程(10.2)必有 n 个线性无关的特解 $y_1(t),y_2(t),\cdots,y_n(t)$.

定理 10.4　n 阶线性齐次差分方程(10.2)的通解 $\tilde{y}(t)$ 为它的 n 个线性无关特解的线性和,即

$$\tilde{y}(t)=C_1y_1(t)+C_2y_2(t)+\cdots+C_ny_n(t),$$

其中 $C_1,C_2,\cdots,C_n$ 为任意常数.

定理 10.5　n 阶线性非齐次差分方程(10.1)的通解 y_t 等于其

特解 $\overline{y}(t)$ 与其对应的齐次方程(10.2)的通解 $\tilde{y}(t)$ 之和,即

$$y_t=\tilde{y}(t)+\overline{y}(t).$$

由以下实例来辅助理解上述的几个定理.

例 2　以线性差分方程 $y_{t+2}-5y_{t+1}+6y_t=2t-3$ 及其解来理解上述定理.

题设方程对应的齐次方程为 $y_{t+2}-5y_{t+1}+6y_t=0$.

可以验证 $y_1(t)=2^t$ 是对应齐次方程的解,将 $Cy_1(t)=C2^t$(C 为任意常数)代入方程验证它也是齐次方程的解. 进一步可以验证 $y_2(t)=3^t$ 也是齐次方程的解,且与 $y_1(t)=2^t$ 线性无关(比值不为常数).

因此,$\tilde{y}(t)=C_12^t+C_23^t$ 为题设方程对应的齐次方程的通解.

将 $\overline{y}(t)=t$ 代入题设方程,经验证,可知它是非齐次方程的一个特解.

最后,原方程的通解可表示为

$$y_t=C_12^t+C_23^t+t\quad(C_1,C_2\text{ 为任意常数}).$$ □

定理 10.6(差分方程解的叠加原理)　若 $Y_1(t)$ 和 $Y_2(t)$ 分别是 n 阶线性非齐次差分方程

$$y_{t+n}+a_1(t)y_{t+n-1}+\cdots+a_{n-1}(t)y_{t+1}+a_n(t)y_t=f_1(t)$$

和

$$y_{t+n}+a_1(t)y_{t+n-1}+\cdots+a_{n-1}(t)y_{t+1}+a_n(t)y_t=f_2(t)$$

的特解,则 $Y_1(t)+Y_2(t)$ 是方程

$$y_{t+n}+a_1(t)y_{t+n-1}+\cdots+a_{n-1}(t)y_{t+1}+a_n(t)y_t=f_1(t)+f_2(t)$$

的特解.

这一定理可推广到非齐次项函数为多个函数和 $f_1(t)+f_2(t)+\cdots+f_m(t)$ 的情形.

由线性差分方程解的基本理论,我们便可知道,若求一个 n 阶非齐次方程的通解,可分为三个步骤:

(1) 先求对应齐次方程的 n 个线性无关的特解,进而将其作线性和,便得到齐次方程的通解;

(2) 求这个非齐次方程的一个特解;

(3) 将齐次方程的通解加上非齐次方程的特解便得到所求方程的通解.

下面我们将由简单到复杂,逐步介绍一些线性差分方程的求解方法.

§ 10.3 一阶常系数线性差分方程

一阶常系数线性差分方程是差分方程中最简单的一类方程，此类方程都可以化为标准形式

$$y_{t+1}+ay_t=f(t), \tag{10.5}$$

其对应的齐次方程为

$$y_{t+1}+ay_t=0, \tag{10.6}$$

其中 a 为非零常数，$f(t)$ 是已知函数，$t=0,1,2,\cdots$.

按照上一节的相关理论和步骤，欲求方程(10.5)的通解，应先求它对应的齐次方程(10.6)的通解．因此，下面首先讨论方程(10.6)通解的求解方法．

一、线性齐次差分方程的通解

方程(10.6)的通解可由以下三种方法求得．

解法一　迭代法

将方程(10.6)变形为 $y_{t+1}=-ay_t$，则有

$$y_1=(-a)y_0,\quad y_2=(-a)y_1=(-a)^2y_0,\quad \cdots,\quad y_t=(-a)^ty_0.$$

将 $y_t=(-a)^ty_0$ 中的 y_0 换为任意常数时，也是方程的解，故方程(10.6)的通解为

$$\tilde{y}_t=C(-a)^t, C \text{ 为任意常数}.$$

需要注意的一点是：$y_t=(-a)^ty_0$ 是方程(10.6)的解，所以 $y_t=C(-a)^ty_0$，也是方程(10.6)的解，C 为任意常数，故 Cy_0 也是任意常数，不妨将 y_0 合并到 C 中．所以通解直接表示为 $\tilde{y}_t=C(-a)^t$.

解法二　等比数列法

由 $y_{t+1}+ay_t=0$ 可得 $\dfrac{y_{t+1}}{y_t}=-a$，故 $y_0,y_1,\cdots,y_{t-1},\cdots$ 为一等比数列，其第 t 项为 $y_t=(-a)^ty_0$，故方程(10.6)的通解为

$$\tilde{y}_t=C(-a)^t, C \text{ 为任意常数}.$$

解法三　特征根法

仔细观察方程 $y_{t+1}+ay_t=0$，发现对任意 t，y_{t+1} 与 y_t 相差常数倍，这是指数函数具有的特性，所以假设方程的解的形式为 $y_t=\lambda^t$ $(\lambda\neq 0)$，为了确定 λ，将其代入方程(10.6)得

$$\lambda^{t+1}+a\lambda^t=\lambda^t(\lambda+a)=0,$$

有

$$\lambda+a=0. \tag{10.7}$$

方程(10.7)称为方程(10.6)的**特征方程**,解得 $\lambda=-a$,称为**特征根**. 于是 $y_t=\lambda^t=(-a)^t$ 是齐次方程的一个特解,故所求的通解为

$$\tilde{y}_t=C(-a)^t, C \text{为任意常数}.$$

经过上述分析,我们得到了方程(10.6)的通解为 $\tilde{y}_t=C(-a)^t$(C 为任意常数). 这个结果以后直接使用.

二、线性非齐次差分方程的特解与通解

下面讨论方程(10.5)通解的求解方法.

解法一　迭代法

将方程(10.5)改写为 $y_{t+1}=-ay_t+f(t)$,则有

$y_1=(-a)y_0+f(0)$,

$y_2=(-a)y_1+f(1)=(-a)^2y_0+(-a)f(0)+f(1)$,

$y_3=(-a)y_2+f(2)=(-a)^3y_0+(-a)^2f(0)+(-a)f(1)+f(2)$,

…………

$$\begin{aligned} y_t &=(-a)^ty_0+(-a)^{t-1}f(0)+(-a)^{t-2}f(1)+\cdots+f(t-1) \\ &=(-a)^ty_0+\sum_{i=0}^{t-1}(-a)^if(t-1-i), \end{aligned}$$

在这个结果中,$(-a)^ty_0$ 是齐次方程 $y_{t+1}+ay_t=0$ 的解,则 $C(-a)^t$ 是方程 $y_{t+1}+ay_t=0$ 的通解. 又因为 $\sum\limits_{i=0}^{t-1}(-a)^if(t-1-i)$ 是非齐次方程的特解. 方程(10.5)的通解为

$$y_t=\tilde{y}(t)+\bar{y}(t)=C(-a)^t+\sum_{i=0}^{t-1}(-a)^if(t-1-i), C \text{为任意常数}.$$

例 1　求差分方程 $y_{t+1}-\dfrac{1}{2}y_t=2^t$ 的通解.

解　对应齐次方程的通解为

$$\tilde{y}(t)=\frac{C}{2^t}, C \text{为任意常数}.$$

非齐次方程的特解为

$$\bar{y}_t=\sum_{i=0}^{t-1}(-a)^if(t-1-i)=\sum_{i=0}^{t-1}\left(\frac{1}{2}\right)^i2^{t-1-i}$$

$$=2^{t-1}\sum_{i=0}^{t-1}\left(\frac{1}{4}\right)^{i}=2^{t-1}\frac{1-\left(\frac{1}{4}\right)^{t}}{1-\frac{1}{4}}=\frac{1}{3}\cdot\left(\frac{1}{2}\right)^{t-1}(2^{2t}-1),$$

原方程的通解为

$$y_t=\tilde{y}(t)+\bar{y}(t)$$
$$=C\left(\frac{1}{2}\right)^{t}+\frac{1}{3}\cdot\left(\frac{1}{2}\right)^{t-1}(2^{2t}-1)=\tilde{C}\left(\frac{1}{2}\right)^{t}+\frac{1}{3}\cdot 2^{t+1},$$

其中 $\tilde{C}=C-\dfrac{2}{3}$,C 为任意常数. □

迭代法是一个理论上可行,但实际上计算十分复杂的解法,对于较为复杂的自由项 $f(t)$,有时甚至很难得到结果,因此这里仅作了解,重点掌握以下简便有效的方法.

解法二　待定系数法

我们先来观察一下 $y_{t+1}+ay_t=f(t)$,如果 y_t 和 y_{t+1} 与 $f(t)$ 是相同类型的函数,此方程可能成立.因此,我们可以设想方程的特解 $\bar{y}_t$ 的形式与 $f(t)$ 的形式相同,但可能有不同的系数. 故采用以下方法来求方程(10.5)的解.

我们根据自由项 $f(t)$ 的形式,预先给出方程(10.5)的特解形式,然后采用待定系数法,将方程的特解求出来.

以下对 $f(t)$ 四种较为简单的类型分别进行讨论.

1. $f(t)=b$(b 为常数)

$$y_{t+1}+ay_t=b. \tag{10.8}$$

下面求解这种较为简单的方程.

(1) 若 $a\neq-1$,由于 $f(t)$ 是常数,设其特解也是常数,即 $\bar{y}_t=A$,代入方程(10.8)有 $A+aA=b$,解得

$$A=\frac{b}{1+a},$$

即得

$$\bar{y}_t=\frac{b}{1+a}.$$

(2) 若 $a=-1$,设 $\bar{y}_t=At$(此时若再设 $\bar{y}_t=A$,代入方程后无意义),代入方程(10.8)后解得 $A=b$,即

$$\bar{y}_t=bt.$$

综上所述,方程(10.8)的特解为

$$y_t=\begin{cases}\dfrac{b}{1+a}, & a\neq -1,\\ bt, & a=-1.\end{cases}$$

例 2　求差分方程 $y_{t+1}+3y_t=4$ 的通解.

解　齐次方程的通解为 $\tilde{y}(t)=C(-3)^t$(C 为任意常数). 因 $a=3\neq -1$,设非齐次方程的特解为 $\overline{y}_t=A$,代入解得 $A=1$. 故原方程通解为

$$y_t=C(-3)^t+1, C \text{ 为任意常数}. \qquad \square$$

在这里,我们要体会、掌握求解过程,不必死记公式和结果,对于以下更复杂的情形,更应如此.

2. $f(t)=P_m(t)$ ($P_m(t)$ 为 t 的 m 次多项式函数)

$$y_{t+1}+ay_t=P_m(t). \tag{10.9}$$

仿照上面第 1 种情形进行理论的推导时发现,这类非齐次方程的特解分以下两种情形:

(1) 若 $a\neq -1$,设 $\overline{y}_t=Q_m(t)=A_0+A_1t+\cdots+A_mt^m$,$A_0,A_1,\cdots,A_m$ 为待定系数;

(2) 若 $a=-1$,设 $\overline{y}_t=tQ_m(t)$.

例 3　求 $y_{t+1}-2y_t=t$ 的通解.

解　因 $a=-2\neq -1$,故设其特解为 $\overline{y}_t=A+Bt$,代入整理得

$$B-A-Bt=t,$$

由方程两端对应项的系数相等,于是有 $\begin{cases}B-A=0,\\ -B=1,\end{cases}$ 解得

$$A=-1, B=-1,$$

所以,非齐次方程的特解为 $\overline{y}_t=-1-t$,对应齐次方程的通解为 $\tilde{y}(t)=C2^t$,于是原方程的通解为

$$y_t=C2^t-1-t, C \text{ 为任意常数}. \qquad \square$$

例 4　求 $y_{t+1}-y_t=3+2t$ 的通解.

解　因 $a=-1$,故设其特解为 $\overline{y}_t=t(A+Bt)$,代入整理得

$$A+B+2Bt=3+2t,$$

由方程两端对应项系数相等,于是有 $\begin{cases}A+B=3,\\ 2B=2,\end{cases}$ 解得

$$A=2, B=1,$$

故非齐次方程特解为 $\overline{y}_t=2t+t^2$,对应齐次方程的通解为 $\tilde{y}(t)=C$,于是原方程的通解为

同步训练 1

求下列差分方程的通解:

(1) $y_{t+1}-6y_t=-5$;

(2) $y_{t+1}-y_t=-5$.

同步训练 2

求下列差分方程的通解:

(1) $y_{t+1}-2y_t=3t^2$;

(2) $y_{t+1}-y_t=3t$.

$y_t=C+2t+t^2$, C 为任意常数. □

3. $f(t)=P_m(t)d^t$(多项式与指数函数相乘的形式)

$$y_{t+1}+ay_t=P_m(t)d^t \quad (d\neq 0). \tag{10.10}$$

这类方程的特解分以下两种情形:

(1) 若 $a+d\neq 0$, 设 $\overline{y}_t=Q_m(t)d^t=(A_0+A_1t+\cdots+A_mt^m)d^t$, $A_0,A_1,\cdots,A_m$ 为待定系数;

(2) 若 $a+d=0$, 设 $\overline{y}_t=tQ_m(t)d^t$.

例 5　求方程 $y_{t+1}-y_t=2^t$ 的通解.

解　因为 $a=-1,d=2,a+d\neq 0$, 故设原方程的特解为 $\overline{y}_t=A2^t$, 代入解得 $A=1$, 因此原方程的特解为 $\overline{y}_t=2^t$. 而对应齐次方程的通解为 $\tilde{y}_t=C$, 最后得原方程的通解为

$y_t=C+2^t$, C 为任意常数. □

例 6　求方程 $2y_{t+1}-y_t=3\left(\frac{1}{2}\right)^t$ 的通解.

解　将原方程化为标准形式

$$y_{t+1}-\frac{1}{2}y_t=\frac{3}{2}\left(\frac{1}{2}\right)^t. \tag{*}$$

因 $a+d=-\frac{1}{2}+\frac{1}{2}=0$, 故设原方程的特解 $\overline{y}_t=At\left(\frac{1}{2}\right)^t$, 代入方程(*)解得 $A=3$, 于是原方程的特解 $\overline{y}_t=3t\left(\frac{1}{2}\right)^t$.

而方程(*)对应齐次方程的通解为 $y_C=C\left(\frac{1}{2}\right)^t$, 最后得原方程的通解为

$y_t=C\left(\frac{1}{2}\right)^t+3t\left(\frac{1}{2}\right)^t=(C+3t)2^{-t}$, C 为任意常数. □

同步训练 3

(1) 求差分方程 $y_{t+1}-\frac{1}{2}y_t=2^t$ 的通解, 并与例 6 比较求解的复杂程度; (2) 求差分方程 $y_{t+1}-2y_t=2^t$ 的通解.

4. $f(t)=b_1\cos \omega t+b_2\sin \omega t$(正弦、余弦型三角函数)

$$y_{t+1}+ay_t=b_1\cos \omega t+b_2\sin \omega t, \tag{10.11}$$

其中 a,b_1,b_2,ω 为常数, b_1,b_2 不同时为零, a,ω 不为零. 这类方程的特解分以下两种情形:

(1) 若 $D=\begin{vmatrix} a+\cos\omega & \sin\omega \\ -\sin\omega & a+\cos\omega \end{vmatrix}=(a+\cos\omega)^2+\sin^2\omega\neq 0$, 则设 $\overline{y}_t=A\cos \omega t+B\sin \omega t$;

(2) 若 $D=\begin{vmatrix} a+\cos\omega & \sin\omega \\ -\sin\omega & a+\cos\omega \end{vmatrix}=(a+\cos\omega)^2+\sin^2\omega=0$, 则

设 $\overline{y}_t=t(A\cos\omega t+B\sin\omega t)$，$A,B$ 为待定系数.

例7　求差分方程 $y_{t+1}-2y_t=\cos t$ 的解.

解　对应齐次方程的通解为 $\tilde{y}(t)=C2^t$（C 为任意常数）.
$\begin{vmatrix}-2+\cos 1 & \sin 1\\ -\sin 1 & -2+\cos 1\end{vmatrix}=5-4\cos 1\neq 0$，设非齐次方程的特解为 $\overline{y}_t=A\cos t+B\sin t$，代入整理得

$\cos t[A(\cos 1-2)+B\sin 1]+\sin t[B(\cos 1-2)-A\sin 1]=\cos t$，

得方程组

$$\begin{cases}A(\cos 1-2)+B\sin 1=1,\\ -A\sin 1+B(\cos 1-2)=0,\end{cases}$$

解得 $A=\dfrac{\cos 1-2}{5-4\cos 1}$，$B=\dfrac{\sin 1}{5-4\cos 1}$. 于是方程通解为

$$y_t=C2^t+\frac{\cos 1-2}{5-4\cos 1}\cos t+\frac{\sin 1}{5-4\cos 1}\sin t，C \text{ 为任意常数}.$$ □

若自由项为以上四类中某几类函数的线性和时，可利用定理10.6计算方程的特解.

如要求 $y_{t+1}-2y_t=-4+2t-3^t$ 的特解时，可分别求出 $y_{t+1}-2y_t=-4+2t$ 和 $y_{t+1}-2y_t=-3^t$ 的特解，两个特解相加便是原方程的特解.

同步训练 4

求差分方程 $y_{t+1}+4y_t=3\cos\pi t$ 的通解.

同步训练 5

求 $y_{t+1}-2y_t=-4+2t-3^t$ 的特解.

§10.4 二阶常系数线性差分方程

二阶常系数线性非齐次差分方程及其对应的齐次方程均可化成如下的标准形式：

$$y_{t+2}+ay_{t+1}+by_t=f(t),\tag{10.12}$$

$$y_{t+2}+ay_{t+1}+by_t=0,\tag{10.13}$$

其中 a,b 为常数，且 $b\neq 0$，$f(t)$ 为已知函数.

根据线性差分方程解的结构理论，我们分三步求方程的解：第一步先求齐次方程(10.13)的两个线性无关的特解，再由线性和得到(10.13)的通解；第二步求非齐次方程(10.12)的一个特解；第三步将前两步的结果相加，得到(10.12)的通解.

一、线性齐次差分方程的通解

与一阶常系数线性齐次方程解的形式类似，二阶常系数线性差分方程也具有指数形式的解．因此设方程(10.13)有特解 $\overline{y}_t=\lambda^t$，$\lambda\neq 0$为待定系数，代入方程得

$$\lambda^t(\lambda^2+a\lambda+b)=0.$$

由于 $\lambda^t\neq 0$，要使上式成立，只有

$$\lambda^2+a\lambda+b=0. \tag{10.14}$$

可见：

$\overline{y}_t=\lambda^t$ 是差分方程(10.13)的解$\Leftrightarrow\lambda$ 是代数方程 $\lambda^2+a\lambda+b=0$ 的解.

$\lambda^2+a\lambda+b=0$ 称为方程(10.13)的**特征方程**，其解 λ 称为**特征根**.

于是，求差分方程(10.13)的两个线性无关的特解，就转化为了求代数(特征)方程(10.14)的两个特征根，根据特征根，便可得到方程的两个线性无关的特解.

与线性齐次微分方程求解过程类似，以下分三种情形分别讨论方程(10.13)的通解.

1. 特征方程有两个不相等的实根

特征方程(10.14)有两个不相等的实根时，$\lambda_{1,2}=\dfrac{-a\pm\sqrt{a^2-4b}}{2}$，则 $\overline{y}_1=\lambda_1^t$，$\overline{y}_2=\lambda_2^t$ 是方程(10.13)的两个线性无关的特解，于是方程(10.13)的通解为

$$\tilde{y}_t=C_1\lambda_1^t+C_2\lambda_2^t\quad(C_1,C_2\text{ 为任意常数}).$$

例1　求差分方程 $y_{t+2}+\dfrac{1}{2}y_{t+1}-\dfrac{1}{2}y_t=0$ 的通解.

解　原方程的特征方程为 $\lambda^2+\dfrac{1}{2}\lambda-\dfrac{1}{2}=0$，解得 $\lambda_1=-1$，$\lambda_2=\dfrac{1}{2}$，于是得到两个线性无关的特解为

$$\overline{y}_1=(-1)^t,\quad \overline{y}_2=\left(\frac{1}{2}\right)^t,$$

所以原方程的通解为

$$\tilde{y}_t=C_1(-1)^t+C_2\left(\frac{1}{2}\right)^t\quad(C_1,C_2\text{ 为任意常数}).$$

□

2. 特征方程有两个相等的实根

特征方程(10.14)有两个相等的实根时，$\lambda=\lambda_1=\lambda_2=-\frac{a}{2}$，则方程(10.13)的两个线性无关的特解为

$$\bar{y}_1=\left(-\frac{a}{2}\right)^t,\quad \bar{y}_2=t\left(-\frac{a}{2}\right)^t,$$

所以方程的通解为

$$\tilde{y}_t=(C_1+C_2t)\left(-\frac{a}{2}\right)^t\quad (C_1,C_2\text{ 为任意常数}).$$

例 2　求差分方程 $y_{t+2}-4y_{t+1}+4y_t=0$ 的通解.

解　原方程的特征方程为 $\lambda^2-4\lambda+4=0$，解得 $\lambda_1=\lambda_2=2$，于是原方程的两个线性无关的解为

$$\tilde{y}_1=2^t,\quad \tilde{y}_2=t2^t,$$

所以原方程的通解为

$$\tilde{y}_t=(C_1+C_2t)2^t\quad (C_1,C_2\text{ 为任意常数}).$$ □

3. 特征方程有一对共轭复根

特征方程(10.14)有共轭复根时，$\lambda_{1,2}=\frac{-a\pm\sqrt{4b-a^2}\,\mathrm{i}}{2}$，分别记

$$\alpha=-\frac{a}{2},\quad \beta=\frac{\sqrt{4b-a^2}}{2}.$$

(见第○章 § 0.6)此时记特征根的模 r 为

$$r=\sqrt{\alpha^2+\beta^2}=\sqrt{b},$$

特征根的辐角 ω 可由

$$\omega=\arctan\frac{\beta}{\alpha}=\arctan\left(-\frac{\sqrt{4b-a^2}}{a}\right)$$

或

$$\tan\omega=\frac{\beta}{\alpha}=-\frac{\sqrt{4b-a^2}}{a}\quad (0<\omega<\pi)$$

确定，并且我们构造两个函数

$$\bar{y}_1=r^t\cos\omega t,\quad \bar{y}_2=r^t\sin\omega t,\text{①}$$

则它们是方程的两个线性无关解，故齐次方程的通解为

① 解得特征方程的两个特征根 $\lambda_{1,2}=\alpha\pm\beta\mathrm{i}$ 后，按理说，$y_1=\lambda_1^t=(\alpha+\beta\mathrm{i})^t$ 与 $y_2=\lambda_2^t=(\alpha-\beta\mathrm{i})^t$ 是方程的两个特解，但它们不是实值函数(函数值为复数). 为了能得到两个线性无关的实函数，将其化为三角形式 $\alpha\pm\beta\mathrm{i}=r(\cos\omega\pm\mathrm{i}\sin\omega)$，并利用棣莫弗公式，可得 $y_1=r^t(\cos\omega t+\mathrm{i}\sin\omega t)$，$y_2=r^t(\cos\omega t-\mathrm{i}\sin\omega t)$，由线性差分方程解的基本定理可知，$\frac{1}{2}(y_1+y_2)$ 和 $\frac{1}{2\mathrm{i}}(y_1-y_2)$ 也是方程的特解，于是得到两个特解 $\bar{y}_1=r^t\cos\omega t$ 和 $\bar{y}_2=r^t\sin\omega t$，且为两个线性无关的实函数.

$$\tilde{y}_t=r^t(C_1\cos\omega t+C_2\sin\omega t)\quad(C_1,C_2\text{ 为任意常数}).$$

例 3　求方程 $y_{t+2}-y_{t+1}+y_t=0$ 的通解.

解　由于 $\lambda^2-\lambda+1=0$ 有复根

$$\lambda_{1,2}=\frac{1\pm\sqrt{4-(-1)^2}\,\mathrm{i}}{2}=\frac{1}{2}\pm\frac{\sqrt{3}}{2}\mathrm{i},$$

故得

$$r=1,\quad \tan\omega=\sqrt{3},\quad \omega=\frac{\pi}{3},$$

于是原方程的两个线性无关特解为 $y_1=\cos\frac{\pi}{3}t$, $y_2=\sin\frac{\pi}{3}t$,故方程的通解为

$$y_t=C_1\cos\frac{\pi}{3}t+C_2\sin\frac{\pi}{3}t\quad(C_1,C_2\text{ 为任意常数}).$$ □

同步训练 1

求下列差分方程的通解:

(1) $y_{t+2}-3y_{t+1}-4y_t=0$;

(2) $y_{t+2}-4y_{t+1}+4y_t=0$;

(3) $y_{t+2}-2y_{t+1}+4y_t=0$.

二、线性非齐次差分方程的通解

求线性非齐次方程(10.12)的特解时,根据自由项 $f(t)$ 的形式设出相应的特解,方法与一阶方程的情形相似.

下面针对不同类型的自由项,给出相应特解的形式.

(1) $y_{t+2}+ay_{t+1}+by_t=c$, c 为常数.

当 $1+a+b\neq0$ 时, $\bar{y}_t=A$;

当 $1+a+b=0$ 且 $a\neq-2$ 时, $\bar{y}_t=At$;

当 $1+a+b=0$ 且 $a=-2$ 时, $\bar{y}_t=At^2$.

(2) $y_{t+2}+ay_{t+1}+by_t=Q_m(t)$, $Q_m(t)$ 为 t 的 m 次多项式.

当 $1+a+b\neq0$ 时, $\bar{y}_t=A_0+A_1t+\cdots+A_mt^m$;

当 $1+a+b=0$ 且 $a\neq-2$ 时, $\bar{y}_t=(A_0+A_1t+\cdots+A_mt^m)t$;

当 $1+a+b=0$ 且 $a=-2$ 时, $\bar{y}_t=(A_0+A_1t+\cdots+A_mt^m)t^2$.

(3) $y_{t+2}+ay_{t+1}+by_t=cd^t$, $c,d\neq1$ 均为常数.

当 $d^2+ad+b\neq0$ 时, $\bar{y}_t=Ad^t$;

当 $d^2+ad+b=0$ 但 $a+2d\neq0$ 时, $\bar{y}_t=Atd^t$;

当 $d^2+ad+b=0$ 且 $a+2d=0$ 时, $\bar{y}_t=At^2d^t$.

其中 $A,A_0,A_1,\cdots,A_m$ 均为待定系数.

将上述特解代入相应方程,便可从理论上得到方程的解,这里

不再进行解答，有兴趣的同学可自己试一试.

下面通过例题来说明求解的方法与步骤.

例 4　求 $y_{t+2}-5y_{t+1}+6y_t=10$ 的通解.

解　由 $\lambda^2-5\lambda+6=0$ 解得 $\lambda_1=2,\lambda_2=3$，齐次方程的通解为

$$\tilde{y}(t)=C_1 2^t+C_2 3^t \quad (C_1,C_2\text{ 为任意常数}).$$

因 $1+a+b=2\neq 0$，故设原方程的特解为 $\overline{y}_t=A$，代入解得 $A=5$，故原方程的通解为

$$y_t=C_1 2^t+C_2 3^t+5 \quad (C_1,C_2\text{ 为任意常数}).$$ □

例 5　求 $y_{t+2}-4y_{t+1}+4y_t=5+t$ 的通解.

解　由特征方程 $\lambda^2-4\lambda+4=0$ 得特征根为 $\lambda_1=\lambda_2=2$，故对应的齐次方程的通解为

$$\tilde{y}_t=(C_1+C_2 t)2^t \quad (C_1,C_2\text{ 为任意常数}).$$

因 $1+a+b=1\neq 0$，故设原方程的特解为 $\overline{y}_t=A+Bt$，代入得

$$(A-2B)+Bt=5+t,$$

根据 t 的同次幂的系数对应相等，得

$$\begin{cases}A-2B=5,\\ B=1,\end{cases}\text{解得}\begin{cases}A=7,\\ B=1,\end{cases}$$

故原方程的特解为 $\overline{y}_t=t+7$，于是原方程的通解为

$$y_t=(C_1+C_2 t)2^t+t+7 \quad (C_1,C_2\text{ 为任意常数}).$$ □

例 6　求 $y_{t+2}-4y_{t+1}+4y_t=3^t$ 的通解.

解　对应齐次方程的通解为

$$\tilde{y}_t=(C_1+C_2 t)2^t \quad (C_1,C_2\text{ 为任意常数}).$$

因 $d^2+ad+b=1\neq 0$，故设原方程的特解为 $\overline{y}_t=A3^t$，代入解得 $A=1$，于是原方程的特解为 $\overline{y}_t=3^t$，最后原方程的通解为

$$y_t=(C_1+C_2 t)2^t+3^t \quad (C_1,C_2\text{ 为任意常数}).$$ □

例 7　求 $y_{t+2}+y_{t+1}+\frac{1}{4}y_t=\left(-\frac{1}{2}\right)^t$ 的通解.

解　对应齐次方程为 $y_{t+2}+y_{t+1}+\frac{1}{4}y_t=0$，其特征方程为 $\lambda^2+\lambda+\frac{1}{4}=0$，特征根为 $\lambda_1=\lambda_2=-\frac{1}{2}$，故对应齐次方程的通解为

$$\tilde{y}_t=(C_1+C_2 t)\left(-\frac{1}{2}\right)^t \quad (C_1,C_2\text{ 为任意常数}).$$

因 $d^2+ad+b=0,a+2d=0$，故设原方程的特解为 $\overline{y}_t=At^2\left(-\frac{1}{2}\right)^t$，代入

原方程解得 $A=2$,即

$$\bar{y}_t=2t^2\left(-\frac{1}{2}\right)^t,$$

于是原方程的通解为

$$y_t=(C_1+C_2t)\left(-\frac{1}{2}\right)^t+2t^2\left(-\frac{1}{2}\right)^t=(C_1+C_2t+2t^2)\left(-\frac{1}{2}\right)^t$$

(C_1,C_2 为任意常数). □

同步训练2

例 6 中若将 $f(t)=3^t$ 改为 $(1+t)3^t$,其特解设为什么形式?如何求得其特解? 方程的通解又是什么?

§10.5 差分方程的应用举例

与微分方程相似,在实际中,可以根据数量关系建立差分方程,并通过求解差分方程来解决实际问题,这就是数学模型中的差分方程模型. 下面是几个简单经济问题的差分方程应用模型.

例1(投资模型) 设有资金 S_0(万元)进行按期投资,投资回报率为 r,到期后本利一起进行下一期再投资,求 t 期结束时的资金总量.

解 设 t 期结束时的资金总量为 S_t,由题设条件可知

$$S_{t+1}=S_t+rS_t=(1+r)S_t,\quad t=0,1,2,\cdots,$$

即

$$S_{t+1}-(1+r)S_t=0.$$

这是一个一阶常系数线性齐次差分方程. 容易求得其通解为

$$S_t=C(1+r)^t\quad (C\text{ 为任意常数}),$$

再由 $S_t(0)=S_0$,可得一个满足初值条件的特解为

$$S_t=S_0(1+r)^t.$$ □

例2(价格模型) 在某种产品的生产中,产品的生产一般早于产品的销售一个时期,在 t 时期,产品的价格 P_t 决定着本期对产品的需求量 D_t,并影响着下一期的市场供给量 S_{t+1}. 设需求量和供给量为价格的线性函数,即

$$D_t=a-bP_t,\quad S_t=-c+dP_{t-1}\quad (a,b,c,d\text{ 均为正常数}).$$

生产活动开始时的价格为 P_0,求价格关于时间变动的函数规律.

解 假设市场在理想状态下运行,此时需求量等于供给量,即有 $D_t=S_t$,于是得到

$$a-bP_t=-c+dP_{t-1},$$

整理成标准形式有

$$P_t+\frac{d}{b}P_{t-1}=\frac{a+c}{b}.$$

这是一阶常系数线性非齐次差分方程,其对应的齐次方程的通解为

$$\tilde{P}_t=C\left(-\frac{d}{b}\right)^t\quad(C\text{ 为任意常数}).$$

设非齐次方程的特解为 $\overline{P}_t=A$,代入解得 $\overline{P}_t=\frac{a+c}{b+d}$,因此原问题的通解为

$$P_t=C\left(-\frac{d}{b}\right)^t+\frac{a+c}{b+d}\quad(C\text{ 为任意常数}).$$

再由 $P_t(0)=P_0$,得 $C=P_0-\frac{a+c}{b+d}$,故满足条件的函数为

$$P_t=\left(P_0-\frac{a+c}{b+d}\right)\left(-\frac{d}{b}\right)^t+\frac{a+c}{b+d}.$$ □

例 3(哈罗德宏观经济模型)　设 S_t 为第 t 期储蓄,I_t 为第 t 期投资,Y_t 为第 t 期国民收入,哈罗德(Harrod R. H.)建立了如下的宏观经济模型:

$$\begin{cases}S_t=\alpha Y_{t-1}, & 0<\alpha<1,\\ I_t=\beta(Y_t-Y_{t-1}), & \beta>0,\quad\text{其中 }\alpha,\beta\text{ 为常数}.\\ S_t=I_t,\end{cases}$$

初始时的国民收入为 Y_0. 求第 t 期储蓄 S_t、投资 I_t、国民收入 Y_t 与时期 t 的函数关系.

解　由模型中的 $S_t=I_t$ 可得 $\alpha Y_{t-1}=\beta(Y_t-Y_{t-1})$,进一步化为标准方程有

$$Y_t-\left(1+\frac{\alpha}{\beta}\right)Y_{t-1}=0,$$

易得其通解为

$$Y_t=C\left(1+\frac{\alpha}{\beta}\right)^t\quad(C\text{ 为任意常数}),$$

同时根据模型,还可得到

$$S_t=I_t=\alpha Y_{t-1}=C\alpha\left(1+\frac{\alpha}{\beta}\right)^{t-1}\quad(C\text{ 为任意常数}).$$

再由 $Y(0)=Y_0$ 可得

$$Y_t=Y_0\left(1+\frac{\alpha}{\beta}\right)^t, S_t=I_t=\alpha Y_0\left(1+\frac{\alpha}{\beta}\right)^{t-1}.$$ □

*§ 10.6 综合与提高

一、高阶常系数线性差分方程

例 1 求四阶差分方程 $y_{t+4}-4y_{t+3}+6y_{t+2}-4y_{t+1}+y_t=0$ 的通解.

解 该方程的特征方程为 $\lambda^4-4\lambda^3+6\lambda^2-4\lambda+1=0$,即

$(\lambda-1)^4=0.$

解得四重根 $\lambda_1=\lambda_2=\lambda_3=\lambda_4=1$,故原方程有四个线性无关的特解 1, t,t^2,t^3,所以方程的通解为

$$y_t=C_1+C_2t+C_3t^2+C_4t^3,\quad C_1,C_2,C_3,C_4 \text{ 为任意常数}.$$ □

例 2 求三阶差分方程 $y_{t+3}+3y_{t+2}+4y_{t+1}+12y_t=20$ 的通解.

解 原方程对应齐次方程的特征方程为

$\lambda^3+3\lambda^2+4\lambda+12=(\lambda+3)(\lambda^2+4)=0,$

解得特征根为

$\lambda_1=-3,\lambda_{2,3}=\pm 2\mathrm{i}.$

其中复数根的模为 $r=2$,辐角 $\omega=\frac{\pi}{2}$,故原方程对应的齐次方程有三个线性无关的特解为

$$y_1=(-3)^t,\quad y_2=2^t\cos\frac{\pi}{2}t,\quad y_3=2^t\sin\frac{\pi}{2}t,$$

所以齐次方程的通解为

$$\tilde{y}_t=C_1(-3)^t+2^t\left(C_2\cos\frac{\pi}{2}t+C_3\sin\frac{\pi}{2}t\right),\quad C_1,C_2,C_3 \text{ 为任意常数}.$$

再设原方程的特解为 $\bar{y}_t=A$,代入原方程可得 $A=1$,即得 $\bar{y}_t=1$. 于是原方程的通解为

$$y_t=C_1(-3)^t+2^t\left(C_2\cos\frac{\pi}{2}t+C_3\sin\frac{\pi}{2}t\right)+1,\quad C_1,C_2,C_3 \text{ 为任意常数}.$$

□

同步训练 1
求三阶差分方程 $y_{t+3}-8y_t=0$ 的通解.

二、非线性差分方程

例3　求差分方程$(2+3y_t)y_{t+1}=4y_t$的通解,并求满足条件$y_0=\dfrac{1}{2}$的特解.

分析　由于方程中出现$3y_t\cdot y_{t+1}$的项,故不是线性方程.变形为$\dfrac{2+3y_t}{y_t}=\dfrac{4}{y_{t+1}}$,即$\dfrac{2}{y_t}+3=\dfrac{4}{y_{t+1}}$后可发现关于$\dfrac{1}{y_t}$是线性的.

解　设$\dfrac{1}{y_t}=u_t$,代入原方程,可得

$$u_{t+1}-\frac{1}{2}u_t=\frac{3}{4}. \tag{1}$$

它对应齐次方程的通解为$u_t=C\left(\dfrac{1}{2}\right)^t$,$C$为任意常数.

对方程(1),因$a=-\dfrac{1}{2}\neq -1$,故设特解为$\bar{u}_t=A$,代入得$A=\dfrac{3}{2}$.于是$\bar{u}_t=\dfrac{3}{2}$,故有

$$\frac{1}{y_t}=u_t=C\left(\frac{1}{2}\right)^t+\frac{3}{2},C\text{ 为任意常数}.$$

所以原方程的通解为

$$y_t=\left[C\left(\frac{1}{2}\right)^t+\frac{3}{2}\right]^{-1},C\text{ 为任意常数}.$$

再代入初值条件$y_0=\dfrac{1}{2}$,得$C=\dfrac{1}{2}$,故所求原方程的特解为

$$y_t=\left[\left(\frac{1}{2}\right)^{t+1}+\frac{3}{2}\right]^{-1}.$$

□

例4　求方程$(t+3)y_{t+2}-2(t+2)y_{t+1}+(t+1)y_t=0$的通解.

解　将原方程变形为

$$[(t+2)+1]y_{t+2}-2[(t+1)+1]y_{t+1}+(t+1)y_t=0,$$

可以看到,如果设$(t+1)y_t=u_t$,则$(t+1+1)y_{t+1}=u_{t+1}$,$(t+2+1)y_{t+2}=u_{t+2}$,原方程化为

$$u_{t+2}-2u_{t+1}+u_t=0,$$

易得到它的两个线性无关解为$u_1(t)=1$,$u_2(t)=t$,故通解为

$$(t+1)y_t=u_t=C_1+C_2t,C_1,C_2\text{ 为任意常数},$$

所以原方程的通解为

同步训练 2

求方程 $2^{t+3}y_{t+2}+2^{t+2}y_{t+1}-6\cdot 2^{t+1}y_t=0$ 的通解.

$$y_t=\frac{C_1+C_2t}{t+1}=C_2+\frac{C_1-C_2}{t+1}.$$

□

上面两个例题介绍的方法具有特殊性,只有对某些具有上述特征的差分方程求解时才可以使用.

习题十　A

［基础练习］

1. 按要求计算下列函数的差分：

(1) $y_t=C$（C 为常数），求 $\Delta y_3,\Delta y_7,\Delta y_t$；

(2) $y_t=\mathrm{e}^t$，求 $\Delta y_1,\Delta y_2,\Delta y_t,\Delta^2 y_t$；

(3) $y_t=t^3$，求 $\Delta y_2,\Delta^2 y_2,\Delta y_t,\Delta^2 y_t$；

(4) $y_t=t^2+2t$，求 $\Delta^2 y_t$.

2. 指出下列差分方程的阶：

(1) $y_{t+3}-4y_{t+1}-3y_t=2$；

(2) $y_{t+2}+3y_{t+1}+2y_t=0$；

(3) $6y_{t+4}-8y_{t+3}+2y_{t+1}-2y_t=0$；

(4) $y_{t+2}-2y_{t+1}=4\mathrm{e}^t$；

(5) $y_{t+3}+t^2y_{t+1}-3y_t=0$；

(6) $y_{t+2}-2y_{t-4}=y_{t-2}$

3. 验证函数 y_t 是所给方程的解，其中 C,C_1,C_2,C_3 均为任意常数：

(1) $y_t=\dfrac{C}{1+Ct}$，$(1+y_t)y_{t+1}=y_t$；

(2) $y_t=C_1+C_22^t$，$y_{t+2}-3y_{t+1}+2y_t=0$；

(3) $y_t=C_1+C_22^t+C_33^t$，$y_{t+3}-6y_{t+2}+11y_{t+1}-6y_t=0$；

(4) $y_t=\dfrac{1}{t+1}$，$(t+3)y_{t+2}-2(t+2)y_{t+1}+(t+1)y_t=0$.

4. 求下列一阶差分方程的通解及在给定初值条件下的特解：

(1) $y_{t+1}-2y_t=0$；

(2) $2y_{t+1}+y_t=0,y_0=3$；

(3) $6y_{t+1}+2y_t=8$；

(4) $y_{t+1}-5y_t=3,y_0=2$；

(5) $2y_{t+1}+y_t=3+t$；

(6) $y_{t+1}+y_t=2^t,y_0=\dfrac{1}{5}$；

(7) $y_{t+1}-y_t=2^t\cos\pi t$；

(8) $y_{t+1}+3y_t=t\cdot 2^t$.

5. 求下列二阶差分方程的通解及在给定初值条件下的特解：

(1) $y_{t+2}-7y_{t+1}+12y_t=0$；

(2) $y_{t+2}-6y_{t+1}+9y_t=0$；

(3) $y_{t+2}-4y_{t+1}+16y_t=0$；

(4) $y_{t+2}-2y_{t+1}+2y_t=0,y_0=2,y_1=2$；

(5) $y_{t+2}+\dfrac{1}{2}y_{t+1}-\dfrac{1}{2}y_t=3$；

(6) $y_{t+2}+3y_{t+1}+2y_t=6t^2+4t+20$；

(7) $y_{t+2}-3y_{t+1}+2y_t=3\cdot 5^t$；

(8) $y_{t+2}+3y_{t+1}-\dfrac{7}{4}y_t=9,y_0=6,y_1=3$；

(9) $y_{t+2}-3y_{t+1}+2y_t=\sin\dfrac{\pi}{2}t$；

(10) $y_{t+2}+y_{t+1}-2y_t=12,y_0=0,y_1=0$.

6. 对于一阶差分方程 $y_{t+1}+ay_t=f(t)$，若 $\overline{y}_t$ 是它的一个特解，试证明方程的解 y_t 可表示为 $\overline{y}_t$ 与其对应齐次方程的通解 $\widetilde{y}_t$ 之和，即 $y_t=\overline{y}_t+\widetilde{y}_t$.

7. 设某种产品在 t 时期的价格、供给和需求分别为 $P_t,S_t,D_t,t=0,1,2,\cdots$，并设三者之间有关系(1) $S_t=D_t$；(2) $S_t=2P_t+1$；(3) $D_t=-4P_{t-1}+5$. 试写出关于 P_t 的差分方程，当初值条件为 P_0 时，求方程的解.

8. 设第 t 期的国民收入为 Y_t，消费为 C_t，投资为 I_t，且三者间有如下关系：

$$\begin{cases}Y_t=C_t+I_t,\\ C_t=\alpha Y_t+\beta, & 0<\alpha<1,\beta\geqslant 0,\\ Y_{t+1}=Y_t+\gamma I_t, & \gamma>0.\end{cases}$$

已知 Y_0，求 Y_t,C_t,I_t.

B ［扩展练习］

1. 对于二阶差分方程 $ay_{t+2}+ay_{t+1}+by_t=f(t)$，若 $\overline{y}_t$ 是它的一个特解，试证明方程的解 y_t 可表示为 $\overline{y}_t$ 与其对应齐次方程的通解 $\widetilde{y}_t$ 之和，即 $y_t=\overline{y}_t+\widetilde{y}_t$．并根据相关定理指出这一结论可否推广到 n 阶差分方程 $y_{t+n}+a_1y_{t+n-1}+\cdots+a_ny_t=f(t)$．
2. 求解下列非齐次差分方程的通解（其中 a，b，d 为常数）．
   （1）$y_{t+1}+ay_t=b$；
   （2）$y_{t+1}+ay_t=b_0+b_1t$；（3）$y_{t+1}+ay_t=bd^t$．
3. 求四阶差分方程 $y_{t+4}-2y_{t+2}+y_t=8$ 的通解．
4. 求三阶差分方程 $y_{t+3}-6y_{t+2}+11y_{t+1}-6y_t=0$ 的通解．
5. 求三阶差分方程 $y_{t+3}+3y_{t+2}+4y_{t+1}+12y_t=13+20t$ 的通解．
6. 已知一阶非线性差分方程 $(a+by_t)y_{t+1}=cy_t$，求其通解．
7. 求差分方程 $y_{t+2}-4y_{t+1}+4y_t=5+t+3^t+25\sin\dfrac{\pi}{2}t$ 的特解．

C ［测试练习］

1. 选择题（每小题 3 分，共 15 分）
   （1）差分方程 $y_t-3y_{t-1}-4y_{t-2}=0$ 的通解为（　　）．
   A. $y_t=C4^t$
   B. $y_t=C(-1)^t$
   C. $y_t=C4^t+(-1)^t$
   D. $y_t=C_14^t+C_2(-1)^t$
   （2）下列等式中不是差分方程的有（　　）．
   A. $-3\Delta y_t=3y_t+a^t$
   B. $2\Delta y_t=y_t+t$
   C. $y_{t+1}-4y_t=3$
   D. $y_{t+2}-3y_{t+1}-4y_t=3^t$
   （3）下列差分方程中是二阶方程的有（　　）．
   A. $y_{t+2}+4y_{t+1}-3y_t=3^t$
   B. $y_{t+2}+4y_{t+1}=t$
   C. $y_{t+1}-3y_t=2$
   D. $\Delta^2y_t=y_t+3t^2$
   （4）函数 $y_t=C2^t+8$ 是差分方程（　　）的通解．
   A. $y_t-3y_{t-1}+2y_{t-2}=0$
   B. $y_{t+1}-2y_t=-8$
   C. $y_{t+1}-2y_t=8$
   D. $y_{t+2}-3y_{t+1}+2y_t=0$
   （5）下列方程中（　　）是线性差分方程．
   A. $y_{t+2}-3y_t\cdot y_{t+1}=0$
   B. $8y_{t+1}-(y_t)^3=0$
   C. $2^ty_{t+1}-3^ty_t=1$
   D. $\dfrac{1}{t+1}y_t-3^ty_t=1$
2. 填空题（每小题 3 分，共 15 分）
   （1）函数 $g(t)$ 在 $t=5$ 时的差分为__________；
   （2）含有______________的函数方程称为差分方程；
   （3）一个 n 阶线性齐次差分方程必有____个线性无关的解；

(4) 一个 n 阶线性非齐次差分方程的通解等于其对应的齐次方程的________与其自身的__________的和；

(5) 三阶线性齐次差分方程 $y_{t+3}+ay_{t+2}+by_{t+1}+cy_t=0$ 的特征方程为________________.

3. 计算、解答题(每小题10分，共60分)

(1) 求 3^t 在 t 时刻的一阶差分和二阶差分；

(2) 将差分方程 $\Delta^2 y_t-2y_t=3^t$ 化为仅含有未知函数值形式的差分方程；

(3) 求差分方程 $y_{t+1}-3y_t=-2$ 的通解；

(4) 求差分方程 $y_{t+1}-4y_t=3t^2$ 的通解；

(5) 求差分方程 $y_{t+2}-2y_{t+1}+4y_t=0$ 的通解；

(6) 求差分方程 $y_{t+2}+2y_{t+1}+y_t=3\cdot 2^t$ 的通解.

4. 应用题(10分)

(教育费用模型) 设某家庭计划每年为孩子上学准备经费，从某一年初开始将资金 S_0(万元)存入银行，已知存款年利率为 r，到下一年初，将前一年的本利及新追加的资金 S_0 再次存入银行.(1) 试建立求 t 年后资金总量的差分方程模型；(2) 试求 t 年结束时的资金总量(万元).

参考答案 A

[基础练习]

1. (1) 0,0,0;

(2) $e(e-1),e^2(e-1),e^t(e-1),e^t(e-1)^2$;

(3) $19,18,3t^2+3t+1,6(t+1)$; (4) 2.

2. (1) 3阶; (2) 2阶; (3) 4阶;

(4) 1阶; (5) 3阶; (6) 6阶.

3. 略.

4. (1) $y_t=C2^t$;

(2) $y_t=C\left(-\frac{1}{2}\right)^t, y_t=3\left(-\frac{1}{2}\right)^t$;

(3) $y_t=C\left(-\frac{1}{3}\right)^t+1$;

(4) $y_t=C5^t-\frac{3}{4}, y_t=\frac{11}{4}5^t-\frac{3}{4}$;

(5) $y_t=C\left(-\frac{1}{2}\right)^t+\frac{1}{3}t+\frac{7}{9}$;

(6) $y_t=C(-1)^t+\frac{1}{3}\cdot 2^t$,

$y_t=-\frac{2}{15}(-1)^t+\frac{1}{3}\cdot 2^t$;

(7) $y_t=C-\frac{1}{3}\cdot 2^t\cos \pi t$;

(8) $y_t=C(-3)^t+\left(-\frac{2}{25}+\frac{1}{5}t\right)\cdot 2^t$.

5. (1) $y_t=C_1 3^t+C_2 4^t$;

(2) $y_t=(C_1+C_2 t)3^t$;

(3) $y_t=4^t\left(C_1\cos\frac{\pi}{3}t+C_2\sin\frac{\pi}{3}t\right)$;

(4) $y_t=(\sqrt{2})^t\left(C_1\cos\frac{\pi}{4}t+C_2\sin\frac{\pi}{4}t\right)$,

$\overline{y}_t=2(\sqrt{2})^t\cos\frac{\pi}{4}t$;

(5) $y_t=C_1(-1)^t+C_2\left(\frac{1}{2}\right)^t+3$;

(6) $y_t=C_1(-1)^t+C_2(-2)^t+t^2-t+3$;

(7) $y_t=C_1+C_2 2^t+\frac{1}{4}\cdot 5^t$;

(8) $y_t=C_1\left(-\frac{7}{2}\right)^t+C_2\left(\frac{1}{2}\right)^t+4$,

$\overline{y}_t=\frac{1}{2}\left(-\frac{7}{2}\right)^t+\frac{3}{2}\left(\frac{1}{2}\right)^t+4$;

(9) $y_t=C_1+C_2 2^t+\frac{3}{10}\cos\frac{\pi}{2}t+\frac{1}{10}\sin\frac{\pi}{2}t$;

(10) $y_t=C_1+C_2(-2)^t+4t$,

$\overline{y}_t=-\frac{4}{3}+\frac{4}{3}(-2)^t+4t$.

6. 提示：将 $\overline{y}_t$ 代入原方程，并与原方程两式相减.

7. $P_{t+1}+2P_t=2$;

$P_t=\left(P_0-\frac{2}{3}\right)(-2)^t+\frac{2}{3}$.

8. $Y_t=\left(Y_0-\frac{\beta}{1-\alpha}\right)[1+\gamma(1-\alpha)]^t+\frac{\beta}{1-\alpha}$,

$C_t=\alpha\left(Y_0-\frac{\beta}{1-\alpha}\right)[1+\gamma(1-\alpha)]^t+\frac{\beta}{1-\alpha}$,

$I_t=(1-\alpha)\left(Y_0-\frac{\beta}{1-\alpha}\right)[1+\gamma(1-\alpha)]^t$.

B ［扩展练习］

1. 略.

2. (1) $y_t=\begin{cases}C(-a)^t+\frac{b}{1+a}, a\neq -1,\\ C+bt, a=-1;\end{cases}$

(2) $y_t=\begin{cases}C(-a)^t+\frac{(1+a)b_0-b_1}{(1+a)^2}+\frac{b_1}{1+a}t, a\neq -1,\\ C+\left(b_0-\frac{1}{2}b_1\right)t+\frac{1}{2}b_1t^2, a=-1;\end{cases}$

(3) $y_t=\begin{cases}C(-a)^t+\frac{b}{a+d}d^t, a+d\neq 0,\\ \left(C+\frac{b}{d}\right)d^t, a+d=0.\end{cases}$

3. $y_t=(C_1+C_2t)(-1)^t+C_3+C_4t+t^2$.

4. $y_t=C_1+C_22^t+C_33^t$.

5. $\tilde{y}_t=C_1(-3)^t+2^t\left(C_2\cos\frac{\pi}{2}t+C_3\sin\frac{\pi}{2}t\right)+t$.

6. $y_t=\begin{cases}\left[C\left(\frac{a}{c}\right)^t+\frac{b}{c-a}\right]^{-1}, c\neq a,\\ \left(C+\frac{b}{a}t\right)^{-1}, c=a,\end{cases}$ C 为任意常数.

7. $\tilde{y}_t=7+t+3^t+4\cos\frac{\pi}{2}t+3\sin\frac{\pi}{2}t$.

C ［测试练习］

1. (1) D; (2) A; (3) A; (4) B; (5) C.

2. (1) $g(5+1)-g(5)$;

(2) 未知函数 y_t 及其差分 $\Delta y_t,\Delta^2y_t,\cdots$（两个或两个以上未知函数值 $y_t,y_{t+1},\cdots$）;

(3) n 个; (4) 通解,特解;

(5) $\lambda^3+a\lambda^2+b\lambda+c=0$.

3. (1) $2\cdot 3^t, 2^2\cdot 3^t$;

(2) $y_{t+2}-2y_{t+1}-y_t=3^t$;

(3) $y_t=C3^t+1$;

(4) $y_t=C4^t-\left(t^2+\frac{2}{3}t+\frac{5}{9}\right)$;

(5) $y_t=\left(C_1\cos\frac{\pi}{3}t+C_2\sin\frac{\pi}{3}t\right)2^t$;

(6) $y_t=(C_1+C_2t)(-1)^t+\frac{2^t}{3}$.

4. (1) $S_{t+1}=S_t+S_0+r(S_t+S_0)\Rightarrow S_{t+1}-(1+r)S_t=(1+r)S_0$;

(2) $S_t=C(1+r)^t-\frac{1+r}{r}S_0$,并注意 $t=0$ 时,$S_t=S_0\Rightarrow S_t=S_0\frac{1+2r}{r}(1+r)^t-\frac{1+r}{r}S_0$.

第十章方法总结与习题全解

第十章同步训练答案

参考文献
Reference

[1] 教育部高等学校大学数学课程教学指导委员会．大学数学课程教学基本要求(2014 年版)．北京:高等教育出版社,2015.

[2] 教育部考试中心．全国硕士研究生入学统一考试数学考试大纲(2020 年版)．北京:高等教育出版社,2019.

[3] 《数学辞海》编辑委员会．数学辞海．第一卷．山西教育出版社、中国科学技术出版社、东南大学出版社,2002.

[4] 范培华,章学诚,刘西垣．微积分．北京:中国商业出版社,2006.

[5] 吴传生．经济数学——微积分．3 版．北京:高等教育出版社,2015.

[6] 龚德恩．经济数学基础(第一分册)微积分．成都:四川人民出版社,2005.

[7] 赵树嫄．经济数学基础(一)微积分．4 版．北京:中国人民大学出版社,2016.

[8] 张鹏霄．微积分同步辅导及习题全解．徐州:中国矿业大学出版社,2007.

[9] 蔡子华．2005 考研数学复习大全．北京:现代出版社,2004.

[10] 陈文灯．考研数学复习指南．北京:世界图书出版社,2009.

[11] Raymond A. Barnett, Michael R. Ziegler, Karl E. Byleen. Calculus for Business, Economics, Life Sciences and Social Sciences, 9th ed. 影印版．北京:高等教育出版社,2005.

[12] 杨延龄,章栋恩,邹励农,等．微积分 700 例．北京:中国建材工业出版社,2004.

[13] 清华大学数学科学系《微积分》编写组．微积分(Ⅰ)．北京:清华大学出版社,2004.

[14] 沈永欢,梁在中,许履瑚,等．实用数学手册．北京:科学出版社,2001.

[15] 吴赣昌．高等数学．北京:中国人民大学出版社,2007.

[16] 余家荣．复变函数．5 版．北京:高等教育出版社,2014.

[17] 周文龙,裴东林．高等数学．北京:北京邮电大学出版社,2009.

[18] 华东师范大学数学系．数学分析．5 版．北京:高等教育出版社,2019.

[19] 黄玉民,李成章．数学分析．北京:科学出版社,2007.

[20] 吴赣昌．微积分(经管类·简明版)．北京:中国人民大学出版社,2008.

[21] 张润琦,陈一宏. 微积分. 北京:机械工业出版社,2008.

[22] Earl W. Swokowski. Calculus with analytic geometry. Boston: Prindle, Weber & Schmidt, 1983.

[23] 龚漫奇,吴灵敏,缪克英. 微积分辅导. 北京:清华大学出版社、北京交通大学出版社,2006.

[24] 欧贵兵,黄光谷,袁子厚. 微积分学习指导与例题、习题解析. 广州:中山大学出版社,2004.

[25] 刘书田. 微积分学习辅导与解题方法. 北京:高等教育出版社,2003.

[26] 同济大学数学系. 高等数学(下册). 7版. 北京:高等教育出版社, 2014.

[27] 邹本腾,漆毅,王奕清. 高等数学辅导. 北京:机械工业出版社, 2002.

[28] 符丽珍. 高等数学导教. 导学. 导考. 西安:西北工业大学出版社, 2001.

[29] 高汝熹. 高等数学. 武汉:武汉大学出版社, 1991.

[30] Finney, Weir, Giordano. 托马斯微积分. 10版. 叶其孝,王耀东,唐兢,译. 北京:高等教育出版社,2003.